"十一五"规划教材

U0747897

节能原理与技术

（第2版）

主编　李崇祥
编者　何茂刚　黄锦涛
　　　严俊杰　秦国良

西安交通大学出版社
XI'AN JIAOTONG UNIVERSITY PRESS

内容提要

本书在介绍世界能源形势及我国能源法规的基础上，介绍了节能基本原理，重点阐述能量平衡、热电联产、联合循环、热电厂节能理论，热管、热泵工作原理及其应用，风机与泵节能节电技术。对当前关注的新能源作了简要介绍。

本书内容丰富，取材新颖，主要章节均有例题，可以作为能源动力类、化工类、机械类专业本科生与研究生的教材，也可以作为工程技术人员的参考书。

图书在版编目(CIP)数据

节能原理与技术 /李崇祥主编 .—2 版 .—西安：
西安交通大学出版社，2011.7(2025.8 重印)
西安交通大学"十五"规划教材
ISBN 978 - 7 - 5605 - 1814 - 5

Ⅰ.节…　Ⅱ.李…　Ⅲ.节能-高等学校-教材
Ⅳ.TK01

中国版本图书馆 CIP 数据核字(2003) 第 127199 号

书　　名	节能原理与技术(第2版)
主　　编	李崇祥
出版发行	西安交通大学出版社
地　　址	西安市兴庆南路 1 号(邮编:710048)
电　　话	(029)82668357　82667874(市场营销中心)
	(029)82668315(总编办)
印　　刷	西安五星印刷有限公司
字　　数	382 千字
开　　本	727mm×960mm　1/16
印　　张	21
版　　次	2004 年 3 月第 1 版　2011 年 7 月第 2 版
印　　次	2025 年 8 月第 2 版第 8 次印刷
书　　号	ISBN 978 - 7 - 5605 - 1814 - 5
定　　价	60.00 元

前　言

　　能源是人类赖以生存的重要物质基础,为社会的发展进步提供了强大的动力。随着生产的不断发展,人民生活水平的不断提高,能源需求量日益增加,世界能源特别是常规能源,面临着枯竭的危险。坚持开发与节能并重的方针,以应对愈来愈紧张的能源局势,显得日益迫切与重要。

　　本教材系统地阐述了节能的原理与技术。在介绍世界能源的基本状况及节能基本原理的基础上,分章详细介绍能源与动力工程领域业已出现的节能技术和装置,旨在使学生和工作在该领域的工程技术人员,熟悉节能技术,在包括能源开发、动力机械设计以及系统运行工作中,树立起节能观念,采取各种可能的措施,提高能源转换效率,开发各种节能新技术,提高能源利用率和系统、装置的工作效率。在取材上,本书在介绍成熟、实用的节能知识的同时,尽可能介绍当前最新的节能研究的成果与技术,反映我国的能源、环保方面的方针政策,力求使学生了解节能的意义,全面地掌握高效利用能源的理论、途径与方式。在内容安排上,注意到理论上的系统性,认识上的连续性与递进性。将热电厂的节能理论、热电联产及联合循环集中讨论,把该领域的最新研究成果介绍给读者,引入了循环叠置与能量的梯级利用的概念。进而介绍节能效果很好、广泛使用的节能设备热管与热泵,工业生产中使用量大面广的动力机械风机的节能、节电技术。新能源的开发和利用是当前人们关注的问题,也简要作了介绍。本书每章后面列出了大量参考文献,供读者进一步研究时参考。

　　本书由李崇祥任主编并编写绪论及第 3 章;何茂刚编写第 1、2、7、8、10 章;黄锦涛编写第 4、5 章;严俊杰编写第 6 章;秦国良编写第 9 章。

　　本书由西安交通大学陈听宽教授主审。陈教授在百忙中仔细阅读了书稿,提出了许多宝贵的修改意见与建议,使我们受益匪浅,为本书的问世作出了重要贡献。西安交通大学朱因远教授,陶文铨教授以及西安交通大学教务处副处长何雅玲教授,对本书的编写给予了很大支持和帮助。在此对他们一并表示衷心的感谢。

　　限于作者水平,加之编写时间仓促,书中错误在所难免,恳请读者批评指正。

编　者

2011 年 5 月

再版前言

自从《节能原理与技术》一书出版以来,得到了广大读者的欢迎,可能因为本书介绍的是当前人们普遍关心的能源问题,而能源紧缺是一个必须面对的难题,即使开发新能源、利用替代能源,也得有个较长时间的研究与开发。至于世界各国,由于国情不同,其能源政策也会不同,但愿能从人类利益出发,采取利于可持续发展的法规。我国政府提出了开发与节约并举的能源方针,采取许多新方法、新工艺,不断提高管理水平,以提高能源转换率和设备能源利用率,以期节约能源,缓解能源压力,是切实可行的,无疑也是符合人类发展利益的顾全大局的方针。

本书详细介绍能源动力领域节能原理,目前较为成熟的节能技术,对于贯彻政府的能源方针,节约能源,充分利用余热、废热,实现能源的永续利用,在任何时候都不会过时。当然,若能增添新近出现的节能新技术,是再好不过了。但遗憾的是,即使有也是凤毛麟角,对本书的结构不会产生多大的影响。因此,鉴于许多学生和工程技术人员急需得到该书,编者在再版时没有作太多的变动。

本书第一章为概述,介绍我国及世界能源状况,许多数据的时间性很强,于是何茂刚教授在抽时间将本章改写,引入近年来一批新数据,可能会对说明节能的意义有所帮助。而其他章节,则不再改写,不会影响本书的系统性和使用。业已提及,再版书改动不大,可能满足不了部分读者的要求,表示深深的遗憾,编者在此表示歉意!当收集到更多的节能技术资料后,再行补充和再版,不是没有可能,这也是推广节能工作的需要,编者当责无旁贷!

感谢一些读者指出本书第一版中的错误,在此表示诚挚的感谢!也恳望对再版书不吝赐教!

编　者
2011 年 7 月

绪　论

　　能源是人类赖以生存与社会发展的重要物质基础,是推动国民经济发展的强大动力。

　　纵观人类发展史就不难发现,社会的每一次进步都与能源的开发利用密不可分。古人"钻木取火",实现了利用能源的第一次大突破,从此以薪炭燃料为能源,改变了原有的生活方式,促进了原始社会的发展。在长期的生产斗争中,人类开始使用畜力、水力、风力等自然力,这是人类利用能源的第二次突破,它促进了生产力的发展,也促进了奴隶社会和封建社会的形成。嗣后,煤炭等化石燃料的应用,带动了"蒸汽机"的发展,人类进入蒸汽机时代,引发了18世纪的工业革命,推动了资本主义的发展。在人类开始探索热能到机械能的转变方式的100年后,即19世纪70年代,人们发现了一种更为强大能量形式——电能,电能的应用促进了电器工业的形成,电动机在很多场合取代了蒸汽机,劳动生产率得到迅速提高。与此同时,世界能源消费结构也在悄然发生变化,石油、天然气以及石油制品和电能等新型高效燃料被广泛使用,改变了以煤炭为主要燃料的状况。1939年,人们发现了原子核的"链式裂变反应",借助于以铀、钍、钚等放射性元素核裂变反应和氘、氚的核聚变反应放出的巨大能量,人类开始了核能的应用时代。

　　能够提供能量的各种资源,统称为能源。包括与太阳有关的矿物资源以及水力、风力、海洋能等,与地球有关的地热、核燃料等,以及与月球有关的潮汐能等。能量是物质存在的一种形式,种类很多,但就其应用形式看,主要有:①机械能。这是一种高品位的能有效地转换为其他形式的能,常以功的形式出现。②热能。这是最基本的能量形式,常以分子运动的激烈程度来表征。③电能。这是一种和电子流动有关的能量形式,它可有效地转变为其他能量形式。④化学能。从化学反应中释放出来的一种储存能。⑤核能。通过核裂变或核聚变释放出来的一种储存能。⑥辐射能。即电磁能。

　　热能是最早为人们认识并应用的能量形式之一,现代化工业的发展,无不与热能的转换和利用有着密切的关系。现代能量利用中,大量的是直接利用热能,或将热能转换为其他形式的能量如电能、机械能加以利用的。常规能源,如煤炭、石油、天然气等矿物质资源,是通过燃烧将化学能转变为热能加以利用,或进而经过蒸汽轮机转变为机械能,实现动力拖动,驱动水泵抽水或驱动发电机发电。核能利用在目前也主要是把核裂变产生的热能直接利用或通过电站设备进行核发电、磁流体发电等生产电力。核聚变产生的大量热能如何利用正在研究之中。地热能则可以直接提供热水、供暖或用来发电。就是作为新能源的太阳能，也主要是用于采暖、提供热水或太阳能电池。由此可见，上述各种能源利用过程中无不伴随着热现象，足见热能在能量利用中有着十分重要的地位。

人类的生存和社会的发展离不开动力，人们很早就开始利用天然动力如风力、水力，以及畜力从事简单的生产活动，减轻自己的劳动强度并取得更多的收获。18世纪第一台蒸汽机的出现，引起了第一次工业革命。此后的200年间，各种发动机相继问世，促进了人类文明的进步。内燃机的诞生引发了新型汽车工业的发展；燃气轮机的出现奠定了航空工业和宇航事业的基础；蒸汽轮机使得电力工业变为主导动力工业；第一颗原子弹的爆炸，启发了和平利用原子能的思想，从而促进了原子能电站的发展。可以说，没有动力就没有科学技术的进步。而动力是由动力机械（包括原动机和从动机）消耗某种能量形式产生的，热能在其中起着不可替代的作用。

目前，赖以提供热能的主要能源有煤炭、石油、天然气，称作常规能源。还有太阳能、氢能、核能等，称作新能源。随着生产的发展和人们生活质量的提高，能源消费水平一直处于上升趋势，对煤炭、石油、天然气、电能以及洁净能源的需用量愈来愈大。尽管世界能源储量很大，但必定有限，常规能源中不可再生能源又占很大比重。资料显示，按现在的能源消费速度，世界煤炭储量再过400余年，石油储量再过40余年，天然气再过60余年将使用殆尽，世界范围内将出现能源枯竭的状况。因此，在寻求开发新型能源的同时，大力节约常规能源，不断提高能源转换利用效率已成当务之急。

世界各国对节能工作都十分重视，作了许多研究，采取了许多措施。我国政府制定的开发与节约并重的能源方针，正是应对这种能源形势的需要，在《国民经济和社会发展第十个五年计划纲要》中指出："坚持资源开发与节约并举，把节约放在首位，依法保护和合理使用资源，提高资源利用效率，实现永续利用。"因此，我国能源发展战略为"在保障能源安全的前提下，把优化能源结构作为能源工作的重中之重，努力提高能源效率、保护生态环境，加快西部开发"。

在我国，能源利用过程中存在着巨大的节能潜力。主要的能源转换设备及系统，如热力发电厂、内燃机械等，转换效率较低，与世界水平有较大差距。而6 MW以上机组的火力发电厂，平均煤耗率370 g/(kW·h)以上，比起发达国家高出50 g/(kW·h)以上。我国能量生产以单一能量为主，生产过程使用单一热力循环，这都限制了能量转换效率的提高。工业生产中大量的废热、废气、余热，多数被排放到环境中去，既浪费了能源又污染了环境。如果加以利用，将是一笔可观的能量资源。

节能包括两方面内容。一是节约能源，在能源的开采、开发、运输、储藏过程中,尽可能减少不必要的损失,从源头杜绝浪费,节约天然资源。二是节约能量,在能源的转换、利用过程中,不断提高能源转换效率,做到物尽其用。这是深层次的节能工作,包括机械节能、电力节能、动力节能及化工节能等,涉及的范围又十分广泛,从动力系统、动力机械,到机械、冶金、纺织、交通、建筑、建材、农业、轻工等领域都会涉及。

众所周知,在能源的开发、利用、转换过程中,必然伴随着能量的损失,同时会产生大量余热、废热,品位虽不高但数量却可观。这就为动力系统节能指出了方向,理论研究和生产经验表明,节能工作可从以下几方面入手。

1. 提高能量转换设备的效率

热力学第二定律指出:一切自发过程都是不可逆过程,无需施加任何条件就可自动进行。而对于非自发过程,则其实现一定要有另一个自发过程来推动。热能转变为机械能是一个非自发过程,为了实现这一过程必须付出代价,造成能量的损失。我们的任务就是尽量减少这一损失,最大限度的加以利用。为此,对能量转换设备及用能企业进行热平衡与㶲平衡,对汽轮机组进行节能诊断分析等,尽量提高转换设备的转换效率。

2. 开发推广联合循环

建立循环叠置的概念,对各种能量转换过程进行分析,取长补短,互补利用能源,推广联合循环,开发新的热力循环,提高系统能源利用率。如燃气-蒸汽联合循环,发电效率可达 60% 以上。

3. 确立能量的梯级利用概念,发展热电冷联产

冷凝式发电厂的发电效率不足 40%,冷源损失约 55% 以上,若加以回收利用则可大大提高电厂效率。发展热电联产的理论效率可达 100%,发电煤耗可降到 250 g/(kW·h) 左右。若发展热电冷三联产,则可实现同时发电、供热和制冷。

4. 采用各种技术及设备回收余热、废热资源

热管与热泵是优良的余热、废热利用设备。热管是一种高效的换热设备,具有传热能力强、热负荷高等优点。热泵只需花费少量驱动能量,就可以将低品位热能转化为有用的热量,应该大力推广。

5. 开展能源的综合利用

建设坑口电站以减少运输费用。建设坑口能源联合体,可将煤炭生产、电力生产、化工生产结合起来,充分利用能源。

我国能源利用率远低于发达国家水平,GDP 能源强度大,能源浪费就大,同时也意味着节能的潜力大。只要我们对节能给予足够的重视,采取各种节能技术和措施,一定会取得显著的成效,实现自我国每万元国内生产总值能耗,到 2010 年降低到 1.25 t 标准煤,2030 年 0.54 t 标准煤和 2050 年 0.25 t 标准煤的目标。

目　录

2

第1章 概　述

1.1　能源

1.1.1　能量及其分类

物质、能量和信息是构成客观世界的三大基础。科学史观认为:世界是由物质构成的,是物质确定了世界的客观实在性,能量是物质的属性,是一切物质运动的动力,没有能量,物质就静止呆滞,从而失去了其本身的属性而不能再称之为物质。信息是客观事物和主观认识相结合的产物,没有信息,物质和能量既无从认识,也不能为人们利用。

世界上的一切物体都是运动着的,而运动这一过程必然伴随着能量的消耗和转化。所谓能量,广义上讲,就是产生某种效果(变化)的能力,而产生某种效果(变化)的过程必然伴随着能量的消耗和转化。如果说是劳动创造了人类,那么这种创造首先就是从对能量的认识和使用开始的。正如恩格斯所说:"摩擦生火第一次使人支配了一种自然力,从而最终把人同动物界分开。"

人类目前所认识并利用的能量主要有六种形式。

(1)机械能。机械能包括固体和流体的动能、势能、弹性能及表面张力能等,其中的动能和势能是被人类最早认识并利用的能量。

(2)热能。构成物质的微观分子运动所具有的能量即表现为热能。

(3)电能。电能是和电子流动与积累有关的一种能量。通常是由化学能、机械能和核能等能量转化而来。

(4)辐射能。物体以电磁波形式发射的能量称为辐射能。太阳能就是最普通也是对人类最重要的辐射能。

(5)化学能。化学能是物质结构能的一种,是存在于物质中各组织间连接键内的能量,在原子核外进行化学变化时产生。化学热力学中,物质或物系在化学反应过程中以热量形式释放的内能即称之为化学能。这是人类目前利用非常广泛的能量。

（6）核能。核能是蕴藏在原子核内部的物质结构能，当发生核反应时产生，包括放射性衰变、核裂变和核聚变。

1.1.2　能源及其分类

通常把直接或者经过转换而获取某种能量的自然资源统称为能源。《大英百科全书》对能源的解释为"能源是一个包括所有燃料、流水、阳光和风的术语，人类采用适当的转换手段，给人类自己提供所需的能量"。

能源是人类赖以生存和发展工业、农业、交通运输、科学技术、军事国防以及改善人民生活所必需的燃料和动力来源。由于能源的表现形式多种多样，因此从不同的角度，对能源的分类也不相同。

1.　按能源获取方式

（1）一次能源　即天然能源，是指自然界中以天然形式存在并没有经过加工或转换的能量资源。如煤炭、石油、天然气、油页岩、核燃料、植物秸秆、水能、风能、太阳能、地热能、海洋能、潮汐能等。

（2）二次能源　又叫人工能源，指由一次能源直接或间接转换而来的能量资源。如电、蒸汽、煤气、焦炭、汽油、煤油、柴油、氢气、激光等。二次能源使用方便，易于利用。

2.　按能源被利用程度和范围

（1）常规能源　指早已被人类广泛利用，并在人类生活和生产中起着重要作用的能源。常规能源通常是指煤炭、石油、天然气和水能。

（2）新能源　指新近被人类开发利用，有待于进一步研究发展的能量资源。相对于常规能源而言，在不同历史时期和科学技术水平下，新能源有不同的内容。目前新能源主要包括太阳能、地热能、潮汐能、生物质能、氢能等。核能的利用技术仍有待于进一步开发，通常也被看作新能源。

3.　按能源来源

（1）地球本身蕴藏的能源　主要有地热能、核能等。

（2）来自地球外物体的能源　如宇宙射线及太阳能，以及由太阳能引起的水能、风能、波浪能、海洋温差能、生物质能等。

（3）地球与其他物体相互作用产生的能量　如潮汐能。

4.　按能源能否再生

（1）可再生能源　指从人类历史的角度看，不会随它本身的转化或人类的利用而竭尽，如水能、风能、太阳能等。

（2）不可再生能源　指从人类历史的角度看难以再次生成，随着人类的利用会耗尽的能源，主要是指煤、石油、天然气等化石燃料。

5．按能源自身性质

（1）合能体能源　指可以直接储存的能源,如石油、煤、天然气、地热、氢能等。

（2）过程性能源　指无法直接储存的能源,如水能、风能、潮汐能、电能等。

6．按能源对环境的污染程度

（1）清洁能源　指对环境无污染或污染很小的能源,如太阳能、水能、海洋能等。

（2）非清洁能源　指对环境污染较大的能源,如煤炭、石油等。

1.2　能源的消费和资源状况

1.2.1　世界能源的消费和资源状况

随着经济的迅猛发展,世界能源的消费也迅速增长。多年来,世界能源消费的总体结构仍以石油、煤炭(包括火电)、天然气、水电和核电为主。

1．世界能源消费状况

根据联合国《世界能源统计年鉴》,表 1.1 给出了 1950—2008 年世界能源消费(折算成标准煤)的情况,右边的数字为各种能源消费占总消费量的比例。

表 1.1　1950—2008 年世界能源消费的情况

年份	总消费量	煤炭		石油		天然气		核电		水电	
		Mt	%	Mt	%	Mt	%	Mt	%	Mt	%
1950	1750	1009.7	57.7	542.5	31.0	169.8	9.70	28.0	1.6	0	0
1960	2890	1329.4	46.0	1092.4	37.8	410.4	14.2	57.8	2.0	0	0
1970	4850	1479.2	30.5	2361.9	48.7	902.1	18.6	101.9	2.1	4.9	0.1
1980	6370	1802.7	28.3	3095.8	48.6	1267.6	19.9	146.5	2.3	57.3	0.9
1990	8030	2192.2	27.3	3099.6	38.6	1734.5	21.6	538.0	6.7	465.7	5.8
2000	13233	3340.6	25.2	5073.2	38.4	3125.9	23.6	835.0	6.3	857.9	6.5
2008	16135	4719.7	29.2	5611.4	34.8	3894.5	24.1	885.3	5.5	1025.0	6.4

能源消费结构每年都会发生变化,它不仅受到能源开发、生产运输和使用情况的影响,同时还受到世界政治和经济形势的影响。总的来讲,世界能源消费的主要特点有：

（1）世界能源消费水平一直处于上升趋势　由表 1.1 可以看到,20 世纪下半叶,世界能源消费的平均增长速度为每十年翻半番,以指数曲线上升。从人均能耗的角度看,由于世界人口亦在增长,大约 25 年翻一番,以几何级数上升。

（2）世界能源消费结构变化明显　煤炭消费比例呈逐年下降趋势,石油和天然气的消费比例不断上升。与煤炭相比,石油和天然气使用方便,热值高,而且对环境的污染小,其功能超过煤炭,不仅可用于热能设备,还可用于动力机械,使用范围广。因此,世界各国为提高能源效率、降低能源系统成本,采用降低以煤炭为主的固体燃料的比例,以石油、天然气为主要燃料的能源政策是发展的必然趋势。

（3）电能被广泛应用　电能是二次能源，用途广泛，高效清洁，适应现代社会发展要求，因而在能源总消费量中的比重逐年上升。2000 年，世界主要的发达国家，如美国、加拿大、日本、德国、法国、俄罗斯等的电力消费占能源总消费量的比例均高于 40%，中国的电力消费占能源总消费量的比例为 30%。

2. 世界能源资源状况

根据 BP Amoco 石油公司发表的世界能源统计报告，截至 2001 年末，全世界各种能源资源的大致情况如下。

煤炭剩余可采储量为 9.84×10^{11} t，按 2001 年世界煤炭产量 2.25×10^9 t 折算，储采比约为 437 年。

石油剩余可采储量为 1.43×10^{11} t，按 2001 年世界石油产量 3.58×10^9 t 折算，储采比约为 40 年。

天然气剩余可采储量为 1.55×10^{14} m³，按 2001 年世界天然气产量 2.46×10^{12} m³ 折算，储采比约为 63 年。

2001 年全世界煤炭、石油和天然气的消费约占整个一次能源消耗的 87%。分析上述数据可以看出，常规能源的供给将会日趋紧缺。

1.2.2　我国能源的消费和资源状况

1. 我国能源的消费状况

1957 年以后我国能源的消费情况列于表 1.2，括号内的数字为各种能源消费占总消费量的比例。

表 1.2　1957 年以后中国能源消费的情况

年份	总消费量	煤炭		石油		天然气		水电	
		10kt	%	10kt	%	10kt	%	10kt	%
1957	9644	8901.4	92.3	443.6	4.6	9.6	0.1	289.3	3.0
1965	18901	16273.8	86.1	1946.8	10.3	170.1	0.9	510.3	2.7
1970	29291	23696.4	80.9	4305.8	14.7	263.6	0.9	1025.2	3.5
1975	45425	32660.6	71.9	9584.7	21.1	1135.6	2.5	2089.6	4.6
1980	60275	43518.6	72.2	12476.9	20.7	1868.5	3.1	2411.0	4.0
1985	76682	58125.0	75.8	13112.6	17.1	1687.0	2.2	3757.4	4.9
1990	98703	75211.7	76.2	16384.7	16.6	2072.3	2.1	5033.9	5.1
1995	131176	97857.3	74.6	22955.8	17.5	2361.2	1.8	8001.7	(6.1)*
2000	138553	93938.9	67.8	32144.3	23.3	3325.3	2.4	9283.1	(6.7)*
2005	224682	155255.3	69.1	47183.2	21.0	6291.1	2.8	15952.4	(7.1)*
2008	285000	195795.0	68.7	51300.0	18.0	10830.0	3.8	21090.0	(9.5)*

* 包括核电。

由表 1.2 可见，我国目前能源现状和特点表现为：

（1）能源生产和消费结构仍以煤炭为主。我国是世界上主要经济大国中最依赖于煤炭的国家。从表 1.2 中可以看出,2008 年我国一次能源消费结构中,煤炭占68.7%,石油、天然气、水电(包括核电)分别占 18.0%、3.8%、9.5%。这与世界能源结构有很大差距,2008 年全世界能源消费结构同比数据分别为 29.2%、34.8%、24.1% 和 11.9%,美国能源消费结构同比数据分别为 24.6%、38.5%、26.1%、10.8%。中国以煤为主的能源结构正是造成能源浪费、环境污染和能源利用效率低的主要原因。

(2) 我国是世界能源消费大国,但人均能源消费水平仍很低。我国自改革开放以来,经济迅速发展,能源消费量也日益增大。2010 年我国一次能源的总消费量为 2432.2 百万吨标准油(折合 3474.6 百万吨标准煤),已经超过美国居世界第一位,占全世界一次能源消费量的 20.3%。但中国人均能源消费水平仍很低,2010 年我国人均能源消费量仅 1.74 吨标准油,比世界人均能源消费水平 1.82 吨标准油略低,约为美国人均能源消费水平的 1/4。

(3) 能源利用效率低。当前国际上通常采用国内生产总值(GDP)的能耗强度作为衡量能源效率的宏观指标。GDP 能耗强度是指单位国内生产总值所消费的能源量,GDP 能耗强度低,表示能源利用效率高,反之亦然。2008 年中国 GDP 能源强度约为 0.44 吨标准油/千美元,约为世界的 2.1 倍,美国的 2.7 倍,日本的4.7 倍。由此可见,中国的能源利用效率远远低于世界的平均水平。

(4) 电力增长迅速,但电力消费水平仍然很低。从 1980 年到 2010 年,中国电力总消费量由 3006 亿 kW·h 增加到 41923 亿 kW·h,平均年增长率为 9% 左右。电能是高效、清洁的二次能源,增加一次能源用于发电的比重,有利于环境保护,并且有利于提高总能源利用效率。1980 年中国用于发电的能源占一次能源总量的20.6%,2010 年增加到 39.4%,有了很大提高。当前中国的电力消费水平还处于较低水平,2010年中国人均电力消费量为 3126 kW·h,约为发达国家人均电力消费量的 1/3。

2. 我国的能源资源

我国地大物博、资源丰富,自然资源总量排世界第七位。能源资源总量为 4 万亿 t标准煤,居世界第三位。我国煤炭保有储量为 10345 亿 t,精查可采储量 893 亿 t,居世界第三位;石油的资源量为 930 亿 t,天然气的资源量为 383 亿 m^3,现已探明的石油和天然气储量约占资源量的 20% 和 3%;水力的可开发装机容量为 3.78 亿 kW,居世界首位;新能源与可再生能源资源丰富,风能资源约为 16 亿 kW,其中可开发利用的风能约 2.53 万亿 kW,地热资源的远景储量为 1353.5 亿 t 标准煤,其中探明储量为 31.6 亿 t 标准煤,太阳能、生物质能、海洋能等储量更处于世界领先地位。

但是因为我国人口众多,能源资源相对匮乏。我国人口占世界总人口 21%,已探明的储量占世界总储量:煤为 11%,石油为 2.4%,天然气为 1.2%。人均能源占有量不到世界平均水平的 1/2,石油仅为 1/15。

1.3　能源对策

　　能源工业作为国民经济的基础,对于社会进步、经济发展和提高人民生活水平都极为重要。新中国成立以后,特别是经过改革开放以来的快速发展,我国能源建设取得了巨大成就。主要表现在:能源产量迅速增加,能源结构不断优化,加快重大能源工业项目的建设,能源工业的现代化程度和技术水平日新月异,不断改革能源工业管理体制,节能工作卓有成效。长期困扰国民经济和社会发展的能源"瓶颈"制约大大缓解,基本适应了当前国民经济和社会发展的需要。尽管能源工业取得了长足的进步,但是仍然在能源结构的合理性、技术水平的先进型、管理体制的完善性和节能增效等方面,与发达国家存在明显差距。

　　我国目前的能源形势是:一方面能源产量虽已迅速提高,但在经济迅速发展的要求下,仍然需要能源供给量的进一步提高;另一方面,能源工业的发展与环境保护之间的予盾日益尖锐起来。因此,目前我国能源工业面临经济增长与环境保护的双重压力。与此同时,随着经济全球化趋势的发展,特别是加入 WTO 也对我国能源的发展带来巨大的影响。

　　当今世界上的主流思想认为:社会应该是一个既可满足当前人类的需要,同时又不危及后代满足自身需求能力发展的可持续发展社会。因此,以可持续发展为主导,针对我国能源现状,中国《新能源和可再生能源发展纲要》明确指出:节约能源,提高能源利用效率,尽可能多地用洁净能源替代高含碳量的矿物燃料,是我国能源建设遵循的原则。

　　如前所述,我国是世界上最大的煤炭生产国和消费国,煤炭在能源消费结构占约 $60\% \sim 70\%$,已成为我国大气污染的主要来源。因此大力开发太阳能、风能、核能、生物质能、地热能和海洋能等新能源,调整我国能源结构,减少对煤炭等含碳化石燃料的依赖,提高新能源在能源结构中的比重,发展多元化的能源结构。

　　就目前的现实而言,由于开发和利用新能源的技术尚处于初级阶段,改变我国能源结构现状,提高新能源的比重,也不能一蹴而就,还需要经过一定的时间。所以,节能成为解决我国能源问题的突破口。其实,早在 1980 年我国政府就确定了"开发与节约并举,近期把节约放在首位"的能源发展方针。"国民经济和社会发展第十个五年计划纲要"中再次指出:"坚持资源开发与节约并举,把节约放在首位,依法保护和合理使用资源,提高资源利用效率,实现永续利用。"因此,关于能源的国家"十五"规划明确提出我国能源发展战略为"在保障能源安全的前提下,把优化能源结构作为能源工作的重中之重,努力提高能源效率、保护生态环境,加快西部开发"。我国能源利用率远低于发达国家水平,GDP 能源强度大,能量浪费大,同时也意味着节能的潜力大。

　　为了推动全社会节约能源,提高能源利用效率,保护和改善环境,促进经济社会全面协调可持续发展,我国政府从 1995 年起开始制定节能法,于 1997 年 11 月经全国人大通过了《中华人民共和国节约能源法》,1998 年 1 月 1 日正式实施。节约能源法指出:节能是国家发展经济的一项长远战略方针,要求"合理调整产业结构、企业结构、产品结构和能源消费结构,推进节能技术进步,降低单位产值能耗和单位产品能耗,改善能源的开发、加工转换、输送和供应,逐步提高能源利用效率,促进国民经济向节能型发展";"采取技术上可行、经济上合理以及环境和社会可以承受的措施,减少从能源生产到消费各个环节中的损失和浪费,更加有效、合理地利用能源";"国家对落后的耗能过高的用能产品、设备实行淘汰制度"。2008 年进一步修订了《中华人民共和国节约能源法》,修改后的节能法进一步完善了我国的节能制度,规定了一系列节能管理的基本制度,明确了重点用能单位的节能义务,强化了监督和管理。

　　2011 年 7 月,我国政府又制定了详细"十二五"节能减排工作方案。指出节能减排工作主要从六个方面开展:

　　(1) 推进重点领域节能减排。工业节能要注重以先进生产能力淘汰落后生产能力。交通节能要重视发展公共交通,优化运用多种运输方式。建筑节能要合理改造已有建筑,大力发展绿色建筑、智能建筑,最大限度地节能、节地、节水、节材。生活节能要推广使用经济高效的节能产品,培养节约环保的消费模式和生活方式。

　　(2) 进一步调整优化产业结构。发展现代产业体系,鼓励发展第三产业和战略新兴产业,运用高新技术改造传统产业。推动能源生产和利用方式变革,构建安全、稳定、经济、清洁的现代能源产业体系。

　　(3) 实施节能减排重点工程。着力抓好节能重点工程、环境治理重点工程、循环经济重点工程。

　　(4) 推广使用先进技术。建立节能减排技术遴选、评定及推广机制,积极引进、消化、吸收国外先进技术,加快技术的开发、示范和推广应用,有效提高能源利用效率,降低污染排放。

　　(5) 加强节能减排管理。完善节能评估审查制度,制定和执行耗能设备国家标准,鼓励企业建立节能计量、台账和统计制度。实施电力需求侧管理、能效标识、政府节能采购等管理方式。

　　(6) 完善节能减排长效机制。落实税收优惠政策,推进资源税费和环境税改革。调整进出口关税,遏制高耗能、高排放产品出口。

　　综上所述,能源建设和发展首先要符合国民经济可持续发展的要求,在常规能源建设的同时要加强新能源的开发和开展节能工作。节能不但可以减缓能源耗竭速度,提高能源利用率,促使企业降耗增效;而且还因为单位产值能源消耗降低,相应减少污染排放,从源头上治理污染,有利于环境保护。

1.4　节能的意义和途径

1.4.1　节能的意义

我国人口众多,能源、资源相对不足,环境污染严重,已成为制约我国经济和社会发展的重要因素。我国人均资源占有量只有世界平均水平的 1/2,其中主要矿产资源人均占有量不足世界平均水平的 1/2。改革开放以来,在党和政府的高度重视下,我国节能工作取得了可喜成绩,能源消费呈良好发展趋势,以一次能源消费年均 4%～5%的增长速度保证了国民经济年均 8%～9%的增长速度,实现了经济发展所需能源一半靠开发、一半靠节约的宏观目标。但是,我们必须看到,我国节能工作的成绩是在总体能耗水平较高的情况下取得的,与可持续发展的要求和国际先进水平比还存在不少问题。一是从总体上看,人们对节能的重要性和迫切性还缺乏足够认识;二是节能法规不完善,企业节能的内在动力不足;三是技术装备落后,总体水平比发达国家还有相当大的差距;四是节能投入不足。

针对我国能源利用效率低、人均资源贫乏的现实,节能是一项长期而重要的工作,其意义在于:

(1) 通过节能,节约了人类的资源,符合人类可持续发展的要求,同时也是我国经济和社会可持续、健康发展的一个重要措施。

(2) 煤、石油和天然气等能源同时也是化工原料,其作为化工原料约占总资源的 40%。节能同时也意味着节省了宝贵的化工原料。

(3) 节能可以促使企业技术进步和管理改善,可以使企业的生产成本大幅度降低,经济效益和市场竞争力不断提高。尤其在中国加入 WTO 以后,节能降耗是中国企业进入国际市场的重要保障。

(4) 节能的同时还大大减少了污染物排放,减轻了环境污染,对保护地球的生态环境起到积极的作用。

鉴于节能在当今社会的巨大作用,人们称其是继煤炭、石油、天然气和水能之后的"第五能源"。

1.4.2　节能的途径

节能是一个复杂的系统工程,从能源的开采、运输和利用等各个环节都存在节能的问题。而且一个国家(或者一个企业、一个行业)的能耗水平与其自然条件、经济体制、生活方式、技术水平等因素都有关系。关于能源的国家"十五"规划明确提出:"……加大产业结构调整力度,推进技术进步,发挥市场作用,促进提高能源效率。"下面分别从经济结构、管理经营和科学技术等角度来阐述节能途径。

1. 结构调整

我国的 GDP 能耗强度之所以高,一个重要的原因是经济结构不合理。这主要体现在产业结构不合理、产品结构不合理、企业结构不合理和地区结构不合理等方面。

由于不同的行业对资源(包括能源)的要求不同,有的行业能耗高,有的行业能耗低。所以,减少耗能型产业的比重,建立合理的产业结构,就能达到节约能源的目的。如逐步减少钢铁、化肥等耗能型产业的规模,大力增加电子、通信设备等省能型的产业比重。

在同一个产业中,产品结构也要向低能耗的方向调整,例如在机械产业中,要发展低能耗、高附加值的精密机械、数控机械、快速成型机械的产品。

与大型企业相比,中、小企业一般规模小、能耗高、经济效益差。关、停、并、转小型企业,企业内部和相邻企业之间尽量统一配置资源,新建有经济规模的企业等都是节能的有效措施。

调整企业的地区分布,充分发挥地区资源优势,减少不必要的运输、调配等中间环节,可以大大节约能源的消耗。例如:与石油相关的产业应建在我国盛产石油的东部地区,与煤有关的产业应建在我国盛产煤炭的中西部地区,与天然气有关的产业应建在我国盛产天然气的中西部地区。

2. 管理节能

从管理经营的角度,节能包括政府的宏观调控和企业的经营管理两个方面。

各国政府都非常重视节能工作,在完善节能的法制和制定相关的政策方面做了大量工作。我国在 1997 年就颁布了《中华人民共和国能源节约法》,为提倡合理用能、加强节能管理提供了法律依据。各级政府、各部门、各地区以及企业也制定了相应配套的实施细则。但是我国在有关节能的经济政策制定和贯彻方面还有欠缺,主要表现在能源价格偏低、节能工作金融调控手段偏少偏软。为了推动节能工作,各国多采用了加大节能项目的投资,倾斜节能项目的贷款并实行低利率,加重超标耗能项目的税收,减轻节能相关项目的税收等金融措施。

随着我国市场经济的发展和完善,企业也逐渐重视节能工作。许多企业建立了健全的能源管理机构,制定了完善的能源管理制度,并把它们落实到生产组织管理中,从能源的采购、运输、配用等环节进行检测、核算以达到最大程度地节约能源,降低成本。

3. 技术节能

利用先进的科学技术,对现有的生产方法、生产流程、生产工艺、生产设备等进行改进或者改造,是当前节能工作的主要内容,也取得了显著的效果。我国目前量大面广的技术节能主要表现在:

(1) 采用先进的发电技术,提高发电效率,实现热电联产、集中供热、提高热电机组的利用率,发展热能梯级利用技术,热、电、冷联产技术和热、电、煤气三联供技术并付诸实际,全面提高热能的综合利用率。例如采用超超临界蒸汽参数的常规蒸汽发电技术,可使煤发电效率达到45%左右;采用煤气化联合循环发电(IGCC)技术,可使煤发电效率达到50%左右;采用热泵技术可以合理利用各种余热。

（2）实现电动机、风机、泵类设备和系统的经济运行,发展电机调速节电和电力电子节电技术,开发、生产、推广质优、价廉的节能器材,全面提高电能利用效率。例如采用"全可控"涡节能转子的设计制造技术,可使风机的效率达到90%左右。

（3）发展和推广适合国内煤种的流化床燃烧、无烟燃烧和气化、液化等洁净煤技术,全面提高煤炭利用效率。

（4）采用先进的化工合成工艺,建立完善的化工流程控制,使用科学的化工材料设备,全面提高化工过程能源利用率。例如采用热管换热器可以强化热量的交换。

（5）采用节能型的建筑结构、材料、器具和产品,提高保温隔热性能,减少采暖、制冷、照明的能耗。逐步开展建筑物的节能认证。

（6）采用先进汽车制造技术和发动机制造技术,降低汽车出厂能耗、运行能耗,实施汽车的能耗标识和节能认证制度。在城市大力推广公共交通、智能交通,适当发展轻轨铁路。

参考文献

[1]中华人民共和国年鉴编辑部. 中华人民共和国年鉴[M]. 北京:中华人民共和国年鉴社,2001.

[2]世界能源统计年鉴,内部资料.

[3]国家统计局工业交通统计司. 中国能源统计年鉴(1991—1996)[M]. 北京:中国统计出版社,1998.

[4]国家统计局工业交通统计司. 中国能源统计年鉴(1997—1999)[M]. 北京:中国统计出版社,2001.

[5]中国电力年鉴编辑委员会. 中国电力年鉴(2001)[M]. 北京:中国电力出版社,2001.

[6]国家发展计划委员会基础产业发展司. 1999年白皮书:中国新能源与可再生能源[M]. 北京:中国计划出版社,2000.

[7]周鸿昌. 能源与节能技术[M]. 上海:同济大学出版社,1996.

[8]黄素逸. 能源科学导论[M]. 北京:中国电力出版社,1999.

[9]陈学俊,袁旦庆. 能源工程概论[M]. 北京:机械工业出版社,2002.

[10]冯霄,李勤凌. 化工节能原理与技术[M]. 北京:化学工业出版社,1998.

[11]李荫堂. 环境保护与节能[M]. 西安:西安交通大学出版社,2000.

第2章

节能原理

　　节能的目的是提高能量的利用效率,热能是能量的一种主要形式,也就成为节能的主要对象。热力学第一定律和第二定律奠定了节能分析的理论基础。热力学第一定律告诉人们,能量在"数量"上是守恒的,它既不会无故产生,也不会无缘消失。具体到热量和功量,它们是等价的——即热功当量。热力学第二定律告诉人们能量在"质量"上是有差异的,不同形式能量间的转换存在"不等价"现象。例如,机械能可以自发地全部转化为热能,而热能则只能有条件地部分转化为机械能。建立在热力学第一定律之上的能量守恒分析法和建立在热力学第二定律之上的熵分析法和㶲分析法指出了能量"浪费"的关键所在,为节约能源指明了方向和途径。

2.1　能量分析的基本概念

2.1.1　对能量的再认识

　　长期的物理现象观察和实验告诉我们:能量在不同形式之间可以转换,并且总量守恒。但同时有序能可以无条件地、完全地转换为无序能,无序能则不能自动地、完全地转换为有序能。例如,热能和机械能可以相互转换并且守恒,这通过摩擦生热和热功当量的实验已经加以证明。但是物质的热能却不能全部转换为机械能,这在所有的热能和机械能转换装置中均有体现。描述能量在"数量"上和"质量"上的这种转换规律总结为热力学第一定律和第二定律。

　　为了更清晰地描述能量在"质量"上的区别,引入"㶲"和"㷱"的概念。

　　在一定的环境条件下,能量中最大限度地可转化为有用功的部分称为㶲,不可能转化为有用功的部分称为㷱。

　　任何能量 E 都是由㶲 E_x 和㷱 A_n 两部分组成,即

$$E = E_x + A_n \tag{2.1}$$

　　不同形式的能量其所含的㶲和㷱的量是不同。例如,机械能和电能全部是㶲,不含㷱;高于环境条件的热能既含有㶲,也含有㷱;处于环境条件下的热能全部是

炻,不含㶲。即使同为热能,由于所处的状态条件不同,所含的㶲和炻的量也不同。通常用能质系数表示能量的"质量",能质系数是指能量中㶲所占的百分比,其定义为

$$\lambda = \frac{E_\mathrm{x}}{E} \tag{2.2}$$

对于工质而言,它携带的能量可分为

$$\text{工质携带的能量} \begin{cases} \text{宏观动能、势能} & \text{能全部转化为有用功} \\ \text{热力学能(热能)} & \begin{cases} \text{能转化为有用功的部分} \\ \text{不能转化为有用功的部分} \end{cases} \end{cases} \left. \begin{matrix} \\ \\ \end{matrix} \right\} \text{㶲} \quad \text{炻}$$

2.1.2 能量利用经济性指标

任一能量系统的能量利用程度,即经济性指标通常用效率表示,效率被普遍定义为

$$\text{效率} = \frac{\text{收益}}{\text{代价}} \tag{2.3}$$

在确定效率时应该严格遵循一个原则,即同类项与同类项相比较。但是,由于对能量的认识不同,对得到的收益和付出的代价理解不同,存在不同形式的效率表达式。

从热量"数量"的角度考虑,效率通常用热效率(或者性能系数)表示。

对于动力循环,如果循环所做的功为 W,从高温热源吸收的热量为 Q_1,则循环的热效率 η_t 为

$$\eta_\mathrm{t} = \frac{W}{Q_1} \tag{2.4}$$

对于制冷循环,如果循环所消耗的功为 W,从低温热源吸收的热量为 Q_2,则循环的性能系数 ε 为

$$\varepsilon = \frac{Q_2}{W} \tag{2.5}$$

对于热泵循环,如果循环所消耗的功为 W,向高温热源放出的热量为 Q_1,则循环的性能系数 ε' 为

$$\varepsilon' = \frac{Q_1}{W} \tag{2.6}$$

对于间壁式换热器(又称表面式换热器),如果低温流体所得到的热量为 Q_2,高温流体所放出的热量为 Q_1,则换热器的热效率 η 为

$$\eta = \frac{Q_2}{Q_1} \tag{2.7}$$

从能量"质量"的角度考虑,效率通常用㶲效率表示。

对于动力循环,如果循环所做的功为 W,从高温热源吸收的热量为 Q_1,则循环的㶲效率 η_{ex} 为

$$\eta_{ex} = \frac{E_{x,W}}{E_{x,Q_1}} \tag{2.8}$$

对于制冷循环,如果循环所消耗的功为 W,从低温热源吸收的热量为 Q_2,则循环的㶲效率 η_{ex} 为

$$\eta_{ex} = \frac{E_{x,Q_2}}{E_{x,W}} \tag{2.9}$$

对于热泵循环,如果循环所消耗的功为 W,向高温热源放出的热量为 Q_1,则循环的㶲效率 η_{ex} 为

$$\eta_{ex} = \frac{E_{x,Q_1}}{E_{x,W}} \tag{2.10}$$

对于间壁式换热器,如果低温流体所得到的热量为 Q_2,高温流体所放出的热量为 Q_1,则换热器的㶲效率 η_{ex} 为

$$\eta_{ex} = \frac{E_{x,Q_1}}{E_{x,Q_2}} \tag{2.11}$$

式(2.8)～(2.11)中, $E_{x,Q}$ 和 $E_{x,W}$ 分别为热力系与外界交换的热量和功量的㶲,J。

2.2　热力学第一定律和第二定律

节约能源,实质上就是提高能量转换的经济性指标。这就需要对能量转换系统中的能量转换规律进行研究和分析,热力学第一定律和第二定律就是各种能量转换装置所遵循的最基本的规律。

2.2.1　热力学第一定律

热力学第一定律是能量守恒和转换定律在具有热现象的能量转换中的应用,由德国物理学家迈耶(J. R. Mayer)、亥姆霍兹(H. L. Helmholtz)和英国物理学家焦耳(J. P. Joule)奠定了其基础。它的本质就是能量守恒和转换定律。

能量守恒和转换定律指出:自然界的一切物质都有能量,能量有各种不同的形式,它能够从一种形式转换为另一种形式,从一个物体传递给另一个物体,从物体的一部分传递到另一部分,在转换和传递中能量的数量不变。

如图 2.1 所示,对于任何一个系统,能量守恒和转换定律可表示为

$$E_1 = \Delta E + E_2 \tag{2.12}$$

式中,E_1 为进入系统的能量,ΔE 为系统能量的增量,E_2 为离开系统的能量。

如图 2.2 所示,对于热力系统,热力学第一定律可表示为

$$Q = \Delta E + W \tag{2.13}$$

式中,Q 为热力系统与外界交换的热量,J,热力系统吸热 Q 取"正"值,热力系统放热 Q 取"负"值;ΔE 为热力系统能量的增量,J;W 为热力系统与外界交换的功量,J,热力系统对外界作功 W 取"正"值,外界对热力系统作功 W 取"负"值。

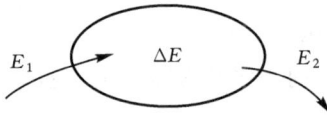

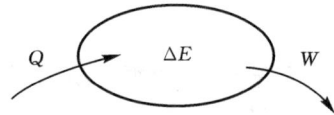

图 2.1　系统　　　　　　　　　图 2.2　热力系统

人们把不消耗能量而取得功的机器叫作第一类永动机,显然第一类永动机是不可能实现的。

工程应用上,经常涉及两个典型的热力系统:闭口系和稳定流动系。

闭口系是指与外界没有质量交换的热力系统。不管是否流动,取一定质量的工质作为研究对象的热力系统就是闭口系。例如,取压气机压缩过程中被包围在气缸中的工质为研究对象,就是一个闭口系。

与外界有质量交换的热力系统叫作开口系,不随时间变化的流动叫作稳定流动,稳定流动系是指其内流动状况不随时间变化的开口系,取一定体积内稳定流动的工质作为研究对象的热力系统就是稳定流动系。例如,稳定工况下,取包围在锅炉、汽轮机、换热器中的工质为研究对象,就是一个稳定流动系。需要注意的是,此时也可以把它们看作一个闭口系。

1. 闭口系的能量方程式

对于闭口系,根据热力学第一定律,其能量方程式可由式(2.13)变化为

$$Q = \Delta U + W \tag{2.14}$$

或

$$q = \Delta u + w \tag{2.14a}$$

式中,ΔU 为闭口系热力学能的变化,J;Δu、q、w 分别为单位工质热力学能的变化、与外界交换的热量和功量,J/kg。

如果闭口系与外界交换的功量只有容积变化功,并且其热力变化是可逆过程的话,有

$$W = \int_1^2 p\,\mathrm{d}V \tag{2.15}$$

式中,p、V 分别为工质的压力和体积,Pa 和 m³。

此时,闭口系的能量方程式可写成

$$Q = \Delta U + \int_1^2 p\mathrm{d}V \tag{2.16}$$

或

$$q = \Delta u + \int_1^2 p\mathrm{d}v \tag{2.16a}$$

式中,v 为工质的比体积,m³/kg。

2. 稳定流动系的能量方程式

对于稳定流动系,根据热力学第一定律,其能量方程式可由式(2.13)变化为

$$Q = \Delta H + \frac{1}{2}m\Delta c_{\mathrm{f}}^2 + mg\Delta z + W_{\mathrm{s}} \tag{2.17}$$

或

$$q = \Delta h + \frac{1}{2}\Delta c_{\mathrm{f}}^2 + g\Delta z + w_{\mathrm{s}} \tag{2.17a}$$

或

$$Q = \Delta H + W_{\mathrm{t}} \tag{2.18}$$

或

$$q = \Delta h + w_{\mathrm{t}} \tag{2.18a}$$

式中,ΔH、$\frac{1}{2}m\Delta c_{\mathrm{f}}^2$、$mg\Delta z$ 分别为稳定流动系焓、动能和势能的变化,J;W_{s} 为稳定流动系通过轴与外界交换的轴功,J;W_{t} 为稳定流动系与外界交换的技术功,J;Δh、w_{s}、w_{t} 分别为单位工质焓的变化、轴功和技术功,J/kg。显然有

$$W_{\mathrm{t}} = \frac{1}{2}m\Delta c_{\mathrm{f}}^2 + mg\Delta z + W_{\mathrm{s}} \tag{2.19}$$

或

$$w_{\mathrm{t}} = \frac{1}{2}\Delta c_{\mathrm{f}}^2 + g\Delta z + w_{\mathrm{s}} \tag{2.19a}$$

如果稳定流动系的热力变化是可逆过程的话,有

$$W_{\mathrm{t}} = -\int_1^2 V\mathrm{d}p \tag{2.20}$$

此时,稳定流动系的能量方程式可写成

$$Q = \Delta H - \int_1^2 V\mathrm{d}p \tag{2.21}$$

或

$$q = \Delta h - \int_1^2 v\mathrm{d}p \tag{2.21a}$$

3. 热力学第一定律的应用

应用式(2.14)～(2.21)可以对工程上的设备从能量守恒的角度进行分析。

例如,对于压气机,单位质量工质在压缩过程中所消耗的功的绝对值 w 可由式(2.14a)得到

$$w = (u_2 - u_1) - q \tag{2.22}$$

而产生单位质量的压缩工质所消耗的功的绝对值 w 可由式（2.17a）可得到

$$w = (h_2 - h_1) - q \tag{2.23}$$

上述式子中下标 1、2 分别表示工质状态发生变化的前、后。

对于像蒸汽轮机、燃气轮机和叶轮式压气机等叶轮机械，一般认为其内工质发生的过程为绝热且忽略工质动能、势能的变化，此时单位工质通过轴与外界交换的功量由式（2.17a）可得到

$$w_s = h_1 - h_2 \tag{2.24}$$

对于喷管和扩压管，一般认为其内工质发生的过程为绝热且忽略工质势能的变化，此时由式（2.17a）可得到

$$\frac{1}{2} \Delta c_f^2 = h_1 - h_2 \tag{2.25}$$

对于像锅炉、凝汽器、中间冷却器等间壁式换热器，热流体或者冷流体的能量平衡方程式由式（2.17a）可得到

$$q = h_2 - h_1 \tag{2.26}$$

能源利用系统中的设备都是以能量的转换或者转移为目的的，弄清楚这些设备中的能量转换或者转移的数量，是提高设备效率、改进设备设计时最基本的参数。

2.2.2　热力学第二定律

热力学第二定律是对自然界各种自发过程的不可逆性或者方向性蕴涵的规律的总结。典型的自发过程有温差传热和热功转换。热量可以通过导热、对流和热辐射等多种形式从高温热源自发地传递到低温热源，机械能可以通过摩擦生热、压缩等多种形式自发地转换为热能。但是，相反的过程却不能自发进行，而它们并不违反热力学第一定律。大量的实践证明：当有无序能参与能量转换时，遵守热力学第一定律的过程未必能够实现。例如，人类历史上发明创造了形式繁多的动力循环都不能全部、而只能部分地把热能转换为机械能。德国物理学家克劳修斯（R. J. E. Clausius）、英国科学家开尔文（L. Kelvin）和法国物理学家卡诺（N. L. S. Carnon）对热力学第二定律作出了巨大的贡献。

针对不同自发过程的物理现象，热力学第二定律有不同的表述。

克劳修斯说法：不可能把热量从低温物体传到高温物体而不引起其他变化。

开尔文说法：不可能从单一热源取热使之完全变为功而不引起其他变化。

人们把能够从单一热源取热，使之完全变为功而不引起其他变化的机器叫作第二类永动机，显然第二类永动机是不可能实现的。

根据热力学第二定律，在实际中任何热机都不能把热能全部转换为机械能，到

底有多少热能可以转换为机械能呢?卡诺定律从理论上回答了这一问题。

1. 卡诺循环和卡诺定律

卡诺首先假设了一个工作在两个恒温热源之间按照卡诺循环工作的理想热机,如图 2.3 所示,卡诺循环是由两个可逆定温过程和两个可逆绝热过程组成的可逆循环,工质从温度为 T_1 的高温热源吸热 Q_1,作出循环净功 W,向温度为 T_2 的低温热源放热 Q_2。卡诺循环的热效率 $\eta_{t,c}$ 为

$$\eta_{t,c} = \frac{W}{Q_1} = 1 - \frac{T_2}{T_1} \qquad (2.27)$$

显然,遵守卡诺循环的热机把从高温热源吸收的热能转换为机械能的数量为

$$W = \eta_{t,c} Q_1 = \left(1 - \frac{T_2}{T_1}\right) Q_1 \qquad (2.28)$$

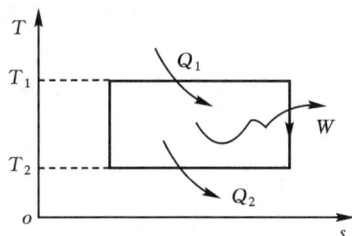

图 2.3　卡诺循环

卡诺通过卡诺定理一和定理二进一步阐述热力学第二定律。

卡诺定理一:在相同的高温热源和相同的低温热源之间工作的可逆热机的热效率恒高于不可逆热机的热效率。

卡诺定理二:在相同的高温热源和相同的低温热源之间工作的可逆热机有相同的热效率,而与工质无关。

遵循卡诺循环的热机虽然是理想化的,但是卡诺定理的意义在于:任何热机热效率的极限值是卡诺热机的热效率 $\eta_{t,c}$,而不是热力学第一定律体现出来的100%。例如,工作在温度为 1 000 K 的高温热源和 300 K 的低温热源之间的卡诺热机的热效率为 70%,工作在该温限之间的所有热机的热效率的极限值就是 70%。换句话说,如果从该高温热源吸热 1 000 kJ,能够转化的最大功为 700 kJ。

卡诺定理仅仅针对热能和机械能转换这一自发现象阐述热力学第二定律。为了适应不同的自发现象,克劳修斯引入状态参数"熵"来进一步描述自发现象的不可逆性。

2. 熵和热力学第二定律

对于热力过程,用熵参数表示的热力学第二定律的数学表达式为

$$\Delta S \geqslant \int_1^2 \frac{\delta Q}{T} \qquad (2.29)$$

或

$$\Delta s \geqslant \int_1^2 \frac{\delta q}{T} \qquad (2.29a)$$

式中,ΔS、Δs 分别为热力系全部工质和单位质量工质的熵的变化,J/K 和 J/kg·K。

对于热力循环,用熵参数表示的热力学第二定律的数学表达式为

$$\oint \frac{\delta Q}{T} \leqslant 0 \qquad (2.30)$$

或

$$\oint \frac{\delta q}{T} \leqslant 0 \qquad (2.30a)$$

上述式子中,不等式表示热力过程或者循环是不可逆的,等式表示热力过程或者循环是可逆的。不等式左右边项差别越大,说明热力过程和循环的不可逆程度越大。所以,上述热力学第二定律表达式不但表示了自发过程的不可逆性和方向性,而且表示了自发过程进行的条件和深度。熵的物理意义正是通过它可以描述自发现象的不可逆性。

为了更好地理解熵的变化,把熵变化 ΔS 分为熵流 ΔS_f 和熵产 ΔS_g 两部分。熵流是指由于质量和热量的传递引起的熵变化,熵产是指由于不可逆因素引起的熵变化。所以有

$$\Delta S = \Delta S_f + \Delta S_g \qquad (2.31)$$

或

$$\Delta s = \Delta s_f + \Delta s_g \qquad (2.31a)$$

不难看出,式(2.29)中左边项比右边项多出的部分就是熵产。

对于孤立系统,由于热力系与外界既无能量也无质量交换,由式(2.29)和(2.31)可知

$$\Delta S_{iso} = \Delta S_g \geqslant 0 \qquad (2.32)$$

这一结论即是孤立系统熵增原理。式(2.32)也是热力学第二定律的数学表达式。

对热力系统熵参数的探究虽然清楚表达了自发过程的不可逆性,但并没有直接对能量转换的规律进行描述。㶲参数的引入解决了这一问题。

3. 㶲和热力学第二定律

以温差传热这个相对简单的不可逆过程为例,来说明㶲在能量分析中的作用。假设热量 Q 从恒温体系 A(温度为 T_A) 传到 B(温度为 T_B,$T_B < T_A$),根据㶲的定义和式(2.28)可知,该热量在 A 和 B 体系中的㶲分别为

$$E_{x,Q,A} = \left(1 - \frac{T_0}{T_A}\right)Q \qquad (2.33)$$

$$E_{x,Q,B} = \left(1 - \frac{T_0}{T_B}\right)Q \qquad (2.34)$$

显然,同样数量的热量,在两个不同温度下所具有的㶲是不同的(后者小于前者),也就是说具有的作功能力是不同的。用另一句话说,不可逆传热引起了㶲损失。如果用 I 表示㶲损失,则该不可逆传热过程的㶲损失为

$$I = E_{x,Q,A} - E_{x,Q,B} = T_0\left(\frac{1}{T_B} - \frac{1}{T_A}\right)Q \qquad (2.35)$$

从上式可以看出,温差传热虽然满足了热力学第一定律,能量数量没有变化,但是其内含有的㶲却减少了,也就是能量中转化为有用功所能够被人们利用的部分减少了,我们称之为"能量贬值"。能量贬值的实质是能量中的㶲退化成了㶲。

对于孤立系统,热力过程进行时㶲只会减少不会增加,可逆时保持不变,这就是能量贬值原理,即

$$\Delta E_{x,iso} \leqslant 0 \tag{2.36}$$

实际设备中的热力过程总有各种各样的不可逆因素,就像温差传热一样,不可避免地能量中的一部分㶲将退化为㶲。我们通常所说的能量损失,严格地讲是指㶲损失。基于这个意义,节能的实质是尽可能地减少㶲损失。

如图 2.4 所示,就象能量平衡一样,对于任何一个系统,㶲损失也可以通过㶲平衡方程计算

$$E_{x,1} = \Delta E_x + E_{x,2} + I \tag{2.37}$$

式中,$E_{x,1}$ 为进入系统的㶲;ΔE_x 为系统㶲的增量;$E_{x,2}$ 为离开系统的㶲,J。

图 2.4 平衡系统

对于闭口系,㶲平衡方程可由式(2.37)变化为

$$E_{x,Q} = \Delta E_{x,U} + E_{x,w} + I \tag{2.38}$$

或

$$e_{x,q} = \Delta e_{x,u} + e_{x,w} + i \tag{2.38a}$$

对于稳定流动系,㶲平衡方程可由式(2.37)变化为

$$E_{x,Q} = \Delta E_{x,H} + E_{x,W_t} + I \tag{2.39}$$

或

$$e_{x,q} = \Delta e_{x,h} + e_{x,W_t} + i \tag{2.39a}$$

式中,e_x 和 i 分别表示单位工质的㶲和㶲损失,J/kg。

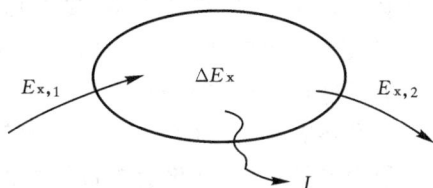

2.3 合理利用能量的原则

根据热力学第一定律和第二定律,能量合理利用的原则,就是要求能量系统中能量在数量上保持平衡,在质量上合理匹配。从能量利用经济性指标的角度考虑,就是要尽量使系统的热效率和㶲效率接近 100%。

能量在数量上保持平衡在实践中容易做到,根据热力学第一定律,没有足够的能量输入,就达不到人们所需要的生产和生活需求。但同时还要认识到,输入的能量并一定能够完全被生产和生活所利用,工业生产过程中工质跑、冒、滴、漏带走的能量、管道运输中能量的沿程损失、废热废物的遗弃等都是不可避免的。关键的问题在于最大限度地减少这种非需求的能量损失。通常把这种能够在数量上表现出

来的能量损失叫作外部损失。工程上常常采用的余热回收利用、保温防漏、废副产物回收利用等都是减少能量外部损失，实现节能的重要措施。

　　能量在质量上合理匹配，在很长一段历史时期被人们所忽视，即使现在往往也不被人们重视。工业实践中使用高压蒸汽通过减压阀来提供低压动力，生活实践中使用电热供暖就是典型的例子。把高压蒸汽和电能这种高"质量"能量直接转换成低压蒸汽和热能这种低"质量"能量，使能量中大量的㶲变成烷，也是能量损失的一种形式。通常把这种不能从数量上表现出来，只能在质量上反映出来的能量损失叫作内部损失。能量发生内部损失，贬值到一定程度，往往难以利用而只好废弃，又引发能量的外部损失。所以，能量在质量上的合理匹配是不容忽视的。通过能量系统中㶲损失的分析，计算其大小，找出其发生的部位和原因，改进生产方法、设备、工艺流程或者采用新技术等都是合理匹配利用能量，实现节能的方法。

　　下面通过电热供暖和热泵供暖的比较来说明能量的合理利用。

　　假设环境温度为 0℃，为使室内温度保持 20℃，单位时间内需向室内供热 10 kJ。如果采用电炉供暖，在没有外部损失的情况下，由式(2.7)、式(2.10)和式(2.28)可以计算出电炉的热效率和㶲效率。

　　热效率：$\eta = \dfrac{Q_2}{Q_1} = \dfrac{10}{10} \times 100\% = 100\%$

　　㶲效率：$\eta_{ex} = \dfrac{E_{x,Q_1}}{E_{x,w}} = \dfrac{\left(1 - \dfrac{273.15}{273.15 + 20}\right) \times 10}{10} \times 100\% = 6.82\%$

　　如果采用卡诺热泵，由工程热力学的知识不难求得，将花费 0.682 kJ 的电功从环境中吸收 9.318 kJ 的热量送入室内。在同样条件下计算该卡诺热泵的热效率和㶲效率。

　　热效率：$\eta = \dfrac{Q_2}{Q_1} = \dfrac{10}{0.732 + 9.268} \times 100\% = 100\%$

　　㶲效率：$\eta_{ex} = \dfrac{E_{x,Q_1}}{E_{x,w}} = \dfrac{\left(1 - \dfrac{273.15}{273.15 + 20}\right) \times 10}{0.682} \times 100\% = 100\%$

　　比较电热供暖和热泵供暖，可以看出：电热供暖在能量数量上保持了平衡，热效率达到 100%；但在能量质量上匹配不合理，㶲效率只有 6.82%。热泵供暖在能量数量上保持平衡的基础上同时达到了能量质量的合理匹配，热效率和㶲效率都达到了 100%。电热供暖比热泵供暖多消耗了 93.2% 的电能，浪费了大量的能量，所以电热供暖是不合理的。

参考文献

[1] 刘桂玉,刘咸定,钱立伦,等. 工程热力学[M]. 北京:高等教育出版社,1989.

[2] YUNUS A, MICHAEL A. Thermodynamic-An Engineering Approach[M]. New York:McGraw-Hill Companies, Inc. ,2002.

[3] 沈维道,蒋智敏,童钧耕. 工程热力学[M]. 3 版. 北京:高等教育出版社, 2002.

[4] 李汝辉,刘德彰,李世武. 能量有效利用[M]. 北京:北京航空航天大学出版 社,1992.

[5] 蒋楚生,何耀文,孙志发,等. 工业节能的热力学基础和应用[M]. 北京:化学 工业出版社,1990.

[6] 陈听宽. 节能原理与技术[M]. 北京:机械工业出版社,1988.

第3章　能量平衡

3.1　概述

用能设备及企业,要消耗能源以产生电能、热能、机械能等来生产各种产品。人们关注的主要问题,一是产品的质量,二是能源消耗水平,即能源利用效率的高低。前者涉及生产工艺、生产流程及操作水平,后者涉及用能水平。在能源消耗量日益剧增、世界能源相对紧缺的情况下,提高设备热效率,提高企业的能量利用率,已愈来愈为人们所重视。进行企业或设备的能量平衡,以评价其能源利用状况,找出能源浪费的环节或部位,优化用能过程,指导节能工作,达到降低成本、提高生产效率的目的。

进行能量平衡是考察设备及企业的能量构成、分布、利用的有效而科学的手段,是能源领域重要的基础性工作。一切生产过程和设备的运行,总伴随着能量的传递、转换和利用过程,无不与热能发生着紧密的联系。热能是能量利用的主要形式,绝大多数耗能设备都是使用燃料或利用其他能源热量的设备,故能量平衡首先研究的是热平衡。

3.1.1　能量平衡

热力学第一定律是热平衡的基础,它是能量转换与守恒定律在伴随着热效应的物理及化学过程中的应用,指出各种能量在传递和转换过程中,其总量是守恒的。过程进行中,输入能量一部分被有效利用,或对外做有用功,或引起了工质的能量的变化,另一部分则被损失掉,即

$$输入能量 = 有效利用能量 + 损失能量$$

热力学第一定律指出了能量在利用过程中的数量平衡关系,没有涉及能量品位的高低。设 Q_1,Q_2 分别表示工质带入系统与从系统带出的能量,W 表示系统对

外做功, Q 表示向环境的散热损失。则能量的数量平衡式可表示为

$$Q_1 = Q_2 + W + Q \tag{3.1}$$

能效率定义为收益能与代价能之比,有

$$\eta = \frac{W}{Q_1} = 1 - \frac{Q_2 + Q}{Q_1} \tag{3.2}$$

3.1.2　㶲平衡

热力学第二定律指出了能量在质的方面的本性,当能从一种形式转化为另一种形式时,其品位常发生变化,但只能降低,绝不可能升高。并指出一切自发过程都是不可逆过程,对于一个非自发过程,它的实现需要另一个自发过程推动。一切可逆过程中,系统㶲值、㶲值之和保持恒值。在孤立系统中,系统的㶲只会减少,而㶲只会增加。

设有一系统, E_1 、 E_2 分别表示工质带入带出系统的㶲, W 为系统对外做功, E_Q 表示系统向环境的散热,它退化为㶲, $\sum \Delta E_I$ 是由于各项不可逆过程造成的㶲损失。则系统的㶲平衡方程可写为

$$E_1 = W + E_2 + E_Q + \sum \Delta E_I \tag{3.3}$$

㶲效率定义为收益㶲与代价㶲之比,即有

$$\eta = \frac{W}{E_1} = 1 - \frac{E_2 + E_Q + \sum \Delta E_I}{E_1} \tag{3.4}$$

当 E_2 可利用时

$$\eta = 1 - \frac{E_Q + \sum \Delta E_I}{E_1} \tag{3.5}$$

第二定律奠定了节能的又一基础,指出节能工作中,不能只进行热平衡,还要进行㶲平衡,以取得最大的能量利用率和节能效果。

能平衡有两种方法,一种是以热力学第一定律为基础的能量数量平衡法,另一种是以热力学第二定律为基础的能量质量平衡法,即㶲分析法。

进行能平衡的对象,可以是一台设备、一座工厂或企业,也可以是一个国家或地区。

3.2　热平衡

由于所有耗能设备总要消耗燃料或其他能源,对输入系统的能量和离开系统的能量进行数量上的平衡,即热平衡。热平衡在能量系统和节能管理工作中极为重要。

3.2.1 基本概念

1. 热平衡的分类

（1）设备热平衡　以一台设备或装置为对象的热平衡。

（2）企业热平衡　以车间、企业为对象的热平衡。

企业热平衡建立在设备热平衡的基础上。我国已制定了相应的热平衡国家标准，并已对如锅炉、工业窑炉、用汽设备等设备和如石化厂、发电厂等企业开展了热平衡工作。

2. 燃料发热量及热值

燃料在完全燃烧条件下发出的热量称发热量。发热量由实验测定，实验时应保证燃料在化学反应前后的系统温度为定值 25℃。

单位燃料发热量称燃料的热值。燃料的热值有高热值、低热值之分。高热值指单位燃料完全燃烧且燃烧产物中的水蒸气凝结为水时放出的热量，而低热值不计入燃烧产物中水蒸气凝结放热。在我国，燃烧设备的排烟温度一般较高，烟气中的水蒸气不会凝结成水，故均用低热值。热值的法定单位为 kJ/kg，在计算能源消耗量时，也可用"kg 标准煤"来表示，1 kg 标准煤的发热量为 29 270 kJ/kg。表 3.1 给出了部分燃料的热值。

表 3.1　部分燃料热值及折合标准煤数据

名称	低位发热量 /kJ·(kg)$^{-1}$	折合标煤 /kg	名称	低位发热量 /kJ·(kg)$^{-1}$	折合标煤 /kg
标准煤	29 270	1.000	焦油	37 680	1.287
原煤	20 910	0.714	天然气	39 770	1.359
焦炭	28 890	0.987	油田气	41 870	1.431
原油	41 820	1.429	液化气	50 180	1.714
汽油	43 070	1.471	高炉气	38 520	1.316
煤油	43 070	1.471	焦炉气	18 010	0.615
柴油	38 730	1.333	发生炉煤气	52 330	1.788

3. 等价热量和当量热量

（1）等价热量

在进行能量平衡计算中，一次能源直接用热值带入，二次能源（包括电力、蒸汽、石油制品、焦炭、煤气等）及耗能工质（压缩空气、氧、水等）都必须折合为它们

所消耗的一次能源计算,其折算系数称等价热量。等价热量是二次能源折算为一次能源的量。数量上用下式计算

$$二次能源等价热量 = \frac{二次能源热值}{转换效率}$$

例如,焦炭的热值为 28 890 kJ/kg,若其转换效率为 0.85,则焦炭的等价热量 q 为

$$q = \frac{28\ 890}{0.85} = 33\ 990 \quad kJ/kg$$

即是说,1 kg 焦炭的等价热量相当于 1.161 kg 标准煤发出的热量,其概念与折算为标准煤的系数是不同的。

又如,目前我国火电厂发出 1 kW·h 电约需消耗 0.35kg 标准煤,折算成热量为 10 240 kJ,此即为电的等价热量。

尽管二次能源具有相同的热值,但因转换效率的不同,其等价热量也不相同。例如,某压力下饱和蒸汽的焓值为 2 720 kJ/kg,若锅炉效率为 0.65,其等价热量为 4 185 kJ/kg;但若锅炉效率提高到 0.8,则等价热量变为 3 400 kJ/kg。可见提高能量转换效率是合理利用能源的一个重要途径。

(2) 当量热量

当量热量指用能过程中所使用的二次能源在工艺过程中实际完全转换成的能量。例如,1 kW·h 电完全转换为热时产生 3 600 kJ 热量。国际单位制中,各种能量的单位均为 J(kJ,MJ),故热、功、能的当量热量值都等于 1。

在进行热平衡计算时,等价热量与当量热量具有不同的用途。对二次能源,在计算系统输入热量时,应使用等价热量。在计算实际放出的热量时,应使用当量热量。耗能工质不是能源,在生产过程中,作为原料或消耗性工质使用,只有等价热量而无当量热量。

3.2.2　热平衡技术指标

热平衡技术指标是用于衡量设备或企业的用能水平、节能效果和能源管理完善程度的指标,是进行热平衡计算的尺度。由于行业不同,设备的种类繁多,有必要规定一些相同的技术指标。能量的分类是热平衡技术指标计算的基础。

1. 用能系统热量的分类

对于给定的用能系统,加入系统的能量一部分被利用了,称为有效利用热;其余部分热量未被利用,这就是损失热。在有效利用热中,一部分可重复利用,称重复利用热;一部分不可重复利用,就是损失热。损失热中,一部分可回收利用,称回收热(余热),余热回收可减少总能消耗量,提高能量利用效率。

2. 热平衡技术指标

（1）能耗

能耗是考核企业单位产量或单位产值的能量消耗的指标，分为单耗、综合能耗两种。

① 单耗。单位产量或单位产值所消耗的某种能量折算为标准煤的数量。

② 综合能耗。企业消耗的各种能源的总耗量，包括一次能源、二次能源及耗能工质所消耗的能量，与产品总产量或产品总产值之比。

（2）能量利用效率

这是衡量企业用能水平的主要指标，分为设备热效率、装置能源利用率及企业能源利用率。

① 设备热效率。用以反映设备的能量利用程度，定义为

$$\eta = \frac{Q_{yx}}{Q_{gg}} \times 100\% = \left[1 - \frac{\sum Q_{ss}}{Q_{gg}}\right] \times 100\% \tag{3.6}$$

式中，Q_{yx} 为设备有效利用热；Q_{gg} 为设备供给热；Q_{ss} 为各项损失热。

供给热包括煤、石油、天然气等一次能源和电、蒸汽、焦炭、煤气等二次能源提供的热量，以及化学反应的放热量。二次能源提供的热量以实际焓值或等价热量计。

热力设备如锅炉，其热效率表示为

$$\eta = \frac{D(H_q - H_s)}{B Q_{dw}^y} \times 100\% \tag{3.7}$$

式中，D 为锅炉蒸发量，kg/h；H_q 为蒸汽焓，kJ/kg；H_s 为给水焓，kJ/kg；B 为用煤量，kg/h；Q_{dw}^y 为煤的低位发热量，kJ/kg。

对某些设备，其用能水平的衡量已有习惯用法则仍加以沿用。如制冷机用制冷系数 ε_L

$$\varepsilon_L = \frac{Q_{ll}}{Q_{xh}}$$

式中，Q_{ll} 为制冷量，kJ；Q_{xh} 为压缩机消耗的功，kJ。

热泵采用供热系数 ε_r

$$\varepsilon_r = \frac{Q_{gc}}{Q_{xh}}$$

式中，Q_{gc} 为供出热量 kJ。

② 装置能量利用率。在有些行业，如石油、化工、建材行业，因装置的工艺过程中有较多的化学反应和回收利用热，不能用一般工艺有效能及设备热效率来考核其用能水平，而要以全入热为基础进行热平衡，引入了装置能量利用率，定义为

$$\eta = \frac{Q_{sc} + Q_{hs}}{Q_{gr}} \times 100\% \qquad (3.8)$$

式中，Q_{sc} 为输出能，kJ；Q_{hs} 为回收利用能，kJ。

　　③ 企业能源利用率。这是用于考察整个企业用能水平的指标，定义为

$$\eta = \frac{\sum Q_{yx}}{\sum Q_{gr}} \times 100\% \qquad (3.9)$$

式中，$\sum Q_{yx}$ 为总有效热，kJ；$\sum Q_{gr}$ 为供入热，kJ。

　　企业总能量供给包括一次能源的燃料热值和二次能源的等价热量。当有二次能源输出时，上述两项均应折算到一次能源，并从总能量供给中扣除。企业能源利用率与能源转换设备及用能设备的热效率有关。

　　（3）回收率

　　回收率是反映企业由于余热回收和利用所带来的节能效益指标，记作

$$\eta_{hs} = \frac{Q_{hs}}{Q_{gr} + Q_{hs}} \times 100\% \qquad (3.10)$$

　　上述三类指标可全面衡量一个企业的用能水平，同时也可初步衡量企业的能源管理水平，并为制定节能技术措施提供科学依据。

3.2.3　热平衡模型及类型

1. 热平衡模型

　　将要进行热平衡的对象看成一个体系，用一方框表示如图 3.1 所示。体系的选择要根据热平衡的目的，同时顾及测试和计算方便。进入体系和输出体系的能量分别用箭头标于方框的四周。带入体系的能量称物料带入热 Q_r，画在方框的左侧。工质带出体系的热 Q_c 画在方框的右侧。外界供给体系的热 Q_{gg} 画在方框的下面。排出体系的热量 Q_p，画在方框的上面。体系回收热 Q_{hs} 用弧线画在方框内，若在体系外循环，则在方框外画一循环线。该图称作热平衡模型。

　　根据热力学第一定律有

$$Q_r + Q_{gg} = Q_c + Q_p$$

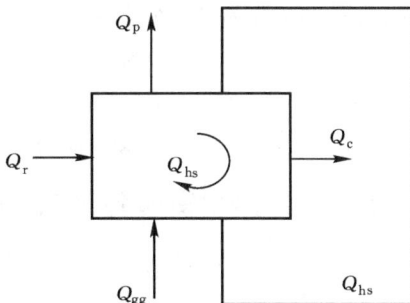

图 3.1　热平衡模型

2. 热平衡类型

　　由于进行热平衡的具体要求和目的不同，因而观察的项目不同，故又不同的热平衡类型，分为供入热平衡、全入热平衡和敬入热平衡。

（1）供入热平衡

以供给体系的热为基础的热平衡称为供入热平衡。供入热包括煤、石油、天然气等燃料燃烧提供的热量，以及由电、蒸汽、焦炭等二次能源提供的热量。供入热平衡主要观察外界供入热的利用情况。锅炉、加热炉、干燥设备等都属于这种情况。由图 3.1 可写出

$$Q_{gg} = Q_c + Q_p - Q_r \qquad (3.11)$$

例如锅炉的供入热平衡方程式为

$$BQ_{dw}^y = D(h_q - h_s) + Q_p \qquad (3.12)$$

式中，h_q 为蒸汽焓，kJ/kg；h_s 为给水焓，kJ/kg。

（2）全入热平衡

以进入系统的全部热量为基础的热平衡，称全入热平衡。与供入热平衡的不同点在于，输入热除燃料燃烧提供的热量外，工质带入的显热、化学反应热、回收热也包括在内，这样除可观察系统的热量利用情况外，还可考察装置的余热利用情况。全入热平衡主要用于化工系统中。这时全入热量为

$$Q_{qr} = Q_{gg} + Q_{gr} + Q_{hs}$$

式中，Q_{gr} 为供入热。

系统排出的总能量为

$$Q_{pc} = Q_c + Q_p + Q_{hs}$$

由第一定律有

$$Q_{qr} = Q_c + Q_p + Q_{hs} \qquad (3.13)$$

（3）净入热平衡

以实际加给体系的热量为基础的热平衡，称净入热平衡。主要观察的是加给体系的热量的利用程度，在换热器计算中经常用到

$$Q_{jr} = Q_{dc} - Q_{dr} \qquad (3.14)$$

式中，Q_{jr} 为净入热，kJ；Q_{dc} 为工质带出热，kJ；Q_{dr} 为供质带入热，kJ。

具体进行热平衡时，按照设备、行业的不同，选其一即可。

3.2.4 热平衡时各种热量的计算

对不同企业、不同设备进行热平衡计算，很难采用完全统一的模式。但统一基本概念，采用相同的原则、方法及其公式却是可能的。下面介绍热平衡计算的基准和各类热量的计算，提供一个基本计算方法。

1. 供入热计算

供入热量包括下列各项中的一项或数项。

（1）燃料燃烧时供给的热量

燃料燃烧时供给系统的热量 Q_{rs},包括燃料带入热 Q_{rl}、空气带入热 Q_{kq} 和雾化用蒸汽带入热 Q_{zq},即

$$Q_{rs} = Q_{rl} + Q_{kq} + Q_{zq} \qquad (3.15)$$

燃料带入热包括燃料低热值和燃料由基准温度加热到入口温度时的显热 Q_{xr},而显热为

$$Q_{xr} = BC(t_r - t_0) \qquad (3.16)$$

式中,B 为燃料量,kg/h;C 为燃料比热,kJ/(kg·℃);t_r、t_0 为系统入口温度和环境温度,℃。

燃烧用空气带入热为空气在系统入口的焓与基准下的焓差

$$Q_{kq} = H_r - H_0 \qquad (3.17)$$

燃油燃烧时,为防止产生 NO_x,同时提高雾化程度,常常喷水蒸气,这些蒸汽在炉内很快扩散,最后随烟气排出。蒸汽带入热为系统入口处水蒸气的焓与基准温度下水的焓差

$$Q_{2q} = D_r(h_q - h_0) \qquad (3.18)$$

其中,D_r 为水蒸气量,kg/h。

(2)外界供给系统的电量 P 和功量 W

(3)外界向系统的传热量

$$Q = KF\Delta T \qquad (3.19)$$

式中,K 为传热系数,kJ/(m^2·℃);F 为换热面积,m^2;ΔT 为外界与系统间的温差,K。

(4)载热体带入系统的热量

若载热体为蒸汽,则用式(3.18)计算。若为空气、烟气、煤气及其他高温气体,则供入 Q_{gr} 热为载热体在系统入口处的焓与基准温度下的焓值差

$$Q_{gr} = m(h_r - h_0) \qquad (3.20)$$

式中,m 为载热体的流量。

热平衡时还有其他热量,计算时参考有关资料。

2. 有效能概念及计算

有效能指已被利用的能量。国家标准规定:有效能量是指达到工艺要求时,理论上必须消耗的能量。也即在生产过程中必须消耗的最小能量,包括多种工艺过程所消耗的能量和各种动力过程所输出的能量。有效能常包括下列诸项中的一项或数项。

(1)一般加热工艺

一般加热工艺中有效能为从系统入口状态加热到出口状态时,物料或工质所吸收的热量

$$Q_{yx} = m(C_{pc}T_c - C_{pr}T_r) \tag{3.21}$$

式中，m 为载热流体的质量，kg；C_{pc}、T_c 为出口定压比热及温度，kJ/(kg·℃)，T；C_{pr}、T_r 为入口定压比热及温度，kJ/(kg·℃)，T。

当工艺要求温度高于出口温度时，参照上式计算。

（2）有化学反应的工艺

此时有效能为所吸收的化学反应热

$$Q_{yx} = mQ_{xr} \tag{3.22}$$

式中，Q_{xr} 为化学反应显热。

（3）在蒸发、干燥工艺中

此时有效能为水分等蒸发物质所吸收的热量

$$Q_{yx} = m[C_p(T_c - T_r) - r] \tag{3.23}$$

式中，m 为蒸发量，为出、入口质量之差，kg；r 为工质的汽化潜热。

（4）产品中包含部分燃料时

此时有效能应是这部分燃料的发热量

$$Q_{yx} = BQ_{dw}^y \tag{3.24}$$

（5）系统向外界输出电、功时

$$Q_{yx} = W + P \tag{3.25}$$

（6）未包括在以上各项中的其他有效能。

采暖、照明、运输等过程中的有效能，按标准规定：凡耗能低于规定指标时，视实际耗能量为有效能量；高于规定指标时，其超出部分不计入有效能。

3. 损失能量

系统的供给热量中未被利用的部分称损失热，主要为散失于环境中的热量，包括不完全燃烧损失热、排烟损失热、排水排气等损失热、散热、蓄热损失热、泄漏损失及其他损失热量。

3.3　设备热平衡

设备热平衡是企业热平衡的基础，只有设备用能合理，才能使企业用能合理。本节以工业上大量使用的锅炉设备为例，介绍设备热平衡。

在我国，无论工业生产还是家庭用户，大量使用锅炉。发电厂所用的电站锅炉，每年约消耗我国煤产量的三分之一。工业锅炉及家庭用煤又消耗约三分之一。而锅炉尤其是工业锅炉的热效率较低，做好锅炉热平衡，提高其运行效率，对节能具有重大意义。

锅炉是将煤的化学能转变为蒸汽或水的热能的设备。由于各种原因，燃料在锅炉中不会完全燃烧,燃烧放出的热量也只有一部分被工质所吸收,还有一部分随炉渣、烟气排放到环境中。尽量减少损失热是提高锅炉效率的有效措施。

3.3.1 锅炉热平衡方程

锅炉热平衡方程式如下

$$Q_r = Q_1 + Q_2 + Q_3 + Q_4 + Q_5 + Q_6 \qquad (3.26)$$

式中,Q_r 为燃料供给热,kJ/kg;Q_1 为有效利用热,kJ/kg;Q_2 为排烟损失热,kJ/kg;Q_3 为化学不完全燃烧损失热,kJ/kg;Q_4 为机械不完全燃烧损失热,kJ/kg;Q_5 为散热损失,kJ/kg;Q_6 为灰渣物理损失,kJ/kg。

将式(3.26)两边除以 Q_r,并乘以 100%,则得到热平衡方程的百分比表示式

$$q_r = q_1 + q_2 + q_3 + q_4 + q_5 + q_6 = 100\% \qquad (3.27)$$

该式中 $q_i(i = 1, 2, \ldots, 6)$ 表示各项热损失所占的百分比,也可理解为占供入热量的份额。

对于液体燃料,因灰渣很少,上式中 $q_6 \approx 0$。对于气体燃料,上式中 $q_4 \approx 0$,$q_6 \approx 0$。

3.3.2 锅炉热效率

锅炉热效率分为正平衡热效率、反平衡热效率和毛效率、净效率。

(1)正平衡热效率

通过锅炉试验求得 Q_r、Q_1 所得的热效率称为正平衡热效率,它反映了有效热占锅炉总吸热量的百分比

$$\eta = q_1 = \frac{Q_1}{Q_r} \times 100\%$$

在直接测得锅炉的工质流量、参数(温度、压力)及燃料消耗量后,热效率可用下式计算

$$\eta = \frac{D(h_q - h_s) + D_{ps}(h_{ps} - h_s)}{B Q_{dw}^y} \times 100\% \qquad (3.28)$$

式中,D_{ps} 为排污水量,kg/h;H_{ps} 为排污水的焓,kJ/kg。

(2)反平衡热效率

正平衡发只能给出锅炉热效率,不能给出各项热损失,因而找不到节能途径,就需要求出锅炉的反平衡热效率

$$\eta = \frac{Q_1}{Q_r} = [1 - (q_2 + q_3 + q_4 + q_5 + q_6)] \times 100\% \qquad (3.29)$$

燃料输入热按式(3.15)计算。

对于中小型锅炉,其燃料量可准确测量,用正平衡法比较简单。对大型锅炉,准

确测量燃料量比较困难,故常用反平衡法。若能同时既用正平衡又用反平衡,则可验证热平衡的准确性。

（3）燃烧效率

在锅炉的损失热中,机械不完全燃烧热损失和化学不完全燃烧热损失表示燃料有一部分未燃烧,把实际生成热与低位发热量之比称作燃烧效率

$$\eta_r = \frac{Q_{\text{dw}}^{\text{y}} - (Q_3 + Q_4)}{Q_{\text{dw}}^{\text{y}}} \times 100\% \tag{3.30}$$

（4）毛效率与净效率

锅炉设备运行时,本身常消耗一定的电能和蒸汽,在全面考核锅炉热效率及在不同锅炉之间比较时,应考虑这部分能量。

上述介绍的锅炉正平衡及反平衡热效率时,扣除设备自用的能量消耗,故称为毛效率。若将锅炉自用能量作为损失计入,这样求得的效率称为净效率,记作 η_j,则

$$\eta_j = \eta - \Delta\eta$$

式中,$\Delta\eta$ 为锅炉用电和耗汽对应的百分比。用下式计算

$$\Delta\eta = \frac{D_z(h_{\text{bs}} - h_{\text{gs}} - rw) + 29\,270b\sum N}{BQ_{\text{dw}}^{\text{y}}} \tag{3.31}$$

式中, D_z 为自用蒸汽量,kg/h; $\sum N$ 为自用电量,$\text{kW} \cdot \text{h}$; h_{bs} 为饱和蒸汽焓, kJ/kg; h_{gs} 为给水焓,kJ/kg; r 为水的汽化潜热; w 为锅炉出口处蒸汽湿度; b 为系数,每度电的耗煤量,可取 $0.360\ \text{kg/(kW} \cdot \text{h)}$。

自用电用电度表或功率表配上电流互感器测量,对小型锅炉也可用近似方法获得。

3.3.3　锅炉各项热损失的确定

1. 机械不完全燃烧热损失

（1）燃煤锅炉机械不完全燃烧热损失

q_4 中应包括灰渣热损失、漏煤热损失及飞灰热损失,用符号 G_{hz}、G_{lm}、G_{fh} 表示该三项热损的煤量(kg/h),用符号 C_{hz}、C_{lm}、C_{fh} 表示相应的含碳百分比时,则 $1\ \text{kg}$ 燃料的机械不完全燃烧热损失

$$q_4 = \frac{32\,866}{Q_r}\left[\frac{G_{\text{hz}}C_{\text{hz}} + G_{\text{fh}}C_{\text{fh}} + G_{\text{lm}}C_{\text{lm}}}{B}\right] \times 100\% \tag{3.32}$$

式中,$32\,866$ 为 $1\ \text{kg}$ 碳的发热量。运行时,由于 G 难于测得,采用灰平衡原理,且注意到

$$\alpha_{\text{hz}} + \alpha_{\text{fh}} + \alpha_{\text{lm}} = 1$$

上式改为

$$q_4 = \frac{32\ 866 A^y}{Q_r}\left(\frac{\alpha_{hz}\cdot C_{hz}}{1-C_{hz}} + \frac{\alpha_{fh}\cdot C_{fh}}{1-C_{fh}} + \frac{\alpha_{lm}\cdot C_{lm}}{1-C_{lm}}\right)\times 100\% \qquad (3.33)$$

式中，α_{hz}、α_{fh}、α_{lm} 分别表示灰渣、飞灰、漏煤中灰量占燃料总灰量的份额，A^y 表示煤的应用基灰份含量百分比，%。

例 3.1　某锅炉所用燃料的 $A^y = 21.3\%$，其中 $\alpha_{hz} = 15\%$，$\alpha_{fh} = 2\%$，$\alpha_{lm} = 4.37\%$。$C_{hz} = 10\%$，$C_{fh} = 8\%$，$C_{lm} = 91\%$，求 q_4。

解　根据 $\alpha_{hz} + \alpha_{fh} + \alpha_{lm} = 1$，将上述数据代入式(3.33)有

$$q_4 = \frac{32\ 866 \times 0.213\ 7}{29\ 270}\left(\frac{0.15\times 0.1}{1-0.1} + \frac{0.02\times 0.08}{1-0.08} + \frac{0.043\ 7\times 0.91}{1-0.91}\right)$$

$$= 0.24\times(0.17 + 0.007\ 8 + 0.442)$$

$$= 0.112 = 11.2\%$$

（2）燃油锅炉机械不完全燃烧热损失

燃油锅炉的机械不完全燃烧热损失一般不大，约占 1% 左右。未完全燃烧的碳黑粒子会污染受热面，严重时会引起尾部再燃烧，因而应该测定。用下式计算

$$q_4 = \frac{32\ 866}{Q_r}V_{gy}M_{th}\times 10^{-6}\times 100\% \qquad (3.34)$$

式中，V_{gy} 为每燃烧 1 kg 燃油产生的干烟气体积，Nm^3/kg；M_{th} 为炭黑浓度，mg/Nm^3。

而炭黑浓度

$$M_{th} = \frac{G_m}{V_{bz}\cdot \tau} \qquad mg/Nm^3 \qquad (3.35)$$

式中，G_m 为经取样测出的碳黑量，mg；V_{bz} 为标准状态下的干烟气量，Nm/h；τ 为取样时间，h。

$$G_m = G_{yc} - G_h \qquad (3.36)$$

$$V_{bz} = \frac{273}{273+t}V\times\frac{p}{760+133.3} \qquad Nm^3 \qquad (3.37)$$

上两式中，G_{yc} 为取样测得的油尘量，mg；G_h 为 G_{yc} 中的灰量，mg；p 为压力，Pa；V 为每小时烟气量，m^3/h。

例 3.2　已知某燃油锅炉的干烟气容积 $V_{gy} = 11.5\ Nm^3$，测得烟气中的碳黑浓度 $M_{th} = 1\ 477\ mg/Nm^3$，燃油的热值 $Q_r = 41\ 474\ kJ/kg$，求其机械不完全燃烧损失。

解　代入式(3.34)有

$$q_4 = \frac{32\ 866}{41\ 474}\times 11.5\times 1\ 477\times 10^{-6} = 0.013 = 1.3\%$$

2. 化学不完全燃烧热损失

燃料燃烧时,产生的 CO、H_2、CH_4 等可燃气体,有的未来得及燃烧随烟气排出而损失掉,这种损失称化学不完全燃烧热损失。该项损失等于排烟中各种可燃气体可放热量之和,即

$$q_3 = \frac{V_{gy}}{Q_r}(12\ 640\ CO + 10\ 800 H_2 + 35\ 800 CH_4)(1-q_4) \tag{3.38}$$

式中,CO、H_2、CH_4 为烟气中 CO、H_2、CH_4 的容积百分数;V_{gy} 为 $1\ kg$ 燃料燃烧生成的干烟气容积,Nm^3/kg;$(1-q_4)$ 为由于 q_4 的存在,一部分燃料没参加燃烧生成烟气而进行的修正。

上式适用于燃煤、燃油锅炉。一般情况下烟气中含 H_2、CH_4 很少,则可简化为

$$q_3 = 12\ 640 CO \frac{V_{gy}}{Q_r}(1-q_4) \tag{3.39}$$

在没有元素分析仪时,用以下经验公式计算

$$q_3 = 3.2\alpha_{py} CO \tag{3.40}$$

式中,α_{py} 为排烟处过剩空气系数。

燃气锅炉的化学不完全燃烧热损失由下式计算:

$$q_3 = \frac{V_{gy}}{Q_r}(12\ 640 CO + 10\ 800 H_2 + 35\ 800 CH_4) \tag{3.41}$$

而无需修正。

例 3.3　设某燃油锅炉的排烟中 $CO = 0.28\%$,$H_2 = 0.002\%$,排烟处空气过剩系数 1.05,干烟气容积 $V_{gy} = 11.5\ Nm^3/kg$,并利用例 3.2 结果,求 q_3。

解　将上述数据代入式(3.38)得

$$q_3 = \frac{V_{gy}}{Q_r}(12\ 640\ CO + 10\ 800 H_2) \times (1-q_4)$$

$$= \frac{11.5}{41.474}(12\ 640 \times 0.28\% + 10\ 800 \times 0.002\%)(1-1.3\%)$$

$$= 0.009\ 8 = 0.98\%$$

再代入式(3.40)得

$$q_3 = 3.2 \times 1.05 \times 0.002\ 8 = 0.009\ 4 = 0.94\%$$

3. 排烟与散热损失

(1)排烟热损失

排烟热损失式是锅炉热损失中最主要的一项,最高可达 20% 以上。燃煤、燃油锅炉热损失计算式为

$$q_2 = \frac{V_{py} C_{py}(T_{py} - T_0)(1-q_4)}{Q_r} \times 100\% \tag{3.42}$$

式中，V_{py} 为排烟量，Nm^3/kg；C_{py} 为烟气比热，$kJ/(Nm^3 \cdot ℃)$；T_{py} 排烟温度，K。

在热平衡试验中，也可用下式计算

$$q_2 = (m + n\alpha_{py}) \frac{T_{py} - T_0}{100} (1 - q_4)\% \qquad (3.43)$$

式中的 m、n 为经验系数，按表 3.2 选取。

表 3.2　m、n 系数

煤种	重油	无烟煤	烟煤	褐煤	泥煤	木材
m	0.5	0.2	0.4	0.7	1.7	1.4
n	3.45	3.65	3.55	3.9	3.9	3.8

对于燃气锅炉，排烟热损失为

$$q_2 = \frac{V_{py} C_y (T_{py} - T_0)}{Q_r} \times 100\% \qquad (3.44)$$

排烟热损失取决于排烟温度和空气过量系数。排烟温度每升高 $12 \sim 15℃$，将使排烟热损失增加 1%。过量空气系数每增加 0.1，将使排烟热损失增加 0.7%。$10\ t/h$ 以上锅炉排烟温度应低于 $160℃$。炉膛出口过量空气系数加上炉膛后各级受热面的漏风系数，应等于排烟过量空气系数。

例 3.4　设燃烧 $1\ kg$ 油的排烟量 $V_{py} = 12.1\ Nm^3$，空气入炉温度 $t_0 = 20℃$，排烟温度 $t_{py} = 180\ ℃$，烟气比热 $c_{py} = 1.4\ (kJ/Nm^3 \cdot ℃)$，并用例 3.2 的结果，求排烟损失。

解　用式(3.42)，代入有关数据得

$$q_2 = \frac{12.1 \times 1.4}{41\ 474}(180 - 20)(1 - 1.3\%) = 0.064\ 5 = 6.45\%$$

（2）散热损失

锅炉在运行时，炉墙、锅筒、集箱、烟道及汽水管道的温度总高于周围空气的温度，会通过自然对流和辐射向周围散热，形成损失。其值约在 $2\% \sim 3\%$。q_5 的测定比较困难，一般按经验选取。

当锅炉在满负荷下运行时的散热损失，按表 3.3 查出。

表 3.3　工业锅炉散热损失

蒸发量 /$t \cdot h^{-1}$	4	6	10	15	20	35	60
无尾部受热面	2.1	1.5					
有尾部受热面	2.9	2.4	1.7	1.5	1.3	1.0	0.8

当锅炉在非额定负荷运行时，按下式计算

$$q_5^D = q_5 \frac{D}{D_p} \tag{3.45}$$

式中, D_p 为非额定负荷, t/h。

当锅炉蒸发量大于 2 t/h 时, 按图 3.2 查取。对热水锅炉可按图 3.3 查取。

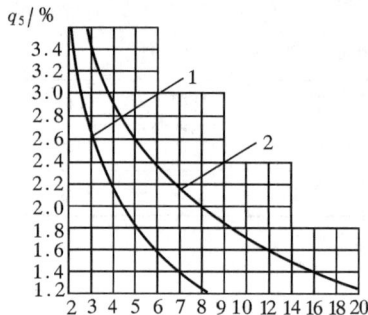

图 3.2　蒸汽锅炉的散热损失　　　　图 3.3　热水锅炉的散热损失

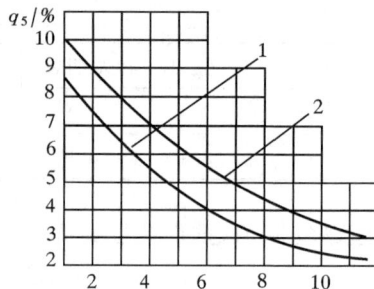

4. 燃煤炉灰渣物理热损失

灰渣排出时温度较高, 约 $600 \sim 800\,℃$, 要带走部分热量, 这部分热量称为灰渣物理热损失。其值等于 1 kg 燃料的灰渣量与灰渣焓的乘积

$$q_6 = \frac{\alpha_{hz} A h_{hz}}{Q_r} \tag{3.46}$$

排渣温度, 对层燃炉取 $600\,℃$, 对沸腾炉取 $800\,℃$。有时也可用近似公式计算

$$q_6 = \frac{K G_{hz}}{B Q_{dw}^y} \times 100\% \tag{3.47}$$

式中, 系数 K 取 134, 适用于层燃炉与煤粉炉。灰渣物理损失一般小于 1%, 故可忽略。

在求得各项热损失后, 即可求得锅炉热效率。

例 3.5　设某燃油锅炉蒸发量为 15 t/h。过热蒸汽压力 2 MPa, 温度 400℃。给水温度 105℃, 压力 2.2 MPa。燃料为重油, 消耗量 1 110 kg/h, 入炉温度 100℃。环境温度 20℃。据以上数据并利用例 3.2、例 3.3、例 3.4 结果, 求正平衡热效率及反平衡热效率。

解　用式(3.16)计算 1 kg 燃料的显热, 而燃油比热

$$c_r = 1.74 + 0.002\,5 t_r = 1.74 + 0.002\,5 \times 100 = 1.99 \quad \text{kJ/kg}$$

显热

$$i_{xr} = c_r (t_r - t_0) = 1.99 \times (100 - 20) = 159 \quad \text{kJ/kg}$$

输入热

$$Q_r = Q_{dw} + i_{xr} = 41\,315 + 159 = 41\,474 \quad \text{kJ/kg}$$

单位燃料过热蒸汽产量

$$D_1 = \frac{D}{B} = \frac{15\ 000}{1\ 110} = 13.51 \quad \text{kJ/kg 油}$$

给水带入锅炉的焓

$$H_{gs} = D_1(h_{gs} - h_0) = 13.51 \times (441.7 - 85.7) = 4\ 809.6 \quad \text{kJ/kg 油}$$

过热蒸汽在锅炉出口的焓

$$H_q = D_1(h_q - h_0) = 13.51 \times (3\ 248.1 - 85.7) = 42\ 710.5 \quad \text{kJ/kg 油}$$

则有效热

$$Q_{yx} = H_q - H_0 = 37\ 901 \quad \text{kJ/kg}$$

锅炉的正平衡热效率

$$\eta = \frac{Q_{yx}}{Q_r} \times 100\% = \frac{37\ 901}{41\ 474} = 91.4\%$$

锅炉的反平衡热效率

$$\eta = 1 - (q_2 + q_3 + q_4 + q_5)$$
$$= 1 - (0.013 + 0.009\ 4 + 0.064\ 5 + 0.013) = 0.90 = 90\%$$

用例 2～例 5 中的相同参数,计算该燃油锅炉的㶲效率,结果为约 35% 左右。可见,虽然锅炉的热效率可高达 90% 以上,但㶲效率却很低。主要因为锅炉中损失的是高品位能,数量上虽较少,价值却很高。由此可见,锅炉的节能潜力极大。

3.4　㶲平衡

通过热平衡的讨论,应初步建立起节能的概念。但光进行热平衡是不够的,有些设备热效率很高,并不等于它的能量利用率就高。因为热平衡只反映出用能的数量关系,没有考虑能量的质量问题。工程中的许多现象用第一定律是无法解释的。例如,在各种节流装置中,从能的数量守恒的观点,节流并不发生能的损失,因为在绝热的定常流动中,若无动能及重力势能的变化,节流前后的焓值是不变的,这样就无法理解压损的含义。凝汽式发电厂中,蒸汽流过汽轮机的做功量,等于蒸汽的焓降,符合第一定律,但却无法确定汽轮机内的损失。发电厂中的凝汽器损失,占全厂热损失的绝大部分,从此得出节能从凝汽器入手的结论就错了,因为凝汽器损失的是低品位热能,㶲值极低,几乎无利用价值。相反,锅炉的热效率可达 90% 以上,然而它在发电厂设备中的㶲损最高,是节能潜力所在。又如,欲使冷库的温度降至环境温度以下,需要消耗能量,但所消耗能量不但没使冷库的能量增加,反而减少了。对诸如此类第一定律无能为力的现象,只能用第二定律处理,并进行㶲平衡分析。

　　㶲表达了能量转化过程中能的可用性,余热回收的可能性,以及用能过程中能的贬值性。进行㶲平衡可进一步帮助人们评价用能的合理程度,了解节能的部位,按质供能,达到节能的目的。

3.4.1　㶲的分类

　　对应于系统与环境之间的两类平衡,㶲分为物理㶲和化学㶲。而根据能的分类可分为热量㶲、冷量㶲和机械能㶲等。若按工艺过程又可分为输入㶲、输出㶲,燃料㶲、排烟㶲等。

3.4.2　㶲的计算

1. 热量㶲

　　热量由㶲和炕组成。热力系统从某一状态可逆的变化到与环境相平衡的状态时,对外界作的最大有用功,称为该系统的㶲或热量㶲。在上述状态下,从热源吸取的热量可能做的最大有用功即为卡诺循环所做的功。对微元过程有

$$\delta E = \delta W = (1 - \frac{T_0}{T})\delta Q \qquad (3.48)$$

式中,$(1 - T_0/T)$ 为卡诺循环效率。

　　对一般的热力过程,热量㶲为

$$\begin{aligned} E &= \int_1^2 (1 - \frac{T_0}{T}) \mathrm{d}Q \\ &= Q - T_0(S_2 - S_1) \\ &= Q - T_0 \Delta S \end{aligned} \qquad (3.49)$$

式中,ΔS 为系统在可逆放热过程中的熵变。

　　系统炕为

$$A = Q - E = T_0 \Delta S \qquad (3.50)$$

此即为系统向环境的放热量。热量 Q 的能质系数

$$\lambda = \frac{E}{Q} = 1 - T_0 \frac{\Delta S}{Q} = 1 - \frac{T_0}{T} \qquad (3.51)$$

热量㶲在 $T - s$ 图上表示如图 3.4。

图 3.4　系统放热时的热量㶲和热量炕

2. 冷量㶲

　　冷量也是热量,仍由㶲和炕组成。

　　冷量㶲是温度低于环境温度时的热量㶲。设想以环境为热源,系统为冷源,通过制冷机消耗外界的有用功,从冷源提取热量并向热源供热,若制冷机消耗的最小有用功为 $\delta P_{\min}$,从系统提取冷量 δQ,同时向热源供热。对于可逆卡诺循环,有

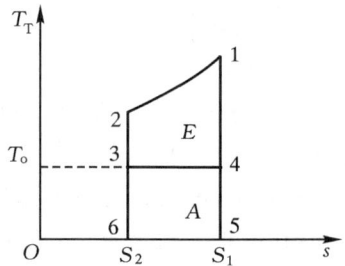

$$\delta P_{\min} = \left(\frac{T_0 - T}{T}\right)\delta Q = \left(\frac{T_0}{T} - 1\right)\delta Q \qquad (3.52)$$

$$P_{\min} = \int \delta P_{\min} = \int_0^Q \left(\frac{T_0}{T} - 1\right)\delta Q \qquad (3.53)$$

消耗外界的有用功即是冷量㶲

$$E = P_{\min} = T_0 \Delta S - Q \qquad (3.54)$$

冷量从系统放出,冷量㶲同时进入系统。冷量㶲的表示式为

$$A = Q + E = T_0 \Delta S = Q_0 \qquad (3.55)$$

式中,Q_0 为向热源的供热量。

冷量的能质系数

$$\lambda = \frac{E}{Q} = \frac{T_0 \Delta S - Q}{Q^1} = \frac{T_0}{T} - 1 \qquad (3.56)$$

图 3.5 给出了系统冷量㶲和冷量㶲在 $T\text{-}s$ 图上的表示。其中冷量㶲为上半部面积,冷量㶲是整个矩形面积。

冷量㶲也是过程量,取决于可逆转换时系统温度的变化规律。λ 随温度的降低而迅速增大,它可以大于 1,即是说冷量㶲可比冷量大许多倍。所以,能质系数越高的热量和冷量越宝贵,特别要节约冷量。从冷库提取一点冷量往往要消耗比冷量大许多倍的外界有用功。

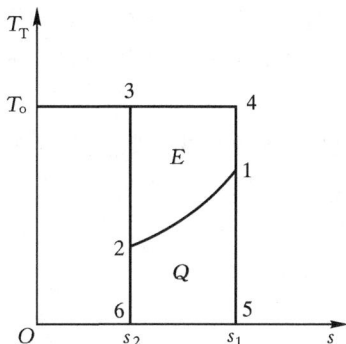

图 3.5 系统制冷时的冷量㶲和冷量㶲

3. 稳定流动开口系统工质的㶲

工程上大量用能装置是开口系统,工质在流动过程中进行能量的转换和利用。稳定流动开口系统的㶲定义为:工质从给定状态通过开口系统中的可逆稳定流动过程变化到约束性死态(环境状态),并且只与环境交换热量所能做的最大有用功。

在稳定流动开口系统中,单位工质流入系统的能量由工质焓、动能和位能三部分组成。由能量守恒方程得

$$\delta q = \delta h + \frac{1}{2}(\mathrm{d}v)^2 + g\mathrm{d}z + \delta P_{\min} \qquad (3.57)$$

在可逆过程中,$\delta q = T_0 \mathrm{d}s$,故

$$\mathrm{d}e = \delta P_{\min} = T_0 \mathrm{d}s - \delta h - \frac{1}{2}(\mathrm{d}v)^2 - g\mathrm{d}z \qquad (3.58)$$

对于稳定流动系统,$v_0 = 0, z_0 = 0$,所以

$$e = h - h_0 - T_0(s - s_0) + \frac{1}{2}v^2 + gz \qquad (3.59)$$

略去工质的动能和位能，则系统单位工质的㶲为

$$e = h - h_0 - T_0(s - s_0) \tag{3.60}$$

工程上常用水和蒸汽作为工质，在定压下工质㶲随温度的变化可用下式计算

$$e_r = (h - h_0)\left[1 - \frac{T_0}{T - T_0}\ln(\frac{T}{T_0})\right] \tag{3.61}$$

或

$$e_r = C_p(T - T_0)\left[1 - \frac{T_0}{T - T_0}\ln(\frac{T}{T_0})\right] \tag{3.62}$$

4. 封闭系统的㶲

任一封闭系统从给定状态可逆的转变到环境状态，并只与环境交换热量时所做的最大有用功称作为给定状态下封闭系统的㶲。按可逆方式，转换过程能量方程为

$$\delta q = du + p_0 v + \delta P_{min} \tag{3.63}$$

这时，系统的熵变在数值上相等。经过处理，得到从给定状态到环境状态时，系统的㶲为

$$e = P_{min} = u - u_0 + p_0(v - v_0) - T_0(S - S_0) \tag{3.64}$$

相应的㶲为

$$a = u_0 - p_0(v - v_0) + T_0(S - S_0) \tag{3.65}$$

以上各式中，下标 0 表示环境状态参数。

5. 理想气体的㶲

在给定状态下，理想气体的㶲若略去动能及位能，用式(3.60)计算。实际计算时，利用气体状态方程的基本参数 p、T 等的关系时比较简便，理想气体的㶲由两部分组成，即温度㶲

$$e(T) = \int_{T_0}^{T} C_p(1 - \frac{T_0}{T})dT \tag{3.66}$$

和压力㶲

$$e(p) = RT_0\ln\left(\frac{p}{p_0}\right) \tag{3.67}$$

所组成。表示为

$$e(T, p) = e(T) + e(p) \tag{3.68}$$

当 C_p 为常数时

$$e(T, p) = C_p(T_r - T_0 - T_0\ln\frac{T}{T_0}) + RT_0\ln\left(\frac{p}{p_0}\right) \tag{3.69}$$

6. 燃料㶲

燃料有固体、液体、气体之分，其㶲主要是化学㶲。当燃料在高温、高压条件下燃烧时，还应加上物理㶲。

（1）燃料的物理显㶲

$$e_{rx} = C_r(T_r - T_0 - T_0\ln\frac{T_r}{T_0}) \tag{3.70}$$

式中，C_r 为燃料比热，kJ/(kg · K)；T_r 为燃料的热力学温度，K。

（2）燃料的化学㶲

在进行锅炉、工业窑炉及燃汽轮机等的㶲平衡计算时，燃料的化学㶲用近似公式计算。

① 固体燃料的化学㶲按信泽式计算

$$e_K = Q_{dw}^y(1.006\ 4 + 0.151\ 9\frac{\alpha_H}{\alpha_C} + 0.061\frac{\alpha_O}{\alpha_C} + 0.042\frac{\alpha_N}{\alpha_C})\quad kJ/kg \tag{3.71}$$

式中，α_C、α_H、α_O、α_N 分别表示碳元素、氢元素、氧元素和氮元素在燃料干燥基中的质量百分比含量。

也可按朗特式计算

$$e_K = Q_{dw}^y + rW\quad kJ/kg \tag{3.72}$$

式中，r 为环境温度下水的汽化潜热，kJ/kg；W 为燃料应用集中水的百分比含量。

② 液体燃料的化学㶲，按信泽式计算

$$e_K = Q_{dw}(1.003\ 6 + 0.136\ 5\frac{\alpha_H}{\alpha_C} + 0.030\ 8\frac{\alpha_O}{\alpha_C} + 0.010\ 4\frac{\alpha_S}{\alpha_C})\quad kJ/kg \tag{3.73}$$

式中，α_s 为硫元素在燃料中的百分数，其他同上式。

也可按 Rant 式计算

$$e_K = 0.975Q_{gw}\quad kJ/kg \tag{3.74}$$

式中，Q_{gw} 为燃料的高位发热量。

对于一般的固体、液体燃料，采用高位发热量作为化学㶲，误差不超过 3%。

③ 气体燃料的化学㶲

当气体燃料中的组分已知时，其化学㶲按下式计算

$$e_K = \sum x_ie_i + RT_0\sum x_i\ln x_i\quad kJ/m^3 \tag{3.75}$$

式中，x_i 为各组分的容积百分数；e_i 为各组分的化学㶲，kJ/m³；$R = 0.37$ kJ/(m³ · K)，气体常数。

也可按近似公式计算

$$e_K = 0.95(Q_{dw}^y + 2\ 512(9H + W)\quad kJ/m^3 \tag{3.76}$$

单组分气体燃料的化学㶲已制成表格，可查阅。

7. 燃料产物㶲

从燃料的化学能得到产物的热能，在转换过程中存在不可逆损失。当助燃空气温度及环境温度相同而又不计向环境散热的情况下，燃料在理论燃烧温度下，生成

燃烧产物的㶲为

$$e_{cw} = Q_r \left[1 - \frac{T_0}{T - T_0} \ln \frac{T}{T_0} \right] \quad kJ/kg \tag{3.77}$$

式中，Q_r 为输入燃料热，kJ/kg；T 为理论燃烧温度，K。

8. 空气和烟气的㶲

按理想气体的㶲值计算式(3.69)计算。

3.4.3 㶲损及㶲损率

在锅炉、加热炉等热力设备中，会有㶲的损失，包括由燃烧及传热的不可逆过程引起的㶲损，由排烟及炉墙散热、冷却等引起的㶲损。㶲损率指各项㶲损失与总供给㶲的比值，是第二定律分析法中常用的一个完善性指标。

1. 燃烧过程的㶲损

燃烧过程的㶲损等于燃料㶲与燃烧产物㶲之差

$$e_{rs} = e_r - e_{cw} \quad kJ/kg \tag{3.78}$$

2. 传热过程的㶲损

热力设备中燃烧产物㶲通过传热加热工质(水、蒸汽、油等)，由于燃烧产物与工质间存在温差，必存在不可逆损失。在完全燃烧情况下，传热㶲损用下式计算

$$e_{cs} = (e_{cw} - e_{py}) - e_{yx} \quad kJ/kg \; 或 \; kJ/m^3 \tag{3.79}$$

对于热水锅炉及原油加热炉，因无尾部受热面，可用下式计算㶲损

$$e_{cs} = Q_{yx} \left[\frac{T_0}{T_2 - T_1} \ln \frac{T_2}{T_1} - \frac{T_0}{T - T_{py}} \ln \frac{T}{T_{py}} \right] \quad kJ/kg \tag{3.80}$$

式中，T_1、T_2 为工质的初温及终温，K；T 为理论燃烧温度，K；Q_{yx} 为工质有效吸热量，kJ/kg。

对于有尾部受热面的设备，其传热㶲损应分别计算，即将上式中温度及有效热变为该段的有效值，求出相应的㶲损然后相加。

3. 散热㶲损

部分热量通过炉墙散失到周围环境中，造成散热㶲损失。计算式为

$$e_{sr} = Q_{sr} \left[1 - \frac{T_0}{T - T_{py}} \ln \frac{T}{T_{py}} \right] \quad kJ/kg \tag{3.81}$$

此处 Q_{sr} 即为锅炉或加热炉的 Q_5。

4. 排烟㶲损

由于排烟有较高的温度，烟气带走了㶲，造成排烟㶲损失，用式(3.66)计算。

5. 换热过程㶲损

在换热器中,冷、热两种流体进行非接触热交换时,造成㶲损,用下式计算

$$e_{hs} = T_0 \Delta S$$

$$= T_0 \left(C_{rp} \ln \frac{T_{r2}}{T_{r1}} + C_{lp} \ln \frac{T_{l2}}{T_{l1}} \right) \tag{3.82}$$

式中,下标 r、l 分别表示热、冷流体,1、2 表示入、出口。该式用于一级换热器。

6. 化学反应㶲

在工业窑炉中,一些物质被加热而发生化学反应,反应前后具有的化学㶲之间存在差值,称为反应㶲。对于放热反应,反应㶲计入反应前物质;对于吸热反应,反应㶲计入反应后物质。

3.4.4　㶲平衡与㶲效率

1. 㶲平衡

在稳定状态下,系统的收入㶲与支出㶲应当平衡,从这点出发就可以寻找节能途径,实行按质供能。系统的㶲平衡方程如下

$$E_{gg} + E_{gr} = W + E_{gc} + \sum E_{ss} \tag{3.83}$$

式中,E_{gr}、E_{gc} 为供质带入、带出㶲,kJ/h;E_{gg}、$\sum E_{ss}$ 为供给㶲及㶲损,kJ/h;W 为系统的输出㶲,kJ/h。

这是以供给㶲为基础的㶲平衡方程。以全入㶲为基础的㶲平衡方程如下

$$E_{qr} = E_{gg} + E_{gr} + E_{hs} \tag{3.84}$$

式中,E_{qr}、E_{hs} 为全入㶲和回收㶲,kJ/h。

2. 㶲效率

系统实际得到的有效㶲与供给㶲之比,称作㶲效率。对各种用能设备,当以供入热为基础时,㶲效率为

$$\eta_e = \frac{E_{yx}}{E_{gg}} \times 100\% \tag{3.85}$$

也可用反平衡法表示为

$$\eta_e = \left(1 - \sum \frac{E_{ss}}{E_{gg}} \right) \times 100\% \tag{3.86}$$

对于整个企业,则用能效率表示

$$\eta_e = \frac{\sum E_{yx}}{E_{gg}} \times 100\% \tag{3.87}$$

对于石油、化工装置,全入㶲效率为

$$\eta_e = \frac{E_{qr} - E_{ss}}{E_{qr}} \times 100\% \tag{3.88}$$

㶲的回收率

$$\varepsilon_{hs} = \frac{E_{hs}}{E_{qr}} \times 100\% = \frac{E_{hs}}{E_{gg} + E_{hs}} \times 100\% \tag{3.89}$$

3.4.5　㶲平衡应用例

下面以火力发电厂中的另一主要装置汽轮机为例,说明㶲平衡的应用。

例 3.6　设某单级汽轮机,进汽压力为 $p_1 = 10$ MPa,温度 $t_1 = 540$ ℃,排气压力 $p_2 = 0.005$ MPa,相对内效率 $\eta_{ri} = 0.81$,设环境温度 20 ℃。求该机的绝对内效率、目的㶲效率、热损失、㶲损失。

解　查表求取有关状态参数得

$$h_1 = 3\,477 \text{ kJ/kg} \qquad e_1 = 1\,637 \text{ kJ/kg}$$
$$h_2 = 2\,337 \text{ kJ/kg} \qquad e_2 = 241 \text{ kJ/kg}$$
$$h_{20} = 2\,052 \text{ kJ/kg}$$

绝对内效率

$$\eta_i = \frac{h_1 - h_2}{(h_1 - h_2) + (h_2 - h_{20})}$$
$$= \frac{3\,477 - 2\,337}{(3\,477 - 2\,337) + (2\,337 - 2\,052)} = 80\%$$

目的㶲效率

$$\eta_p = \frac{h_1 - h_2}{e_1 - e_2} = \frac{3\,477 - 2\,337}{1\,637 - 241} = 81.66\%$$

热损失

$$Q_{rs} = (1 - \eta_{ri})(h_1 - h_{20})$$
$$= (1 - 0.81) \times (3\,477 - 2\,052) = 270.7 \quad \text{kJ/kg}$$

㶲损失

$$e_{ss} = (1 - \eta_p)(e_1 - e_2)$$
$$= (1 - 0.816\,6) \times (1\,637 - 241) = 256 \quad \text{kJ/kg}$$

从本例可见,汽轮机的热效率及㶲效率均较高,而且数值接近。绝对内效率考虑汽轮机的热损失,比例很大,但其乏汽温度接近环境温度,因而㶲值很低,比例很小。至于效率与理论循环效率的差别,是由于汽轮机内部过程的不可逆造成的㶲损或热损,包括乏汽在凝汽器中放热造成的损失和蒸汽在汽轮机的通流部分中的损失。明确了这一点,为提高汽轮机的目的㶲效率指出了方向。

3.5　热平衡及㶲平衡结果的表示方法

在完成设备或企业的热平衡及㶲平衡后,为将结果清晰地表示出来,常把供给能、带入能、排出能(包括效能及各项损失)及回收利用能等,按一定的比例绘成图形,称作热流图或㶲流图,定性的表示他们之间的关系。还可将平衡结果列成表格,定量的予以展示。

3.5.1　热流图和㶲流图

1. 热流图

热流图是将设备根据热平衡计算的结果,在图上按一定比例画出来的示意图。分为简单热流图和分区热流图两种。简单热流图的特点是简单、清楚,但只能大致表明流向,没有设备的具体结构及联系。分区热流图的特点是热量的流向与设备结构的关系较清楚,比较形象,但比较复杂。

图 3.6 给出了锅炉机组的简单热流图。

2. 㶲流图

在对设备进行㶲平衡后,得出了其供给㶲、工质带入㶲、产出㶲及各种㶲损失后,将其用图示的方式绘成㶲流图。图 3.7 给出了凝气式电厂的简单㶲流图。

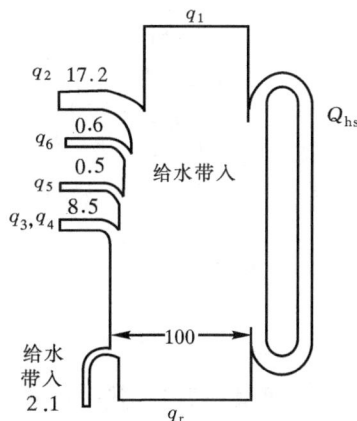

图 3.6　锅炉的热流图

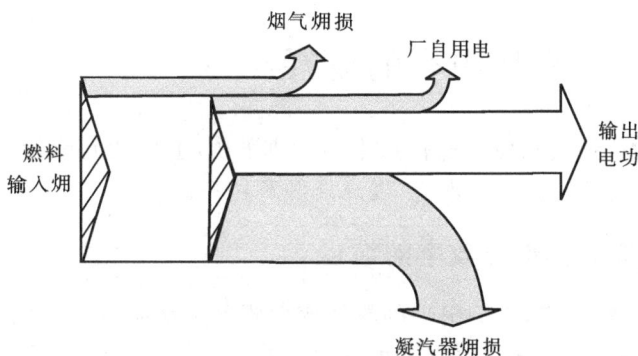

图 3.7　凝汽式电厂㶲流图

3.5.2 表格表示法

当计算出各种热及㶲后,可列成表格。表格表示法的特点是,十分详细地给出了各部分的计算结果,一目了然,利于从中受到启发,找出节能的可能部位以指导节能。表3.4给出了火力发电厂的热平衡及㶲平衡分析结果。

表 3.4 某电厂的热损失及㶲损失

部件	热量损失占输入热的比例 /%	㶲损失占输入㶲的比例 /%
锅炉	9.0	49.00
燃烧过程		29.70
传热过程		14.90
烟道损失		0.68
扩散损失		3.72
汽轮机	0.0	4.00
冷凝器	47.0	1.50
加热器	0.0	1.00
其他	3.0	5.50
合计	59.0	61.00

从表中可清晰看到,热平衡和㶲平衡找出的损失部位是不同的。系统的热效率和㶲效率差别不大,分别为41%和39%。但热平衡指出损失最大部位是冷凝器,而㶲平衡指出㶲损失最大部位是锅炉,这是因为冷凝器散失的大量热量,其参数低故其中的㶲很少,很难加以利用。从节能的观点来看,应致力于改善锅炉的性能,或者采取热、电联供,再采取一些措施回收余热,才是提高系统能量利用率的正确方向。

3.6 提高能源利用率的途径

通过对设备、企业或地区进行热平衡和㶲平衡,业已找到能量损耗的部位,这就有可能寻求各种方法,减少损失,提高能源利用率。

3.6.1 提高锅炉热效率的途径

若用反平衡法计算,影响锅炉的热效率主要是排烟损失、机械不完全燃烧损失等,设法减少这些损失,将会提高锅炉的热效率。

1. 降低排烟温度减小 q_2

排烟热损失是锅炉损失中的重要一项,是影响热效率的主要因素,当有尾部受热面时约达 10% ～ 15%,无尾部受热面时会更高。q_2 的大小取决于排烟温度和空气过量系数。大型锅炉排烟温度每升高 15℃,小型锅炉升高 15 ～ 20℃,排烟热损失会增加 1%。因此,应设法降低排烟温度,将大型锅炉的排烟温度限制在 160℃ 以下,小型锅炉排烟温度限制在 250℃ 以下。

降低排烟温度的措施有:在尾部烟道加设空气预热器和省煤器。省煤器可以是管式省煤器,也可以是热管换热器,热管换热器作为省煤器,有其独特的优势,可使烟温降低数十摄氏度。也可将烟气作为热泵系统中发生器的热源,把烟气中的热量加以利用。及时清除积灰,减小热阻,增强受热面的换热能力等都有利于减小 q_2。

2. 采用合理的空气过量系数减小 q_2

空气过量系数与排烟损失有直接的关系,排烟过量空气系数每增加 0.1,排烟热损失将增加 0.7%。因为过量空气可使炉膛温度降低,锅炉出力下降,并可使排烟量增加,尾部受热面的换热量减小,烟温反而升高。应采用合适的空气过量系数,以减小排烟热损失。

调节好风煤比,尽量减小炉膛及烟道漏风,使排烟处的空气过量系数达到最佳。

3. 提高运行水平降低 q_3、q_4

化学不完全燃烧损失和机械不完全燃烧损失与锅炉运行水平直接相关。q_3、q_4 增大的主要原因是燃烧工况不佳,一些碳粒和燃烧生成的可燃气体未来得及燃烧,或随灰渣排出炉外,或随烟气排出烟囱,造成损失。燃料完全燃烧必备三个条件:一是要有足够的空气助燃,且燃料与空气均匀混合;二是要有足够高的炉膛温度;三是燃料与氧气要有所需的反应时间。对此可采取以下措施。

（1）节能控制

自动控制是保证正常燃烧的重要手段。节能控制可给出一个最佳风煤比,提供燃料充分燃烧必须的足量空气,并可使炉膛空气过量系数达到最佳。炉膛空气过量系数偏高,会导致炉膛温度过低,燃烧速度降低,q_3、q_4 增大,同时还会导致烟气流量的增大,排烟损失增加。相反,炉膛空气过量系数偏低,燃料得不到充分燃烧,q_3、q_4 也会加大。自动控制可达到使 q_2、q_3、q_4 之和最小,达到最佳燃烧工况。

（2）维持炉膛高温

保持炉膛较高温度,不光可减小 q_3、q_4,而且可提高辐射换热强度,对提高锅炉效率是有利的。加设空气预热器既提高了入炉空气温度,又降低了排烟温度。还有,提高入炉燃料温度也有助于提高炉膛温度。

（3）改造锅炉设计

有时由于炉膛尺寸不够合理,煤粉及可燃气体未来得及燃烧完就排走,使得 q_3、q_4 增大。此时应改造锅炉设计,如加高炉膛高度等。

3.6.2　提高锅炉㶲效率的方法

提高燃烧效率,尽可能减小排烟㶲损失、化学不完全燃烧㶲损失、机械不完全燃烧㶲损失及散热㶲损,都有利于高锅炉的㶲效率。现已知道,锅炉的㶲损失主要是燃烧过程㶲损和传热过程的㶲损失,燃烧过程㶲损失是由于燃料的化学能未完全转化为热能造成的,提高燃烧温度有助于减少这一损失。传热㶲损失由传热过程的不可逆损失而引起,尽量提高工质运行参数,尤其是提高工质的平均吸热温度,减小传热温差,就可减小传热㶲损失。表 3.5 给出了锅炉参数对工质平均吸热温度的影响关系。

表 3.5　锅炉参数与工质平均吸热温度的关系

锅炉参数		给水温度 /℃	工质平均吸热温度 /℃	卡诺因子
压力 /10⁵ Pa	温度 /℃			
13	340	105	190.0	0.367
22	400	105	213.4	0.389
39	450	105	236.4	0.424
100	550	215	326.9	0.512
130	565	230	345.6	0.526

由表可见,提高锅炉参数是提高㶲效率的重要途径。

3.6.3　提高企业能源利用率的途径

一个企业往往包括许多设备和装置,在提高各台设备的热效率及㶲效率的同时,对整个企业要进行能量平衡。在能量利用时应全盘安排,合理利用,以求得全厂的最佳经济效益。

1. 改善辅机运行条件,节约自用能量

设备运行时各种辅机同时工作,要消耗电力或蒸汽。例如,锅炉机组的送风机、引风机和给水泵是主要耗电设备,约占锅炉房总耗电量的 90%,而这些设备的运行效率不高。使它们在最佳工况点附近工作,无疑具有巨大的节能潜力。若增加变频调速系统,使得风机、水泵的出力与负荷要求相适应,就可节约大量电力。若设备用蒸汽轮机驱动,或者燃油锅炉用蒸汽雾化燃油,都要消耗大量蒸汽,设法降低自

用汽量,是降低能耗的重要方面。

送风机、引风机及水泵的节能措施,不光提高了锅炉的净效率,对提高全厂的能量利用率也具有重要意义。

2. 不同能量的联供

前已述及,火电厂中的损失主要集中在锅炉及凝汽器。提高锅炉的运行参数,有助于减小锅炉㶲损失,但参数的提高不可能是无限制的。凝汽器的㶲损失虽然不大,但热量损失却极大。采用热电联产的热电厂,发电满足用户的电需要,充分利用了蒸汽高参数、高能质的优势;同时用排出的低品位热能满足热用户的需要。这样既做到了热量的充分利用,又做到了能量质的匹配,使能量利用率大大提高。

在需要冷量的地方,还可以采用热、电、冷三联产方式,高参数蒸汽用于发电,低参数蒸汽用来供热,汽轮机排气作为吸收式热泵或制冷系统的热源,使热量得到充分利用,提高了全厂能量利用率。

3. 联合循环

将以输出功为目的的不同热机循环,按照能量梯级利用的概念联合在一起,可使热效率有较大的升高。燃汽轮机电站的排气,温度较高,可用来加热锅炉的给水产生蒸汽,推动汽轮机带动发电机,就组成了燃气轮机-蒸汽轮机联合循环,热效率可达 50% 左右,比单一循环的热效率提高 10 个百分点以上。

若将蒸汽轮机排汽用作吸收式制冷机的热源,制冰以冷却燃汽轮机进气,就做成了冰蓄冷燃气-蒸汽联合循环,又可使热效率进一步升高。

利用高温气冷反应堆核电站的排气,与压水反应堆核电站可组成另一种联合循环。高温堆工质从汽轮机排出,温度大约 500℃,若用来供给压水堆核电站的蒸汽发生器产生的饱和蒸汽,可使蒸汽过热,不光提高了出力,还避免了蒸汽轮机的腐蚀。

4. 能源大系统

用能单位可以是不同行业,就可用总能系统的概念,按照不同需要及能量的不同品位,合理加以利用。例如,建立坑口能源联合体,发电、供暖、供冷联产,还可生产各种化工原料。这个系统比单一用能系统规模要大得多,效率高得多。

提高能源利用率的措施有很多,本书第 4 章,第 5 章有详细论述,也可参考有关资料,也可自行摸索出一套办法来。

参考文献

[1] 陈听宽. 节能原理与技术[M]. 北京:北京机械工业出版社,1988.

[2] 张润霞,肖继昌. 企业热平衡与节能技术[M]. 北京:石油工业出版社,1993.

［3］欣斯基.节能与控制［M］.谢雪蜂,暴景琴,译.北京:机械工业出版社,1987.

［4］李汝辉,刘德彰,李世武.能量的有效利用［M］.北京:北京航空航天大学出版社,1992.

［5］李宗刚.节能技术［M］.北京:兵器工业出版社,1991.

［6］王加璇,张树芳.㶲方法及其在火电厂中的应用［M］.北京:水利电力出版社,1993.

［7］汤学忠.热能转换及利用［M］.北京:冶金工业出版社,2002.

第4章

热电联产

4.1 概述

4.1.1 热电联产的概念

工业生产过程以及采暖、制冷、热水供应都要消耗大量蒸汽或热水。这些热能如果都由用户自行解决,就要建许多分散的、劳动强度大的小型锅炉房,这些分散的、小容量的锅炉由于热效率低而造成能源浪费,且供热可靠性差,更严重的是其排烟除尘效率低、低矮烟囱稀释扩散效果差,以致严重污染周边环境。

目前的火电生产过程虽然采用了大容量的、高效率的锅炉,但在凝汽式汽轮机中作功以后的排汽所含热量约为锅炉吸热量的 $60\% \sim 70\%$,这部分热量在凝汽器中都被冷却水带走。所以单独生产电能的过程,燃料的利用效率也是很低的。虽然如此,电能毕竟是高级二次能源,就其生产过程讲已经是大型化、集中化、自动化了。就其环境保护措施而言由于采用高效除尘设备,高烟囱稀释扩散及脱硫等措施,因此相对于小型锅炉要洁净得多。

热力设备只用来供应一种能量(电能或热能)称为单一能量生产,或称热电分产,如凝汽式发电厂只供应电能,供热锅炉房只供应热能(蒸汽或热水),它们都属于单一能量生产。而分产发电时不可避免地要放热给冷源,这部分低位热能完全没有被利用。分产供热的低品位热能,却是从高品位热能大幅度贬值转换而来的,这样就浪费了能源。

电能和热能联合生产称为热电联产,如利用汽轮机中做过功的蒸汽对外供热,它是将燃料的化学能转化为具有较高压力和温度的高品位的热能用以发电,同时将已在供热式汽轮机中做了部分功(即发了电或热化发电)后的低品位热能,对外供热,这种热电联合能量生产符合按质利用热能的原则,可以提高电厂的经济性。

4.1.2　热电联产的类型

根据热电联产所用的能源、热力原动机型式及供热方式的不同,热电联产及供热可分为下列几种基本形式。

1. 蒸汽轮机热电厂

这种热电厂燃用的是化石燃料,并通过较成熟完善的原动机 —— 汽轮机把热能转变成电能并对外供热,目前这种型式的热电联产仍然是国内外发展热化事业的基础,是联产集中供热的最主要形式。供热式汽轮机的形式包括背压式、抽汽式、抽汽凝汽两用式机组。本章将重点介绍蒸汽轮机热电厂型的热电联产原理,并进行热经济性计算与分析。

2. 燃气-蒸汽联合循环热电厂

这种热电厂的特点是把燃气循环部分的高温排气在供热汽轮发电机组或余热锅炉中再次利用。使燃气轮机和蒸汽轮机的优缺点相互补偿,提高燃气-蒸汽联合供热装置的热经济性。目前,在国外的某些区域供热规划中,燃气-蒸汽热电厂已作为热电联产的能量供应系统的组成部分之一。在我国,随着天然气的广泛应用,燃气-蒸汽联合循环热、冷、电联供机组的引进和发展,为我们提供了一条热电联供的新方法,燃气轮机热电联产污染小、效率高并靠近热、电负荷中心,运行灵活。

我国2000年8月22日出台的《关于发展热电联产的规定》鼓励使用清洁能源,鼓励以天然气、煤层气等气体为燃料的燃气轮机热电联产。因此,在今后的热电联产发展中,燃气-蒸汽联合循环热、冷、电联供将占有重要地位。

3. 核能热电厂

核供热反应堆是一种安全、清洁而又经济的能源。有关统计资料表明,在世界能源消费结构中,供热消耗占有相当大的比例,而以热能形式消耗的能量中,约60%是120℃以下的低温热能。而低温核供热堆,可以使用低温低压参数,在使反应堆安全性大大提高的同时,可显著地简化系统、降低造价、进一步改善核反应堆的经济性,收到良好的效果。

4. 分布式小型热电冷联产

分布式小型热电联产是以分布式发电和供能系统为基础的用户端的热电联供,其主要发电设备以小型燃气轮机、微型燃气轮机、燃气内燃机、燃料电池等为代表,供热制冷利用了发电设备的排气余热,因此可以达到较高的能源利用率。供热制冷设备包括机械、电力驱动的空调机、吸收式空调机、余热锅炉等,在美国还开始采用吸湿设备来提高制冷空调的效率。

4.1.3　我国热电联产的发展

1. 热电联产的发展历史

我国从第一个五年计划开始,建设了一些区域性热电厂,绝大多数热电厂选择了抽汽机组,以保证供汽供电。从 1953 年到 1967 年,共建成 6 MW 以上供热机组容量达 2 950 MW,占火电机组总容量的 20%,其中中心电厂装机容量为 2 450 MW,占 80% 以上。这一时期奠定了我国热电联产工业的基础。

1976—1980 年期间,国民经济发展较快,热电厂建设有所增加,新投产供热机组 975 MW,占新增火电装机的 6.8%,但中心电厂的供热机组只占 23%,自备热电厂增加速度较快。

1981 年以后,我国提出了节约和开发并重的能源政策,在节约能源上采取一系列措施,积极鼓励热电联产集中供热,支持热电厂项目建设。从 1981 年到 1988 年底共安排了单机容量为 3 MW 到 300 MW 各种供热机组的热电联产项目 213 个,总装机容量达 5 800 MW(其中大、中型项目 23 个,装机容量 3 770 MW)。到 1988 年底热电联产供热量为 5 114.52 GJ,6 MW 及以上供热机组装机容量达 7 600 MW,占火电装机总容量的 10.4%。其中工业用热占 85%,生活和采暖用热占 15%。1981—1997 年期间,热电联产总装机容量 9 446 MW,年节约标准煤 $1 765 \times 10^4$ t。

2. 我国热电联产的现状

近几年来我国热电联产事业得到了迅速的发展,经过 40 多年来热电建设的经验积累,目前已形成一条中国式的热电联产发展道路。

为实施能源可持续发展战略,促进热电联产事业的健康发展,我国政府颁布了《中华人民共和国节约能源法》明确提出"国家鼓励发展热电联产、集中供热,提高热电机组的利用率",1998 年,国家计委、经贸委、建设部、电力部等联合发布通知,针对国内当前存在的在热电建设事业认识上的差距,要求将发展热电事业提高到国家实施可持续发展战略和实现两个根本转变的高度上来认识。同时,特别强调了发展热电事业必须因地制宜,并坚持节约能源和环境保护并举的方针,以及热、冷、电(煤气)相结合的原则。

历年全国热电机组(单机 6 MW 及以上的)发展情况见表 4.1。

表 4.1　历年全国热电机组(单机 6 MW 及以上的)发展情况

年　　份	1980	1985	1990	1997	1998	1999	2000	2001
全国火电装机容量 (6 MW 以上)/GW	40.50	54.82	88.42	181.20	196.42	211.73	225.64	241.15
全国热电装机容量 /GW	4.43	5.35	9.99	21.97	24.94	28.16	29.90	32.24
全国热电装机 / 台	226	299	538	1 229	1 313	1 403	1 498	1 606
热电装机比例 /%	10.95	9.76	11.29	12.12	12.70	13.30	13.25	13.37

注:摘自水利电力部、能源部、电力工业部和国家电力公司计划司各年《电力工业统计资料汇编》

3. 城市集中供热的发展

国家鼓励发展集中供热。我国 668 个城市中有 286 个城市建设了集中供热设施。年供蒸汽 $1.746 3 \times 10^8$ t,供热水 64 684 GJ,总供热面积为 $8.654 0 \times 10^8$ m²,热力管道总长度已达 32 500 km。

在总供热量中热电联产占 62.9%,锅炉房占 35.75%,其他占 1.35%,城市民用建筑集中供热面积增长较快,并向过渡区发展。全国集中供热面积中,公共建筑占 33.12%,民用建筑占 59.76%,其他占 7.11%。

4.1.4　世界上热电联产的发展

欧盟各国热电联供发电量占发电总量的比例有很大不同。影响该比例的因素,除气候条件(如南欧取暖用热较少)及一次能源类别外,各个国家的能源政策也是一个很重要的影响因素。世界能源委员会(WEC)第三次缔约方会议(COP3)于 1997 年在日本京都召开,并签订了《京都议定书》,规定在 2008 年至 2012 年期间,发达国家的温室气体排放量要在 1990 年的基础上平均削减 5.2%,其中美国削减 7%,欧盟 8%,日本 6%。这使得热电联产的重要性更为突出。

欧洲委员会 DG 能源规划署、欧洲各国政府和热电联产企业联合进行的"欧洲热电联产研究"项目,首次对欧盟及其主要邻邦等 39 个国家的热电联产(CHP)市场做了深入分析。欧盟国家计划到 2010 年 CHP 占总发电量的份额将翻一番,达到 20%,CHP 在改善欧洲环境状态方面将起关键作用。

苏联区域供热占总供热量的 70%,其中一半来自热电联产;丹麦目前区域供热占总供热量的 50%,其中 30% 来自热电联产;芬兰区域供热占总供热量的 45%,其中 70% 来自热电联产,热电联产发电占全国总发电量的 35%,热电装机占

40%；就连一直以分散供热为主的英国，现在热电联产装机容量业已接近4 000 MW，占到全国总发电装机的6%。图4.1给出了欧洲部分国家及美国热电联产装机比例。

欧盟各国热电联产仍有相当的发展潜力。据报道，欧洲的热电联产发电量的年增量约为2 300 MW。德国政府正在努力实施其CO_2排放量减少方案。使2005年CO_2排放较1990年降低达25%。这一战略性方针中包括将现有热电联产容量到2010年增加一倍。

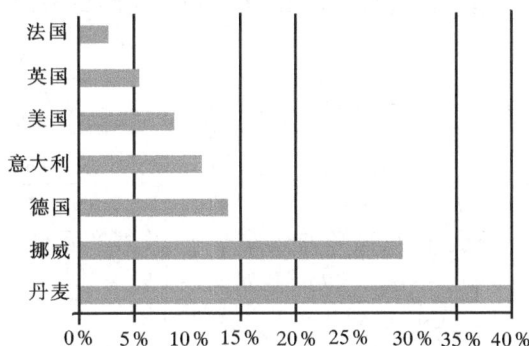

图 4.1　1997 年欧州各国热电联产占总装机的比例

除了传统的热电联产方式外，采用燃料电池的热电厂（10 kW～30 MW）也在发展之中。估计到2010年，西欧将拥有1 500～5 200 MW的燃料电池热电厂。

在美国，近年来热电联产发展迅速，热电联产装机容量在1980～1995年的15年间增加33 000 MW。目前，热电联产装机容量已占美国总装机容量的7%。能源部要求2010年联邦政府25%的建筑物需采用分布式热电（冷）系统。同时美国政府实施了"能源效率调节税"，鼓励提高能源的生产与使用效率，在税收方面，给予热电联产10%～20%的税收优惠。

在日本能源供应领域中，主要以热电联产系统为热源的区域供热（冷）系统是仅次于燃气、电力的第三大公益事业。燃气轮机热电（冷）联产和汽轮机驱动压缩式制冷设备是日本热电（冷）联产的主要形式。截至2000年底，已建成热电（冷）系统共1 413个，平均容量477 kW，主要是小型系统。

4.1.5　热电联产的意义

热电联产的优越性集中体现在节约能源和改善环境质量两个方面。

1. 节约能源

由于热电联产是采用做了功的蒸汽对外供热，这部分蒸汽完全无冷源损失，它以抽汽的供热量取代了分产的锅炉供热量,因而热电联产本身不仅可节约能源,并可燃用小型锅炉难以燃用的劣质煤。

　　热电厂节约燃料可用具有相同蒸汽初参数的纯凝汽式(按朗肯循环工作)机组和背压式机组(纯供热循环)的理想循环来对比分析,它们的 $T\text{-}s$ 图如图 4.2 所示。蒸汽初焓均为 h_0,朗肯循环排汽压力 p_c 很低,如 $p_c = 0.005$ MPa,相应排汽温度仅 32.98℃,无法用以供热;而供热循环的排气压力 p_h 应视热用户需求而定,如 $p_h = 0.2$ MPa 时,其排汽温度为 120.23℃,即可用以供热。

　　图 4.2(a) 所示的理想朗肯循环热效率 η_t 和实际朗肯循环热效率 η_i(即汽轮机的绝对内效率) 为

$$\eta_t = \frac{w_a}{q_0} = \frac{q_0 - q_{ca}}{q_0} = 1 - \frac{q_{ca}}{q_0} = 1 - \frac{h_{ca} - h'_c}{h_0 - h'_c} \tag{4.1}$$

$$\eta_i = \frac{w_i}{q_0} = \frac{q_0 - q_c}{q_0} = 1 - \frac{q_c}{q_0} = 1 - \frac{h_c - h'_c}{h_0 - h'_c} \tag{4.2}$$

图 4.2(b) 所示的理想供热循环的热效率 η_{th} 及其实际循环热效率 η_{ih} 为

$$\eta_{th} = \frac{w'_a + q_{ha}}{q'_0} = \frac{(h_0 - h_{ha}) + (h_{ha} - h'_h)}{h_0 - h'_h} = 1 \tag{4.3}$$

$$\eta_{ih} = \frac{w'_i + q_h}{q'_0} = \frac{w'_i + (q_{ha} + \Delta q_h)}{q'_0}$$

$$= \frac{(h_0 - h_h) + (h_{ha} - h'_h) + (h_h - h_{ha})}{h_0 - h'_h} = 1 \tag{4.4}$$

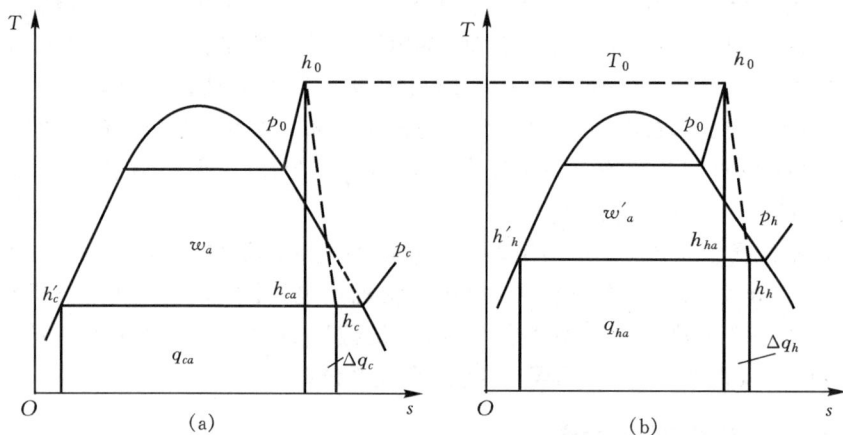

图 4.2　朗肯循环,供热循环的 $T\text{-}s$ 图
(a) 朗肯循环;(b) 供热循环

以上四式中,w_a、w'_a、w_i、w'_i 为朗肯循环、供热循环的以热量计的 1 kg 进汽在

汽轮机中理想的和实际的做功,kJ/kg;q_0、q_{ca}、q_c 为朗肯循环的吸热量、理想的、实际的放热量,kJ/kg;q'_0、q_{ha}、q_h 为供热循环的吸热量、理想的和实际的对外供热量,kJ/kg;Δq_c、Δq_h 为朗肯循环、供热循环 1 kg 蒸汽的膨胀做功的不可逆热损失,kJ/kg;h_{ca}、h_c、h'_c 为朗肯循环理想的、实际的排汽焓和该排汽压力下的饱和水焓,kJ/kg;h_{ha}、h_h、h'_h 为供热循环理想的、实际的排汽焓及该排汽压力下的饱和水焓,kJ/kg。

由图 4.2 和上述四式分析可知。

(1) 朗肯循环的 η_t、η_i 值均较低,其排汽虽有较多热量,但品位太低,无法用来对外供热,只有凝结放热给冷源,完全被冷却水带走散失于大气。即冷源热损失可达 q_0 的 55% 或更大,故其热能利用率很低。

(2) 纯供热循环的 η_{th}、η_{ih} 均为 1,因为不仅理想排汽放热量 q_{ha},而且蒸汽做功的不可逆热损失 Δq_h 都全部用以对外供热,它完全没有冷源热损失,故可大幅度提高热电厂的热经济性。

若取 $\eta_b\eta_p = 0.88$,$\eta_m\eta_g = 0.95$,$\eta_i = 0.40$,那么朗肯循环的凝汽式电厂的煤耗率为

$$b = \frac{0.123}{0.88 \times 0.95 \times 0.40} = 0.368 \quad kg/(kW \cdot h)$$

纯供热循环的背压机热电厂发电煤耗率为

$$b_{tp} = \frac{0.123}{0.88 \times 0.95} = 0.147 \quad kg/(kW \cdot h)$$

由此可见发电的煤耗率大大降低。

(3) 对于抽汽凝汽式机组,可视为背压式机组与凝汽式机组复合而成,其中供热汽流是完全没有冷源热损失,它的 η_{th} 仍为 1。但是它的凝汽汽流仍有被冷却水带走的冷源热损失,该凝汽流的绝对内效率 η_{ic} 不仅不等 1,而且还比相同循环参数、同容量的凝汽式汽轮机(即代替电厂的汽轮机)的绝对内效率 η_i 要低,这也是在热电联产热经济性分析中,影响热电联产的燃料节省的不利因素。其主要原因是,凝汽汽流通过供热式机组调节抽汽所用的回转隔板时,有节流导致的不可逆热损失。

很多大型火力发电厂的热效率实际运行时只有 36% ～ 39%,而热电联产项目的总热效率实际运行时在 60% 左右;燃气-蒸汽联合循环发电效率为 50% ～ 58%,不久可能达到 60%。燃气-蒸汽联合循环热电厂的全厂总热效率可达 70% 以上。

我国 1997 年 200 MW 凝汽机组的发电标准煤耗率为 0.350 (kg/kW · h),6 MW 及以上火电厂发电标准煤耗为 0.373 (kg/kW · h),供电标准煤耗 0.408 (kg/kW · h),而热电联产的发电标准煤耗为 0.20 (kg/kW · h) 左右。燃煤

小锅炉分散供热的标准煤耗率为 60 kg/GJ 左右,而 1997 年热电联产的平均供热标准煤耗率为40.39 kg/GJ。以 1997 年全年供热量 95 067 万 GJ 计算,年供热节煤量估计为 1 800 万 t。据统计,我国目前新建的热电机组,每 100 MW 每年大约节约 2 500 ~ 4 000 t 标准煤。因此,热电联产的节能效果非常明显。

国内各热电厂供热及发电标准煤耗列于表 4.2。

表 4.2　各热电厂供热及发电标准煤耗

	供热标煤耗率 /kg・(GJ)⁻¹	发电标煤耗率 /kg・(kW・h)⁻¹
北京第一热电厂(1986 年)	36.00	0.261
襄樊热电厂	40.68	0.162
苏州热电厂	47.29	0.231
朝阳热电厂(1989 年)	43.72	0.173
南通印染厂热电站	49.92	0.178
锦州热电厂(1989 年)	44.17	0.224
杭州热电厂	40.79	0.330
大连热电公司(1989 年)	43.00	0.208

2. 较少环境污染

热电联产还能大幅度改善环境质量,我国城市大气污染的主要原因是燃煤生成的二氧化硫气体和煤烟粉尘。众多分散小型供热锅炉房,多集中于城市人口稠密区,其危害更严重。热电联产以大型的电站锅炉取代了许多小型供热锅炉。热电厂的锅炉容量大、热效率高、烟囱高、除尘效率高。最近几年推广使用的循环流化床电站锅炉还可在炉内脱硫更有利于环境保护。

我国 1998 年热电总发电量约为 1 200 亿 kW・h,供热量 10.36 亿 GJ,年节能 4 100 万 t 标准煤,相当于减少烟尘排放量 62 万 t,减少二氧化硫排放量 82 万 t,减少二氧化碳排放量 1800 万 t。

4.1.6　热电联产的发展趋势

根据近年来我国热电联产发展的情况及国家计委、经贸委、建设部、环保总局于 2000 年 8 月 22 日印发的《关于发展热电联产的规定》,我国今后热电联产的发展方向是:

1. 增加大型供热机组的比重

目前已有北京、沈阳、吉林、长春、郑州、秦皇岛和太原等中心城市安装有

200 MW、300 MW 大型抽汽冷凝两用机组在运行,在城市集中供热方面发挥主要作用。一些城市为适应工业与民用热负荷的增长,淘汰 20 世纪五六十年代建设的小型供热机组,建设单机 100 MW 和 140 MW 的大型供热机组。

2. 推广循环流化床锅炉

循环流化床锅炉可以燃用含硫较高的煤以及劣质燃料,有利于煤炭工业的发展,建设热电厂为当地工业发展提供充足的电力和热能,促使国民经济走上良性循环的发展。目前,中国已有 75 t/h 循环流化床锅炉近 200 台,在 126 个电厂中运行。220 t/h 循环流化床锅炉也有 22 台在运行,最大的为 410 t/h,装在四川内江(凝汽发电不供热)。

3. 城市发展热、电、冷联产

随着工业的发展和人民生活水平的提高,采暖范围由北向南扩展。由于银行、宾馆、饭店、商场和文体设施等公用建筑的增加,人民居住条件的变化,对空调、制冷的需要也日益迫切,为此一些地区已发展起一批以热电厂为热源的集中供热与制冷系统,溴化锂制冷负荷的增加,使热电厂的综合效益明显提高,现已出现热、电、冷联产迅速增加的势头。

4. 发展多联产能源系统

以煤气化为核心的多联产能源系统,生成的合成气通过高温净化后可以作为城市的煤气,实现热电冷联产或作为燃料电池及燃气-蒸汽联合循环的燃料。此外还能够用来生产甲醇、二甲醚等液体燃料以及合成氨、尿素等化工产品,实现电、热、煤气、液体燃料等多联产。多联产的能源系统能够实现多种产品生产过程的优化组合,很好地解决我国能源领域面临的能源供应、液体燃料短缺、环境污染、温室气体排放和农村能源结构调整等问题。

5. 在有条件的地区利用现有工业锅炉发展热电联产

我国目前有许多单台容量大于 10 t/h 的工业小锅炉,生产蒸汽能力29.4万 t/h,如果将其中的 1/3 改造为热电联产,将安装供热机组 8 000 MW,这将对缓解电力紧张,节约能源,改善环境,提高供热质量等发挥重要作用,并给建设单位创造出可观的经济效益。

6. 现有中低压凝汽机组改造为热电联产机组

我国目前尚有总装机达 9 300 MW 的小型凝汽机组,煤耗高、热效率低,急需进行技术改造,电力部门已对此做出规划,对一些有条件的中小机组已结合当地的热负荷需求改造为供热机组。

7. 积极发展燃气轮机热电联产

燃气轮机热电联产污染小、效率高并靠近热、电负荷中心,国家鼓励以天然气、煤层气等气体为燃料的燃气轮机热电联产。

8. 今后热电联产技术发展的主流

随着各国政府越来越重视能源的节约和高效利用,热电联产技术也会进一步得到发展。从能源供应情况和热电联产技术的本身特点看,以下几个方面将是未来热电联产发展的主流。

(1) 热电联产将向着功能多元化的方向发展。因为热电联产发展的前提在于有足够的热负荷和电负荷需求,为了增加热负荷,热电联产将用于制冷,废水处理,海水淡化及余热的综合利用等诸多方面。

(2) 由于地球上可供给的化石燃料不断减少,燃用生物燃料、废渣、垃圾的热电联产技术将成为另一发展方向。我国也可因地制宜地进行合理选择。对利用余热、余气、余压、城市垃圾和煤矸石、煤泥等低热值燃料及煤层气的热电联产项目继续实行鼓励政策。

(3) 发展核能热电联产技术。

(4) 发展分布型楼宇热电(冷)联产。国外分布型热电联产已有多种形式,如小型、微型燃气轮机热电联产、燃机联合循环发电并供热技术、柴油发动机热电联产、煤气发动机热电联产、燃料电池发电供热系统等。燃料电池是未来最有竞争力的热电联产方式,也是最洁净、效率最高的热电联产系统。例如,氢／氧燃料电池热电联产系统,氢能变化为电能的实际效率高达 $60\%\sim80\%$,再考虑到废热的利用,整个系统的热效率将超过 85%。

4.2　热电联产理论

4.2.1　供热式汽轮机的型式及其特点

热电联合生产过程中的关键设备是汽轮机,从锅炉来的新蒸汽进入汽轮机做功(发电),将部分做功后的蒸汽从汽轮机中间抽出或利用汽轮机排汽向用户供热,从而实现热电联合生产。这种热电联合生产过程,能将全厂热效率从 $30\%\sim40\%$ 提高到 $60\%\sim70\%$。这种汽轮机称为供热汽轮机。

供热式汽轮机有单抽(C 型)凝汽式汽轮机、双抽(CC 型)凝汽式汽轮机、背压式(B 型)汽轮机或抽背式(CB 型)汽轮机等不同型式。需要指出的是,对于抽汽式汽轮机,只有先发电后供热的供热汽流 D_h 才属热电联产,它的凝汽流 D_c 仍属于分产发电。装有供热式汽轮机的发电厂称为热电厂。

1. 背压式汽轮机(B 型,CB 型)

背压式汽轮机利用排汽向外供热,热用户作为它的冷源,因此它就是典型的热电联产机组。其优点是热能利用率高,结构简单,不需要凝汽器,投资省。但它的运行特点是,按"以热定电"的运行方式。背压机的电功率取决于热负荷,热和电不能独立调节,因此难以同时满足电、热负荷的需要,所缺的电量需电网补偿,因此增大了电力系统的备用容量。另外背压机的背压高,整机的焓降小,若偏离设计工况,其机组的相对内效率 η_{ri} 显著下降,发电量减少,会使电网补偿容量陡增。所以,要在有稳定可靠的热负荷时才采用背压式汽轮机,其供热及热力系统示意图见图 4.3。

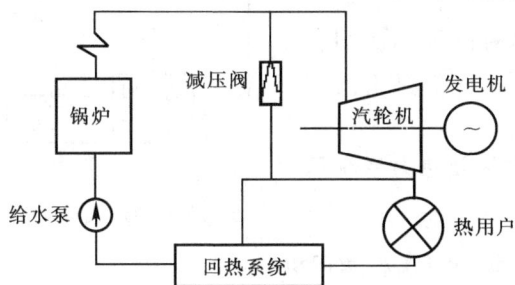

图 4.3　背压式汽轮机供热及热力系统图

抽汽背压式汽轮机,即 CB 型,其特点是在背压排汽供热的同时,还有一级较高压力的调节抽汽供热。CB 型机组适用于两种不同参数的热负荷,扩大了背压式汽轮机的应用范围,抽汽背压式汽轮机其供热及热力系统示意图见图 4.4。

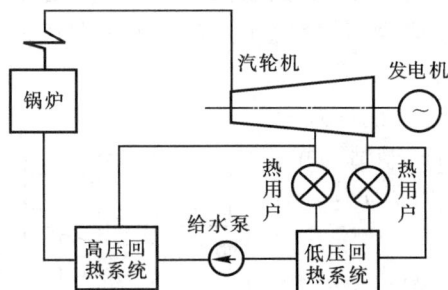

图 4.4　抽汽背压式汽轮机供热及热力系统图

2. 抽汽式汽轮机(C 型,CC 型)

C 型表示汽轮机带有一级调整抽汽,抽汽可供工业用汽,压力调整范围一般为 $0.78 \sim 1.23$ MPa;也可供采暖用汽,压力调整范围一般为 $0.118 \sim 0.124$ MPa。CC

型表示汽轮机带有两级调整抽汽,抽汽压力的的可调整范围和上述相同。

抽汽式汽轮机的特点。

① 热电负荷可独立调节,运行灵活。这种汽轮机相当背压机和凝汽机选置运行,当热负荷为零时可按电负荷曲线运行;又可同时按热、电负荷曲线运行。

② 抽汽式汽轮机有最小凝汽流量,以保证低压缸有足够的冷却蒸汽。

③ 抽汽式汽轮机由于在通流部分装旋转隔板以调节供热抽汽的流量和压力,因此凝汽流量存在着节流损失,它的凝汽流的绝对内效率比同参数的凝汽机组低,这对该类机组的节能是不利的。

抽汽式汽轮机供热及热力系统示意图见图4.5。

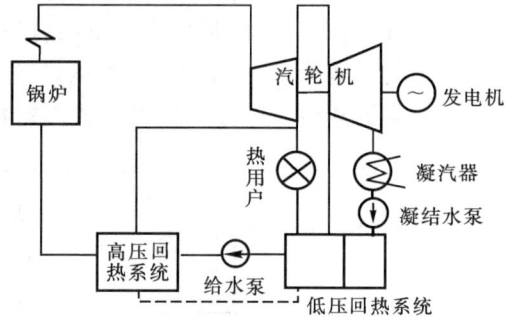

图 4.5　抽汽式汽轮机供热及热力系统图

3. 凝汽采暖两用机组(简称两用机)

这是一种大型凝汽式机组改造为供热机组的型式。它是在中低压缸之间的导汽管上装了蝶阀以调节抽汽量,在采暖期供热,在非采暖期或暂无热负荷时仍以凝汽机组运行。

两用机的特点。

① 由于它是将凝汽机改造为供热机,它的高压缸通流容积是按凝汽流设计,所以当抽汽供热时,电功率减少,它是以牺牲电功率来增加供热的。

② 由于在导汽管上蝶阀压损的影响,在非采暖期虽为凝汽机组,热经济性仍会下降约 $0.1\% \sim 0.5\%$。

③ 在抽汽运行时具有抽汽式汽轮机的特点,但它的设计、制造简单,成本低,是适应热电联供事业发展的一种有用机组。

我国已研制成 200 MW,300 MW 凝汽-采暖两用机,并分别安装在北京、沈阳、吉林、长春、郑州、哈尔滨、秦皇岛、太原等城市的热电厂。两用机供热及热力系统示意图见图4.6。

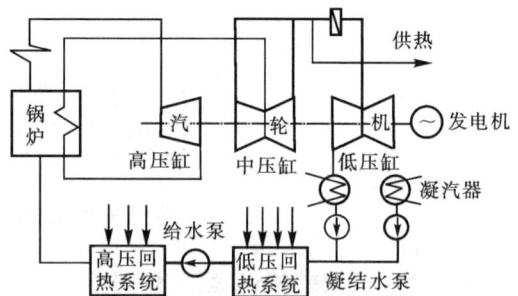

图 4.6　两用机供热及热力系统图

4. 低真空供热的凝汽机组

这是一种将小型凝汽机组改造为供热机组的方式。在冬季采暖期,提高机组背压,用循环水供热。由于提高了排汽压力也会使电功率减少。

4.2.2　热电厂的热经济指标

凝汽式发电厂主要热经济指标有全厂热效率 η_{cp},全厂热耗率 q_{cp} 和标准煤耗率 b_{cp}^s,它们均能表示凝汽式发电厂能量转换过程的技术完善程度,且算式简明,三者相互联系,知其一即可求得其余两个,极为方便。

热电厂的主要热经济指标,却要复杂得多,因为热电厂是利用已在汽轮机中先作过功、发过电的部分蒸汽(供热汽流 D_h)对外供热,而且电、热两种能量产品的质量(品位)是不同的,若供热参数不同,热能的品位也有所不同。

一般热电厂(如装 C、CC 型供热式机组),既有供热汽流 D_h 的热电联产,又有凝汽汽流 D_c 的热电分产,有时还有直接从锅炉引出蒸汽,经过减压减温设备后供峰载热网加热器以补充供汽的不足部分,这是分产供热,它们的经济性是不相同的。

热电厂的热经济指标应能反映能量转换过程的技术完善程度,又要计算简明。遗憾的是,迄今尚无单一的热经济指标,能够既在质量上又在数量上来衡量两种能量转换过程的完善程度。而只能采用综合评价方法,既有总指标又有分项指标来衡量。

1. 热电厂的总的热经济指标

(1)热电厂的燃料利用系数 η_{tp}

$$\eta_{tp} = \frac{3\ 600\ P_e + Q}{B_{tp} Q_{dw}} \tag{4.5}$$

式中,P_e 为热电厂的总发电量,kW;Q 为热电厂的供热量,kJ/h;B_{tp} 为热电厂的煤耗量,kg/h;Q_{dw} 为煤的低位发热量,kJ/kg。

η_{tp} 为输出电、热两种产品的总能量与输入能量之比,它将高品位的电能按热量单位折算后与对外供热量相加,不能表明热、电两种能量产品在品位上的差别,只能表明燃料能量在数量上的有效利用程度,故称为热电厂的燃料利用系数,是数量指标。

η_{tp} 既不能比较供热式机组间的热经济性,也不能比较热电厂的热经济性。它只能表明热电厂的燃料能量有效利用程度,一般 $\eta_{tp} = (1.5 \sim 2.0)\eta_{cp}$。在设计热电厂时,用以估算热电厂的燃料消耗量。

(2)供热机组的热化发电率 ω

热化发电率的定义为

$$\omega = \frac{W_h}{Q_h} \quad (kW \cdot h)/GJ \tag{4.6}$$

式中，W_h 为热电联产的热化发电量，$kW \cdot h$；Q_h 为热电联产的热化供热量，GJ。热化发电率的意义是表明供热机组每单位 GJ 供热量的发电量。

图 4.7 为抽汽式汽轮机的系统图。图中供热抽汽量 D_h 在热用户处放出热量后以 h'_h 返回除氧器。然后经 H_2、H_1 加热到 h_{fw} 进入锅炉，产生蒸汽再进入到汽轮机，这部分蒸汽完成一个供热循环，相当一个背压汽轮机循环。该循环的发电量由 D_h 在汽轮机中膨胀做功生产的电能 W_h^0 和其回水引入加热器的各级回热抽汽产生的电能 W_h^i 两部分组成，即 $W_h = W_h^0 + W_h^i$，W_c 为凝汽流 D_c 的膨胀做功。

（1）外部热化发电率 ω_0

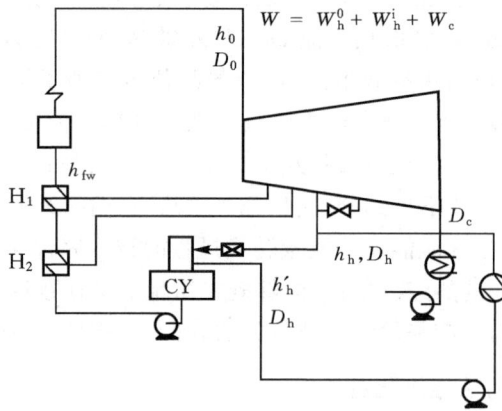

图 4.7　抽汽式汽轮机系统图

若不计供热回水在各加热器加热的抽汽做功，只考虑抽汽 D_h 在汽轮机的膨胀做功称为外部热化发电率。此时

$$W_h^0 = D_h(h_0 - h_h)\eta_m\eta_g/3\,600 \tag{4.7}$$

$$Q_h = D_h(h_0 - h'_h)/10^6 \tag{4.8}$$

则

$$\omega_0 = \frac{W_h^0}{Q_h} = 278\,\frac{h_0 - h_h}{h_h - h'_h}\eta_m\eta_g \tag{4.9}$$

（2）内部热化发电率 ω_i

若考虑回水在所经各级加热器（图 4.7 中的 H_1，H_2 和 CY）的抽汽所产生的电能，这部分的热化发电率称为内部热化发电率，此时

$$W_h^i = \sum_1^Z D_j^h(h_0 - h_j)\eta_m\eta_g/3\,600 \tag{4.10}$$

那么

$$\omega_i = \frac{W_h^i}{Q_h} \tag{4.11}$$

（3）供热汽轮机的热化发电率 ω

$$\omega = \omega_0 + \omega_i = 278 \frac{h_0 - h_h}{h_h - h_h'} \eta_m \eta_g (1 + e) \tag{4.12}$$

式中，$e = \dfrac{\omega_i}{\omega_0} = \dfrac{\sum\limits_1^Z D_j^h (h_0 - h_j)}{D_h (h_0 - h_h)}$ 称为相对热化发电份额，它表示供热循环中，回热部分作功与供热抽汽作功的比值，也表示回热作功所占的比例。

需要指出：回热抽汽 D_j^h 是指对供热返回水加热的抽汽量；当热网工质有损失时，回水率为 φ（在 $0 \sim 1$ 之间），则需补充热网水 $(1 - \varphi)$，补充水焓为 $h_{w,m}$，那么回水焓为 $h_{w,h} = \varphi h_h' + (1 - \varphi) h_{w,m}$。

热化发电率是质量指标。它是供热循环中供热发电量与供热量之比，它直接表明单位 GJ 供热量时发电量的多少，它与抽汽量无关。当 ω 增大时，供热循环的电能 W_h 增大，当机组功率一定时，凝汽流功率减少，使供热机组热经济性提高。

影响 ω 的因素有供热机组的初参数、抽汽参数、回热参数、回水温度、回水率、补充水温度、设备的技术完善程度以及回水所流经的加热器的级数等。

ω 只能用来比较供热参数相同的供热式机组的热经济性，供热参数不同的热电厂不能比较它们的热经济性，也不能用以比较热电厂和凝汽式电厂的热经济性。

此外，当已知 ω 时，可用 $W_h = \omega \cdot Q_h$ 计算供热发电量。

2. 热电厂的分项热经济指标

由于热电厂的煤耗量 B_{tp}（或热耗量 Q_{tp}）是既发电又供热的总的煤耗量，在经济性评价时，需将 B_{tp}（或 Q_{tp}）分为发电和供热两项，称之为分项热经济指标。热电厂总热耗 Q_{tp} 与锅炉热负荷 Q_b，机组热耗 Q_0 有如下关系

$$Q_{tp} = B_{tp} Q_{dw} = \frac{Q_b}{\eta_b} = \frac{Q_0}{\eta_b \eta_p} \tag{4.13}$$

而

$$Q_{tp} = Q_{tp(h)} + Q_{tp(e)} \tag{4.14}$$

$$B_{tp} = \frac{Q_{tp}}{Q_{dw}} = \frac{Q_{tp(h)} + Q_{tp(e)}}{Q_{dw}} = B_{tp(h)} + B_{tp(e)} \tag{4.15}$$

式中，$Q_{tp(h)}$、$Q_{tp(e)}$ 为热电厂供热、发电的热耗量；$B_{tp(h)}$、$B_{tp(e)}$ 为热电厂供热、发电的煤耗量。

因此，将 Q_{tp} 分配为 $Q_{tp(h)}$、$Q_{tp(e)}$ 的实质，是将热电厂总煤耗 B_{tp} 在电、热两种产品间分配。通常首先确定分配到供热方面的热耗量 $Q_{tp(h)}$，再从 Q_{tp} 中减去 $Q_{tp(h)}$，即得到发电方面的热耗量 $Q_{tp(e)}$，以此求出相应的 $B_{tp(h)}$、$B_{tp(e)}$。

对热电厂 Q_{tp} 分配方法的要求是,既要反映电、热两种产品的品位不同,又要能反映热电联产过程的技术完善程度,且计算简便,并能为国家节约能源,促进热化事业的发展。国内外学者对 Q_{tp} 的分配进行许多研究,提出了各种不同的分配方法,可以归纳为三种类型:一是热电联产效益归电法(热量法);一种是该效益归热法(实际焓降法),这是 Q_{tp} 分配的两种不同的极端方法;再一种是将该效益折中分摊在发电、供热两方面。这类的方法有许多种,如净效益法、做功能力法等等。本书只介绍我国的法定分配方法 —— 热量法。

(1)热电厂煤耗量的分配

将热电厂的总煤耗量 B_{tp} 分为供热煤耗量 $B_{tp(h)}$ 和发电煤耗量 $B_{tp(e)}$ 的分配方法,应该满足 $B_{tp} = B_{tp(h)} + B_{tp(e)}$。

热量法分配的原则是,热电厂分配给供热的煤耗量是按照汽轮机的供热量 $Q_h = D_h(h_h - h'_h)$ 占机组热耗量 Q_0 的比例来分配。即

$$\frac{D_h(h_h - h'_h)}{D_0(h_0 - h_{fw})} = K \tag{4.16}$$

$$B_{tp(h)} = KB_{tp} \tag{4.16a}$$

式中,K 为分配的比例系数。

(2)分项热经济指标

将 B_{tp} 分为两项后,即可方便地计算供热机组和热电厂的分项热经济指标。表 4.3 为热电厂的分项热经济指标的计算式,由此可求得发电和供热的标准煤耗率、热电厂发电和供热的效率,也可求得汽轮机组发电的绝对电效率。

表 4.3　分项热经济指标的计算式

序号	项目	单位	发电方面	供热方面
1	电功率和热负荷及供热量	kW,GJ/h	P_e	用户热负荷 Q 热电厂供热量 $Q_h = Q/\eta_{hs}$
2	标准煤耗率	kg/(kW·h),kg/GJ	$b_{tp(e)} = \dfrac{B_{tp(e)}}{P_e}$	$b_{tp(h)} = \dfrac{B_{tp(h)}}{Q}$
3	发电效率	%	$\eta_{tp(e)} = \dfrac{0.123}{b_{tp(e)}}$	$\eta_{tp(h)} = \dfrac{34.1}{b_{tp(h)}}$
4	汽轮机的绝对电效率	%	$\eta_{e(e)} = \dfrac{\eta_{tp(e)}}{\eta_b \eta_p}$	

例 4.1　某单抽汽式机组的有关数据为:新蒸汽比焓 $h_0 = 3\,475.04$ kJ/kg,供热抽汽比焓 $h_h = 2\,620.52$ kJ/kg,排汽比焓 $h_c = 2\,391.5$ kJ/kg,供热回水比焓

$h'_h = 334.94$ kJ/kg，给水比焓 $h_{fw} = 315.74$ kJ/kg，新蒸汽量 $D_0 = 210.387$ t/h，供热抽汽量 $D_h = 193.387$ t/h，$\eta_m\eta_g = 0.98$，$\eta_b\eta_p = 0.88$，热网效率 $\eta_{hs} = 0.97$，计算该机组各分项热经济指标。

各种分配结果及热电厂分项指标的计算见表 4.4 所示。

表 4.4　热电厂煤耗量的分配及分项热经济指标计算结果

项　　目	计算式	单位	结果
热电厂电功率	P_e	kW	50 000
热电厂总热耗量	$Q_{tp} = D_0(h_0 - h_{fw})/\eta_b\eta_p$	GJ/h	755.31
热电厂供热量	$Q_h = D_h(h_h - h'_h)$	GJ/h	442
热电厂用户热负荷	$Q = Q_h\eta_{hs}$	GJ/h	428.74
热电厂总煤耗量	$B_{tp} = Q_{tp}/Q_{dw}$	t/h	25.805
比例系数	$K = \dfrac{D_h(h_h - h'_h)}{D_0(h_0 - h_{fw})}$		0.665
分配给供热方面的煤耗量	$B_{tp(h)} = KB_{tp}$	t/h	17.160
分配给发电方面的煤耗量	$B_{tp(e)} = B_{tp} - B_{tp(h)}$	t/h	8.645
发电的标准煤耗率	$b_{tp(e)} = B_{tp(e)}/P_e$	kg/(kW·h)	0.173
热电厂发电的效率	$\eta_{tp(e)} = 0.123/b_{tp(e)}$	%	0.711
热电厂供热的标准煤耗率	$b_{tp(h)} = B_{tp(h)}/Q$	kJ/GJ	40.024
热电厂供热效率	$\eta_{tp(h)} = 34.1/b_{tp(h)}$	%	0.852

（3）说明

由于热量法简单、直观、便于推行，因此现在仍广泛使用。它的缺点是以热力学第一定律为依据，不能反映供热参数高低的影响（因为 $Q_h = Q/\eta_{hs}$，是以热用户处的热负荷为依据的），不能调动热用户使用低参数供热的积极性，也不能调动热电厂进行机组改造的积极性，因而对发展热电联产事业不利，也会导致国家能源的浪费。目前国内外学者在热耗量的分配方法上进行了许多研究，也提出各种方法，但都有其合理性和局限性。

本书在分析和计算热电厂的热经济性时，均按照热量法的分配原则，由于热量法分配是以热用户实际消耗的热量 Q 为依据，所以分配给供热方面的热量是作为直接供出的热量，即 $Q_{tp(h)} = B_{tp(h)} Q_{dw} = \dfrac{Q}{\eta_b \eta_p \eta_{hs}}$，$\eta_{tp(h)} = \eta_b \eta_p \eta_{hs}$，属于分产供热，它没有得到热电联产的好处，只得到以电站高效率大锅炉取代低效率的小锅炉的好处。

供热的标准煤耗率 $b_{tp(h)} = \dfrac{34.1}{\eta_{tp(h)}} = \dfrac{34.1}{\eta_b \eta_p \eta_{hs}}$，若取 $\eta_b \eta_p = 0.88$，$\eta_{hs} = 0.98$，那么

$$b_{tp(h)} = \frac{34.1}{0.88 \times 0.98} = 39.54 \ \text{kg/GJ}，这是一个变化不大的数据。$$

4.2.3　热电厂燃料节约量计算

1. 节煤量的计算

热电厂的燃料节约是指热电联产与热电分产相比，在供应相同的电、热负荷时的节煤量。热电厂与相同电、热负荷的热电分产相比，能够节约能源，被比较的分产发电凝汽式发电厂称为代替电厂，被比较的分产发电凝汽机组称为代替机组。分产中的热负荷由工业锅炉或热水锅炉供应，其系统如图 4.8 所示。

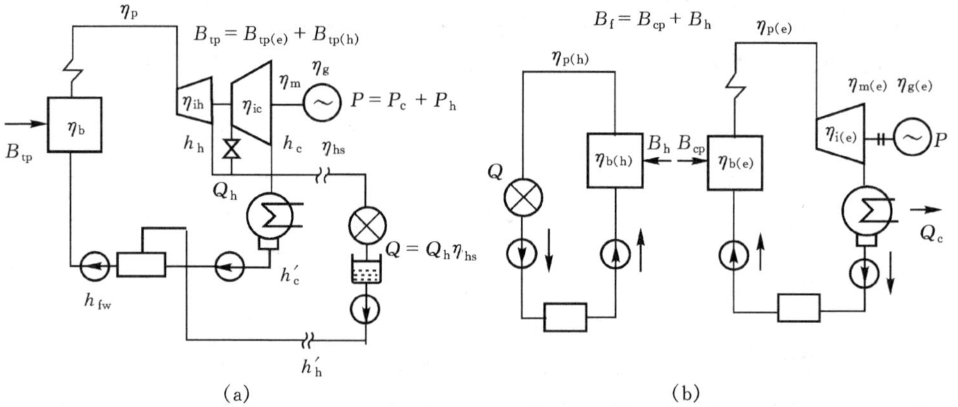

图 4.8　热电联产和热电分产系统示意图
（a）热电厂的热力系统；（b）热电分产的热力系统

图中电负荷为 P，(kW·h)，热负荷为 Q，GJ/h。热电厂的锅炉效率为 η_b、管道效率为 η_p、汽轮机的机械效率为 η_m、发电机的效率为 η_g、热网效率 η_{hs}，因此热电联产的供热量 Q_h 与热用户的热负荷 Q 的关系是 $Q = Q_h \eta_{hs}$。热电分产的凝汽电厂锅

炉效率为 $\eta_{b(e)}$、管道效率为 $\eta_{p(e)}$、汽轮机的机械效率为 $\eta_{m(e)}$、发电机效率为 $\eta_{g(e)}$、发电标准煤耗率为 b_e。分产供热的工业锅炉效率为 $\eta_{b(h)}$、管道效率为 $\eta_{p(h)}$。

热电厂总标准煤耗 B_{tp} 为用于发电、供热的标准煤耗之和，即

$$B_{tp} = B_{tp(e)} + B_{tp(h)} \tag{4.17}$$

热电分产总标准煤耗 B_f 为分产发电标准煤耗 B_{cp} 与分产供热煤耗 B_h 之和，即

$$B_f = B_{cp} + B_h \tag{4.18}$$

则热电联产的节煤量为

$$\Delta B = B_f - B_{tp} = B_{cp} + B_h - B_{tp(e)} - B_{tp(h)}$$
$$= (B_{cp} - B_{tp(e)}) + (B_h - B_{tp(h)}) \tag{4.19}$$

从热电联产节煤量的计算式可以看出：第一项是发电的节煤量，第二项是供热的节煤量，由于热电厂供热和发电较分产供热和发电均有节煤的有利因素和不利因素，下面将具体分析热电厂供热和发电的节煤条件。

2. 联产供热节煤

分产供热的标准煤耗量

$$B_h = \frac{Q \times 10^6}{29\ 270 \cdot \eta_{b(h)} \cdot \eta_{p(h)}} = \frac{34.1 \cdot Q}{\eta_{b(h)} \eta_{p(h)}} \tag{4.20}$$

热电厂供热的标准煤耗量

$$B_{tp(h)} = \frac{Q \times 10^6}{29\ 270 \cdot \eta_b \cdot \eta_p \cdot \eta_{hs}} = \frac{34.1 \cdot Q}{\eta_b \eta_p \eta_{hs}} \tag{4.21}$$

热电厂供热节约的标准煤量

$$\Delta B_h = B_h - B_{tp(h)} = 34.1 Q \left[\frac{1}{\eta_{b(h)} \cdot \eta_{p(h)}} - \frac{1}{\eta_b \cdot \eta_p \cdot \eta_{hs}} \right] \tag{4.22}$$

热电厂供热的节煤条件为 $\Delta B_h > 0$，即

$$\frac{1}{\eta_{b(h)} \cdot \eta_{p(h)}} - \frac{1}{\eta_b \cdot \eta_p \cdot \eta_{hs}} > 0 \tag{4.23}$$

当热电厂供热和分产供热供应相同热负荷 Q 时，能节约燃料的主要原因是热电厂的电站锅炉效率 η_b，远高于分产供热的工业锅炉效率 $\eta_{b(h)}$ 所致，其不利因素是热电厂供热有热网损失。若考虑热电厂供热和分产供热管道效率大致相等，即取 $\eta_p \approx \eta_{p(h)}$，则其节煤条件式为

$$\eta_b > \frac{\eta_{b(h)}}{\eta_{hs}} \tag{4.24}$$

3. 联产发电节煤

分产发电即代替凝汽式电厂发电的标准煤耗量 B_{cp} 为

$$B_{cp} = b_e P = \frac{0.123 \cdot P}{\eta_{b(e)} \cdot \eta_{p(e)} \cdot \eta_{i(e)} \cdot \eta_{m(e)} \cdot \eta_{g(e)}} \tag{4.25}$$

图 4.8(a) 所示为单抽汽式供热机组,可视为背压机与凝汽机的组合,即供热汽流发电 P_h,凝汽流发电 P_c,并且 $P = P_h + P_c$。由于供热汽流发电属热电联产,它的 $\eta_{ih} = 1$,则供热汽流的发电标准煤耗率为

$$b_{eh} = \frac{0.123}{\eta_b \cdot \eta_p \cdot \eta_m \cdot \eta_g} \tag{4.26}$$

而凝汽流发电的标准煤耗率为

$$b_{ec} = \frac{0.123}{\eta_b \cdot \eta_p \cdot \eta_{ic} \cdot \eta_m \cdot \eta_g} \tag{4.27}$$

由于供热机组凝汽流发电的相对内效率比代替凝汽机组的低(即 $\eta_{ic} < \eta_{i(e)}$),若认为供热机组的锅炉效率、管道效率、机械效率、发电机效率与代替机组的基本相同,因此必然存在 $b_{ec} > b_e > b_{eh}$。

热电厂发电的标准煤耗量 $B_{tp(e)}$ 为

$$B_{tp(e)} = b_{ec} P_c + b_{eh} P_h \tag{4.28}$$

则热电厂发电的节煤量可写为

$$\begin{aligned}
\Delta B_e &= B_{cp} - B_{tp(e)} = b_e P - b_{ec} P_c - b_{eh} P_h \\
&= P_h(b_e - b_{eh}) + P_c(b_e - b_{ec}) \\
&= P_h(b_{ec} - b_{eh}) - P(b_{ec} - b_e)
\end{aligned} \tag{4.29}$$

从上面热电联产发电节煤量的计算式可以看出,热电厂节煤的有利因素是热化发电的煤耗率比代替机组的发电煤耗率低,而不利因素则是供热机组凝汽流发电的煤耗率比代替机组的发电煤耗率高,因此,热电厂的发电是否节煤存在一定的条件,即要满足 $\Delta B_e > 0$。也就是

$$P_h(b_{ec} - b_{eh}) - P(b_{ec} - b_e) > 0$$

当 $\Delta B_e = 0$ 时,得

$$\frac{P_h}{P} = \frac{b_{ec} - b_e}{b_{ec} - b_{eh}} \tag{4.30}$$

令 $X = \dfrac{P_h}{P}$,X 的含义是供热机组热化发电量占供热机组总发电量的比例,称为热化发电比。

$$[X] = \frac{b_{ec} - b_e}{b_{ec} - b_{eh}} \tag{4.31}$$

$[X]$ 是由供热机组的特性与代替机组的特性决定的特性参数,称为临界热化发电比。从以上的分析和推导可知,热电厂的发电节煤条件是,供热机组的热化发电比一定要大于临界热化发电比。也就是说,必须要有一定热负荷的情况下,热电厂才会节煤,热负荷越大,则热电厂发电节煤越多。

　　由于热电厂的总的指标 η_{tp}、ω 分别表示量和质的指标,而分项热经济指标又随热量的分配方法不同而不同,因此这些指标在应用上均有其合理性和局限性,所以要全面的评价热电厂的热经济性需要用节煤量来说明。只有热电厂是节煤的才能说明它的热经济性高。

　　例 4.2　一台背压式汽轮发电装置,进汽参数 $p_0 = 3.4$ MPa,$t_0 = 435℃$,排汽压力 $P_c = 0.5$ MPa,额定工况下对外供蒸汽热量 $Q_h = 25\,000$ kJ/s,汽轮发电机组相对内效率 $\eta_{ri} = 0.75$,$\eta_m \eta_g = 0.92$,若该机组在额定供热量情况下,年运行 4 000 h,求:

　　(1) 出口蒸汽流量,总电功率以及汽耗率和热耗率;

　　(2) 该机组年发电量及供热量。

　　解

　　(1) 已知进汽参数 $p_0 = 3.4$ MPa,$t_0 = 435℃$,排汽压力 $p_c = 0.5$ MPa

　　由 h-s 图可以查得:新蒸汽比焓 $h_0 = 3\,303$ kJ/kg,等比熵膨胀到排汽压力 p_c 比焓 $h_{ct} = 2\,809$ kJ/kg,热网回水比焓 $h'_h = 636$ kJ/kg,则

　　汽轮机中的理想比焓降:$\Delta h_t = h_0 - h_{ct} = 3\,303 - 2\,809 = 494$ kJ/kg

　　汽轮机中的实际比焓降:$\Delta h_i = \Delta h_t \eta_{ri} = 494 × 0.75 = 372$ kJ/kg

　　热网供蒸汽比焓降:$\Delta h_h = h_c - h'_h = 2\,931 - 636 = 2\,295$ kJ/kg

　　对外供蒸汽热量 $Q_h = 25\,000$ kJ/s 时,消耗蒸汽量为:

$$D_h = \frac{Q_h}{\Delta h_h} = \frac{25\,000}{2\,295} = 10.9 \text{ kg/s} = 39.2 \text{ t/h}$$

　　汽轮发电机组功率:$P_e = D_h \Delta h_i \eta_m \eta_g = 10.9 × 372 × 0.92 = 3\,730$ kW

　　汽耗率:$d = \dfrac{D_h}{P_e} = \dfrac{39\,200}{3\,730} = 10.5$ kg/(kW·h)

　　热耗率:$q = d(h_0 - h'_h) = 10.5 × (3\,303 - 636) = 28\,000$ kJ/(kW·h)

　　(2) 每年总发电量:$E = P_e × 4\,000 = 14\,920$ kW·h/a

　　　　年供热量:$H = 25\,000 × 3\,600 × 4\,000 = 3.6 × 10^5$ GJ/a

　　例 4.3　一台抽汽凝汽式汽轮发电机组,输出总电功率 $P_e = 25$ MW,额定工况下对外供热量 $Q_h = 60\,000$ kJ/s,进汽参数 $p_0 = 8.8$ MPa,$t_0 = 535$ ℃,排汽压力 $p_c = 0.005$ MPa,供热抽汽点压力 $p_h = 0.25$ MPa,汽轮机高压部分(抽汽前)相对内效率 $\eta_{ri1} = 0.75$,低压部分相对内效率 $\eta_{ri2} = 0.80$,$\eta_m \eta_g = 0.94$,热网效率 $\eta_{hs} = 0.97$,$\eta_b \eta_p = 0.88$,该机组在额定供热量情况下,年运行 $\tau_h = 4\,000$ h,纯凝汽运行时间 $\tau_u = 2\,000$ h。求:

　　(1) 该抽汽凝汽式汽轮发电机组总的汽耗量以及汽耗率。

(2) 假设代替电站凝汽式机组的初参数 h_0，$\eta_b \eta_p$，$\eta_m \eta_g$ 与该抽汽式机组相同，其排汽比焓 $h_{cp} = 2\,275.53$ kJ/kg，凝结水焓 $h'_{cp} = 136.32$ kJ/kg，分产供热 $\eta_{b(h)} = 0.75$，$\eta_{p(h)} = 0.96$，求全年节省的燃料量。

解

(1) 已知进汽参数 $p_0 = 8.8$ MPa，$t_0 = 535$ ℃，抽汽压力 $p_h = 0.25$ MPa，排汽压力 $p_c = 0.005$ MPa 由 h - s 图可以查得：新蒸汽比焓 $h_0 = 3\,479$ kJ/kg，等比熵膨胀到供热抽汽点比焓 $h_{ht} = 2\,609$ kJ/kg，热网回水比焓 $h'_h = 533$ kJ/kg，凝结水饱和比焓 $h'_c = 137.77$ kJ/kg，则

汽轮机高压部分的理想比焓降：$\Delta h_{t1} = h_0 - h_{ht} = 3\,479 - 2\,609 = 870$ kJ/kg

汽轮机高压部分的实际比焓降：$\Delta h_{i1} = \Delta h_{t1} \eta_{ri1} = 870 \times 0.75 = 652$ kJ/kg

抽汽点处实际蒸汽比焓：$h_h = h_0 - \Delta h_{i1} = 3\,479 - 652 = 2\,827$ kJ/kg

汽轮机低压部分的理想比焓降：$\Delta h_{t2} = 595$ kJ/kg

汽轮机低压部分的实际比焓降：$\Delta h_{i2} = \Delta h_{t2} \eta_{ri2} = 595 \times 0.8 = 476$ kJ/kg

排汽比焓：$h_c = h_h - \Delta h_{i2} = 2\,827 - 476 = 2\,351$ kJ/kg

热网供热蒸汽比焓降：$\Delta h_h = h_h - h'_h = 2\,827 - 533 = 2\,294$ kJ/kg

对外供蒸汽热量 $Q_h = 60\,000$ kJ/s 时，消耗蒸汽量为：

$$D_h = \frac{Q_h}{\Delta h_h} = \frac{60\,000}{2\,294} = 26.2 \text{ kg/s} = 94.2 \text{ t/h}$$

热化发电量：$P_h = D_h \Delta h_{i1} \eta_m \eta_g = 26.2 \times 652 \times 0.94 = 16\,000$ kW

凝汽流发电量：$P_c = P_e - P_h = 9\,000$ kW

凝汽流量：$D_c = \dfrac{P_c}{\Delta h_{i1} + \Delta h_{i2}} = 7.89$ kg/s

机组总的汽耗量：$D = D_h + D_c = 34.2$ kg/s $= 124.8$ t/h

汽耗率：$d = \dfrac{D}{P_e} = 4.99$ kg/kW·h

(2) 分产供热每年的标准煤耗量：

$$
\begin{aligned}
B_h &= \frac{Q_h \tau_h}{29\,270 \cdot \eta_{b(h)} \cdot \eta_{p(h)}} \\
&= \frac{60\,000 \times 3\,600 \times 4\,000}{29\,270 \times 0.75 \times 0.96 \times 1\,000} \\
&= 40\,997.6 \text{ t/a}
\end{aligned}
$$

热电厂供热每年的标准煤耗量：

$$B_{tp(h)} = \frac{Q_h \tau_h}{29\,270 \cdot \eta_b \cdot \eta_p \cdot \eta_{hs}}$$

$$= \frac{60\ 000 \times 3\ 600 \times 4\ 000}{29\ 270 \times 0.88 \times 0.97 \times 1\ 000}$$

$$= 34\ 580.9\ \text{t/a}$$

热电厂供热每年节约的标准煤：$\Delta B_h = B_h - B_{tp(h)} = 6\ 416.7\ \text{t/a}$

代替凝汽式电厂发电的标准煤耗量 B_{cp} 为：

$$B_{cp} = b_e P_e (\tau_u + \tau_h) = \frac{0.123 \cdot P_e}{\eta_b \eta_p \eta_i \eta_m \eta_g}(\tau_u + \tau_h)$$

其中

$$\eta_i = \frac{h_0 - h_{cp}}{h_0 - h'_{cp}} = \frac{3\ 479 - 2\ 275.53}{3\ 479 - 136.32} = 0.36$$

则

$$B_{cp} = \frac{0.123 \times 25\ 000 \times 6\ 000}{0.88 \times 0.36 \times 0.94 \times 1\ 000} = 61\ 956\ \text{t/a}$$

热电厂供暖期发电标准煤耗量：$B'_{tp(e)} = P_c b_{ec} + P_h b_{eh}$

其中

$$b_{ec} = \frac{0.123}{\eta_b \cdot \eta_p \cdot \eta_{ic} \cdot \eta_m \cdot \eta_g}, \quad b_{eh} = \frac{0.123}{\eta_b \cdot \eta_p \cdot \eta_m \cdot \eta_g}$$

$$\eta_{ic} = \frac{h_0 - h_c}{h_0 - h'_c} = \frac{3\ 479 - 2\ 351}{3\ 479 - 137.77} = 0.338$$

因此热电厂供暖期发电标准煤耗量：

$$B'_{tp(e)} = P_c b_{ec} + P_h b_{eh}$$

$$= \frac{0.123 \times 9\ 000 \times 4\ 000}{0.84 \times 0.338 \times 0.94 \times 1\ 000} + \frac{0.123 \times 16\ 000 \times 4\ 000}{0.84 \times 0.94 \times 1\ 000}$$

$$= 26\ 545\ \text{t/a}$$

热电厂非供暖期发电标准煤耗量：

$$B''_{tp(e)} = P_e b_{ec}$$

$$= \frac{0.123 \times 25\ 000 \times 2\ 000}{0.84 \times 0.338 \times 0.94 \times 1\ 000} = 23\ 044\ \text{t/a}$$

则热电厂发电的节煤量可写为：

$$\Delta B_e = B_{cp} - B'_{tp(e)} - B''_{tp(e)} = 12\ 366\ \text{t/a}$$

热电厂每年总的节煤量为：

$$\Delta B = \Delta B_h + \Delta B_e = 6\ 416.7 + 12\ 366 = 18\ 783\ \text{t/a}$$

4.3　热电联产热负荷

随着社会的进步,生产的发展,人民生活的提高,需要耗费越来越多的热能,热能消费分生产用热和生活用热两大类。生产用热是指一些生产过程中的热消耗,诸如加热、烘干、蒸煮、溶化以及推动汽轮机、汽锤、锻压机等用蒸汽所耗费的热能。生活用热是指人们日常生活中的消耗热能,诸如采暖、通风和热水供应等所耗费的热能。热能也与电能一样,几乎不能大量储存。热能生产过程必须随时保持产、供、销平衡,并应保证热能供应的可靠性和经济性。

由发电厂通过热网向热用户供应的不同用途的热量,称为热负荷。因其用途的不同,所需载热质(蒸汽或热水)的数量(单位时间供应的热量 GJ/h,或流量 t/h)、质量(压力、温度)以及它们随时间变化的规律(及热负荷特性)也各不相同。

4.3.1　热负荷

1. 热负荷的分类

热电厂的热负荷主要有,生产热负荷(包括工业热负荷,动力热负荷)、热水供应热负荷,采暖和通风热负荷。前两项为非季节性热负荷 Q_{ns},其特点是,一天 24 小时中热负荷随时间变化较大,而一年四季变化不大;采暖和通风热负荷统称为季节性热负荷 Q_s,其特点刚好与非季节性热负荷相反。各类热负荷特点如表 4.5 所示。

表 4.5　各类热负荷的特点

特点	类别		
	生产热负荷	热水供应热负荷	采暖及通风热负荷
用　途	用于工艺过程的加热、干燥、蒸馏等。用作动力,如驱动汽锤、压气机、水泵等	印染、漂洗等生产用热水,城市公用设施及民用热水	生产、城市公用事业及民用的采暖及通风
主要用户	石油、化工、轻纺、橡胶、冶金等	生产及人民生活	生产及人民生活
负荷特性	非季节性,昼夜变化大,全年变化小	非季节性,昼夜变化大,全年变化小	季节性,昼夜变化小,全年变化大
介质及参数	一般为 0.15 ～ 0.6 MPa,也有高于 1.4 ～ 3.0 MPa 的蒸汽	60 ～ 70℃ 热水	70 ～ 150℃ 或更高温度的热水或0.07～0.28 MPa 蒸汽
工质损失率	直接供汽:20% ～ 100%　间接供汽: 0.5% ～ 2%	100%	水网循环水量的 0.5% ～ 2%

2. 季节性热负荷

采暖通风热负荷的计算式为

采暖热负荷　　　　$Q_h = (1 + \mu) x V_0 (t_i - t_0^d)/10^6$　　GJ/h　　　　(4.32)

通风热负荷　　　　$Q_v = n V_i c_p (t_i - t_{ov}^d)/10^6$　　GJ/h　　　　(4.33)

式中，μ 为建筑物空气渗透系数；x 为建筑物的采暖特性系数，kJ/(m³·h·℃)；V_0 为建筑物的外围体积，m³；n 为每小时的换气次数；V_i 为建筑物的室内容积，m³；t_i 为室内维持的温度，℃；t_0 为室外的温度，℃；t_0^d 为当地的采暖室外计算温度，℃，t_{ov}^d 为通风室外计算温度，℃。当 $t_0 = t_0^d$ 或 $t_0 = t_{ov}^d$ 时达采暖或通风热负荷的设计值。

一般民用建筑可取 $\mu = 0$，对于工业建筑必须考虑 μ。不同的建筑物的 μ 值是不同的，根据(TJ19—75)《工业企业采暖通风和空气调节设计规范》的规定，我国的一般居住建筑物的 $t_i = 18℃$。x 的物理概念为室内外温差 1℃ 时每 m³ 建筑物外围体积的每小时散热量，其数值可查有关手册。对已建成的建筑物，x、V_0 均为定值，采暖热负荷的大小主要取决于室外温度 t_0，即 $Q_h = f(t_0)$。

为了节约能源，降低采暖系统的投资，室外计算温度 t_0^d 既不是当地当年的最低气温，更不是当地历史上的最低温度。我国以日平均温度为统计基础，根据 20 年的统计，采用当地历年平均每年不保证 5 天的日平均温度值为该地的采暖室外计算温度，即 20 年期间当地有 100 天的实际日平均温度低于该地的 t_0^d 值。我国几个大城市的 t_0^d 值为：哈尔滨 $-26℃$，乌鲁木齐 $-23℃$，沈阳 $-20℃$，银川 $-15℃$，太原 $-12℃$，北京 $-9℃$，石家庄 $-7℃$，西安 $-5℃$。

各地的采暖期天数和起止日期，均有规定。我国采用全昼夜室外平均气温 $+5℃$ 作为开始或停止采暖的日期。如北京的采暖期为 126 天。起止日期为当年的 11 月 12 日至次年的 3 月 17 日。采暖热负荷与室外温度的关系，如图 4.9(b) 所示。图中 t_s 即当地开始采暖的室外温度，$t_s = 5℃$。采暖热负荷为季节性热负荷，全年变化大，当 $t_0 = t_s$ 时即为非采暖期，热负荷为零，$t_0 = t_0^d$ 时达最大值，但在采暖期内每昼夜的变化却不大。

3. 非季节性热负荷

非季节性热负荷是指热水供应热负荷和生产热负荷。

热水供应热负荷是供生产印染、漂洗等工艺用热水及生活（淋浴、厨房、洗涤等）用热水，它与室外气温无关，全年变化小，而一昼夜、一周内却是不均衡的，并与工厂的工作班次（两班或三班制）、居民的生活习惯有关，深夜可能降为零，上班时间或居民工作结束后负荷增大，非工作日或节假日的民用热水量比平时增大 30% 左右。根据卫生要求，热水负荷的水温一般为 $60 \sim 65℃$。热水用量标准或定

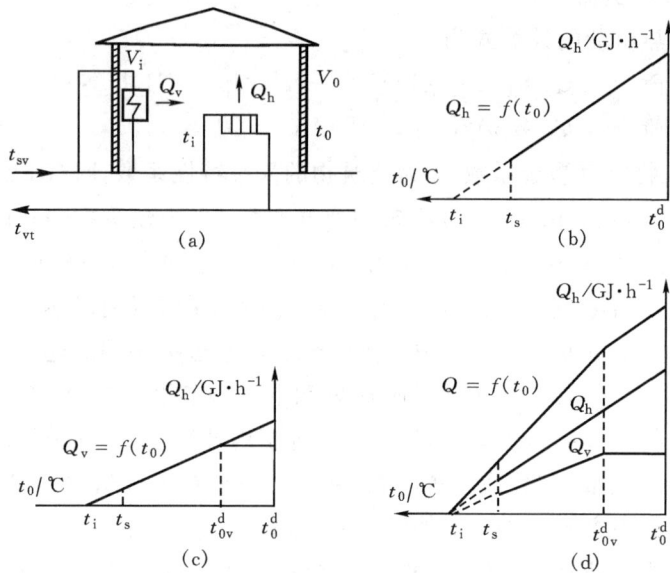

图 4.9　季节性热负荷图

(a) 建筑物的季节性热负荷示意图；(b) 采暖热负荷图；

(c) 通风热负荷图；(d) 季节性热负荷图

额，见有关专用手册。

　　生产热负荷指机械制造、冶金、石油、化工、轻纺、皮革、造纸、制药、食品等工业的某些工艺过程的工艺热负荷，多用于加热、干燥（烘干）、熨平、蒸馏、清洗等工艺过程，多用低压 $0.15 \sim 0.6$ MPa 的饱和蒸汽。动力用生产热负荷，多用蒸汽驱动压气机、风机、水泵、起重机、汽锤和锻压机，或用于企业内部发电，多采用压力为 $1.4 \sim 3.0$ MPa、温度为 $200 \sim 300℃$ 的蒸汽，有的用于发电的工业汽轮机的进汽压力温度更高。

　　生产热负荷的参数及其耗热量与工艺过程、生产设备类型和工作班次等有关，其特点是每昼夜变化大，全年变化小。

4.3.2　热负荷曲线

　　采暖热负荷曲线包括小时负荷曲线和热负荷持续曲线。

1. 作图法绘制热负荷持续时间图

某一室外温度下,热负荷计算的公式为

$$Q_h = xV_0(t_i - t_o) \tag{4.34}$$

式中,t_o 为某一室外温度,℃。

启、停供暖系统的室外温度我国取 $+5℃$。从式(4.34)看出,供暖热负荷与室外温度是直线关系,即

$$Q_h = \frac{t_i - t_o}{t_i - t_o^d} Q_m \tag{4.35}$$

或

$$\bar{Q} = \frac{Q_h}{Q_m} = \frac{t_i - t_o}{t_i - t_o^d} \tag{4.35a}$$

这就是说,当最大供暖热负荷 Q_m,室内温度 t_i,供暖室外计算温度 t_o^d 均已知时,供暖热负荷是室外温度的函数。即 $Q_h = f(t_o)$。式(4.35)和(4.35a)是热负荷计算的理论公式。

根据当地的气象资料,某一室外温度有一确定的持续时间 n,即 $t_o = g(n)$ 的函数关系是已知的。将 $t_o = g(n)$ 代入式(4.35)就可得出感兴趣的 $Q_h = f(n)$ 的关系式。图 4.10 就是依据 $Q_h = f(t_o)$ 和 $t_o = g(n)$ 绘制出的热负荷持续时间图。

表 4.6 列出了我国主要城市 20 年间室外温度每间隔为 3℃ 的持续天数,由此可以绘制这些地区的热负荷持续时间图。

已知各地区不同室外温度的持续时间,利用最小二乘法可拟合函数表达式

$$t_w = A + Bn + Cn^2 + Dn^3 + En^4$$

式中,A,B,C,D,E 为常数,n 为指数次数取决于所要达到的精度。

例如,兰州地区所拟合的方程中系数为

$A = -12.236\,040\,681;B = 6.348\,057\,936 \times 10^{-3};C = 1.660\,910\,591 \times 10^{-5};$
$D = -3.523\,248\,306 \times 10^{-8};E = 2.706\,338\,741 \times 10^{-11}$

这里要说明的是,某地区室外温度持续时间(表 4.6 中为观察 20 年的资料整理而得的平均值,这一平均值的大小随观察时间的长短稍有变化),决定了图 4.10 中第 III 象限中曲线的形状。

供暖期的长短也是根据气象资料所确定的。供暖期是这样一段时间,在这段时间内,室外温度每日平均不超过某一定值(我国为 $+5℃$,前苏联为 $+10℃$),而且供暖期不包括春末秋初时可能发生的个别温度特别低的日子,却包括冬季可能发生个别较暖和的(超过 $+5℃$)的日子。这样,在计算中所采用的供暖期的持续时间也不完全是真实的。由于这些因素使得在进行热负荷规划时,作的相应的热负荷图

是一种近似,所以可以采用不同的近似方法。

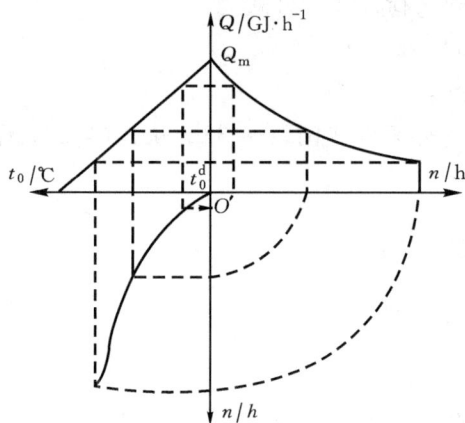

图 4.10　热负荷持续时间图

表 4.6　我国主要城市 20 年间某一室外温度(间隔为 3℃)持续天数(1951 ～ 1970 年平均值)

室外气温/℃	5	2	－1	－4	－7	－10	－13	－16	－19	－25	－28
北京	124	103	75	40	14						
天津	120	98	66	30	9						
石家庄	111	87	56	25							
太原	142	120	94	64	29	11					
呼和浩特	166	144	122	103	82	57	36	18	7		
沈阳	150	130	10	92	71	50	30	15	6		
长春	170	149	132	116	101	83	61	39	20	7	
哈尔滨	177	156	139	125	111	96	77	56	36	17	6
济南	100	71	40	18							
郑州	93	62	27	7							
西安	99	67	30	7							
兰州	135	112	88	60	29	7					
西宁	161	134	107	81	47	18	4				
银川	145	121	99	74	47	25	11				
乌鲁木齐	161	143	127	110	92	73	53	31	16	6	

4.3.3　供热系统及热力网

1. 载热质选择

热电厂对外供应热负荷时,其热网载热质有蒸汽和热水两种,相应的热网称为汽网和水网,如图 4.11 所示为水网和汽网的系统图。

（1）水网的特点

① 供热距离远,一般可达 20 ～ 30 km 或更远;且热网的热损失小,比汽网的热损失小 5% ～ 10%,水温降为 1℃/km 左右。

② 水网是利用供热式汽轮机的调节抽汽,在面式热网加热器中凝结放热,将网水加热并作为载热质通过水网对外供热,该加热蒸汽被凝结成的水可全部收回热电厂,即回水率 $\varphi = 100\%$。

③ 水网设计供水温度为 130 ～ 150℃,可用供热式汽轮机的低压抽汽作为加热蒸汽,使热化做功加大,能提高其热经济性。

④ 可在热电厂内通过改变网水温度进行集中供热调节,而且水网蓄热能力大,热负荷变化大时仍能稳定运行,水温变化缓和。

⑤ 水网的密度大,事故的敏感性强,对水工况要求严格。

（2）汽网的特点

① 对热用户适应性强,可满足各种热负荷,特别是某些工艺过程如汽锤、蒸汽搅拌、动力用汽等必须用蒸汽的场合。

② 输送蒸汽的能耗小,比水网输送热水的耗电量低得多。

③ 蒸汽密度小,因地形变化(高差)而形成的静压小,汽网的泄露量为水网的 $1/20 \sim 1/40$。

④ 汽网供热距离多在 10 km 以内,其压降损失每公里约 0.1 ～ 0.12 MPa

⑤ 而直接供汽的汽网回水率却很低,甚至完全不能回收,即 $\varphi = 0$。使热电厂的外部工质损失大增,导致水处理的投资,运行费剧增,φ 值对热电厂的经济性影响很大。

载热质的选择涉及热电厂、热网和热用户处的设备、投资和运行特性,是较为复杂的。我国的采暖、通风、热水负荷仍广泛采用水为载热质,工业负荷用蒸汽为载热质。近来,国外推行可高达 250℃ 的高温水供热,既可满足采暖通风用热,也可通过设在用户处的换热设备,将高温水转化为蒸汽供生产热负荷之用。

2. 热电厂的供热系统

（1）汽网的供汽系统及其设备

工艺热负荷用汽,特别是动力用汽,要有高度可靠性,应有备用汽源。工艺热负荷用汽的质量(压力、温度)也各异,应根据用户需要按质供汽,尽可能充分利用低

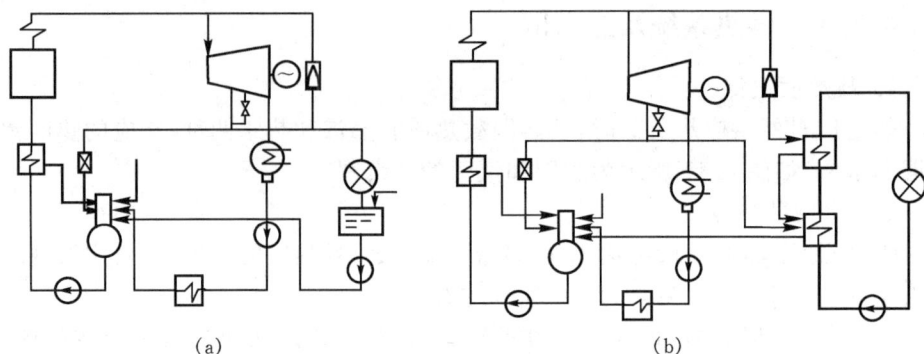

图 4.11 汽网(a) 和水网(b) 的系统图

压蒸汽和厂内的余热。热电厂不同的供汽方案集中显示在图 4.12 中。

①由锅炉引来蒸汽经减压减温后直接供汽,如图中 p_1 所示。

②由背压机组的排汽或抽汽凝汽式供热机组的高压调节抽汽对外供汽,称为直接供汽方式,如图中 p_3 所示为抽汽凝汽式供热机组的调节抽汽对外供热。直接供汽简单,投资省,现多采用。

③如果供热式汽轮机的排汽或调节抽汽压力略低于热用户的要求,而所需蒸汽量

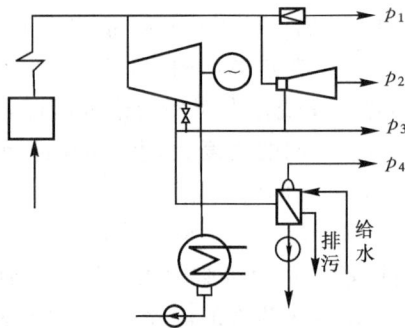

图 4.12 热电厂不同的供汽方案

又不大,不宜因此多选一台供热式机组时,即可采用蒸汽喷射泵,其工作原理与构造特征,与凝汽器系统用的射汽抽气器类似。通过蒸汽喷射泵,将供热机组的压力为 p_3 的蒸汽,增压至 p_2 后再对外直接供汽。

④利用供热机组的调节抽汽作为蒸汽发生器的加热(一次)蒸汽,产生压力稍低的的 p_4(二次蒸汽)对外供汽,称为间接供汽方式。

蒸汽发生器是面式换热器的一种,体积庞大,金属耗量大、投资大。因其端差一般为 $15 \sim 25\text{℃}$,使热化发电比减小,降低了热经济性,使煤耗增加约 3%;虽然间接供汽无外部工质损失,由于化学水处理技术的进步及其成本的降低,现代热电厂已不再采用间接供汽方式。

直接供汽的热用户的凝结水如能回收,且在技术经济上合理时,应设回水管和回水收集设备。回水箱的数量和容量应视具体情况确定,不宜少于 2 台,回水中继水泵也不宜少于 2 台,其中 1 台备用。由热用户返回的凝结水,应检验合格后才能

使用。

　　用锅炉的新汽经减压减温后供汽的部分,属分产供热,多在供热式机组排汽或抽汽数量略为不足时用之,这种减压减温器需要经常工作,还应设有备用。

　　(2) 水网的供热设备及其系统

　　以水为载热质的采暖、通风用的热水和热水负荷的热水,都是通过水网的热网加热器制备的。热网加热器是面式换热器,其工作原理和构造与面式回热加热器相同,也有立式、卧式之分。但其容量、换热面积较大,可达 $500~\text{m}^2$;端差较大,可达 $10℃$ 左右;其水质逊于给水、凝结水,为便于清洗,多采用直管。

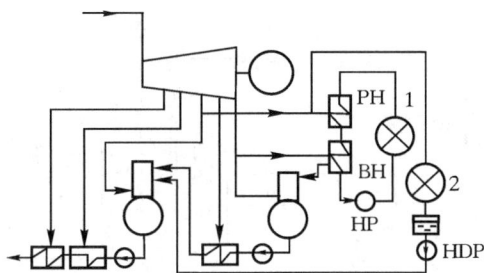

图 4.13　高参数抽汽背压式机组原则性热力系统

　　一般不是按季节性热负荷的最大值选择一台热网加热器,而是配置水侧串联的两台热网加热器 BH、PH,如图 4.13 所示。1 台热网加热器 BH 是利用 $0.118 \sim 0.245~\text{MPa}$ 的低压调节抽汽为加热蒸汽,其饱和温度为 $104 \sim 127℃$,若端差以 $10℃$ 计,它只能将网水加热至 $94 \sim 117℃$,因其在整个采暖期间内都投运,承担了季节性热负荷的基本负荷,故称为基载热网加热器。另 1 台热网加热器 PH 一般用 $0.78 \sim 1.27~\text{MPa}$ 高压调节抽汽或锅炉来的新蒸汽经减压减温后作为加热蒸汽,可将 BH 出口来的网水继续加热至 $130 \sim 150℃$ 或更高,因其仅在采暖期内最冷天气短时间工作,承担季节性热负荷的尖峰负荷,故称为峰载热网加热器。

　　基载热网加热器不设备用,但在容量上有一定裕度。峰载热网加热器或热水锅炉的配置,应根据热负荷的性质、供热距离、当地气象条件和热网系统等具体情况,综合研究确定。一般热网水泵 HP、热网凝结水(即热网疏水)泵 HDP 和热网补充水泵 HMP 都不少于 2 台,其中 1 台备用。

　　(3) CC 型机组供热热力系统

　　图 4.14 给出了 CC 型机组供热系统的全面性热力系统,设有 BH、PH 各 1 台,HP、HDP 各 2 台(其中 1 台备用),PH、BH 各设有备用减压减温器。其疏水方式为逐级自流,即 PH 疏水在正常工况时自流至 BH,BH 的疏水用疏水泵 HDP 打出,正

常工况时是引至回热系统某一级加热器出口,事故工况时,BH、PH 的疏水均可以分别引至高压除氧器。

汽网部分为直接供汽,正常工况是以 0.78 ～ 1.27 MPa 的工业调节抽汽直接对外供热,该抽汽也是 PH 的汽源。

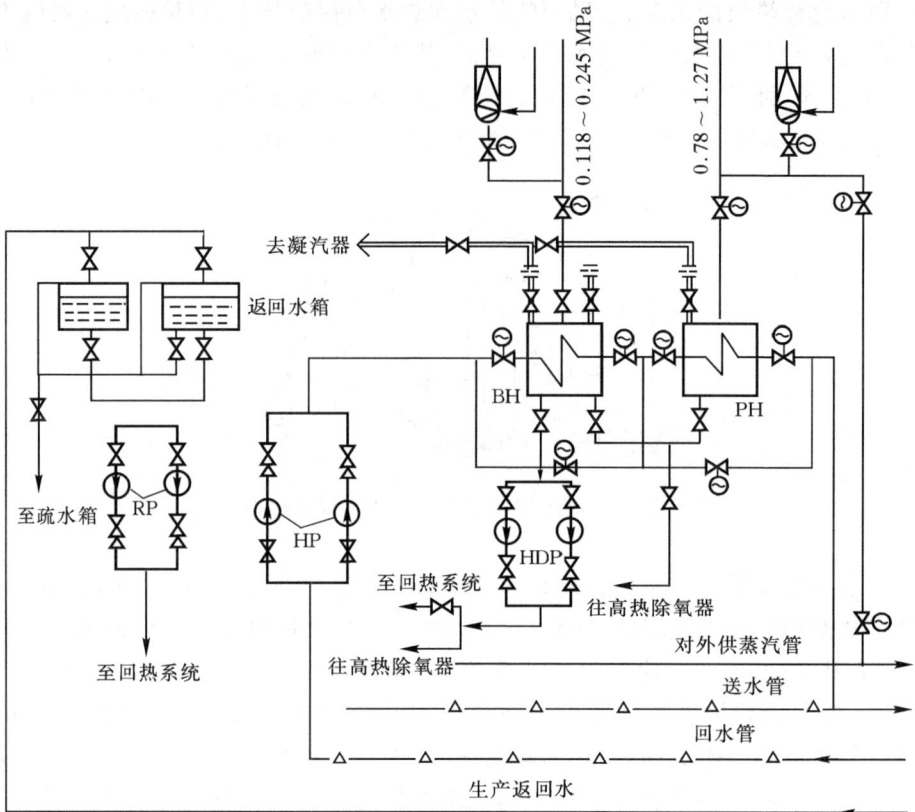

图 4.14 CC 型机组供热系统全面性热力系统

4.4 热电联产技术的发展

由于人类越来越重视能源的节约和高效利用,热电联产技术也会进一步得到发展。在应用方面,不仅局限于供热、采暖,热电联产将向着功能多元化的方向发展,将用于制冷,废水处理,海水淡化及余热的综合利用等诸多方面。在热电联产形式上,已经不仅局限于传统的燃煤热电厂和供热式汽轮机这种传统的方式。由于天然气的大规模开发和应用,使得燃气轮机发电技术日益成熟,以燃气轮机、内燃机为动力机械,以天然气、工业废热、生物沼气、木柴等为能源的小型联产系统越来越受到人们的重视。目前,以燃气轮机为主要动力设备的燃气轮机热电联产及燃气-蒸汽联合循环热电联产;内燃机的热电联产;核能热电联产及低温核供热;分布式热(冷)电联产,包括以小型燃气轮机、微型燃气轮机、燃料电池为动力设备的热电联产得到迅速发展。

4.4.1　燃气轮机的热电联产

燃气轮机对燃料有较广泛的适应性,既可燃用天然气,也能使用轻柴油,适当改进燃烧设备后,还能燃用重油和产煤地区的坑道煤气以及炼钢厂的低热值高炉煤气等。对我国具有一定油气资源的西部地区,配置燃气轮机热电装置,是非常合适的。

燃气轮机联产系统是利用燃气轮机的排气提供热能,来对外界供热或制冷,其系统图见图 4.15。一般燃气轮机的发电功率为 1 MW 到 200 MW。燃气轮机联产系统的主要特点是启动块、运行灵活。目前的发展方向是降低成本、进一步减少环境污染。燃气轮机的性能取决于环境温度和压力,国际标准化委员会确定的环境标准为 15℃,1.013bar(14.7Psia),湿度 60%。燃气轮机的性能指标都是以这一环境为依据得到的。

余热锅炉(HRSG)是燃气轮机联产系统中的另一个重要的设备。燃气轮机的排烟温度很高,如图 4.15 所示的系统,排烟温度高达 500 ～ 550℃,烟气在 HRSG 中将热量传递给水,将水加热并汽化,从 HRSG 中出来的烟气温度为 150℃,这一温度高于烟气的露点,若这一排烟温度过低,则烟气中的 SO_x、NO_x 有可能酸化,腐蚀 HRSG。

燃气轮机热电联产机组的一个重要参数是功率系数,它的含义是,机组的供电量与供热量的比值。图 4.15 所示的燃气轮机联产循环中热电比大约为 2:1,在燃气轮机的排烟中,氧的含量比较高,可以达到 14% ～ 17%,因此可以在 HRSG 中采用补燃,进一步提高整个系统的供热量,在燃气轮机的热电联产系统中采用补燃的方式,燃气轮机可以作为调节电负荷的主要手段,而用余热锅炉的补燃燃料量作为调节热负荷的主要措施,这样,就能摆脱常规的热电联产机组中"以热

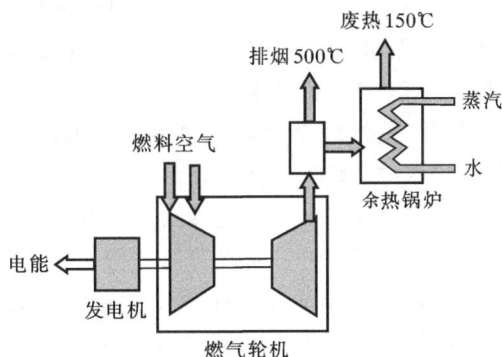

图 4.15　燃气轮机热电联产系统图

定电"的负荷调节模式,为机组的设计和运行提供了更大的方便。

如果要提高整个联产系统的发电量,则可以采用注蒸汽的方式,将 HRSG 中产生的部分蒸汽回注到燃气轮机的燃烧室中,从而提高燃气轮机的做功工质量,采用注蒸汽的方式,可以将发电量提高 15% 左右。燃气轮机的热电联产循环效率可以达到 70% ～ 85%。

4.4.2　联合循环的热电联产

由于燃气-蒸汽联合循环供热电厂具有高效低耗,建设周期短,启动发电快,以及环境污染少等优点,越来越得到世界各国的重视而迅速发展。它的主体由燃气轮机发电机组、余热锅炉和汽轮发电机组联合组成。燃气轮机把做功后的废气排入余热锅炉,余热锅炉吸收废气中的热能产生蒸汽,并以此驱动供热型汽轮发电机组供热发电,从而组成燃气-蒸汽联合循环热电装置。联合循环热电机组热效率高、厂用电少、冷却水耗量少、自动化程度高、能作调峰机组使用,也可以实现区域性热、冷、电联供。

在燃气-蒸汽联合循环型的热电联产机组中,功率系数值比较高,这是由于燃气轮机的做功能量占主导地位的缘故,因而这种类型的热电联产机组比较适宜于在相对需要较多电能的场合使用。在运行中,如果热负荷不足,可以在余热锅炉中补燃;如果电负荷不足,可以采用燃气-蒸汽联合循环,蒸汽循环中所用的汽轮机为供热式汽轮机,可以是背压式或抽汽式,与燃气轮机配套的余热锅炉为中压(单压、双压、三压)自然循环补燃的余热锅炉。

燃气-蒸汽联合循环的热电联产可以分别采用:

(1) 余热锅炉 + 背压式汽轮机;

(2) 余热锅炉 + 抽汽凝汽式汽轮机;

(3) 余热锅炉 + 抽汽背压式汽轮机等几种形式。

图 4.16 中给出了一个供给工业用汽的热电联产的联合循环的实例。它选用有燃料补燃的余热锅炉,由此产生的单压蒸汽供给背压式蒸汽轮机使用。蒸汽轮机的背压为 0.35 MPa,这股蒸汽通过供汽管道,作为工业用汽直接供向工业用户。蒸汽的凝结水则返回到动力站的除氧器中去参与汽水过程的循环。该热电联产联合循环的主要技术参数如表 4.7 所示。

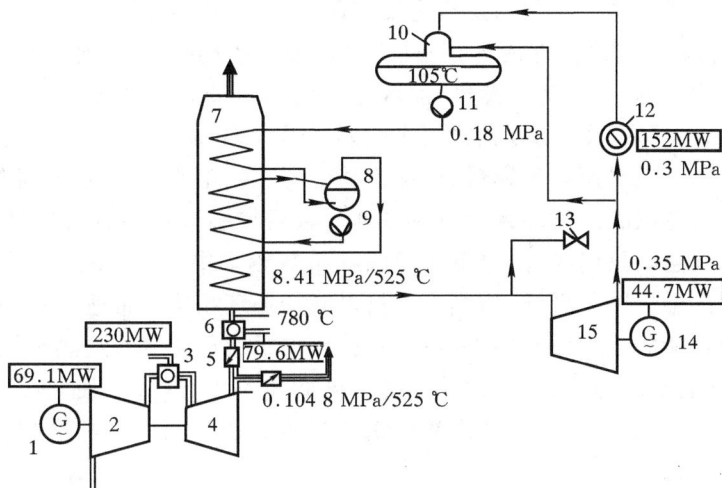

图 4.16　供工业用汽的热电联产的联合循环

1－燃气轮机发电机；2－压气机；3－燃烧室；4－燃气透平；5－烟气旁通阀；
6－余热锅炉的补燃室；7－余热锅炉；8－锅筒；9－水泵；10－除氧器；11－给水泵；
12－蒸汽用户；13－蒸汽旁路阀；14－蒸汽轮机发电机；15－背压式蒸汽轮机

表 4.7　热电联产联合循环的主要技术参数

燃料	天然气	余热锅炉补燃输入热能	79.6 MW
燃气轮机功率	69.1 MW	工业用汽流量	65.3 kg/s
背压式汽轮机功率	44.7 MW	工业用汽压力	0.35 MPa
厂用电率	1.23 %	工业用汽热功率	152 MW
厂用电功率	1.4 MW	燃料的利用率	85.4 %
机组净功率输出	112.4 MW	功率系数	0.74
燃气轮机输入热能(LHV)	230.0 MW	发电效率	36.8 %

4.4.3　内燃机的热电联产

往复式内燃机主要用于小型或中型联产机组，内燃机的功率决定于所用的燃料种类，燃用天然气的机组功率通常为 50 kW ～ 10 MW，柴油机功率为 50 kW ～ 50 MW，燃用重油的机组功率通常为 2.5 MW ～ 50 MW，往复式内燃机的优点是其发电效率较高。

　　热电联产系统中应用的内燃机主要有两种，Diesel 柴油机和 Otto 点燃式内燃机。Otto 点燃式内燃机又有两种，一种为以汽油为燃料的，另一种为从柴油机转为火花塞点火方式的，燃料为天然气。前者功率范围 20 kW ～ 1.5 MW，后者的功率范围 2 kW ～ 4 MW。Otto 点燃式内燃机转速为 750 ～ 3 000 r/min，发电效率为 25％ ～ 35％，可以采用多种燃料，包括汽油、天然气、工业生成气、沼气等。

　　内燃机的热电联产循环系统见图 4.17，该系统中余热回收有两种方式，高温余热回收和低温余热回收，高温余热回收在余热锅炉中进行，用以对外供热，低温余热回收为内燃机冷却系统。内燃机的热电联产循环系统非常适合小型用能系统，尤其是对热负荷数量和质量要求不高的场合，如采用低压蒸汽或热水供热的地方。此外，该系统启动块，系统经济性受环境温度影响不大，这一点使它在某些方面优于燃气轮机。内燃机的热电联产循环系统的缺点是由于内燃机的磨损使得设备运行、维护费用高。

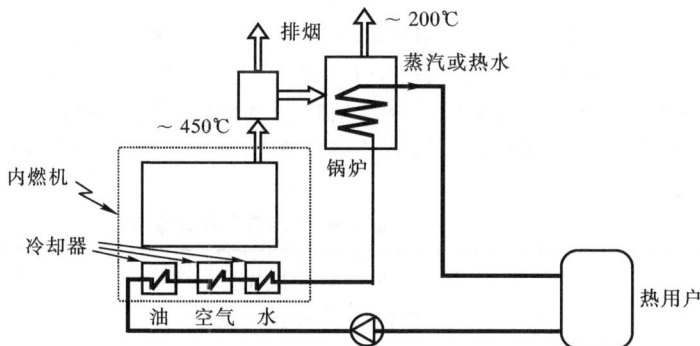

图 4.17　内燃机的热电联产循环系统

　　我国目前大部分城市都已建成或正在兴建天然气管网，内燃机的联产系统由于规模小、投资小、燃料方便、对城市污染小，应该会获得越来越广泛的应用。

　　典型的内燃机能量平衡图见图 4.18，从图中可以看出，内燃机冷却系统（包括冷却水、油冷却器、入口空气冷却器）回收的热量为 25％，该热能为温度 95℃ 的低品位热；与燃气轮机联产相比，内燃机的供热量较小，比较适合于供应热水、热空气、低压蒸汽的场合。由于内燃机的排气中含氧量较大，可以达到 15％，如果需要中压蒸汽，则可以在余热锅炉中采用补燃的方式。不同的热电联产方式性能参数见表 4.8。

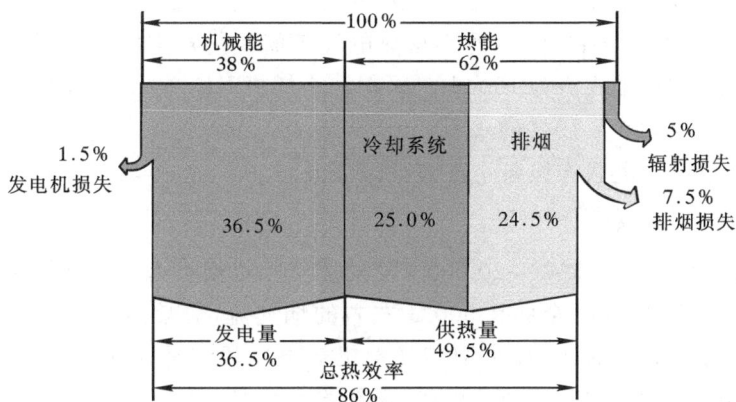

图 4.18　内燃机联产系统能量平衡图

表 4.8　不同热电联产方式性能参数

热电联产方式	热电比 /kW·(kW)$^{-1}$	发电量与燃料输入量之比 /%	热效率 /%
背压式蒸汽轮机	4.0～14.3	14～28	84～92
抽汽冷凝式蒸汽轮机	2.0～10.0	22～40	60～80
燃气轮机	1.3～2.0	24～35	70～85
燃气轮机联合循环	1.0～1.7	34～40	69～83
内燃机	1.1～2.5	33～53	75～85

4.4.4　分布式小型热电联产

　　分布式小型热电联产是以分布式发电和供能系统为基础的用户端的热电联供,与热电厂集中供热相比,小型热电联产打破了传统的界限,统筹考虑采暖、热水、电、冷、燃气、水资源合理利用和环境污染治理。

　　分布式热电联产可以节省大量热力管网及热交换站、燃气管网及调峰系统、自来水管网、制冷设备、热水供应设施和环境污染治理等多项投资热网建设费用,同时减少热负荷输送过程的损失,有利于改善供热稳定性、提高供热品质。

　　小型热电设备如果与直燃式、蒸汽或热水空调系统结合,实现热电冷联产,可以大幅度削减因电空调造成的高峰负荷,优化用电结构,提高大型发电机组设备利用率,保证电网的安全运行。

　　小型热电联产不仅自身污染小,对环境污染的治理效果也十分突出。由于用户端的能源利用效率高,真正减少二氧化碳等温室气体的排放,取代了大量电空调,可有效减少对臭氧层的破坏。一些小型热电设备氮氧化物排放极低,如 Bowmen 80 kW 微燃机的 NO_x 排放值为 16×10^{-6},Solar 小燃机 NO_x 的排放 25×10^{-6},远低于燃气锅炉 $200\sim300\times10^{-6}$ 的水平;

分布式小型热电联产设备主要包括以下几种。

1. 小型燃气轮机

国际上通常将 300 kW $\sim20\,000$ kW 的燃气轮机规类为小型燃气轮机。燃气轮机的余热品质极佳,几乎全部是 $500℃$ 左右的烟气流,非常便于回收利用,这是其他热电联产方式难以取代的。小型燃气轮机热电冷机组适用于厂矿企业、公寓楼宇、宾馆商场及医院、学校等,它是供热系统设计中的一种新思路,在我国刚起步,有条件的地区可以逐步推广。

上海黄浦区中心医院的热、冷、电三联供系统,采用 2 台美国 Solar 公司的燃气轮机,在 ISO 条件下的出力均为 $1\,000$ kW,燃机排气配置了 2 台国产余热锅炉,供汽量为 7 t/h,供汽压力为 0.6 MPa,并配置溴化锂制冷机组,实现医院的热、冷、电三联供,置于医院地下室,安全方便,设计紧凑,于 1988 年一次投产成功。

上海浦东国际机场"汽电共生、热冷电联供"的能源中心工程,于 1999 年建成投产并通过验收。整个机场采用区域供冷供热(DHC)的形式,机场能源中心供应航站楼 28 万 m^2 和综合区 31 万 m^2(二期增加 25 万 m^2);冷负荷为 82.8 MW(二期增加 19 MW),热负荷为 60.8 MW(二期增加 14.6 MW)。能源中心采用以电制冷为主体,部分汽、电、热泵联供的方式,该项目为目前国内建成并投入正常运行规模最大的民用区域供热、制冷工程,它是首次在国内采用国际上流行的小型燃气轮机供热发电机组与蒸汽锅炉相结合的能源中心工程。

2. 微型燃机热电联产

美国的能源专家将微型燃气轮机称之为能源的 PC 机(个人电脑),它在未来第二代能源系统中的位置将处于与 PC 机在因特网中相同的位置,具有极大的发展前景。具有代表性的厂家主要有英国的 Bowmen 公司,美国的 Capstone 和刚刚被 GE 公司兼并的 Honeywell,产品从 25 kW ~80 kW,目前各公司都在开发 $200\sim300$ kW 的微型燃气轮机,以满足较大的公用建筑使用。我国在国家科技部的支持下,也在积极研制具有自主知识产权的微型燃气轮机,并建立微型燃气轮机热电冷联供示范工程。图 4.19 给出了微型燃气轮机联产系统。微型燃气轮机的核心技术包括:

(1)高速转子,转速在 $60\,000\sim120\,000$ r/min;

(2)回热技术,将燃烧后的高温烟气对空气进行预热,以提高效率;

（3）小型永磁发电机；

（4）先进的自动控制技术。

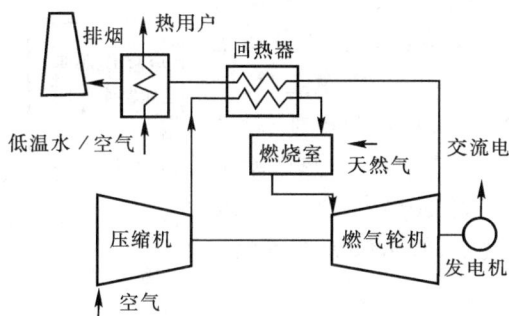

图 4.19　微型燃气轮机热电联产系统

3. 燃气内燃机热电联产

最早的燃气内燃机是美国 Caterpillar 公司于 1940 年开发生产的,它主要是基于柴油发电机和汽油发电机的技术,以各种可燃气体为燃料。燃气内燃机将燃料与空气注入气缸混合压缩,点火引发其爆燃做功,推动活塞运行,通过气缸连杆和曲轴,驱动发电机发电。世界生产燃气内燃机产品的公司很多,如美国的 Caterpillar、康明斯、荷兰的瓦西兰等,我国也有多家企业可以生产。

4. 燃气外燃机

燃气外燃机是根据 1816 年苏格兰人 R. 斯特林一项发明的原理设计改进而来的,又称斯特林发动机或热气机。外燃机可用氢、氮、氦或空气等作为工质,按斯特林循环工作。在热气机封闭的气缸内充有一定容积的工质。气缸一端为热腔,另一端为冷腔。工质在低温冷腔中压缩,然后流到高温热腔中迅速加热,膨胀做功。燃料在气缸外的燃烧室内连续燃烧,通过加热器传给工质,工质不直接参与燃烧,也不更换。

5. 燃料电池

尽管燃料电池技术达到广泛应用还需时日,但这一技术的进展极为迅速,世界各国都投入了大量资金、人力进行开发研究,因为燃料电池代表了未来的能源技术,图 4.20 为燃料电池热电联产系统图。

燃料电池有多种型式,一般都适合热电联产,主要分类如下。

（1）质子膜交换燃料电池　将氢气和空气中的氧气通过作为固体电解质的质子交换膜反应,生成电能和 $60 \sim 80℃$ 热水,发电效率为 40%,造价较低,极具应用价值,特别是家庭热电设施和汽车上可以广泛使用。

（2）熔融碳酸盐燃料电池　通过多孔陶瓷材料和金属材料，将熔融状态的碳酸盐作为电解质，直接利用氢气、煤气、天然气或沼气等在高温下非燃烧反应，发电效率高达45％，并能产生 $600 \sim 700℃$ 高温余热，可以代替燃气轮机的燃烧室，形成燃料电池-燃气轮机-蒸汽轮机联合循环热电联产，热效率极高，可以在发电效率超过60％的情况下，取得接近95％的热电效率。是将来大型发电／热电设施的理想选择。

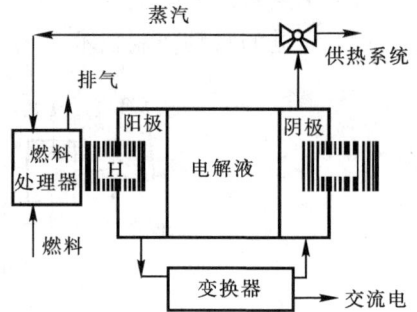

图 4.20　燃料电池热电联产系统

（3）固体氧化物燃料电池　以固体氧化物作为电解质量，在高温下进行非燃烧反，工作温度可超过800℃，可利用氢气、一氧化碳、天然气、煤气化气等多种燃料，最适合集中或分散发电和热电联产，使用燃料电池-燃气轮机-蒸汽轮机联合循环发电时效率可提高到70％，热电效率接近95％。

表 4.9 给出了各种燃气热电联产设备效率的比较。

表 4.9　各类燃气热电联产设备的效率比较

方式	微燃机	小燃机	内燃机	外燃机	燃料电池	燃气锅炉
发电效率 /％	26	$25 \sim 41$	$32 \sim 40$	29	$40 \sim 70$	0
热电效率 /％	$77 \sim 86$	$77 \sim 88$	80	75	$80 \sim 95$	85％
NO_x 排放值 $/10^{-6}$	16	25	< 100	25	0	> 200

4.5　热电冷三联产

热电冷三联产是指热、电、冷三种不同形式能量的联合生产，简称为 CHCP，热电冷三联供是一种先进的供能系统，其特点是能提高一次能源利用率，实现能量分级利用。对于夏季需要制冷、冬季需要供热的或需要大量制冷负荷的工厂等用户，热电冷联产系统能为用户提供更大的供能灵活性。

4.5.1　热电冷三联产系统

制冷的原理是利用液体（制冷剂）在气化时吸收所需要的汽化潜热使被冷却对象降温来实现制冷的。制冷的方式主要有两种，蒸汽压缩式制冷和吸收式制冷。蒸汽压缩式制冷系统由压缩机、冷凝器、节流阀和蒸发器组成，该系统要消耗机械能或电能来驱动压缩机。吸收式制冷系统由冷凝器、节流阀、蒸发器、发生器和吸收器组成,吸收式制冷冷凝、节流和蒸发过程与压缩式制冷一样,不同的是吸收式制冷没有压缩机,它是通过吸收器吸收从蒸发器来的低压蒸汽,制冷剂浓溶液在发生器中吸收热源的热量,部分蒸发为高压蒸汽,再进入冷凝器中,吸收式制冷系统需要消耗低品位热能,因此在热电冷联产系统中获得广泛应用。

以燃气轮机为原动机的典型的热电冷三联产系统如图 4.21 所示,它由一个联合循环的热电联产电厂和一个蒸汽吸收式制冷装置构成。

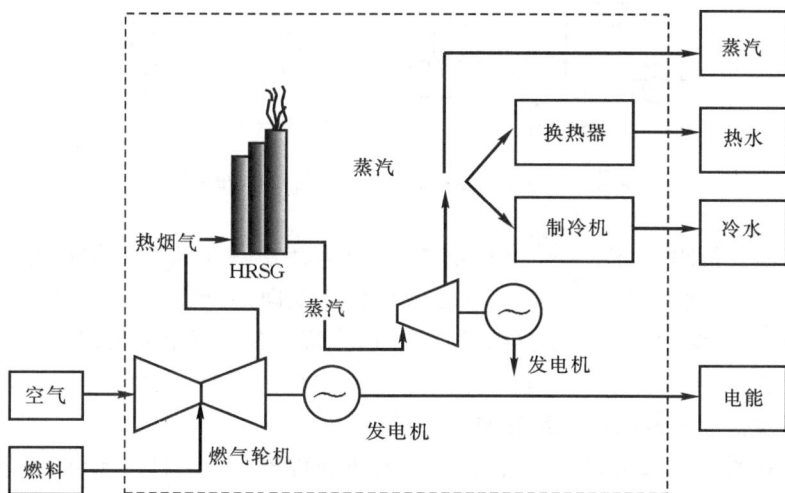

图 4.21　以燃气轮机为原动机热电冷三联产系统

区域供热供冷系统可以将各种建筑空调冷热源的节能技术加以集成,在较大范围内实现冷热源的综合调度、供给,为能源的有效利用创造了条件。如图 4.22 所示为一个区域供热供冷系统方案。该系统由燃气-蒸汽联合循环热电联产机组、大型电力驱动热泵机组、蒸汽驱动吸收式制冷机组、热交换机组及辅助设备组成。此系统发电效率高,能量转换率高。后置蒸汽轮机可以是抽汽凝汽式,也可以是背压式,但背压式汽轮机受制约比较大,不利于电网、热网和天然气管网的调节。燃气轮机-蒸汽轮机联合循环系统最好采用 2 套以上的燃气轮机和余热锅炉拖带 1～2 台抽汽凝汽式汽轮机,根据具体使用情况,可装备余热锅炉补燃装置以及双燃料系统提高对电网、热网和天然气管网的调节能力及供能的可靠性。

燃气轮机-蒸汽轮机联合循环热电联产系统所产生的电力用来驱动该系统中的大型电动热泵机组,蒸汽轮机的乏汽用于驱动吸收式制冷机和热交换机组。冬季由电动热泵机组及热交换机组制备 45℃ 以上热水供采暖用,夏季由电动热泵机组

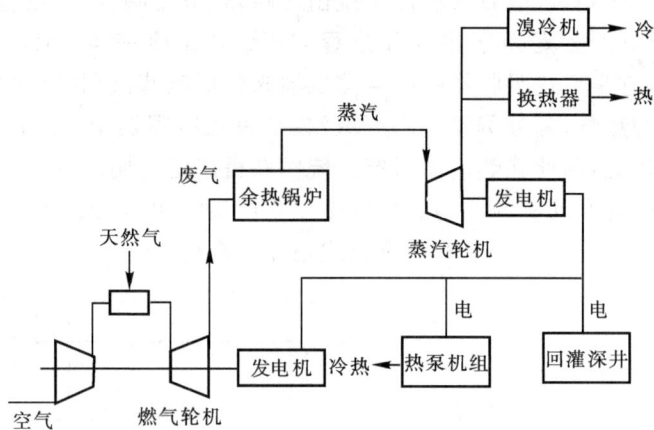

图 4.22　联合循环的区域性热电冷联供系统

和吸收式制冷机组制备 7℃ 冷水供空调用。空调用冷热量制备系统最好采用多台电热泵机组和吸收式制冷机,因为在供暖和供冷期间,系统大部分时间处于部分负荷状态,多台机组设置可方便机组负荷调节,使每一台运行中的机组尽可能地处于高效运行状态。电动热泵机组宜采用离心式或螺杆式,因其效率较高,吸收式制冷机宜采用溴化锂双效吸收式制冷机。

　　水冷热源系统根据集中供热、供冷区域所处位置自然条件的不同,有多种选择形式。我国在 20 世纪 70 年代就有多处采用冬季深井回灌,在夏季提供空调冷水的工程经验,因此属于成熟技术,北欧国家(瑞典)已有应用实例。由于地下水温常年稳定,采用这种方式,整个冬季气候条件下都可实现 1 kW·h 电产生 3.5 kW·h 以上的热量,夏季还可以使空调效率提高,降低 30% ～ 40% 的制冷电耗。

4.5.2　热电冷三联产经济性分析

　　不同的制冷方式对热电冷三联产经济性有很大的影响,而制冷的经济性通常用当量热力系数来衡量,当量热力系数的定义是指制冷量(kJ)与所需要消耗的燃料热能(kJ)的比值。它是评价产生一定冷量时最终消耗了燃料的一种最为常用的方法。

　　以下举例说明采用不同制冷方式的联产系统经济性,某工厂电力负荷 1 MW,制冷负荷 500 RT。

　　方案 1:以燃气轮机发电,蒸汽压缩式制冷,制冷效率 0.65 kW/RT,即要获得 500 RT 的制冷量,需要消耗 325 kW 的电能,要满足该厂的电力和制冷需要,需要供给 1 325 kW 电力,如果燃气轮机的效率为 30%,则一次能源消耗量为 4 417 kW,能量平衡图见图 4.23。

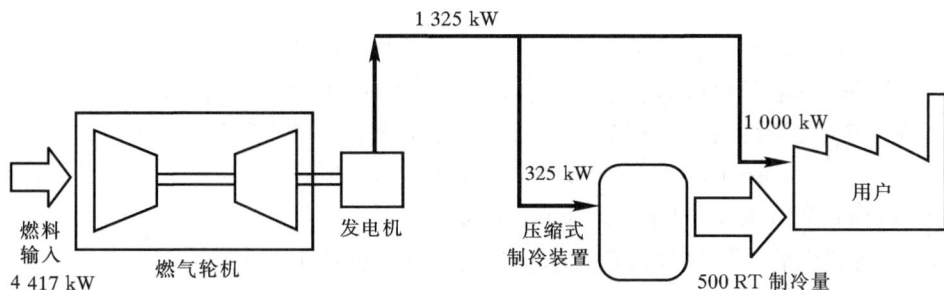

1 325 kW

325 kW

1 000 kW

用户

燃料
输入
4 417 kW

燃气轮机

发电机

压缩式
制冷装置

500 RT 制冷量

图 4.23 蒸汽压缩式制冷的联产系统能量平衡图

方案 2:仍然采用燃气轮机发电,制冷方式改为吸收式制冷,在供应相同电力和制冷量的情况下,一次能源消耗量为 3 333 kW。吸收式制冷循环比蒸汽压缩式制冷节能 24.5%,而且燃气轮机的发电量减少,可以选用较小功率的机组,在燃气轮机停运时,仍能通过余热锅炉的补燃来维持制冷负荷,运行方式相对比较灵活,能量平衡图见图 4.24。

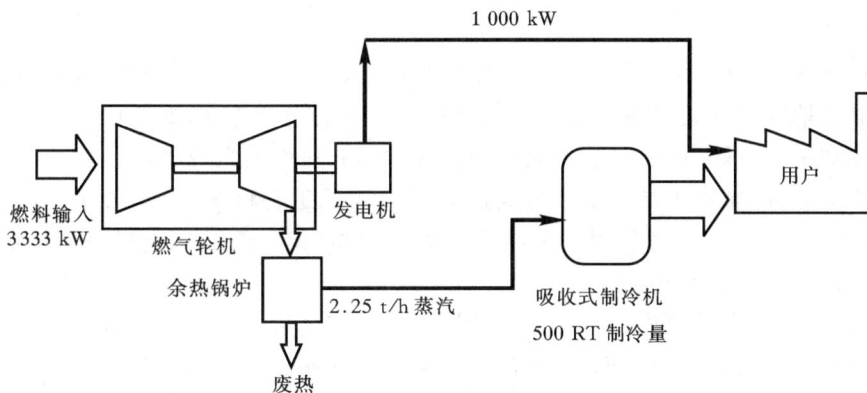

1 000 kW

用户

燃料输入
3 333 kW

燃气轮机

发电机

余热锅炉

2.25 t/h 蒸汽

吸收式制冷机
500 RT 制冷量

废热

图 4.24 吸收式制冷的联产系统能量平衡图

参考文献

[1] 汤惠芬,范季贤.热能工程设计手册[M].北京:机械工业出版社,1999.

[2] 郑体宽.热力发电厂[M].北京:中国电力出版社,2001.

[3] 中国电力百科全书.火力发电卷[M].北京:中国电力出版社,1995.

[4] 武学素.热电联产[M].西安:西安交通大学出版社,1988.

[5] 马雷斯基. 热电联合生产系统[M]. 蔡颐年，等译. 西安：西安交通大学出版社，1992.

[6] 索科洛夫. 热化与热力网[M]. 北京：机械工业出版社，1988.

[7] 杨玉恒. 发电厂热电联合生产与供热[M]. 北京：水利电力出版社，1989.

[8] 张丁旺. 汽轮机装置及调节[M]. 上海：上海交通大学出版社，2002.

[9] Guide Book on Cogeneration As a Means of Pollution Control and Energy Efficiency in Asia, United Nations, 2000.

[10] 焦树建编著. 燃气-蒸汽联合循环[M]. 北京：机械工业出版社，2000.

[11] 徐二树，宋之平，李恕康. 热电联产的发展[J]. 电力情报，2001(3).

[12] 宋之平. 从可持续发展的战备高度重新审视热电联产[J]. 中国电机工程学报，1998(3).

[13] 王振铭. 中国热电联产的现状与发展趋势[C]. 95 国际节电技术交流会，北京，1995.

[14] 国家发展计划委员会，国家经济贸易委员会，建设部，电力部，国家环保总局，关于印发《发展热电联产的规定》的通知(计基础[2000]1268 号文)，2000.

[15] 张秋耀. 论燃气蒸汽联合循环热、冷、电联供在我国的发展[J]. 工程建设与设计，2001(6).

[16] 张时飞，陈健，郑国耀. 楼宇燃气轮机"热、电、冷"三联供工程设计及实践[C]. 亚太地区燃气轮机发电应用及气体燃料技术研讨会论文，2001(10).

[17] 陈和平. 我国热电联产政策及状况的评述[J]. 热力发电，2001(2).

[18] 江亿. 东部城市天然气应用方式探讨[J]. 中国工程科学，2002,4(10).

[19] 郭非，江亿. 分户燃气锅炉采暖方式调研分析[R]. 2002 年暖通空调文集. 北京：建工出版社，2002.

[20] 叶树人. 集中供热供冷系统发展的探讨[J]. 煤气与热力，2001,21(3).

[21] TED B. Integrated Energy Systems[R]. Program Peer Review, May 2, 2002.

[22] ROBERT C. DeVault. Small-Scale Packaged Integrated Energy Systems[R]. Integrated Energy Systems(IES)Peer Review Meeting, Nashville, Tennessee, May 2, 2002.

[23] PHILLIP F. Integrated Energy Systems：Technologies, Program, Structure, and Applications[R]. Integrated Energy Systems (IES) Peer Review Meeting, Nashville, Tennessee, April 30, 2002.

[24] 倪维斗，郑洪弢，李政，等. 多联产系统. 综合解决我国能源领域五大问题的重要途径. 动力工程，2003,23(4).

第5章

联合循环

5.1 概述

5.1.1 联合循环的概念

燃气轮机是一种广泛应用的动力机械,其平均吸热温度较高。近年来随着材料和冷却技术的发展,燃气轮机初温(进气温度)不断提高,发电用大型地面燃气轮机已达 1 150℃ 左右,这种简单燃气轮机装置热效率约为33%~38%。目前采用气冷叶片和水冷叶片技术,可使燃气轮机初温提高到 1 370~1 500℃,使循环热效率得到进一步提高。但是,燃气轮机的排气温度较高,约 450~600℃ 甚至更高,大量的热能随着高温燃气排入大气,使得燃气轮机循环的热效率受到了限制。

蒸汽动力循环由于受材料耐温、耐压程度的限制,汽轮机进汽温度不可能很高,目前一般为 540~560℃。但是,蒸汽动力循环具有一个明显的优点,即其循环放热平均温度又很低,一般为 30~38℃。近几十年来,蒸汽动力循环采取了回热、再热等措施,使其循环热效率有了较大幅度的提高,但由于吸热平均温度不高,即使超临界机组,其装置热效率也不超过42%。

要进一步提高动力循环的热效率,可以利用燃气轮机循环吸热平均温度高和蒸汽轮机循环放热平均温度低的特点,把这两种循环联合起来组成燃气-蒸汽联合循环,此循环具有较高的吸热平均温度和较低的放热平均温度,循环热效率必将大大提高。

5.1.2 联合循环的优越性

燃气-蒸汽联合循环具有以下优点。

1. 可以提高电站热经济性

通过正确地匹配燃气部分和蒸汽部分功率,合理拟定热力系统,正确选择各项参数,采用先进的冷却技术,可以使联合循环效率达到 45% 以上,若燃气初温提高到 1 100℃ 以上,效率可达 50%～58%,这一效率大大超过了当前超临界蒸汽轮机机组的热效率。

2. 减少环境污染

联合循环所用的燃料有石油、天然气、LNG、煤等,其中石油、天然气、LNG 等属清洁燃料,对环境污染小。燃煤的联合循环根据燃烧方式的不同又可分为两类,即煤气化燃气-蒸汽联合循环和流化床燃烧燃气-蒸汽联合循环。它们可以将高硫分、高灰分、低热值的劣质煤经煤气化或流化燃烧达到脱硫、除尘净化的目的,是一种对环境污染小、效率高的发电装置。

当前,世界上煤的气化技术已取得了很大进展,新一代先进的气化炉已投入应用,如德士古炉,它可以气化含灰分 6%～40%、硫分 0.6%～4% 的各种煤,气化过程中碳的转化率达 99%,气化炉总效率达 94%。先进的气化炉用于联合循环发电,不仅可以获得较高的热效率,还能结合城市煤气化供给化工煤气原料,并能实现硫的有效回收,一般 150 MW 的煤气化联合循环装置,日回收硫可达 20～30 t。据德国资料介绍,一座煤气化燃气-蒸汽联合循环电厂与同容量的现代化燃煤电厂(800 MW) 相比较,排入大气中的有害物质 SO_2 与 NO_x 的总量从 12 t/h 下降到 3 t/h,其中 SO_2 减少了 90%,NO_x 减少了 50%;没有粉尘和氟化物排出。因此,煤气化能有效地脱硫、脱硝,大大地减轻环境污染。

煤的流化燃烧可使煤直接用于联合循环发电。流化燃烧有两种形式,常压流化床燃烧和增压流化床燃烧。增压流化床燃烧效率高、体积小、占地面积小、投资少。因此,目前美、英、德等国主要是在研究增压流化床的联合循环,我国也把它列入了国家重点科研课题。东南大学在 1985 年已建立了增压流化床试验装置,目前正在开展 15 MW PFBC-CC 中试电厂工业试验。流化床的脱硫是在燃烧过程中加入适量的石灰石或白云石,把燃烧生成的 SO_2 化合成 CaS,从炉渣中排出,避免了对大气的污染。

3. 投资和运行费用低

常规的燃煤蒸汽轮机电厂为了减少 SO_2 的排放,采用烟气脱硫装置(FGD),烟气脱硫装置的投资安装费用约占到电厂总投资费用的 20%～25%,而且烟气脱硫装置运行维护费用也很高。例如,我国重庆珞璜电厂 2×360 MW 机组 FGD 的年运行费用高达 4 000 万元,而且 FGD 装置的运行,还将使电厂的供电效率下降 1%。在国外,联合循环电厂的投资大约为 500～600 US\$/kW,而带有烟气脱硫装置(FGD) 的燃煤蒸汽轮机电厂的投资大约为 1 100～1 400 US\$/kW。

4. 适用于少水与缺水地区

由于燃气轮机不需要大量冷却水,因此联合循环电厂与蒸汽轮机电厂相比,可以节省大量冷却水,适用于缺水地区或水源较困难的坑口电站。

5. 运行高度自动化、启停迅速

联合循环机组运行自动化程度高,每天都能起停,运行的可用率可以达到 $85\% \sim 95\%$。

5.1.3　联合循环的发展情况

1. 国外燃气-蒸汽联合循环的发展

20 世纪 40 年代燃气轮机投入商业运行,几乎同时就有了联合循环。燃气轮机技术的飞速发展,推动了联合循环的不断进步,联合循环热效率可达到 $45\% \sim 55\%$,机组的平均可用率达 90%,比常规的超临界蒸汽参数的凝汽式发电机组节省燃料 10% 以上。

(1)国外燃气轮机发展概况

随着科学技术的发展和设备的完善,燃气轮机容量、进气温度、压气机的升压比等都有大幅度提高。

表 5.1 给出了 GE 公司、ABB 公司、Siemens 公司、西屋公司生产的几种燃气轮机的性能参数。它们代表了工业型燃气轮机的现有水平。综合以上的数据可知,现代燃气轮机的主要参数和性能已得到了很大提高,其单机容量已经达到 250 MW,燃气初温恒定在 $1\,288 \sim 1\,300℃$ 左右。单轴压气机压缩比已经高达 $23 \sim 30$,空气流量为 685 kg/s 左右,发电效率在 $36\% \sim 38\%$。将来燃气初温将提高到 $1\,427℃$,发电效率将接近于 40%。

表 5.1　典型的燃气轮机发电机组的性能参数

公司名称	机组型号	ISO 基本功率 /MW	压　比	燃气初温 /℃	供电效率 /%
GE 发电	PG9231(EC)	169.0	14.2		34.93
	PG9331(FA)	226.5	15.0	1 288	35.66
ABB	GT13E2	164.3	15.0	1 260	35.71
	GT26	240.0	30.0		37.79
Siemens	V64.3A	70.0	16.6	1 310	36.81
	V84.3A	170.0	16.6	1 310	38.00
	V94.3A	240.0	16.6	1 310	38.00
西屋	501G	235.2	19.2	1 427	39.00
	701F	236.7	15.6	1 349	36.77

（2）国外联合循环发展情况

自 20 世纪 70 年代的能源危机以来，美国和西欧的一些政府都开始鼓励电力工业使用天然气，据不完全统计，到 1990 年全世界已经投入运行的烧天然气的联合循环发电机组的总功率达 14 019 MW。1991～1996 年之间，估计投入运行的这种新机组容量的总和不会低于 27 400 MW，1998 年欧洲 21 个国家的电网新增装机容量中 81% 采用燃气轮机及联合循环。美国近年来新增装机容量几乎全部采用燃气轮机及联合循环，据美国能源部估计，美国烧天然气的电站的发电量将从 1997 年的 509×10^9 kW·h 增加到 2020 年的 1582×10^9 kW·h。日本法定燃用天然气发电必须用于联合循环。当前，全世界每年增长的发电容量中有 35%～36% 系采用燃气-蒸汽联合循环机组。2000—2001 年世界燃气轮机订货台数达到 1 357 台，总容量接近 110 GW，它预示着今后燃气-蒸汽联合循环的美好发展前景。

目前联合循环电厂已达到 1 000 MW 级容量。如 1985 年投运的日本新泻电厂 3 号机组总容量为 1 090 MW，富津电厂为两套 1 000 MW，每套由 7 台燃气轮机-汽轮机发电机组组成的联合循环电厂。原联邦德国格尔斯太因电厂总容量达 2 400 MW，成为世界上最大的联合循环机组。表 5.2 为某些联合循环发电机组的性能参数。

2. 我国燃气-蒸汽联合循环发展情况

20 世纪 70 年代初，我国开始研制联合循环。天津第二热电厂用哈尔滨汽轮机厂生产的 2.24 MW 燃气轮机建成补燃余热锅炉型联合循环。四川东山五通桥电厂用南京汽轮电机厂生产的 1.5 MW 燃机，建成了 13.5 MW 燃气-蒸汽联合循环。1984 年我国引进美国 GE 公司第一套 50 MW 燃气-蒸汽联合循环装置，现已建联合电厂十余座，总容量超过 1 000 MW。华能在汕头、重庆引进了法、英 100 MW 级联合循环机组，分别由两台 36 MW 的燃机和一台 35 MW 的蒸汽轮机组成，热效率分别为 45.6%、45.9%。

全部采用国产设备的首套 51 MW 余热锅炉联合循环装置已于 1996 年 7 月 23 日验收。其主要设备为南京汽轮电机厂生产的 9G6541B 型 37 MW 燃气发电机组和 N15-3.43 型汽轮发电机组，杭州锅炉厂生产的国内第一台无补燃的自然循环余热锅炉，整个循环装置效率达 42%，出力最高达到 53 MW，热耗率为 8 597.56 kJ/(kW·h)，运行正常，并接近国外同类设备水平。

南京汽轮电机厂将进一步与 GE 公司合作，研制单机容量为 100～123.4 MW 的燃气轮机，组成 300 MW 等级的联合循环。江苏省与美国 WING 集团合资在江苏北部建成一座 2 400 MW 的燃用液化天然气联合循环电厂，并拟再建两座 2 400 MW 的联合循环电厂。上海和南京等地区正与外商谈判引进联合循环装置，其容量小于 1 000 MW。广东、海南等地区也正在加紧建设 300、450 MW 等级的联

合循环装置,浙江镇海电厂扩建工程,正在安装两套 300 MW 燃烧重油的联合循环
装置。

　　总之,我国的联合循环正向更大的容量等级发展,地域上已不限于油田和经济
特区,开始向内地拓展。

表 5.2　联合循环发电机组的性能参数

公司名称	机组型号	ISO 基本功率 /MW	装机情况	供电效率 /%
GE 发电	S－109EC	259.6	1 台 MS9001EC	53.5
	S－109FA	348.5	1 台 MS9001FA	54.8
	S－209FA	700.8	2 台 MS9001FA	55.1
ABB	KA13E2－1	241.6	1 台 13E2,双压蒸汽轮机	52.5
	KA13E2－1	244.2	1 台 13E2,三压蒸汽轮机	53.0
	KA13E2－2	490.8	2 台 13E2,三压蒸汽轮机	53.3
	KA13E2－3	737.3	3 台 13E2,三压蒸汽轮机	53.4
	KA13E2－4	983.5	4 台 13E2,三压蒸汽轮机	53.5
	KA26－1	361.5	1 台 GT26	56.9
	KA26－2	725.9	2 台 GT26	57.1
Siemens	GUD1.94.2	235.0	1 台 V94.2	51.9
	GUD1S.94.3A	354.0	1 台 V94.3A	57.2
西屋	1×1 501F	250.5	1 台 501F	54.8
	1×1 501G	248.8	1 台 501G	58.0
	2×1 501G	697.6	2 台 501G	58.0

5.1.4　燃气-蒸汽联合循环发展趋势

　　燃气-蒸汽联合循环在世界电力工业中已经获得了极大发展,势头仍很强劲,
为了力求把燃气轮机及其联合循环的性能提高到一个新的水平,国际上正在制订
一系列计划以加速燃气轮机的发展,其中有代表性的计划是美国制订的 ATS 计划
和 GAGT 计划。计划的总体设想如下。

1. 目标

（1）把发电用的联合循环的供电效率提高到 60％ 以上。计划分两步来实施。即，在 2000 年前，维持燃气初温 1 288℃ 左右，依靠改造联合循环的系统来使供电效率达到 58％，此后，把初温提高到 1 427℃，以最终实现供电效率大于或等于 60％ 的要求。

（2）使供电价格降低 10％。

（3）把工业燃气轮机的效率在现有基础上相对提高 15％。

（4）把 NO_x 的排放量比现有标准减少 10％，即达到 5×10^{-6} 以下，使 CO 的排放量控制在 20×10^{-6} 以下。

（5）把上述技术用于燃煤的燃气-蒸汽联合循环（IGCC）。

（6）要求以天然气为燃料，分别在一台发电机组上和一台工业用机组做示范实验。

（7）上述成果于 2002 进入市场。

2. 技术措施

（1）在改造系统方面。考虑采用压气机的中间冷却方法，采用多转子压缩系统，以提高压缩比，使循环设计达到最佳效率点。采用高流量的燃气透平设计，以增大机组的功率，研究湿空气透平（HAT）循环。

（2）采用冷却燃气透平通流部分的新方法。其中包括采用陶瓷材料的叶片和先进的喷涂技术，要建立一台 3 ～ 6 MW 的用陶瓷叶片的燃气轮机，运行 1 000 h。

3. 在燃煤技术方面

考虑试验以下五种方案，即 IGCC，PFBC-CC，第二代 PFBC-CC，采用高温陶瓷管的外燃式联合循环（EFCC）以及直接在燃气轮机中燃用水煤浆。

4. 最终得益的估计

（1）比现有燃气轮机系统的效率提高 15％。比现有工业用能系统的平均效率提高 50％，从而使 CO_2 的排放量大大降低。

（2）大大减少 NO_x、CO 和 C_xH_y 的排放量。

（3）为燃煤的 IGCC 提供技术。

（4）在 2006—2010 年之间预期获利 20 亿 US＄。

美国 GE 公司是燃气轮机和联合循环制造业的先驱。几年前，它已经推出燃气初温 1 288℃ 的 FA 型燃气轮机及其联合循环机组。联合循环的单机功率为 376.2 MW，供电效率为 56.3％，配合 ATS 计划的执行，最近正在研制两种新型号，即 9G 和 9H。以适应 21 世纪初发展的需要。

希望在 21 世纪初期，能把烧天然气的燃气-蒸汽联合循环的单机容量提高到

500 MW 左右,而供电效率达到 60％ 以上。

5.2　联合循环的基本型式

燃气-蒸汽联合循环有不同的分类方法,按照燃气排放热量被蒸汽循环全部或部分利用的不同情况,根据蒸汽锅炉结构型式的特点,燃气-蒸汽联合循环主要分为以下三类。

(1) 余热锅炉联合循环。

(2) 补燃余热锅炉联合循环。

(3) 增压锅炉联合循环。

此外根据燃气轮机做功工质的不同,还有一种程氏双流体循环。本节介绍以上各种循环的工作原理,循环特点。

5.2.1　不补燃余热锅炉联合循环系统

不补燃余热锅炉联合循环系统如 5.1 所示。燃气轮机的排气引入锅炉中,利用其余热将给水加热成蒸汽驱动汽轮机故称余热(废热)锅炉型联合循环。图 5.2 为联合循环的 $T-s$ 图。把燃气轮机排气送入余热锅炉加热水,生产过热水蒸气。水蒸气引入汽轮机中做功,汽轮机排汽再进入凝汽器中放热。这样既增加了总输出功率,又利用燃气轮机余热,使整个循环的热效率得以提高。这是燃气-蒸汽联合循环发电的基本原理。

循环过程说明如下。

1—2 为空气在压气机中的压缩过

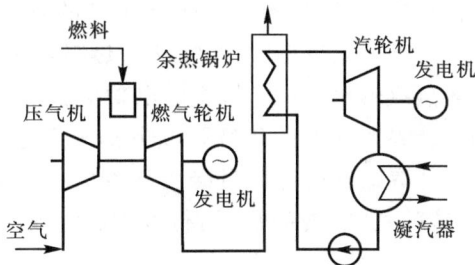

图 5.1　不补燃余热锅炉联合循环图

程,2—3 为空气和燃料在燃烧室内的燃烧过程,3—4 为燃气在燃气轮机中的膨胀做功过程,4—5 为燃气轮机排气放热过程,6—11 为给水压缩过程,11—9 为水及水蒸气吸热过程,9—10 为水蒸气在汽轮机中的做功过程,10—6 为汽轮机排汽冷凝放热过程。

显然,联合循环的实质就是把燃气轮机的“布雷顿循环”与蒸汽轮机的“朗肯循环”叠置在一起,组合成为一个总的循环系统。图 5.2 中的 1—2—3—4—1 表示燃气轮机的实际循环过程,6—7—8—9—10—6 表示蒸汽轮机的实际循环过程。在不补燃的余热锅炉型方案中,由燃气轮机排气的冷却过程释放出来的热能被用来把蒸汽循环中的给水从工况点 6 起始加热升温,变为具有一定压力的过热蒸汽。在该系统中蒸汽的初温 T_9 必然受到燃气轮机排气温度 T_4 的限制,即 $T_9 < T_4$,而且蒸汽量也是有限的,因而机组的总输出功率不可能很大。一般来说,蒸汽轮机的功率大约是燃气轮机功率的 50% 左右。

不补燃的余热锅炉型燃气蒸汽联合循环的主要优点。

(1)热能转换效率高。当燃用天然气并把燃气轮机的初温度提高到 1 200 ~ 1 300℃ 后,供电效率可以达到 50% 以上。近期内有望达到 58%。

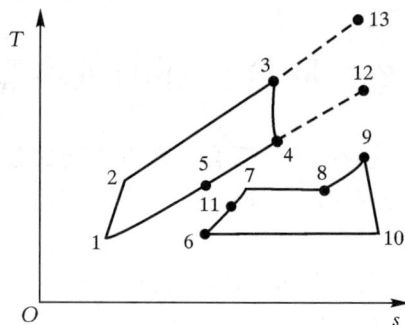

5.2 燃气-蒸汽联合循环 T-s 图

(2)基本投资费用低.结构简单,锅炉和厂房都很小。

(3)运行可靠性高,现已能做到90% ~ 98% 的运行可用率。

(4)起动快,大约在18 ~ 20 min 内便能使联合循环发出2/3的功率,80 min 内带满负荷。

但不补燃的余热锅炉型联合循环按热电联产方式运行时,很难使热电负荷匹配得很好。一般只能按"以热定电"的方式运行。以 501-KB 燃气轮机为例,当它按简单循环方式发电时,由于从余热锅炉中产生的蒸汽不返回到燃烧室中去,而全部作为蒸汽输出,显然,机组的电功率必然要受限于外界所要求提供的工艺蒸汽量。如当外界要求提供 9 072 kg/h 的蒸汽量时,机组可以发出 3 086 kW 的电功率。但是当外界需求的蒸汽量降为 6 840 kg/h 时,机组只能允许发出 2 000 kW 的电功率。这就是"以热定电"运行方式的局限性。

5.2.2　有补燃的余热锅炉型联合循环

补燃余热锅炉联合循环系统如图 5.3 所示。除燃气轮机的排气引入锅炉之外,还可以补充部分燃料(可在燃气轮机的排气通道中,也可在余热锅炉中)引入燃烧,随着补燃量的增加、汽轮机容量的比例随之增大。根据燃气轮机的排气温度,可确定使机组效率最高的最佳补燃量,补燃可用煤或其他廉价燃料。随补燃量的增加,冷却用水量也随之增加。

有补燃的余热锅炉方案中,温度为 T_4 的燃气轮机排气在进入其后的锅炉后,被继而喷入的燃料补充燃烧加热到 T_{12},进而被冷却降温到 T_5,由此释放出来的热能被用来加热给水,使之也经历过程 6—11—7—8—9,变为压力和温度更高的过热蒸汽。在该方案中由于 $T_{12} > T_4$,因而蒸汽的初温 T_9 可以高于 T_4(即蒸汽初温不受燃气轮机排气温度 T_4 的限制),而蒸汽量也可以大幅度地增加。蒸汽轮机发出

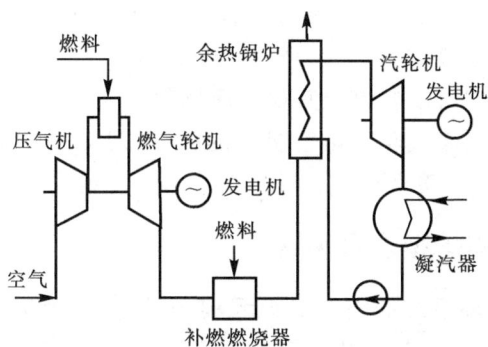

图 5.3　排气补燃余热锅炉型联合循环图

的功率可以剧增,它能比燃气轮机的功率高出 2 ～ 6 倍。

有补燃的联合循环的主要优点。

(1)装置的尺寸小、占地少、投资低。

(2)运行机动性好。当在进气道与排气道之间安装一套阀门系统后,燃气轮机就可以单独运行。在夏天因气温高致使机组出力不足时可以利用加压风机给余热锅炉补充新鲜空气,这样就可以在余热锅炉中多补烧燃料以提高整个装置的出力。当燃气轮机故障时,则可以利用强迫鼓风机供风,以保证蒸汽轮机系统也能单独运行。

(3)部分负荷工况下装置的热效率比较高。从图 5.4 所示的装置供电效率 η_{cof}^{N} 随负荷而变化的关系曲线中可以看出。图上的曲线 1 表示用强迫鼓风机供风而使蒸汽轮机系统单独运行时的关系曲线。在这种条件下,锅炉的进风温度很低,需要

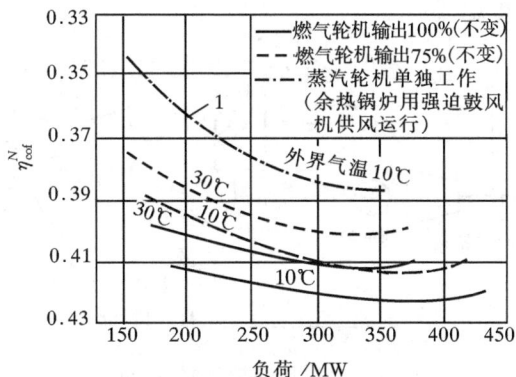

图 5.4　有补燃的联合循环供电效率曲线

多烧一部分燃料,因而热效率要比参与联合循环时低很多,而且随负荷的下降,热效率的降低程度会更加明显。

(4) 在余热锅炉中可以烧煤或其他劣质燃料。

(5) 蒸汽参数不受燃气轮机排气温度的限制,可以采用效率较高的蒸汽轮机循环与之匹配,机组的总功率较大。

5.2.3 增压锅炉型联合循环

增压锅炉联合循环系统如图 5.5 所示,燃气轮机的燃烧室是与蒸汽循环的增压锅炉合二为一的,因而由压气机送来的温度为 T_2 的空气(图 5.2)首先在增压锅炉中被燃烧加热到 T_{13},进而经放热过程 13—3 释放出来的热能被用来加热给水,使其经历过程 11—7—8—9 变成过热蒸汽,供蒸汽轮机使用。增压锅炉中的燃气在温度降低到 T_3 后,将被送到燃气轮机中去膨胀作功。燃气轮机的排气在温度 T_4 下被用来加热给水,使其沿过程线 6—11 升温。

增压锅炉联合循环的特点是以压气机取代送风机,空气经压缩为 $0.6 \sim 1MPa$ 后,引入增压锅炉(又称 Velox 锅炉),将增压锅炉和燃气轮机的燃烧室合二为一。因为是增压锅炉,所以传热面积大为减少。锅炉体积可缩至 $1/6 \sim 1/5$,其金属耗量、厂房投资等大为降低。增压锅炉启动只需 $7 \sim 8$ min 时间。其缺点是,增压锅炉本身就是一个很大的耐压容器,造价昂贵。增压锅炉的排气是直接供到燃气轮机中去作功的,燃气轮机的排气则可以用来加热锅炉给水,但由于排气压力接近于 0.1 MPa,传热系数必然较低,致使排气换热器的体积甚至会比增压锅炉还要庞大。

由于增压锅炉的排气需要通过燃气轮机,因而增压锅炉中只能燃烧液体燃料或天然气,而不能直接烧煤。

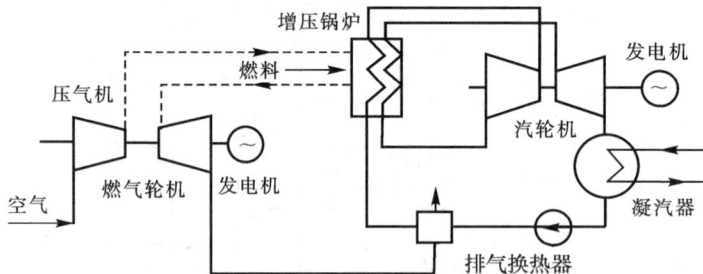

图 5.5 增压锅炉型联合循环

当燃气轮机的初温提高到 1 300℃ 后,增压锅炉型联合循环的供电效率有望超过 50%。理论研究表明,当燃气轮机初温低于 1 250℃ 时,增压锅炉型联合循环的热效率总是大于不补燃的余热锅炉型联合循环的效率。但是,由于增压锅炉投资太高,目前很少采用。因而即使燃气轮机初温高于 1 250℃ 时,人们仍愿选用不补燃的余热锅炉型方案。

5.2.4　程式双流体循环

从本质上来说,程氏双流体循环方案也是一种燃气-蒸汽联合循环。图 5.6 给出了这种循环的系统示意图及其运行参数。由图可见,这种循环的主体设备与余热锅炉型燃气-蒸汽联合循环非常相近。在燃气轮机后同样安装一台余热锅炉。但是,由余热锅炉产生的过热蒸汽不是送到蒸汽轮机中去作功,而是供回到燃气轮机燃烧室中去,与压气机供来的空气一起被加热到燃气轮机前的初温,然后共同进到燃气轮机中去进行膨胀作功(也可以把一部分低压蒸汽,不经燃烧室加热,而到燃气轮机的低压部分中去膨胀作功),即在这种循环方案中燃气与蒸汽是在同一台燃气轮机中膨胀作功的。有两种流体 —— 燃气和蒸汽一起流经燃气轮机,这就是双流体循环命名的来源。

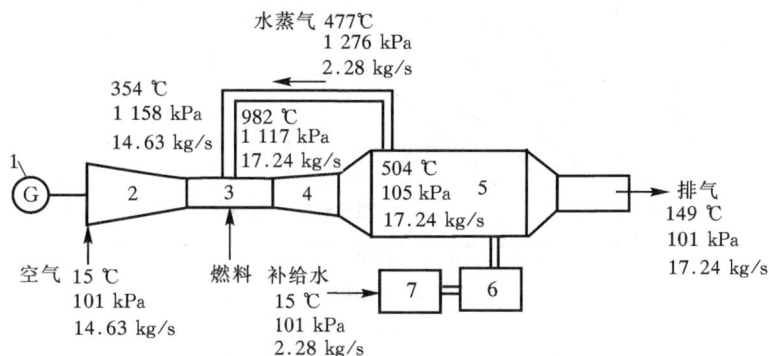

图 5.6　程氏双流体循环系统

1－发电机;2－压气机;3－燃烧室;4－燃气透平;

5－余热锅炉;6－除氧器;7－水处理设备

由燃气轮机排出的燃气与蒸汽的混合物将进入余热锅炉,在其中把余热传给余热锅炉的给水,使其变成过热蒸汽后返回到燃气轮机中去参与循环。余热锅炉后温度为149℃ 的燃气与蒸汽的混合物则将直接排入大气。

这种循环与余热锅炉型燃气-蒸汽联合循环有以下几点原则性的差别。

(1)不再配置蒸汽轮机和凝汽器等设备因而整个装置的设备大为简化,尺寸也减少很多。

（2）由余热锅炉提供的全部或部分蒸汽还要在燃气轮机燃烧室中进一步加热到与燃气轮机前的初温相同的水平，即过热蒸汽的温度一定要比常规的蒸汽轮机中所能承受的温度（一般为 $435 \sim 550℃$ 左右）高得多。这种高温过热蒸汽的作功，为提高整个循环的热功转换效率提供了条件。

（3）由于蒸汽膨胀后是经余热锅炉直接排向大气的，即蒸汽的膨胀背压比采用凝汽器时高很多，这限定了蒸汽作功能力的充分发挥。

（4）由于蒸汽连续不断地排向大气难于回收，这就需要向余热锅炉大量地补水，补充水的处理设备必然庞大，耗费是昂贵的。

图 5.7 中给出了 501 KB 燃气轮机按程氏双流体循环工作时的性能曲线，在满负荷工况下，返回到燃烧室中去的蒸汽量占压气机空气量的 15.59％。当双流体循环的燃气轮机入口温度降低时，由余热锅炉产生的过热蒸汽量必然是减少的，那时整个装置的功率和效率也都会有所下降。

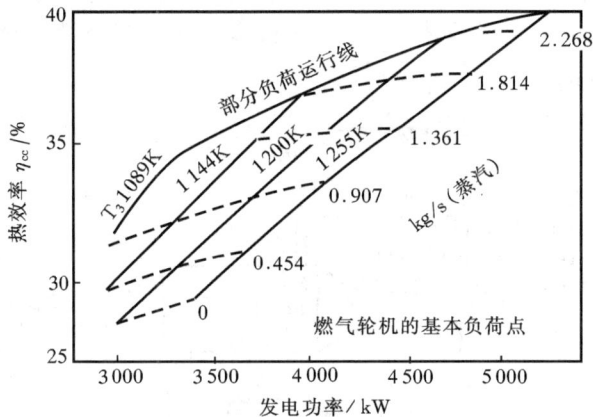

图 5.7　501 KB 程氏双流体循环性能曲线

从热力学的角度看，双流体循环的本质就是把燃气轮机的"布雷顿循环"与蒸汽轮机的"朗肯循环'并联地结合起来，在蒸汽循环中蒸汽的初压比较低而初温和膨胀背压却很高。

图 5.8 给出了程氏双流体循环的 $T-s$ 图。

程氏双流体循环与常规的不补燃的余热锅炉型联合循环的性能相比，当余热锅炉的节点温差 ΔT_p 选定后，带凝汽式蒸汽轮机的常规的不补燃的联合循环的热效率要比程氏双流体循环高。这是由于注蒸汽燃气透平的膨胀比远小于凝汽式蒸汽透平的膨胀比，致使注入燃气轮机的水蒸气未能充分膨胀的缘故，特别是当温比值 τ 较低时更是如此。但是在高温度比和高压缩比的情况下，程氏双流体循环的热

效率将非常接近于或大于常规的不补燃的
余热锅炉型联合循环的效率,见图 5.9。

当 τ 和 ΔT_p 给定后,随着燃气轮机压缩
比 ε 的提高,常规不补燃的联合循环和程氏
循环的热效率先后都会出现最大值。由图
5.9 可以看出,常规不补燃的联合循环的最
佳压缩比略低于程氏循环。这是由于低压缩
比时,燃气轮机的排气温度较高,余热锅炉
可以产生温度较高的蒸汽,有利于提高蒸汽
轮机效率的缘故。当然这两种循环的压比都
要比简单燃气轮机循环低。而且这两种循环

图 5.8 程氏双流体循环 T-s 图

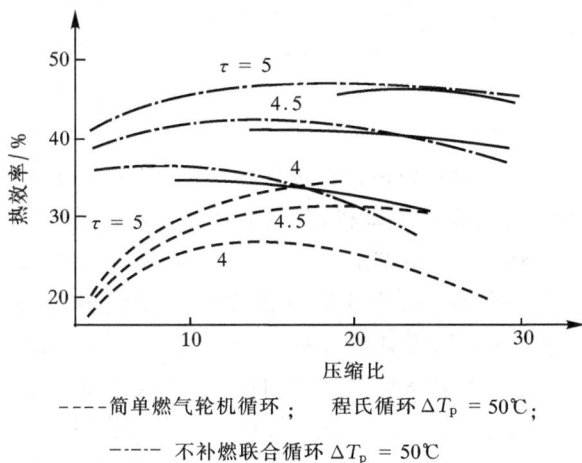

的热效率在相当宽的压缩比范围内是变化不大的,所以在设计时可以在较宽的压
缩比范围内选择与之相配的原型燃气轮机。

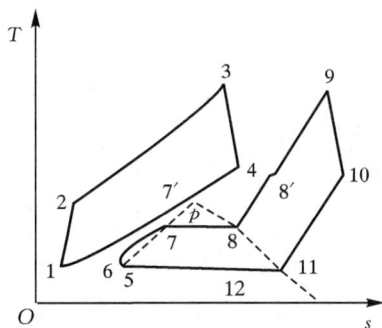

图 5.9 温比 τ 和压比对联合循环效率的影响

程氏循环要比常规的不补燃余热锅炉型联合循环的耗水量大 38%。回注蒸汽
用水的消耗量通常为 $0.4 \sim 2\ \text{kg/(kW·h)}$。目前,程氏双流体循环机组已经商品
化。其规范如表 5.3 所示。

表 5.3 程氏循环机组的技术参数

公司	型号	ISO 基本功率 /kW	供电效率 /%	压缩比	空气质量流量 /kg(s)$^{-1}$	燃气轮机入口温度 /℃	其他
Allison Engine Company	501 – KH Steam	6 751	39.89	12.6	18.60		2.722 kg/s 482.2℃ 的蒸汽注入
GE 船用与工业	LM2500 – PH STIG	28 060	41.02	20.2	75.75	807.2	6.3 kg/s 蒸汽注入
	LM5000 – PH STIG	51 100	43.20	31.0	153.22	757.2	10.08 kg/s 高压蒸汽，5.04 kg/s 低压蒸汽
Stewart & Stevenson	TG – 1600 STIG20	16 900	39.65	25.1	52.62	735.0	0.126 kg/s 蒸汽注入
	TG – 2500 STIG – 50	28 050	41.0	20.0	75.75	801.7	
	TG – 5000 STIG – 120	51 620	43.8	31.4	153.77	787.8	

此外,GE 船用与工业发动机公司还拟进一步研制 LM8000 ISTIG 型的程氏循环机组,它是一种带有中间冷却器的发动机,其热力系统及主要的参数如图 5.10 所示。

由图 5.10 可知:LM8000 发动机是一种三轴式的带有中间冷却器的燃气轮机。高压透平用来带动高压压气机,低压透平则带动低压压气机,动力透平带动发电机。这种驱动压气机的方式可以提高整台机组的压缩比。采用中间冷却器可以减小高压压气机的压缩功,有利于增高整台机组的比功,而且还能利用中间冷却器来预热供给余热锅炉的给水,使机组的循环效率得以改善。在余热锅炉中将分别产生高压(4.309 MPa/449℃)蒸汽、中压(1.448 MPa/370℃)蒸汽和低压(0.206 8 MPa/121℃)蒸汽,它们质量流量的份额分别为 72.14%、13.17% 和 14.69%。高压蒸汽将注入燃烧室,与从高压压气机输来的高压空气一起与天然气混烧,升温至 1 371℃ 后进到高压透平中去膨胀作功,以带动高压压气机。中压蒸汽是在高压透平后混入到燃气中去的,与燃气一起在低压透平中膨胀作功,以带动低压压气机工作。低压蒸汽则是在动力透平的后几级中混入到燃气中去进行膨胀作功的。由余热锅炉出来的燃气与蒸汽混合物的温度为 133.9℃,在它们排向烟囱之前,还有可能在热水加热器中被利用来加热生活用水,以便进一步回收约 98 MW 的热能。

整台 LM8000 ISTIG 的主要参数和性能如下:燃气初温 $t_3 = 1\ 371℃$、温比 $\tau = 5.708$,低压压气机的压缩比 $\varepsilon_L = 2.63$,高压压气机的压缩比 $\varepsilon_H = 13.299$,高

潜在的热电联产效率
$$\frac{114+98}{243}=87\%$$

烟囱排出的最终温度 37.8 ℃

低压蒸汽
14.515 kg/h
121 ℃
0.206 8 MPa

潜在的联产热功率
98MW（热能）供水量
118.798 kg/h

中压蒸汽
13 018 kg/h
370 ℃
1.448 MPa

2% 排污

去烟囱
133.9 ℃
864.664 kg/h

喷入的水
1.684 m³/min

间冷器冷却水
12.49 m³/min
15 ℃

21.7 ℃
15 ℃

⑪参数　97.2 ℃
23.3 ℃
0.259 2 MPa
576.571 kg/h

高压蒸汽
71.306 kg/h
449 ℃
4.309 MPa

天然气
17.872
kg/h
44 186.4
kJ/kg

（234MW）

1

13

120.6 ℃
0.266 8 MPa

吸入的空气
581.334 kg/h
15 ℃
0.101 35 MPa
相对湿度 60%

12

11

10

9

8

7

1 371 ℃
3.282MPa

462.8 ℃
0.104 1 MPa

0.4MW
辅机耗功率

114MW（净功率）
52%（供电效率
LHV）

余热锅炉的代号
① 高压过热器
② 中压过热器
③ 高压蒸发器
④ 中压省煤器
⑤ 中压蒸发器
⑥ 省煤器
⑦ 低压蒸发器
⑧ 除氧器

2　3　4

5

（0.135 9 MPa）

①②③　④⑤⑥　⑦　⑧ 给水入口

6

4 006 r/min

385 ℃
3.447 MPa

9 221
r/min

3 600
r/min

1 041.7 ℃
1.365 MPa

951 ℃
1.041 MPa

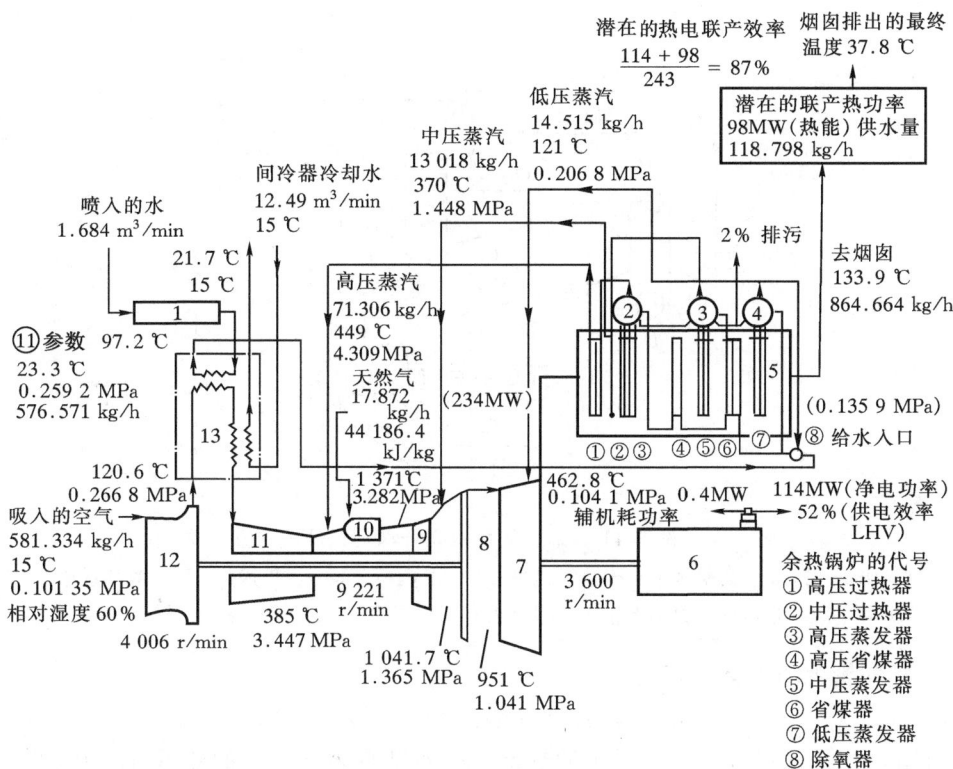

图 5.10　拟研制的 LM8000 ISTIG 型程氏双流体循环的热力系统
1— 水处理设备;2— 高压锅筒;3— 中压锅筒;4— 低压锅筒;5— 余热锅炉;
6— 发电机;7— 动力透平;8— 低压透平;9— 高压透平;10— 燃烧室;
11— 高压压气机;12— 低压压气机;13— 中间冷却器

压透平的膨胀比 $\delta_H = 2.404$,低压透平的膨胀比 $\delta_L = 1.311$,动力透平的膨胀比 $\delta_P = 10.0$,余热锅炉的当量效率 $\eta_h = 73.45\%$、进入燃烧室时蒸汽/空气掺混比 $X = 12.37\%$,补水率 17.38%（相对于低压压气机进入的空气流量而言）,整台机组的供电效率 52%,潜在的热电联产效率 87%。

5.3　联合循环性能的理论分析

5.3.1　联合循环热效率计算

1. 燃气轮机的能量平衡

图 5.11 为常规的有补燃的余热锅炉型燃气-蒸汽联合循环系统图。

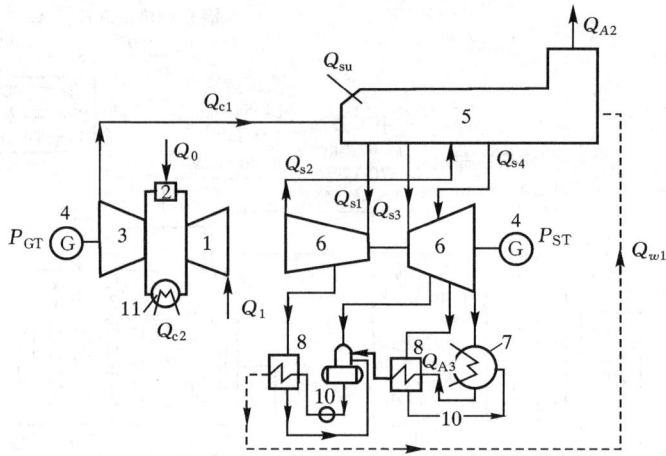

图 5.11　余热锅炉型联合循环系统图

1－压气机；2－燃烧室；3－燃气透平；4－发电机；5－余热锅炉；6－蒸汽透平；

7－凝汽器；8－给水加热器；9－除氧器；10－水泵；11－空气冷却器

燃气轮机的能量平衡式

$$Q_1 + Q_0 \eta_{r1} = P_{GT}^0 + Q_{A1} + Q_{c1} + Q_{c2} \tag{5.1}$$

式中，Q_1 为进入压气机空气所带的热能；Q_0 为燃料燃烧释放的热量；η_{r1} 为燃烧室效率；P_{GT}^0 为燃气轮机的轴端功率；Q_{A1} 为燃气轮机对外泄漏的空气所携带的热量；Q_{c1} 为燃气轮机排气带走的热量；Q_{c2} 为燃气轮机的空气冷却器带走的热量。

燃气轮机的发电功率

$$P_{GT} = P_{GT}^0 \eta_{Gm} \eta_{Gg} \tag{5.2}$$

式中，η_{Gm} 为燃气轮机装置的机械效率；η_{Gg} 为燃气轮机装置的发电机效率。

燃气轮机装置的循环效率为

$$\eta_{GT}^0 = \frac{P_{GT}^0}{Q_0} \tag{5.3}$$

2. 余热锅炉能量平衡式

$$Q_{c1} + Q_{su} + Q_{w1} = Q_{s1} + Q_{rh} + Q_{s4} + Q_{A2} \tag{5.4}$$

式中，Q_{su} 为锅炉补燃放热量，$Q_{su} = AQ_0 \eta_{r2}$；A 为补燃室燃料消耗量与燃气轮机燃烧室燃料消耗量之比；η_{r2} 为余热锅炉燃烧效率；Q_{w1} 为余热锅炉给水带入的热量；Q_{s1} 为主蒸汽带出的热量；Q_{rh} 为再热蒸汽吸热量；Q_{s4} 为低压蒸汽带出的热量；Q_{A2} 为余热锅炉排气带出的热量。

$$Q_{rh} = Q_{s3} - Q_{s2} \tag{5.5}$$

3. 蒸汽轮机的能量平衡

$$Q_{s1} + Q_{rh} + Q_{s4} = P_{ST}^0 + Q_{w1} + Q_{A3} \tag{5.6}$$

式中，P_{ST}^0 为蒸汽轮机的轴端功率；Q_{A3} 为冷凝器带走的热量。

蒸汽轮机的发电功率

$$P_{ST} = P_{ST}^0 \eta_{Sm} \eta_{Sg} \tag{5.7}$$

式中，η_{Sm} 为蒸汽轮机装置机械效率；η_{Sg} 为蒸汽轮机装置发电机效率。

汽轮机装置的循环效率

$$\eta_{ST}^0 = \frac{P_{ST}^0}{Q_{s1} + Q_{s4} - Q_{w1} + Q_{rh}} \tag{5.8}$$

4. 联合循环热效率 η_{cof}

（1）有补燃的联合循环热效率

常规的有补燃的燃气-蒸汽联合循环热效率的表达式为，

$$\eta_{cof} = \frac{P_{GT}^0 + P_{ST}^0}{Q_0(1+A)} = \frac{Q_0 \eta_{GT}^0 + (Q_{s1} + Q_{s4} - Q_{w1} + Q_{rh}) \eta_{ST}^0}{Q_0(1+A)}$$

$$= \frac{\eta_{GT}^0 + C\eta_{ST}^0}{1+A} \tag{5.9}$$

其中

$$C = \frac{Q_{s1} + Q_{s4} - Q_{w1} + Q_{rh}}{Q_0} = \frac{Q_{c1} + Q_{su} - Q_{A2}}{Q_0}$$

$$= \frac{Q_{c1} - Q_{A2}}{Q_0} + A\eta_{r2} \tag{5.10}$$

若燃气轮机装置无空气冷却器，则 $Q_{c2} = 0$，$Q_{A1} = 0$，式（5.1）变为

$$Q_{c1} - Q_1 = Q_0(\eta_{r1} - \eta_{GT}^0) \tag{5.11}$$

则

$$\frac{Q_{c1} - Q_{A2}}{Q_0} = \frac{Q_{c1} - Q_1}{Q_0} \times \frac{Q_{c1} - Q_{A2}}{Q_{c1} - Q_1}$$

$$= (\eta_{r1} - \eta_{GT}^0)\eta_h \tag{5.12}$$

其中，$\eta_h = \dfrac{Q_{c1} - Q_{A2}}{Q_{c1} - Q_1}$ 为无补燃时余热锅炉当量效率，将式（5.12）代入式（5.10）得到

$$C = A\eta_{r2} + (\eta_{r1} - \eta_{GT}^0)\eta_h \tag{5.13}$$

而联合循环的发电效率为

$$\eta_{cof}^e = \frac{\eta_{GT} + C\eta_{ST}}{1+A} \tag{5.14a}$$

其中，$\eta_{GT} = \eta_{GT}^0 \eta_{Gm} \eta_{Gg}$，$\eta_{ST} = \eta_{ST}^0 \eta_{Sm} \eta_{Sg}$。供电效率为

$$\eta_{cof}^n = (1-\varphi)\eta_{cof}^e \tag{5.15a}$$

式中，φ 为厂用电率。

将式(5.13)代入式(5.14a)和式(5.15a)，得

$$\eta_{cof}^e = \frac{\eta_{GT} + [A\eta_{r2} + (\eta_{r1} - \eta_{GT}^0)\eta_h]\eta_{ST}}{1 + A} \tag{5.14b}$$

$$\eta_{cof}^n = (1 - \varphi)\frac{\eta_{GT} + [A\eta_{r2} + (\eta_{r1} - \eta_{GT}^0)\eta_h]\eta_{ST}}{1 + A} \tag{5.15b}$$

（2）无补燃的联合循环热效率

对于常规的无补燃的联合循环，$A = 0$，则发电效率

$$\eta_{co}^e = \eta_{GT} + C\eta_{ST} \tag{5.16}$$

供电效率

$$\eta_{co}^n = (1 - \varphi)(\eta_{GT} + C\eta_{ST}) \tag{5.17a}$$

如果可以近似认为 $Q_{c2} = 0$，$Q_{A1} = 0$，式(5.17a)变为

$$\eta_{co}^n = (1 - \varphi)[\eta_{GT} + (\eta_{r1} - \eta_{GT}^0)\eta_h\eta_{ST}] \tag{5.17b}$$

从式(5.15b)和(5.17b)可以看出，燃气-蒸汽联合循环供电效率 η_{cof}^n 及 η_{co}^n 与 η_{GT}^0、η_{GT}、η_{ST}、η_h、η_{r1}、η_{r2}、φ 和 A 等参数的关系。

如果忽略 η_{r1}、η_{r2} 对燃烧放热量的影响，即取 $\eta_{r1} = \eta_{r2} = 1$，则式(5.15b)和式(5.17b)可以简化为

$$\eta_{cof}^n = (1 - \varphi)\frac{\eta_{GT} + [A + (1 - \eta_{GT}^0)\eta_h]\eta_{ST}}{1 + A} \tag{5.15c}$$

$$\eta_{co}^n = (1 - \varphi)[\eta_{GT} + (1 - \eta_{GT}^0)\eta_h\eta_{ST}] \tag{5.17c}$$

（3）联合循环的功率比

燃气-蒸汽联合循环的功率比为蒸汽轮机的发电功率与燃气轮机的发电功率的比值，定义式如下

$$\frac{P_{ST}^0}{P_{GT}^0} = C\frac{\eta_{ST}^0}{\eta_{GT}^0} \tag{5.18}$$

或

$$\frac{P_{ST}}{P_{GT}} = C\frac{\eta_{ST}}{\eta_{GT}} \tag{5.19a}$$

当 $Q_{c2} = 0$，$Q_{A1} = 0$，有补燃时的功率比

$$\frac{P_{ST}}{P_{GT}} = [A\eta_{r2} + (\eta_{r1} - \eta_{GT}^0)\eta_h]\frac{\eta_{ST}}{\eta_{GT}} \tag{5.19b}$$

无补燃时的功率比

$$\frac{P_{ST}}{P_{GT}} = [(\eta_{r1} - \eta_{GT}^0)\eta_h]\frac{\eta_{ST}}{\eta_{GT}} \tag{5.19c}$$

联合循环的发电效率可以改写为

$$\eta_{cof}^{e} = \frac{(1 + P_{ST}/P_{GT})\eta_{GT}}{1 + A} \tag{5.20}$$

供电效率

$$\eta_{cof}^{e} = \frac{(1 - \varphi)(1 + P_{ST}/P_{GT})\eta_{GT}}{1 + A} \tag{5.21}$$

5.3.2　各种参数的选择

1. η_{r1} 与 η_{r2} 的选择

通常 $\eta_{r1} = 0.96 \sim 0.995, \eta_{r2} = 0.95 \sim 0.99$。

2. η_{GT} 与 η_{ST} 的选择

以上各式中所示的 η_{GT} 与 η_{ST} 并不是联合循环系统中选用的燃气轮机和蒸汽轮机的铭牌效率 η_{GT}^{n} 和 η_{ST}^{n}。

与单纯的燃气轮机循环相比,联合循环中燃气轮机的排气压损因装有余热锅炉而增大,因此 η_{GT} 比 η_{GT}^{n} 大约减少 1% ～ 2%。

与单纯的蒸汽轮机循环相比,联合循环中由于给水加热系统回热抽汽量较少,使得联合循环中蒸汽轮机装置的效率 η_{ST} 比原型蒸汽轮机的铭牌效率 η_{ST}^{n} 低 1.5% ～ 2%。

3. 补燃比 r 值的选择

（1）补燃对效率的影响

根据式（5.13）和（5.16），可以得到无补燃时,联合循环的发电效率为

$$\eta_{co}^{e} = \eta_{GT} + (\eta_{r1} - \eta_{GT}^{0})\eta_{h}\eta_{ST} \tag{5.22}$$

将有补燃时联合循环发电效率式（5.14b）减去无补燃时发电效率式（5.22）得

$$\Delta\eta_{co}^{e} = \frac{A(\eta_{r2}\eta_{ST} - \eta_{co}^{e})}{1 + A} \tag{5.23}$$

从式（5.23）可以看出,只有当 $\eta_{r2}\eta_{ST} > \eta_{co}^{e}$ 时,补燃才是有利的,此时增大余热锅炉中补燃比 r, $r = \frac{A}{1+A}$, $\Delta\eta_{co}^{e}$ 增加,发电效率提高。

提高 η_{r2} 的手段是要努力实现低氧燃烧,使过量空气系数减小,即把燃气轮机排气中的氧气全部燃烧完。提高 η_{ST} 的手段是提高蒸汽轮机的蒸汽参数。

当 $\eta_{r2}\eta_{ST} < \eta_{co}^{e}$ 时,不应该采用补燃,此时若补燃,发电效率反而下降,在这种情况下,补燃比 r 的增加,意味着增加低参数蒸汽循环功率的比重,使高温燃气轮机循环功率比重下降,而蒸汽附加循环效率较低,因此增加补燃热量只会使联合循环整体发电效率降低。

（2）最佳补燃比 r 的选择

r 值的选择对余热锅炉效率 η_{r2} 和蒸汽轮机效率 η_{ST} 都有影响,因此采用补燃的燃气-蒸汽联合循环效率与 r 值有关。

在假设燃气定压比热不变时,余热锅炉效率 η_{r2} 为

$$\eta_{r2} = 1 - \frac{T_{g4}}{T_{g1}} \tag{5.24}$$

式中,T_{g1}、T_{g4} 为余热锅炉燃气进、出口温度,K。

当 r 增加时,T_{g1} 增加,而 T_{g4} 下降,因此 η_{r2} 将随着补燃比 r 的增加而增加。

由于补燃比增加,可能使余热锅炉主蒸汽压力或温度提高,进而提高 η_{ST},η_{r2} 和 η_{ST} 的增加率是逐渐减小的,因此对于一定主蒸汽参数的余热锅炉,存在一最佳补燃比 r。

表 5.4 为某些燃气轮机的运行参数及其可能实现的 A。

表 5.4　燃气轮机的运行参数

机组型号	功率 /kW	热耗率 /kJ • (kW • h)$^{-1}$	燃气初温 /℃	压比	排气温度 /℃	A
PG9001F	212 200	10 545.5	1 260	13.5	583.3	0.6 ～ 0.62
FT8	25 420	9 442.9	1 160	20.0	443.3	0.69 ～ 0.71
GTE－115	114 000	10 909.5	1 140	12.3	515.0	0.66 ～ 0.68
V94.2	150 200	10 772.3		10.7	545.0	0.65 ～ 0.67
PG5001PA	26 300	12 471.0	957	10.2	482.8	0.71 ～ 0.73
GTE－45	54 000	12 861.3	900	7.8	465.0	0.72 ～ 0.74
GTE－35	32 000	14 517.8	770	7.8	400.0	0.77 ～ 0.78

（3）补燃条件

余热锅炉中是否采用补燃,除了要考虑补燃对发电效率的影响外,还要考虑燃气轮机排气中所含的剩余氧气含量以及排气温度,即在余热锅炉中要建立稳定的燃烧火焰,必须保证一定的排气温度及氧含量。例如,若燃气轮机排气中含有 12% 体积的氧气,只有当排气温度高于 600℃ 时,补燃过程才得以实现,而且排气中氧的含量越高,能保证火焰稳定起燃的排气温度越低。

4. η_{Gm} 和 η_{Gg} 的选择

η_{Gm} 和 η_{Gg} 的值与机组的设计和功率大小有关,通常 $\eta_{Gm} = 0.97 \sim 0.99$,$\eta_{Gg} = 0.95 \sim 0.98$。

5. η_{h} 的选择

η_{h} 可以近似认为

$$\eta_{\text{h}} = \frac{T_{\text{g1}} - T_{\text{g4}}}{T_{\text{g1}} - T_{\text{en}}} \tag{5.25}$$

式中，T_{en} 为大气环境温度，K。

一般可以取 $T_{\text{g4}} = 353 \sim 453$ K，则 η_{h} 可以在 $60\% \sim 90\%$ 范围内变化。

6. 厂用电率 φ 值确定

厂用电率的大小与联合循环装置的总功率有关，此外还与联合循环电厂运行、管理水平有关，在大功率的情况下，$\varphi = 1.5\% \sim 2.0\%$，功率较小时 $\varphi = 3\% \sim 4\%$。

7. 功率比的确定

功率比指燃气轮机和汽轮机容量的比例，功率比不仅能够影响联合循环的热效率，也是决定采用余热锅炉或助燃锅炉型的依据。通常，如燃气轮机功率大于汽轮机功率，用余热锅炉，反之用助燃锅炉。显然，余热锅炉型联合循环综合热效率主要取决于燃气轮机部分的热效率，而助燃锅炉型主要取决于汽轮机部分的热效率。两种方案各有一个热效率最高时燃气轮机与汽轮机的最佳功率比。配用余热锅炉的燃气轮机容量约为汽轮机容量的一倍，而配用助燃锅炉的燃气轮机容量占总容量的 $10\% \sim 20\%$。但各联合循环电厂的实际比值出入较大，这是因为所用的燃气轮机特性不同，蒸汽参数有高有低，应通过具体计算才能决定。

图 5.12 所示是以蒸汽参数 16 MPa，538/538℃ 为例的联合循环热效率随容量比的变化曲线。设燃气轮机停运，蒸汽轮机单独运行时的热效率为 40%。如图中的 A 点，燃气轮机联合运行后，联合循环的最高热效率为 42%，相应的燃气轮机容量约占总容量的 13%。图中的 B 点就是助燃锅炉型的最佳功率配比，由于燃气轮机出力低，使功率比小于这个最佳配比时，意味着锅炉所需的助燃空气量不足。反之，则说明过剩，这都会使联合循环热效率低于最高值。当过剩空气太多时，就不得不把燃气轮机排气旁通入烟囱。有时为了减少排烟热损失，可加装辅助省煤器回收热量，这会减少汽轮机回热抽汽量，导致回热效果下降，应进行具体技术经济比较。

图中 CDEF 曲线为余热锅炉型联合循环的曲线，它是以燃气轮机入口气温为 $600 \sim 700℃$，排气温度为 $400℃$ 左右，蒸汽参数 1.67 MPa、315℃ 为计算条件的。从图中可以看出，燃气轮机单独运行时为 C 点，相应的热效率为 26%。当燃气轮机容量占总容量的 2/3 时，联合循环热效率最高，约为 39%（D 点）。采用补燃，提高蒸汽参数，可增大汽轮机出力，使最佳比移向左方，如 D_1、D_2 点所示，而且联合循环热效率稍有升高。根据具体的蒸汽、燃气参数和机组特性，有一最佳补燃比，通常补燃比在 30% 以内时，仍能保持余热锅炉的简单结构型式。

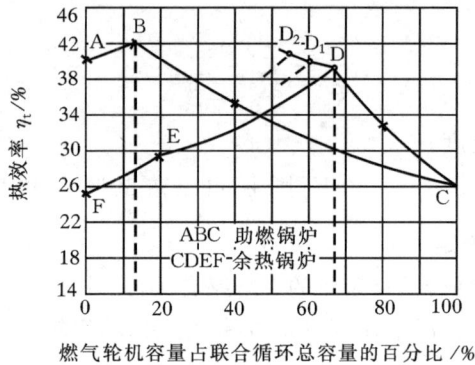

图 5.12 联合循环热效率随容量比的变化曲线

5.3.3 小结

(1) 在燃气-蒸汽联合循环的型式中,当燃气轮机入口气温约 1 250℃ 时,余热锅炉型联台循环系统综合热效率最高,是主要发展方向。

(2) 余热锅炉型联合循环发电以燃气轮机发电为主,蒸汽轮机发电为辅。最佳功率比一般在燃气轮机发电量占 65% ～ 70%,汽轮机发电量 30% ～ 35% 范围内,汽轮机容量由燃气轮机容量、排气温度决定,蒸汽参数也受限制。

(3) 余热锅炉是否采用补燃,取决于力 $\eta_{r2}\eta_{ST}$ 和 η_{co}^{e} 的关系,只有当 $\eta_{r2}\eta_{ST} > \eta_{co}^{e}$ 时,采用补燃才是有利的,否则不应采用补燃。当 $\eta_{r2}\eta_{ST} > \eta_{co}^{e}$ 时,增大余热锅炉中补燃比 r,发电效率提高。

(4) 余热锅炉的最佳补燃比约在 0.2 ～ 0.3,补燃比为 30% 时余热锅炉仍能保持简单的结构型式(取消辐射受热面)。

5.4 整体煤气化联合循环(IGCC)

5.4.1 概述

燃气-蒸汽联合循环主要使用的是液体燃料和天然气(包括焦炉煤气和少量的高炉煤气),不能直接燃烧煤。在我国,由于能源资源以煤炭为主,因而倍受关注的一个问题是,燃气-蒸汽联合循环是否有燃用固体燃料-煤炭的可能性,以及它是否能够很好地解决因燃煤而引起的环境污染问题。

目前几种主要的洁净燃煤发电技术有：常规的煤粉燃烧 ＋ 烟气脱硫脱硝（PC＋FGD）、常压循环流化床燃烧（CFBC）、整体煤气化燃气-蒸汽联合循环（IGCC）和增压流化床燃气-蒸汽联合循环（PFBC－CC）。IGCC 和 PFBC－CC 能够实现燃气-蒸汽联合循环，获得更高的效率。

整体煤气化燃气-蒸汽联合循环（IGCC）是在 20 世纪 70 年代西方国家石油危机时期开始研究的一种洁净煤发电技术，煤首先在气化炉中气化成为中热值煤气或低热值煤气，然后通过处理，把粗煤气中的灰分、含硫化合物（主要是 H_2S 和 CaS）、氯化物等有害物质除净，供到燃气-蒸汽联合循环中去燃烧做功，借以达到以煤代油（或天然气）的目的。因此整体煤气化燃气-蒸汽联合循环就是在已经完全成熟的燃气-蒸汽联合循环发电机组的基础上叠置一套煤的气化和净化设备，将煤炭变成干净的合成煤气，然后进行燃气-蒸汽联合循环，实现煤的洁净发电。

第一台整体煤气化联合循环电站于 80 年代中期开始运行。目前，世界上已经在示范运行或商业发电的整体煤气化联合循环电站机组已经有数十台，单机发电规模已达到 300 MW 左右，IGCC 电站容量达 500 MW。我国也已经开始建设第一座 300 MW 的 IGCC 示范电站。

由于目前的燃气-蒸汽联合循环技术已经发展得相当成熟，因而在开发 IGCC 时，人们将精力主要放在煤的气化技术和粉煤气的除灰脱硫等净化技术上。

5.4.2　IGCC 热力发电系统

IGCC 是由一系列工作系统组成的，它们包括：

（1）煤的贮运、预处理、制备和供给系统；

（2）煤的气化系统；

（3）粗煤气的除灰系统；

（4）粗煤气的脱硫系统；

（5）粗煤气显热的利用系统；

（6）燃气-蒸汽发电系统；

（7）空分制氧系统；

（8）煤渣的处理系统以及废水的处理系统。

与烧油（或天然气）的常规的燃气-蒸汽联合循环相比，IGCC 的系统要复杂得多，因而其建厂的初投资费和发电成本也必将增加。图 5.13 为 IGCC 系统简图。

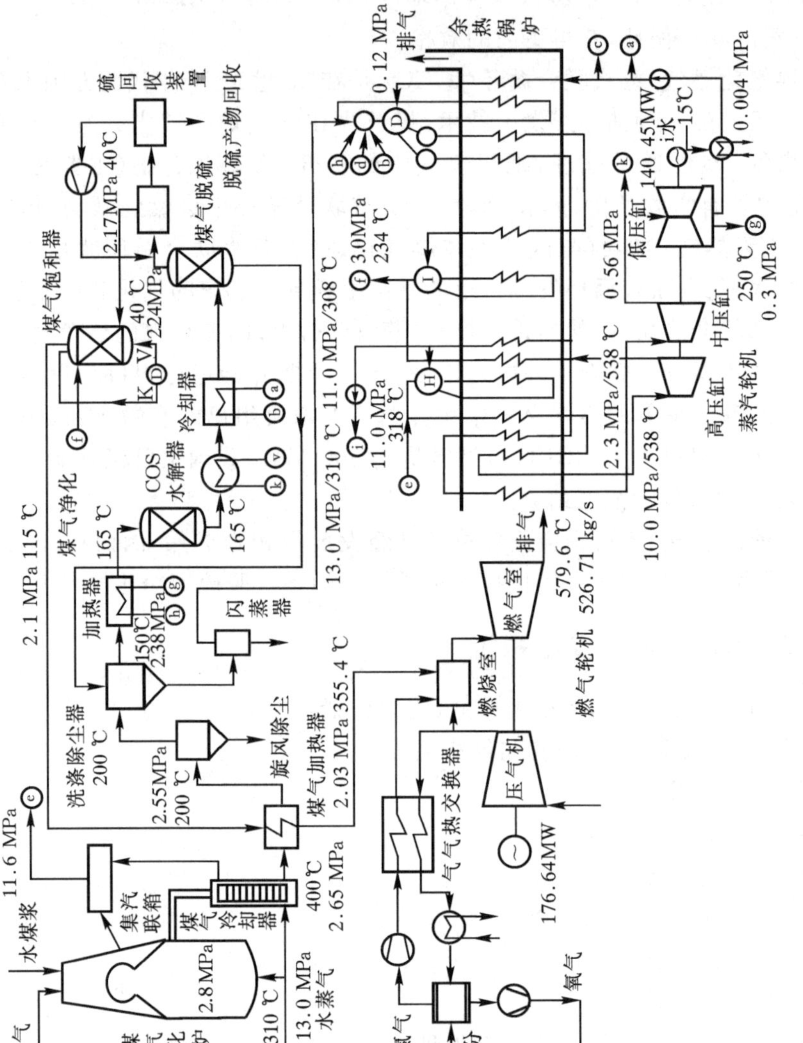

图 5.13 整体煤气化联合循环发电系统

5.4.3　IGCC 热效率计算

煤进入气化炉和除尘脱硫系统中,有效转化为干净煤气,煤气进入正压炉燃烧,产生的燃气一部分进入燃气轮机做功,排气进入余热锅炉(或省煤器);另一部分把燃烧产生的热能传给水,使水变成蒸汽,然后进入汽轮机做功。为了使系统能连续运行,必须耗费能量(厂用电等)。所以,燃煤 IGCC 投入的是燃煤和厂用电(厂用能量),产出的是燃气轮机和汽轮机的发电。

假设进入系统煤的低位发热量为 Q_{dw},kJ/kg,给煤量为 B,kg/h,产出的电量中燃气轮机的发电量为 P_{GT},汽轮机为 P_{ST},η_B 为煤气化炉和除尘脱硫系统中能量转化效率(简称煤气化炉转换效率),则按效率的基本概念即可列出下式

$$\eta_t = \frac{(P_{GT} + P_{ST})3\,600}{BQ_{dw}} \tag{5.26}$$

煤气进入正压锅炉燃烧,1 kg 煤在气化炉和除尘脱硫系统中有效转化出来的热能为 $\eta_B Q_{dw}$,令

$$A = \frac{Q_{ST}}{Q_{GT}} \tag{5.27}$$

$$BQ_{dw}\eta_B = Q_{ST} + Q_{GT} \tag{5.28}$$

式中,Q_{ST} 为煤在气化炉和除尘脱硫系统中有效转化出来的热能分配到汽轮机中做功的热能,kJ/h;Q_{GT} 为热能 $\eta_B Q_{dw}$ 中,分配到燃气轮机系统中去参与做功的部分,kJ/h。

干净煤气直接进入燃气轮机燃烧室,所以可近似地认为,这部分热能等于在气化炉中产生的煤气进入燃气轮机燃烧室时所具有的化学能与物理显热之和。

燃气轮机功率为

$$P_{GT} = Q_{GT}\eta_{GT}/3\,600 \tag{5.29}$$

汽轮机功率有两部分,其一为燃气轮机排气热能经余热锅炉产生蒸汽的做功部分,即"联合生产"部分。另一部分是在正压炉中分产热能 Q_{ST} 产生蒸汽的做功部分,即

$$P_{ST} = [(1 - \eta_{GT})Q_{GT}\eta_{r2} + Q_{ST}]\eta_{ST}/3\,600 \tag{5.30}$$

将以上两式代入式(5.26),再扣除厂用电率 φ 便可得燃煤 IGCC 综合热效率的公式

$$\eta_t = \frac{\{Q_{GT}\eta_{GT} + [Q_{GT}(1 - \eta_{GT})\eta_{r2} + Q_{ST}]\eta_{ST}\}(1 - \varphi)}{BQ_{dw}} \tag{5.31}$$

式中,η_{r2} 为余热锅炉效率。

上式亦可写成

$$\eta_t = \frac{\eta_B\{\eta_{GT} + [(1-\eta_{GT})\eta_{r2} + A]\eta_{ST}\}(1-\varphi)}{1+A} \tag{5.31a}$$

从式(5.31a)中可见,影响供电效率 η_t 的诸因素中, η_B 是首位的,其他因素的重要性依次是 η_{GT}, η_{ST}, η_{r2}, $\eta_m\eta_g$(机电效率), φ 和 A。

要提高 η_t,必须首先提高气化炉转换效率 η_B,然后提高燃气轮机效率 η_{GT}(主要是提高燃气轮机入口气温等)。再是提高汽轮机效率 η_{ST}(采用超高参数中间再热等),降低厂用电率 φ,提高余热利用效率 η_{r2}(降低排烟温度等)。采用综合措施IGCC的综合热效率可达 $45\% \sim 50\%$。

5.4.4　美国 Cool Water IGCC 示范电站

世界上第一座真正试运行成功的 IGCC 是建于美国加州 Daggett 的冷水电站(Cool Water),该电站 1981 年筹建,1984 年 5 月投运至 1989 年,成功运行 4 年,历时 25 000 h。通过一系列的实验证明,整个电站 IGCC 装置的性能良好,具有足够高的运行可用率,能够承担发电设备的基本任务,而且相当彻底地解决了燃煤电站固有的污染物排放严重的问题,被誉为"世界上最洁净的燃煤电厂"

图 5.14 中给出冷水电站 IGCC 方案的工艺流程图,装置以水煤浆供料、以氧气为气化剂。IGCC 方案成败的关键,是如何经济有效地把煤气化成为煤气,并从中除去灰分和 H_2S、CaS 等含硫污染物。

系统中有两台以水煤浆为燃料的喷流床气化炉(Texaco 炉),一台为主气化炉,另一台为备用的激冷式气化炉。浓度(质量分数)为 60% 的水煤浆,用增压泵升压后,喷到主气化炉中去,在 4.235 MPa,1 200 $\sim$ 1 538℃ 的条件下,与纯度为 99.5% 的氧气作用,气化成低位发热量为 9 873 kJ/m³ 的中热值煤气,其主要成分是 H_2、CO、CO_2 与水蒸气,煤中所含的硫将主要转化为 H_2S 和少量的 CaS。

从主气化炉中出来的高温煤气和处于熔融状态的灰渣进入辐射冷却器,在其中产生 11.13 MPa 的饱和蒸汽,经过初次冷却的煤气随即进入对流冷却器,以进一步产生水蒸气。这两股饱和水蒸气在汇集后,被送到位于燃气透平后面的余热锅炉中去过热,作为联合循环中供蒸汽透平用的主蒸汽的组成部分。在主气化炉后采用辐射冷却器与对流冷却器的目的,是为了回收热煤气中的部分显热,有利于提高煤气能量的利用效率。

激冷式气化炉是在主气化炉故障时备用的。在这台气化炉后不再装设辐射和对流冷却器。热煤气是在气化炉底的冷水池中被激冷后,直接送入炭粒质点洗涤器。

在主气化炉后,由对流冷却器中出来的煤气进入炭粒质点洗涤器,在其中可以把大部分细质点清除掉。由此流出的煤气经进一步冷却降温到 38℃ 左右后,被送

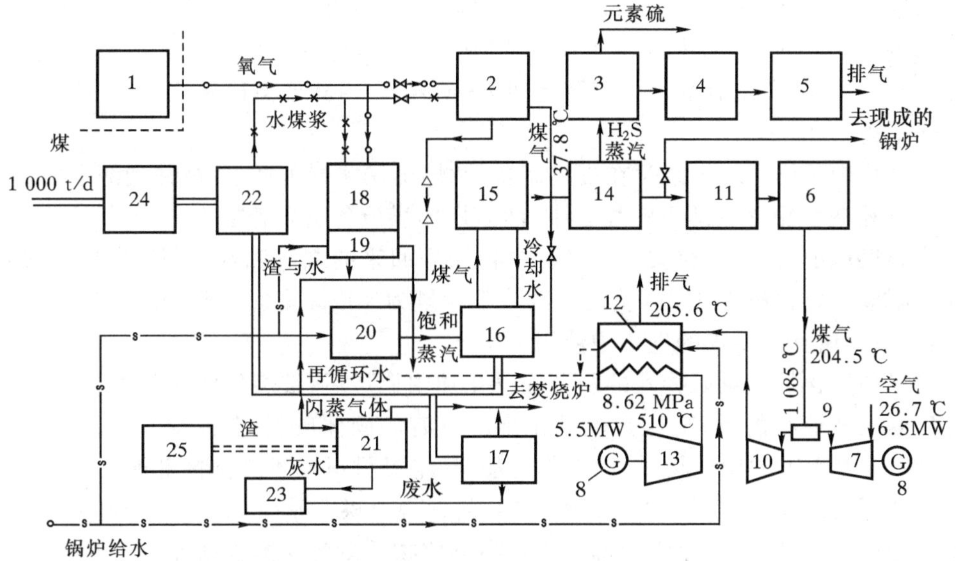

图 5.14　冷水电站 IGCC 方案的工艺流程

1—— 制氧设备；2—— 激冷式气化炉；3——Claus 设备；4—— 尾气处理装置；5—— 焚烧炉；
6—— 煤气加热器；7—— 压气机；8—— 发电机；9—— 燃烧室；10—— 燃气透平；11—— 饱和器；
12—— 余热锅炉；13—— 蒸汽透平；14——Selexol 除硫装置；15—— 煤气冷却器；16—— 质点洗涤器；
17—— 酸性水汽提塔；18—— 德士古气化炉；19—— 辐射冷却器；20—— 对流冷却器；
21—— 渣灰水的分离器；22—— 湿式磨煤机；23—— 蒸发池；24—— 地下煤仓；25—— 贮渣坑

到 Selexol 脱硫装置，把煤气中 98.6%（体积分数）的 H_2S 和 26.2%（体积分数）的 CaS 分离出来。脱硫效率高达 96% ～ 97%。由此分离出来的 H_2S 蒸气，被送到 Claus/SCOT 硫回收与尾气处理装置中去，在其中转化成为纯度为 98% ～ 99% 的元素硫，可以作为商品出售。鉴于 Claus/SCOT 装置中排出的尾气中还可能含有少量的 H_2S、NH_3 和 CO，需要把这股尾气通过焚烧炉去燃烧，它们的燃烧效率分别是 99.99%、96.4% 和 99.0%。因而，最后排向大气的废气中仅有 SO_2，其含量（体积分数）只有环保极限要求值的 73% ～ 76%。由此可见，通过这套除硫装置的处理，SO_2 的排放量能够得到有效的控制。这套除灰脱硫装置是在常温条件下进行的，所以又称为常温的湿法净化装置。

由图 5.14 可见，从 Selexol 脱硫装置中出来的洁净的煤气在供燃气轮机使用之前，还得在饱和器中与水接触，以增大煤气的湿度，借以控制燃气轮机排气中 NO_x 的含量。

冷水电站中采用的燃气轮机型号为 GE7001E，其燃气初温为 1 085℃，压缩比为 11 ～ 12，铭牌功率为 65 MW。燃气轮机的排气被送入余热锅炉，它与主气化炉中的辐射冷却器和气化炉后的对流冷却器一起组成蒸汽发生系统,在其中产生8.62 MPa/510℃的过热蒸汽供给55 MW的蒸汽轮机使用。整个电站的铭牌功率为120 MW,其中制氧空气分离器耗功17 MW,厂内其他消耗为7 MW,即厂用电消耗率为20%。

气化炉所用的水煤浆是在现场制备的。煤由铁路列车运来,被卸到两个容量为6 000 t密封性很好的地下贮煤仓中,然后用输煤设备送到容量为1 000 t/d的两套湿式磨煤机中去。由炭粒质点洗涤器中再循环回来的细灰和水,与原煤掺混,被一起磨制成为煤含量为60%(质量分数),水含量为40%(质量分数)的水煤浆,随后贮存在运行箱中,供煤的气化炉使用。

煤中所含的大量矿物性的灰分在气化炉中燃烧后,被熔化成为灰渣,在炉底冷却后变成玻璃状的颗粒。这是电站排出的仅有的固体废料,其主要成分是Si,Al,Fe和Ca等无害的惰性物质,可以作为磨料、绝缘材料或建筑材料出售。

全厂占地面积比同等功率的带FGD的常规燃煤电站少40%。整个电站的污染排放情况极其良好,余热锅炉排气中污染排放物数量的实测数据如表5.5所示。

由上可见,即使燃烧硫含量较高的煤时,实测排放量也只有美国最新排放限量(NSPS)的10%～20%。在采用上述脱硫措施后,于满负荷工况下运行时,烧SUFCO煤、Illinois 6#煤和Pittsburgh 8#煤时的日产硫量分别为3.8 t/d、30 t/d和27 t/d。这对于降低发电成本是有好处的。

表5.5　余热锅炉排气的实测数据　　　　单位:mg·MJ^{-1}

排放物种类		美国排放物规定限量(NSPS)	烧SUFCO煤实测值	烧Illinois 6#煤实测值	Pittsburgh 8#煤实测值
SO_2	高硫燃料	258		29.24	52.46
	低硫燃料	103	7.73		
NO_x		258	30.1	40.42	28.38
CO			1.72	1.72	<0.86
固体质点		13	0.43	3.9	3.9

由炭粒质点洗涤器,辐射冷却器下的水池以及锁灰器中排出的水,被输到一个高压的澄清器中去,利用重力法使固体质点分离。被澄清的水,一部分作为再循环水去参与水煤浆的制备过程,另一部分被排入蒸发池中去。由Claus/SCOT硫回收与尾气处理装置中出来的凝结水,经酸性水汽提塔的处理,在除去NH_3和酸性气体后,也被排入蒸发池。这股废水的质量是符合环保要求的。为了防止这部分废水渗透进入地下水中去,蒸发池必须用防渗透材料制成。

　　冷水电站由于是进行旧机组改造的示范电站,因而设计方案未能达到最佳配置,因此在运行中暴露了亟需解决的两大问题,这也是 IGCC 装置能否商业化的关键。其一是供电效率不够高,只有 31.2%。其二是建厂的比投资费和发电成本过高,比投资费 2 828 美元/kW,比常规的带 FGD 的燃煤电厂高出 1 100 美元/kW 左右,发电成本 10.6 美分/(kW·h)。

5.4.5　IGCC 系统的特点

1. IGCC 的优点

　　IGCC 发电技术是使燃用天然气和液体燃料的燃气-蒸汽联合循环实现其间接燃用固体燃料 —— 煤炭的现实途径。尽管由于煤的气化和净化等一系列工艺流程都要损耗一定数量的能量,致使 IGCC 电站的供电效率一定要比同等参数的燃用天然气或液体燃料的常规联合循环效率低一些(大约降低 15% 左右),而且电站的系统和设备都将复杂很多,但与目前正在开发的其他一些洁净煤发电技术相比,它仍具有以下一些突出的优点。

　　(1) 具有提高供电效率的最大潜在能力。

　　(2) 单机容量已经能够做到 300 ～ 400 MW 等级,便于实现规模经济的效应。

　　(3) 基本技术已趋于成熟,能为电站具有较高的运行可用率提供保证,已经具备转入商业运行的条件。

　　(4) 污染问题解决得最彻底,特别适宜于使用硫含量高于 3%(质量分数)的高硫煤,与此同时它还有利于减少 CO_2 的排放量,能够满足日益严格的环保标准的要求。图 5.15 为 IGCC 与下列几种燃煤电站:有尾气脱硫装置的煤粉电站(PC/FGD)、循环流化床电站(CFBC)、增压流化床电站(PFBC)、磁流体发电站(MHD)、燃料电池电站(MCFC/SOFC)的污染排放量与美国燃煤电站最新排放标准(NSPS)的对比关系图。

　　(5) 耗水量比较少,一般只有 PC/FGD 电站耗水量的 50% ～ 70%,这对于缺水的地区很有利,特别适宜于在矿区建设坑口电站。

　　(6) 烧煤后的废物处理量最小,脱硫后生产的元素硫或硫酸可以出售,有利于降低 IGCC 的发电成本。灰和任何微量元素熔融冷却后形成玻璃状的渣,对环境无害,可以作为建筑和水泥工业的原料。

　　(7) 通过煤的气化,除了发电之外还能生产甲醇、汽油、尿素等燃料和化学产品使煤得以综合利用,有利于降低生产成本。

2. IGCC 的缺点

　　当前,IGCC 的主要缺点是建厂的比投资费用较高,特别是在兴建第一座示范性电站时更甚。当然,随着 IGCC 技术的日趋完善、商业化和批量生产,比投资费高

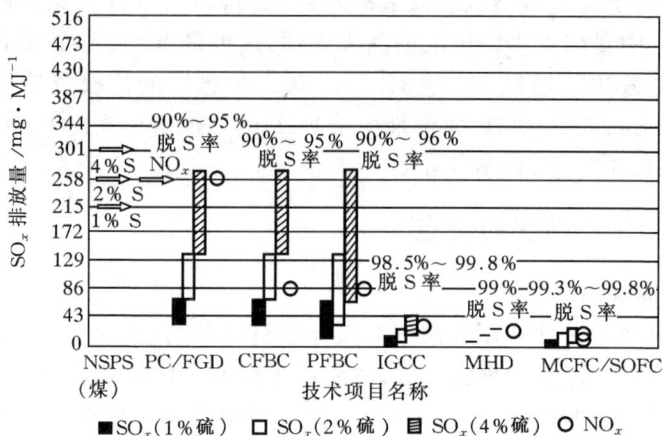

图 5.15　几种先进发电技术的污染排放指标的比较

的问题将日趋缓和。预计到 2010 年左右 IGCC 的比投资费和发电成本完全有可能与 PC/FGD 相竞争。

3. 发展 IGCC 的技术关键

发展 IGCC 的关键技术应该是,煤的气化技术、粗煤气的除灰脱硫净化技术以及高温、高效率的燃气-蒸汽联合循环技术。

目前,正在发展的气化炉的型式有喷流床、流化床和液态排渣式的固定床等。但总的来说在发展气化技术时必须解决大型化、高效和安全运行以及扩大对煤种的适应性问题。

最后应该指出当燃用天然气或液体燃料的燃气-蒸汽联合循环改造成为 IGCC时,除了必须增设煤的贮运、煤的气化以及粗煤气的净化系统和设备之外,燃气轮机和余热锅炉还得进行适当改造。这是由于气化炉生产的是中热值煤气或低热值煤气,它要求燃气轮机的燃烧室、煤气管道和调节系统必须作相应的改造,而且为了防止压气机发生喘振以及机组超负荷,需要调小压气机的进气量并加大透平的通流能力。此外由于粗煤气显热利用系统中还会产生相当数量的饱和蒸汽,需要送到余热锅炉中去过热因而余热锅炉的受热面积也必须作适当调整。

5.4.6　IGCC 的发展趋势

IGCC 示范电站的发展趋势有以下几个方面。

(1) 提高 IGCC 发电设备的单机容量和供电效率　大力开发高温、高压缩比的先进的燃气轮机技术,以及双压乃至三压的余热锅炉,使之成为提高 IGCC 供电效率的主要支柱。

（2）采用新的气化炉型式　气化炉的效率直接影响着 IGCC 装置的效率及排放，需要研究适合不同煤种的气化炉型。

（3）高效除灰及脱硫　对于 IGCC 装置的除灰及脱硫方式，探索的"湿法除灰和常温脱硫"以及"高温除灰和高温脱硫"方案，以及不同方案对 IGCC 发电系统的适应性及其对经济性的影响。

（4）开发新型空气分离系统　空气分离系统有"完全独立的空气分离系统"以及"整体化空气分离系统"。后者可以使燃气轮机本体部分无需作重大修改，也有提高 IGCC 供电效率的可能，但是 IGCC 的调节特性较差。

（5）降低比投资费用　在采用干法供煤的气化炉、湿法除灰和常温脱硫技术时，IGCC 的供电效率可以提高到 45％，比投资费用也在不断降低。图 5.16 为 IGCC 供电效率和比投资费随年代的变化。

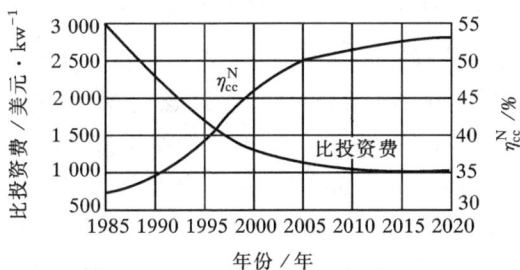

图 5.16　IGCC 供电效率和比投资费变化趋势

5.5　增压流化床联合循环(PFBC – CC)

5.5.1　概述

流化床燃烧是煤直接利用的途径之一，通常有常压与增压(高压 0.98～1.96 MPa)两类。常压流化床燃烧多用于蒸汽轮机电站的锅炉上，而增压流化床锅炉燃烧，是在普通流化床锅炉的基础上发展起来的一种新技术，它采用增压燃烧技术，并同时控制燃烧温度，使燃料在增压与低温环境下燃烧，从而降低 NO_x 的排放。

增压流化床燃煤联合循环是在增压流化床燃烧技术的基础上发展起来的一种新型高效、洁净煤燃烧发电技术，它的发展始于 20 世纪的 70 年代初，80 年代中期向示范电站阶段过渡，目前世界上已经投入商业运营的 PFBC-CC 电站有八座，最大容量已达 360 MW，技术日臻完善和成熟。我国在 80 年代初期开始进行增压流化床燃煤联合循环的实验研究,现已经在江苏贾汪建成15 MW中试装置,大型示范电站也处于筹建阶段。

增压流化床燃煤联合循环效率高,环保性能好,系统比较简单,占地面积小,可以直接燃用原煤,且煤种适应范围广,燃烧与传热强度高且结构紧凑,运行方式与常规燃煤火电站接近,与常规发电技术相比,不仅可提高发电效率3%～5%,节煤10%～15%,而且可显著减少燃煤污染物的排放,是未来洁净煤发电的重要发展方向之一。

5.5.2　增压流化床联合循环(PFBC-CC)工作原理

增压流化床燃煤联合循环的关键是燃料的流化燃烧,根据燃烧室内流化的方式不同,增压流化床燃烧也分为鼓泡流化床燃烧和循环流化床燃烧两种方式。早期开发的增压流化床燃烧均为鼓泡流化床燃烧,目前在国际上已经达到了商业化运营程度。近十几年来,又发展了增压循环流化床燃烧。

1. PFBC-CC工作原理

在增压流化床燃烧联合循环中,煤的燃烧和脱硫的过程是在压力为1.0～1.6 MPa、温度为850～920℃下工作的增压流化床锅炉燃烧室中进行的,燃烧产生的部分热量被锅炉受热面吸收,排出的高温烟气(约900℃左右)经高温分离器净化后,进入燃气轮机。燃气轮机联结着压气机和发电机,由压气机向增压流化床锅炉提供燃烧空气、流化空气及冷却空气,并随锅炉负荷变化进行相应改变。增压流化床锅炉排出的高温、高压烟气经过净化后,直接进入燃气轮机做功发电,并驱动压气机,燃气轮机发电量占联合循环机组全部输出功率的20%～25%。燃气轮机排出的烟气经省煤器对锅炉给水进行加热,被冷却到150℃左右后,经过除尘器进一步除尘,再排入大气。

在增压锅炉中产生的过热蒸汽则送到蒸汽轮机做功发电,燃气轮机的排气热量用于加热锅炉给水,完成燃气轮机的布雷顿循环与蒸汽轮机的朗肯循环的联合发电。增压流化床燃烧联合循环工艺流程见图5.17所示,这是一个100 MW级的已商业化运行的PFBC-CC系统。

2. PFBC-CC的主要系统构成

（1）增压流化床燃烧锅炉

增压流化床燃烧锅炉是PFBC-CC系统中最重要的组成部分,增压流化床燃烧锅炉燃烧室被封闭在一个直径11.5 m、高32 m的钢制压力容器内。在压力容器内布置有鼓泡流化床燃烧锅炉、两级烟气净化装置、床料再注入容器及灰渣减压冷却器等设备。其中,增压流化床锅炉是整个系统的核心设备,联合循环系统中的蒸

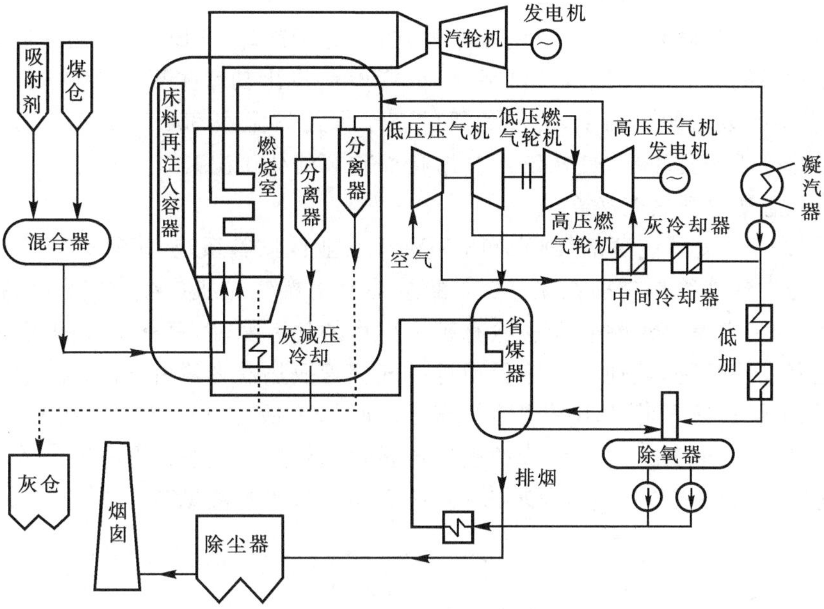

图 5.17　增压流化床燃烧联合循环工艺流程

汽动力装置所需的大部分能量是在增压流化床锅炉中得到的。在增压鼓泡床锅炉运行时,燃烧所需的全部空气都作为流化空气经布风板送入炉膛,过量空气系数约为 1.2 ～ 1.3,能保持一定范围的流化速度(流化速度接近 1 m/s),使床层在整个运行负荷区间内处于鼓泡流化床的状态。炉膛燃烧室床层内布置有埋管受热面,起到带出床层内一部分燃烧热量,并维持基本恒定床温的作用。

(2) 燃气轮机动力装置

燃煤增压流化床联合循环电站的燃气轮机与常规燃气-蒸汽联合循环的燃气轮机基本相同。由于 PFBC 系统中必须采取高温烟气除尘技术,而目前高温除尘技术尚不成熟,烟气中的粉尘不会像 IGCC 中清除得那么彻底,因此设计中要着重考虑烟气中粉尘的磨损。

(3) 汽轮机动力装置

由汽轮机本体及其辅助系统组成,它与传统燃煤电站所采用的汽轮机系统基本相同,只是由燃气轮机的余热回收设备(省煤器)替代了部分给水加热器的功能,使汽轮机抽汽回热系统略有变化。该蒸汽动力循环部分的发电量占总输出功率的 75% ～ 80%。

3. PFBC－CC 的基本型式

PFBC－CC 联合循环系统的基本型式,决定于冷却 PFBC 锅炉的工质,分空气埋管冷却系统和水蒸气埋管冷却系统。前者电厂发出功率主要以燃气轮机发电为主,后者主要以汽轮机为主。冷却的目的在于保持炉温在 850 ～ 950℃ 的范围,使炉内脱硫处于最佳工况,使灰渣不会熔化而破坏流化工况。

（1）空气埋管热交换系统

图 5.18 为美国能源部(DOE)13 MW 半工业性试验系统(简称 COGAS 系统),该系统为空气埋管热交换系统。60％ 的总功率由燃气轮机产生,40％ 由蒸汽部分产生,它的特点是高温除尘器去除有害污染物的任务变轻,只有 1/3 的压缩空气要经除尘器去除杂物,其他 2/3 流量通过空气埋管换热器吸热后,进入燃气轮机燃烧室,以保证燃气透平叶片不受磨蚀与腐蚀。同时,为适应非设计工况或部分负荷工况运行,通过控制进入空气埋管的进气流量,以调节燃气透平的进气的入口气温,从而比较灵敏地调节负荷。COGAS 系统方案的基本参数见表 5.6。

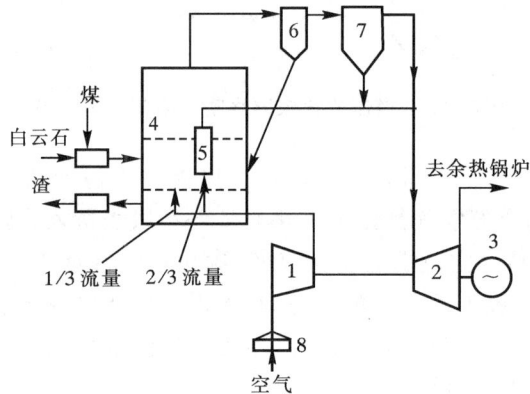

图 5.18　空气埋管热交换器系统

1— 压气机；2— 燃气透平；3— 发电机；4— 增压流化床锅炉；5— 翅片空气换热器(埋管)；
6— 第一级除尘器；7— 精除尘器；8— 空气过滤器

（2）水蒸气埋管热交换系统

图 5.19 为美国 GE 公司商用增压流化床锅炉联合循环电站系统的装置简图,该系统采用水蒸气埋管热交换器系统,系统中燃料燃烧的热量约有 34％ 产生燃气,60％ 产生蒸汽,6％ 为其他各项损失(包括灰渣物理显热)。产生的蒸汽参数为23.3 MPa/538℃/538℃,系统初步设计的参数列于表 5.6。

表 5.6 PFBC 系统方案设计参数

项目	单位	COGAS 系统	GE 水蒸气埋管
PFBC 压力	MPa	0.98	
燃气轮机功率	MW	66.7	170.0
汽轮机功率	MW	32	565.0
燃气轮机初温	℃	871	926
压比		10	10
蒸汽初参数	MPa/℃	1.7/390	23.3/538
总发电效率	%	38.4	40.5

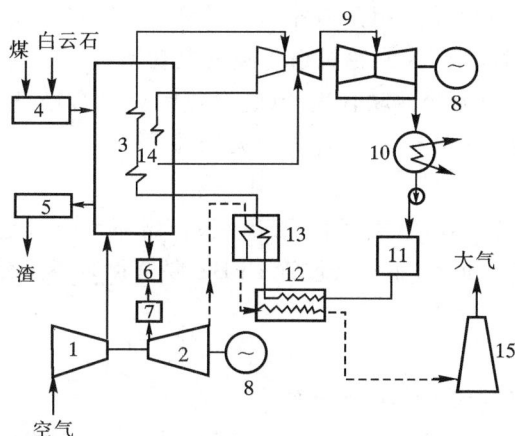

图 5.19 水蒸气埋管换热器系统

1— 压气机;2— 燃气透平;3— 增压沸腾锅炉;4— 固体输煤和白云石设备;5— 固体灰渣
排放设备;6— 两级旋风除尘器;7— 精除尘器;8— 发电机;9— 汽轮机;10— 凝汽器;
11— 给水加热器;12— 烟气冷却器;13— 省煤器;14— 换热器(水蒸气埋管);15— 烟囱

燃气经过两级高效旋风除尘器和精除尘器(如过滤床)后进入燃气透平。透平
的排气余热传给蒸汽循环的省煤器和与给水回热加热器串联的烟气冷却器,然后
燃气经烟囱排入大气。

外界负荷变化首先引起蒸汽轮机负荷改变,煤耗率的相应改变和引起流化床
锅炉内温度(燃气轮机入口气温)的变化,炉内温度可由 954℃(燃气轮机入口气温
926.7℃)变化到 760℃,此时可引起电厂净功率减少 40%。当炉温减少到 760℃

时,为了防止因供煤量减少而系统不能正常运行,应开启燃气轮机的旁通阀使空气直接由压气机部分送入燃气轮机前混合管,以保持炉温的最低水平为760℃。其目的在于使燃烧完全、稳定和满足除硫所要求的温度。

5.5.3　PFBC – CC 热效率计算

由于组成 PFBC 联合循环各部件的参数和组合方式不同,对整体系统综合热效率也就有不同的影响,无论空气埋管系统还是蒸汽埋管系统,从整体系统看,热能转变为电能的一部分(或全部)是纯粹联合生产的,一部分不是联合生产的(或无上部循环,或无下部循环)。因此,只要求得纯粹联合循环生产和不联合生产的发电量及发电效率,就可以采用加权平均法求取综合热效率

$$\eta_t = \left[\eta_{GT} + (1 - \eta_{GT})\eta_{r2}\eta'_{ST}\right]\frac{P_{CO}}{P_{CO} + P_{ST}} + \eta_{ST}\frac{P_{ST}}{P_{CO} + P_{ST}} \tag{5.32}$$

式中,η'_{ST} 为联产部分汽轮机组热效率;η_{ST} 为不联产部分汽轮机机组热效率;P_{CO} 为联产部分发电功率;P_{ST} 为汽轮机组单独发电功率。

如果 P_{ST} 为零,即为全部联合生产(纯余热锅炉联合循环)系统,如图 5.18 所示 COGAS 系统,此时 $\eta_{ST} = \eta'_{ST}$,则综合热效率变为

$$\eta_t = \eta_{GT} + (1 - \eta_{GT})\eta_{r2}\eta_{ST} \tag{5.33}$$

从热能转换的实质看,空气埋管 PFBC 联合循环系统即是 COGAS 系统,其综合热效率如式(5.33)所示,而蒸汽埋管 PFBC 联合循环系统综合热效率公式如式(5.32)所示。

计算示例

(1) PFBC 空气埋管 COGAS 系统

主要机组国产南京汽轮机厂 R900 – 21.7 燃气轮机,蒸汽轮机为 6～10 MW(参数2.35 MPa、390℃),余热锅炉 35～60 t/h,其主要参数和指标取自制造厂数据,其它有关数据为:

燃气轮机电机端输出功率 21.7 MW、进气温度 896℃、压比 10、压气机效率88%、透平效率 88.5%、PFBC 和净化热效率 9.5%、总压损 5.5%、总泄漏量 3%、总机械效率 93%、辅机耗功约 0.3 MW、燃气轮机部分发电总效率 $\eta_{GT} = 25.7\%$、汽轮机部分发电总效率 $\eta_{ST} = 23\%$、余热锅炉效率 $\eta_{r2} = 80\%$。

系统循环热效率

$$\eta_t = \eta_{GT} + (1 - \eta_{GT})\eta_{r2}\eta_{ST}$$
$$= 0.257 + (1 - 0.257) \times 0.8 \times 0.23 = 0.393\,712$$

(2) PFBC 蒸汽埋管联合循环系统

主要机组国产 R900 – 21.7 和 N125 超高压汽轮发电机组,其主要参数和指标

为:燃气轮机进口气温923℃、燃气轮机排气温度472℃、燃气轮机功率23MW、燃气轮机部分发电总效率 $\eta_{GT} = 27\%$、汽轮机部分发电总效率 $\eta_{ST} = 34.2\%$、余热利用效率 $\eta_{r2} = 90\%$、联合发电功率33 MW,其中23 MW为燃气轮机发出,10 MW为蒸汽部分发出,蒸汽单产电功率为 115 MW。

系统循环热效率

$$\eta_t = \left[\eta_{GT} + (1 - \eta_{GT})\eta_{r2}\eta'_{ST}\right]\frac{P_{CO}}{P_{CO} + P_{ST}} + \eta_{ST}\frac{P_{ST}}{P_{CO} + P_{ST}}$$

$$= \left[0.27 + (1 - 0.27) \times 0.9 \times 0.342\right] \times \frac{33}{115 + 33} + 0.342 \times \frac{115}{115 + 33}$$

$$= 0.376\ 05$$

从以上初步估算结果看,空气埋管联合循环系统发电热效率为 39.4%。蒸汽埋管发电系统为37.6%,空气埋管系统效率高些,两套系统均超过了国产亚临界压力 300 MW 常规火电机组发电效率36.2%,热经济效益均有所提高。

5.5.4　PFBC - CC 示范电站

1. 国外的 PFBC - CC 示范电站

目前进入商业运行的 PFBC - CC 电站,有瑞典的 Vartan 电站、西班牙的 Escatron 电站和美国的 Tidd 电站。

瑞典的 Vartan 电厂是第一座投入试运行的 PFBC 电厂,由瑞典 ABB Carbon 公司(现更名为 ABB Alstom Power 即 AAP 公司)开发的 80 MW P200 型和 350 MW P800 型 PFBC 模块为主。该电厂采用两套 P200 模块连接到同一台汽轮机,可发电 135 MW 和区域供热 225 MW。SO_2 和 NO_x 的排放量分别为 20 mg/MJ 和 25 mg/MJ,最长连续运行时间从 1992 年 11 月 23 日至 1993 年 1 月 21 日,2 号炉连续运行 1 419 小时。

Tidd 电站是美国第一座大规模 PFBC 示范电站,Tidd 电站由两台 110 MW 常规燃煤发电机组组成,于 20 世纪 40 年代建成,1976 年停运。用 PFBC 系统取代原有锅炉并利用大部分电站原有的设备使 1 号机重新发电。示范电站主要添置几台改进的设备:燃烧室、省煤器、静电除尘器以及储煤和脱硫剂区。PFBC 系统与原有常规蒸汽循环结合,产生参数为 8.96 MPa 和 496℃ 的蒸汽 55.4 kg/s。发电约 70 MW(蒸汽轮机 55 MW,燃气轮机 15 MW),1992 年 6 月对装置性能进行了合同验收,该电站完成 3 年示范运行后已关闭。

日本若松(Wakamatsu)PFBC 电站是一座 71 MW 的联合循环电站,由 56.2 MW 的蒸汽轮机和 14.8 MW 的燃气轮机组成,由日本石川岛播磨重工(IHI)公司购买 ABB Carbon 公司的技术,设计制造。继 Vartan、Tidd 和 Escatron 之后,该电站作为世界上第四个 70 MW 级 PFBC 电站,于 1993 年 10 月开始发电。在 1 年的调试运行之后,于 1995 年 1 月开始示范运行计划,若松 PFBC 电站至今已运行了 4 500 h。从发电效率和环境适应性来看,证实了 PFBC 系统的优越性和可靠性。

日本九州 Karita 电站 360 MW 机组,采用 ABB P800 机组,是世界上最大的 PFBC 机组,也是由石川岛播磨重工公司(IHI)按瑞典 ABB Carbon 的技术设计制造,于 1999 年 10 月实现满负荷运行,2000 年 7 月完成移交工作,燃气轮机是专门研制的 GT140P 燃机,由 ABB 通过 IHI 供货。Karita 电厂由一个带有 1 台 75 MW 的 PFBC 燃机的 P800 模块和 1 台 290 MW 汽轮机组成联合循环。锅炉按超临界蒸汽参数设计(24.1 MPa,566℃/566℃),蒸汽供给 290 MW 再热式汽轮机,该电站于 2001 年投运,供电效率可达 42.3%(以煤的高位发热量 HHV 计)。此外三菱(MHI)和日立(Hitach)公司也自主开发 85 MW 和 250 MW 的 PFBC 机组,日本中国电力公司大崎电站 250 MW 的 PFBC-CC 机组也于 2000 年 3 月投入运行。

2. 我国贾汪 15 MW 的 PFBC-CC 中试电站

我国增压流化床联合循环发电技术的研究始于 1981 年。1984 年在东南大学热能工程研究所自行设计,制造建成一座热输入为 1 MW 的综合试验装置(SEU-PFBC)。该试验装置成功地运行了 700 h、解决并掌握了多项关键技术。

1991 年,中国政府有关部门决定在江苏省徐州市贾汪电厂建造 15 MW PFBC-CC 中试电站,贾汪电厂现有 1 台 12 MW 蒸汽轮机发电机组,蒸汽由 PFBC 锅炉提供,3 MW 由新安装的燃气轮机发电机组发出。

中试电站的目标是:

(1) 获取 PFBC-CC 中试电站设计运行的数据和经验;

(2) 试验、验证电站的可靠性、环保性能和效率;

(3) 为将来放大到 PFBC-CC 商业示范电站规模取得直接经验。

图 5.20 给出了贾汪 PFBC-CC 中试电站系统。该系统由下列子系统组成:煤预处理系统、煤和脱硫剂添加系统、PFBC 锅炉的燃烧系统和汽水系统、除渣和高温除尘系统及蒸汽轮机和燃气轮机系统等。

煤预处理系统采用风选技术,保证进入 PFBC 锅炉的煤颗粒为 0～6 mm,并将原煤利用燃气轮机排出的热烟气干燥至含水量 4% 以下。煤和脱硫剂的添加系统采用加压锁斗系统,煤和脱硫剂(石灰石)进入常压料斗之前按比例混合。压力料斗的充、放压以及锁斗之间阀门的启闭均采用程序控制。燃料经气力输送进入 PFBC 锅炉的底饲喷嘴,气力输送的固气比为 8:1～10:1。整个 PFBC 锅炉采用双层炉壳,内部为膜式水冷壁,外部为直径 7.4 m 的压力壳。压力为 0.722 MPa 的空气由轴流式压缩机进入 PFBC 锅炉外壳后经布风板进入床层,使燃料流化、燃烧。流化速度为 1.3 m/s。床内燃烧温度为 900℃,压力为 0.657 MPa。锅炉出口温度为

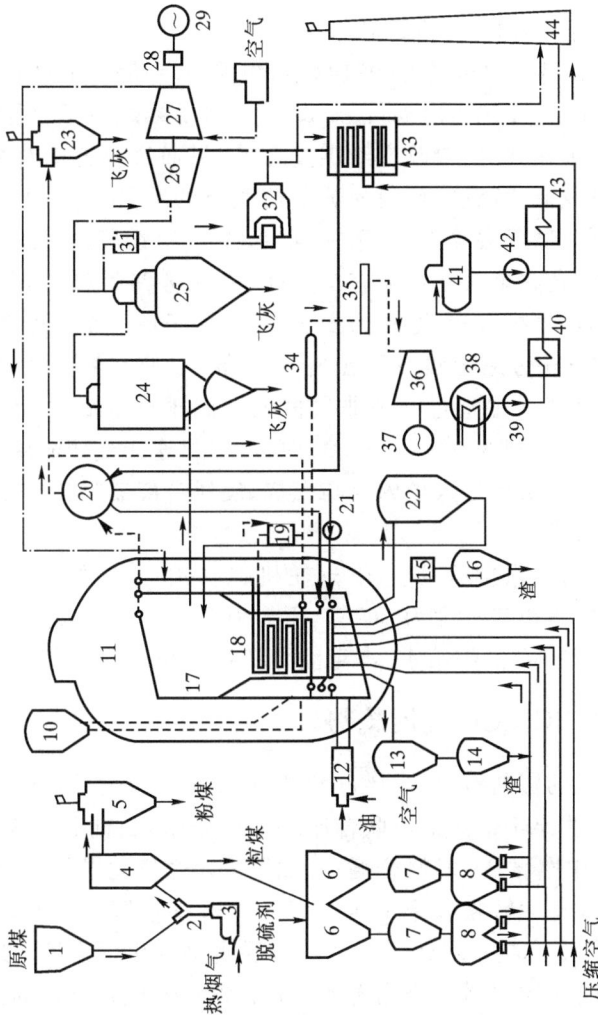

图 5.20　贾汪 PFBC-CC 中试电站系统图

1— 原煤斗；2— 干燥风选管；3— 破碎机；4— 粒煤分离器；5— 粉煤分离器；6— 常压仓；7— 变压仓；8— 压力斗；9— 星型加料器；10— 快加料斗；11— 启动燃烧室；12— 快排料斗；13—PFB 锅炉压力壳体；14— 蒸发埋管；15— 冷渣器；16,22— 变压渣斗；17— 膜式水冷壁；18— 高温过热段；19— 喷水调温；20— 低温过热埋管；21— 调节器；23— 泡包；24— 强制循环泵；25— 启动旁路阀；26— 除尘器；27— 一级高温除尘器；28,33— 集灰斗；29— 余热锅炉；30— 高温省煤器；31— 低温省煤器；32— 二级高温除尘器；34— 高压加热器；35— 喷水减温；36— 安全旁路阀；37— 降压装置；38— 除氧器；39— 给水泵；40— 燃气轮机(烟气膨胀机)；41— 蒸汽轮机；42— 低压加热器；43— 轴流式压缩机；44— 发电机；45— 凝汽器；46— 凝结水泵；47— 变速齿轮箱；48— 电动／发电机；49— 烟囱

800℃,经两级高温除尘后进入燃气轮机。同时在 PFBC 锅炉中产生压力为 3.92 MPa,温度为 450℃ 的过热蒸汽进入蒸汽轮机。

PFBC 锅炉的启动由启动燃烧室承担。为保证启动顺利,燃油启动燃烧室产生的热烟气进入 PFBC 布风板时温度 ≮ 650℃。启动燃烧室不仅能适于常压而且适于在压力条件下工作。除采取改变给煤量之外,另通过设置床料快加、快排系统来改变床层的料量及流化高度,作为锅炉负荷调节的手段。高温烟气在进入燃机前,通过两级旋风分离器以去除尘粒,第一级为高效 PV 型旋风分离器,第二级为卧式小多管旋风分离器。在烟气通道上有二条旁路:一旁路为启动旁路,用作 PFBC 锅炉常压启动时的烟气排空;二旁路为安全旁路,用于燃气轮机甩负荷或发生故障时的烟气排放。在安全旁路上设置降温降压设备,以使高温高压的烟气安全排放。PFBC 锅炉中产生的炉渣通过一个非机械控制阀排至冷渣器,由加压空气把炉渣从 850 ～ 900℃ 冷却到 300℃ 以下。冷却后的渣排送入变压渣罐,再由气力输送至渣库,热空气作为二次风送入炉内参与燃烧。旋风分离器收集的细热灰,经放压、冷却,气力输送到灰库。

高温烟气经两级除尘后,进入燃气轮机膨胀做功,燃机的入口温度为 750℃,压力为 0.594 MPa,出口温度为 467℃,压力为 0.104 MPa。排气进入余热锅炉(给水省煤器)加热 PFBC 锅炉给水,本身被冷却到 150℃,最后经烟囱排放至大气。

5.5.5　PFBC - CC 发展趋势

从日、美等国的资料看出,当燃气轮机入口气温超过 1 250℃ 时,增压锅炉联合循环发电效率才小于余热锅炉联合循环发电效率,目前我国燃气轮机入口气温 1 015℃,正好采用燃煤 PFBC 联合循环。如果采用煤气化燃气-蒸汽联合循环,即使条件相同,由于煤气化转换效率低也会使发电效率下降。目前煤气化转换效率为 80% ～ 85%,将来可能达到 85% ～ 95%,煤直接流化燃烧没有这部分损失。结合国情,近期开发研究燃煤增压流化床锅炉联合循环发电是合适的。

从长远看由于世界上对燃气轮机高温冷却技术和新材料的研制进展较快,预计燃气轮机进气温度有每年可提高 10 ～ 20℃ 的趋势。大型高温燃气轮机(入口温度 > 1 300℃)则应以大型高效煤气化燃气-蒸汽联合循环发电作为长远奋斗目标。而燃煤 PFBC 机理与大型流化床煤气化机理、高温净化技术、高温防腐防磨燃气轮机叶片技术等都是相似的,甚至相同的。

目前正在推广应用并进入商业运行的为第一代 PFBC - CC,由于该技术受流化床燃烧温度的限制,燃气轮机入口烟温不超过 900℃,因而供电效率不超过 42% ～ 43%。针对上述不足,一些先进工业国家正在研究高温除尘技术和先进燃气轮机技术,并在此基础上开发第二代 PFBC - CC 技术。该技术集中了煤气化技术和增压循环流化床燃烧的优点,构成了带气化的增压循环流化床燃烧联合循环。在这个系统中增加了一个增压气化装置,将原煤分解为煤气和焦炭,焦炭被送入增压流化床燃烧锅炉作为燃料,经过高温净化的煤气被送入燃气轮机的前置式燃烧室,与来自增压流化床锅炉的热烟气混合并提高温度后,送入燃气轮机做功发电。压气机出来的压缩空气也被分为三部分,分别送至增压循环流化床锅炉、增压煤气化室和燃气轮机前置式燃烧室,该技术的系统流程见图 5.21。

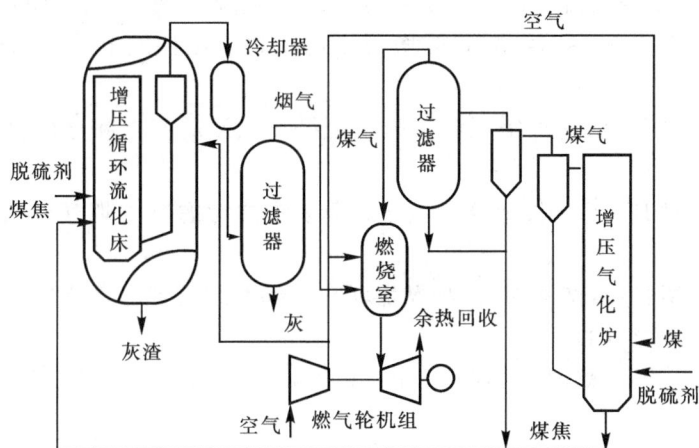

图 5.21   第二代 PFBC - CC 技术系统流程图

第二代 PFBC - CC 技术采用部分气化和前置燃烧的方法把燃气轮机入口温度提高到 1 100 ～ 1 300 ℃,同时在蒸汽轮机循环中采用超临界蒸汽参数,使联合循环效率达到 45% ～ 48%。

现在,PFBC - CC 技术在国际上已初步完成商业示范阶段,开始进入商用化阶段。中国也进入中试阶段,市场前景又十分广阔。相信这种新型燃煤发电技术一定会在中国得到蓬勃发展和广泛应用。

参考文献

[1] 王震华.2001年6月—2002年5月世界燃气轮机电力市场订货浅析[J].燃气轮机技术,2003,16(1).

[2] 焦树建.探讨21世纪上半叶我国燃气轮机发展的途径[J].燃气轮机技术,2001,14(1).

[3] 焦树建.燃气-蒸汽联合循环[M].北京:机械工业出版社,2000.

[4] Gas Turbine World 1996 Handbook[M]. A Pequot Publication, Volume 17.

［5］翁史烈.燃气轮机与蒸汽轮机［M］.上海：上海交通大学出版社,1996.

［6］MPS Review. Combined Cycle Power Plant Efficiency：aPrognostic Extrapolation［M］. MPS，1997.

［7］焦树建.整体煤气化燃气-蒸汽联合循环(IGCC)［M］.北京：中国电力出版社, 2000.

［8］章名耀.增压流化床联合循环发电技术［M］.南京：东南大学出版社,1998.

［9］赵旺初.发展增压流化床锅炉联合循环的探讨［M］.锅炉制造,1999,(2).

［10］金保升,李大骥,章名耀.我国增压流化床联合循环发电技术的研究与发展 ［J］.动力工程,1998,18(5).

［11］王珩,赵凤茹.国内外增压流化床联合循环电站的特点和分析［J］.黑龙江电 力,2001(2).

［12］蔡宁生.对PFBC-CC技术在我国创新发展之考虑［J］.燃气轮机技术,2001, 14(1).

［13］林汝谋,蔡睿贤,江丽霞.三种燃煤联合循环系统特性分析比较［J］.燃气轮机 技术,1999,12(3).

［14］刘尚明,韦斯亮灯.Puertollano IGCC电站控制系统介绍［J］.燃气轮机技术, 2001,14(3).

［15］阎维平.洁净煤发电技术［M］.北京：中国电力出版社,2002.

第 6 章　发电厂热力系统节能理论

　　火电厂完成一次能源到二次能源的转换,是消耗一次能源的大户,每年我国煤炭产量的 1/3 用于发电。因此,提高节能意识,加强能源管理,降低煤耗,对建立可靠、安全、稳定的能源保障体系具有十分重要的意义。2001 年我国总装机容量达到 3.38 亿 kW,全国年发电量达到 14 780 亿 kW,均居世界第二位。2001 年我国火力发电的平均供电煤耗率为 387 g/(kW·h),比发达国家高出近 60 g/(kW·h),可见其中蕴藏着巨大的节能潜力。为了正确指导现行火电厂的节能降耗工作,必须有完整的经济性诊断的理论和方法,有针对性地采取措施,提高机组的运行经济性。

　　火电厂热力系统经济性诊断是进行火电厂节能改造的前提,是提高火电机组运行经济性的重要工作,其目的是确定火电机组节能潜力的大小、分布及场所。

　　火电机组经济性诊断就是:确定其主、辅机及热力系统运行参数和运行方式的经济性;定性分析运行方式、运行参数是否合理;定量分析运行参数标准值及偏离标准值对机组经济性指标影响的大小,以及各种运行方式、组成系统不合理时节能潜力的大小。国内外在火电机组经济性诊断领域进行了大量的研究与实践。

　　最早采用的经济性诊断方法是"小指标分析法"。该方法以其简单、方便等特点得到了广泛应用,但其定量结果粗糙,准确性不够。20 世纪 60 年代,加拿大学者提出了"热偏差分析法"(简称热偏差法),在西欧、北美得到广泛应用。美国 EPRI 编写的"火电厂降低热耗率工作导则"中,把热偏差法作为定量分析的诊断方法,80 年代,该方法在我国也开始大量应用。热偏差法与小指标分析法相比,是一种"点"与"线"的关系。热偏差法进行关于运行标准和定量偏差对经济指标的影响大小分析时,考虑了不同负荷的影响,但其缺点是其数据大多来源于经验数据。80 年代,我国基于等效热降理论提出的火电厂热力系统经济性诊断方法已迅速得到推广应用,并取得了很大的经济效益。该方法是采用"等效热降"理论对经济性指标发生的偏差进行逐级分解,最后得出各项运行偏差对经济性影响的大小。它的特点是在进行热力系统经济性诊断时,考虑了热力系统各影响因素之间的相互影响。

　　火电机组热力系统定量分析是火电机组经济性诊断的重要组成部分和进行汽轮机组经济性诊断的有效手段。最早的火电机组热力系统计算方法是"常规热平衡法"，后将计算简化改进发展为"简捷热平衡法"，这是热力系统计算的经典方法。此方法的特点是计算可靠，但计算过程繁琐、速度慢，在热力系统的局部变化经济性定量分析时需进行热力系统全面计算，计算工作量大。20 世纪 50 年代美国 Salisbury 提出了加热单元的概念，由马芳礼教授创立了"循环函数法"，大大简化和方便了热力系统的计算和分析。在 60 年代后期，苏联学者库兹涅佐夫（A. M. Кузнецов）首先提出了"等效热降法"，70 年代传入我国后，经西安交通大学的研究，得到了拓展，使其作为一种新的热工理论得以创造和完善，该方法以其快速、准确、简捷的特点成为火电厂热力系统局部定量分析的主要工具（参考文献 1）。"循环函数法"和"等效热降法"已成为目前我国火电机组热力系统定量计算的两种主要方法，并得到了广泛的应用，为我国火电行业节能工作做出了巨大贡献。20 世纪 30 年代初建立起㶲的概念，及以后几十年的研究，使㶲分析逐渐成熟。60 年代发展出的一门新学科㶲经济学，在热力系统分析中也得到了一定程度的应用。

　　热力系统分析方法中㶲分析法是从能量"质"的角度进行分析，热平衡法和循环函数法是从能量"量"的平衡角度进行分析。而"等效热降法"的抽汽效率 η_j 的概念则是能量的"质"和"量"的有机结合。等效热降作为一种新型的热工理论，利用其对火电厂热力系统进行经济性诊断，具有简捷、准确、方便等特点，使其在热力系统的定量分析中显示了突出的优点。等效热降法是热力系统经济性诊断的基础理论，经过几十年的研究，在解决凝汽、再热、供热机组以及核电机组的热力系统节能诊断分析中形成了一套完整的理论。下面将分别介绍三种类型机组的等效热降理论。

6.1　凝汽机组等效热降理论

　　等效热降是基于热力学的热变功的基本原理，考虑到设备质量、热力系统结构和参数的特点，经过严密的理论推演，导出几个热力分析参量 H_j 及 η_j 等，用以研究热工转换及能量利用程度的一种方法。各种实际热力系统，在系统和参数确定后，这些参量也就随之确定，并可通过一定公式计算，成为一次性参数给出。对热力设备和系统进行经济性诊断分析时，可直接用这些参数进行诊断、分析和计算。等效热降既可用于热力系统整体的计算，也可用于热力系统的局部分析定量和经济性诊断。它基本上属于能量转化中的热平衡法，但是摒弃了常规计算的缺点，不需要全盘重新计算就能诊断系统变化的经济性，即用简捷的局部运算代替整个系统的繁杂计算。具体讲,它只研究与系统改变有关的那些部分,并用给出的一次性参量进行局部定量,确定变化的经济效果。

等效热降主要用来分析蒸汽动力装置和热力系统的经济性。在火电厂的设计中,用以论证方案的技术经济性,探讨热力系统和设备中各种因素的影响以及局部变动后的经济效益,是热力工程和热力系统优化设计的有力工具。对于运行电厂,可用于分析诊断热力系统的热经济性,从而为节能改造提供确切的技术依据。在机组经济性分析中,等效热降法对于诊断电厂能量损耗的场所和设备,查明能量损耗的大小,发现机组存在的缺陷和问题,指出节能改造的途径与措施,以及评定机组的完善程度和挖掘节能潜力等,都是重要的技术手段。

6.1.1　抽汽等效热降的概念

抽汽等效热降 H_j 是指在 Noj 加热器处加入热量 q_j 而排挤 1 kg 加热器抽汽返回汽轮机后的真实做功大小。由于 1 kg 加热器抽汽返回汽轮机后,Noj 的疏水量(Noj 为疏水放流式加热器)或流过 No$j-1$ 加热器的凝结水量(Noj 为汇集式加热器)将减少 1 kg,因此 1 kg 加热器抽汽不能直接到达凝汽器,这样计算 H_j 的方法是,从排挤 1 kg 抽汽的焓降($h_j - h_n$)中减去某些固定成分,因此可归纳为下列通式

$$H_j = (h_j - h_n) - \sum_{r=1}^{j-1} \frac{A_r}{q_r} H_r \tag{6.1}$$

式中,A_r 为取 γ_r 或者 τ_r,根据加热器类型而定;r 为加热器 Noj 后更低压力抽汽口脚码;τ_r 为给水在加热器中的焓升,按编号有 $\tau_1, \tau_2, \tau_3, \cdots, \tau_z$(加热器编号方法是按加热器抽汽压力由低到高的顺序进行,与凝汽器相邻的加热器编号为 1);q_r 为加热器 Nor 的汽轮机抽汽在加热器 Nor 中的放热量,按加热器编号有 $q_1, q_2, q_3, \cdots, q_z$;$\gamma_r$ 为加热器 No$r+1$ 的疏水在加热器 Nor 中的放热量,按加热器编号有 $\gamma_1, \gamma_2, \gamma_3, \cdots, \gamma_z$。

如果 Noj 为汇集式加热器,则 A_r 均以 τ_r 代之;如果 Noj 为疏水放流式加热器,则从 j 以下直到(包括)汇集式加热器用 γ_r 代替 A_r,而在汇集式加热器以下,无论是汇集式或疏水放流式加热器,则一律以 τ_r 代替 A_r。

各抽汽等效热降 H_j 算出后,按做功与加入热量 q_j 之比,可得相应的抽汽效率

$$\eta_j = \frac{H_j}{q_j} \tag{6.2}$$

上式中 H_j 和 q_j 均为已知数,故 η_j 的计算极为方便。

需要说明的是,上面计算中将加热器分为两类:一类是疏水放流式加热器,它们属于面式加热器,其疏水方式为逐级自流,如图 6.1 所示;另一类称汇集式加热

器,包括混合式加热器和带疏水泵的面式加热器,其特点是疏水汇集于本加热器的进口或出口,如图 6.2 所示。在整理原始数据时,根据加热器的类型不同,其加热器的 τ_j,q_j,γ_j 计算规定也各不相同。

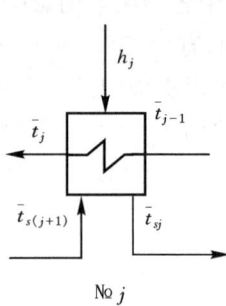

图 6.1   疏水放流式加热器

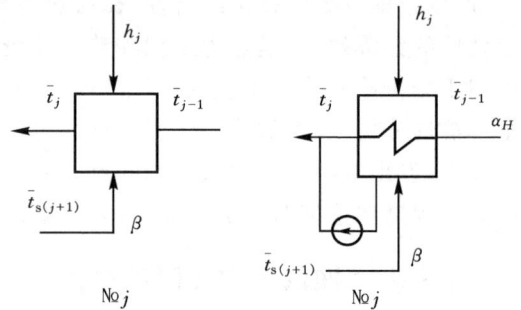

图 6.2   汇集式加热器

对疏水放流式加热器

$$\left.\begin{array}{l} \tau_j = \bar{t}_j - \bar{t}_{j-1} \\ q_j = h_j - \bar{t}_{sj} \\ \gamma_j = \bar{t}_{s(j+1)} - \bar{t}_{sj} \end{array}\right\} \tag{6.3}$$

对汇集式加热器

$$\left.\begin{array}{l} \tau_j = \bar{t}_j - \bar{t}_{j-1} \\ q_j = h_j - \bar{t}_{j-1} \\ \gamma_j = \bar{t}_{s(j+1)} - \bar{t}_{j-1} \end{array}\right\} \tag{6.4}$$

6.1.2   新蒸汽等效热降

新蒸汽等效热降实际上就是 1 kg 新蒸汽的实际做功,其计算与抽汽等效热降计算通式(6.1)中按汇集式加热器的计算方法相同,把锅炉视为汇集式加热器即可。因此,新蒸汽的等效热降为

$$H_0 = (h_0 - h_n) - \sum_{r=1}^{z} \tau_r \frac{H_r}{q_r} \tag{6.5}$$

由于这样的计算没有考虑轴封蒸汽的渗漏及利用,加热器的散热、抽气器耗汽及泵功能量消耗等辅助成分的做功损耗,所以得到的等效热降称为毛等效热降。如果扣除这些附加成分的做功损失,则称为净等效热降。新蒸汽的净等效热降可表示为

$$H = h_0 - h_n - \sum_{r=1}^{z} \tau_r \frac{H_r}{q_r} - \sum \prod \tag{6.6}$$

式中,$\sum \prod$ 为轴封漏汽及利用、加热器散热、抽气器耗汽和泵功耗能等辅助成分

的做功损失的总和,其计算方法以后讨论。

汽轮机的装置效率,即实际循环效率 η_i,可按新蒸汽等效热降与加入热量求得,即

$$\eta_i = \frac{H}{Q} \tag{6.7}$$

式中,Q 为加入热力循环的热量。

6.1.3　等效热降的应用法则

火电厂热力系统节能诊断就是要确定其热力设备和系统偏离标准值时对机组经济指标影响的大小。热力系统中的各种热经济性问题,可以归纳为两大类:一类是纯热量变动或出入系统,它只有热量变迁或进出系统,没有工质伴随,简称"纯热量";另一类是带工质的热量变动或出入系统,它不仅有热量变迁,而且还伴随有工质的变迁,简称"带工质的热量"。显然,这两类热经济性问题有质的区别,它们对经济性的影响和效果以及分析计算的方法都将有很大不同。因此,进行热力系统节能诊断的最基本的内容,是建立纯热量和带工质热量进出系统对机组经济指标影响的定量计算法则。

1. 纯热量进出系统的定量诊断法则

对热力系统而言,纯热量可以分为两种:一种是热力系统内部热量的进出称为内部热量利用。如果内部热量利用使循环做功增加 ΔH,则装置效率为

$$\eta_i = \frac{H + \Delta H}{Q} \tag{6.8}$$

式中,H 为 1 kg 新蒸汽的实际做功,即新蒸汽等效热降,kJ/kg;Q 为循环的吸热量,kJ/kg;ΔH 为内部热量利用的做功,kJ/kg。

由此可知,任何内部热量的利用,都将使装置效率得以提高,因为内部损失热量再次回收利用,终将提高循环吸热的利用程度,提高热变功的份额,故而装置效率总是提高的。

另一种是外部热量进出热力系统,称为外部热量的利用,若按热力学原理分析,这时,除循环功增加 ΔH 外,循环吸热量也将增加。即外部热量被利用的热量 ΔQ 也是循环吸热的一部分。故装置效率

$$\eta_i = \frac{H + \Delta H}{Q + \Delta Q} \tag{6.9}$$

由此可知,外部热量的利用,通常都使装置效率降低,因为外部余热的品位一般低于新蒸汽能级,热变功的程度较低,余热的大部分将变为冷源损耗,从而大大增加了循环的冷源损失,降低了装置效率。

若外部热量利用按余热利用方法处理,即只计算其热变功,而不考虑循环的吸热量的变化,则其装置效率则为

$$\eta_{\mathrm{i}} = \frac{H + \Delta H}{Q} \tag{6.10}$$

下面讨论纯热量利用对机组经济指标影响的具体计算方法。

2. 外部热量进入系统

热力循环以外的任何热量,比如电机冷却热量、工艺余热以及锅炉排烟热量等,均属无工质携带的外部热量,它们进入热力系统是外部纯热量的利用问题。

图 6.3 为 1 kg 工质的局部热力系统,当有外部纯热量 q_{w} 进入系统时,如果将该热量视为余热利用处理,即只计它的做功收入而不计循环加入热量的增加。这时,装置的热经济性将因余热利用而得到提高。

纯热量 q_{w} 加入系统,与等效热降的概念完全相同。因此,该热量的做功也就是新蒸汽等效热降的变化,能够按等效热降概念直接写出。由于该热量从加热器 No j 和 No $j-1$ 之间进入系统,热量利用在能级 No j 上,故新蒸汽等效热降的增量

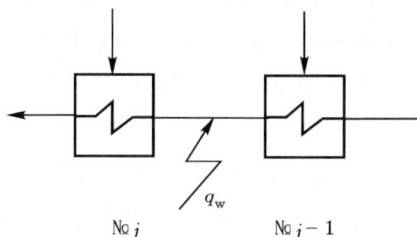

图 6.3　外部热量进入系统

$$\Delta H = q_{\mathrm{w}} \cdot \eta_j \tag{6.11}$$

因视外来热量为余热利用,则循环加入热量 Q 保持不变,而利用外部热量后的新蒸汽等效热降变为 $H' = H + \Delta H$,故装置效率相对提高为

$$\delta \eta_{\mathrm{i}} = \frac{\eta'_{\mathrm{i}} - \eta_{\mathrm{i}}}{\eta'_{\mathrm{i}}} \times 100 = \frac{\dfrac{H'}{Q} - \dfrac{H}{Q}}{\dfrac{H'}{Q}} \times 100 = \frac{\Delta H}{H'} \times 100 \ \%$$

应当指出,这里的 $\delta\eta_{\mathrm{i}}$ 计算公式是在 Q 不变时才成立,否则要另行推导。

其他热经济指标变化为

热耗率的变化：$\Delta q = - q \cdot \delta\eta_{\mathrm{i}}$　kJ/(kW · h)

标准煤耗率的变化：$\Delta b = - b \cdot \delta\eta_{\mathrm{i}}$　g/(kW · h)

全年标准煤耗量的变化：$\Delta B_{\mathrm{b(n)}} = - B_{\mathrm{b(n)}} \cdot \delta\eta_{\mathrm{i}}$　t/a

3. 内部热量出入系统

给水泵的焓升,除氧器排气余热的回收利用,以及热力设备和管道的散热等均属内部纯热量。它们进入系统是一个内部纯热量的利用问题,出系统则是纯热量损失问题。因而,它们引起的热经济指标变化也可由等效热降原理直接求得。

图 6.4 为给水泵功 τ_b 的示意图。由于 τ_b 是纯热量进入系统,并利用在 η_j 能级上,按照等效热降概念,新蒸汽等效热降的增量为

$$\Delta H = \tau_b \cdot \eta_j \tag{6.12}$$

故泵功焓升热量回收使装置热经济性的变化为

$$\delta \eta_i = \frac{\Delta H}{H + \Delta H} \times 100\ \%$$

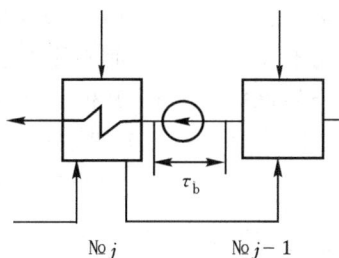

同样,热力设备出现某种热量损失或热量输出时,即内部纯热量出系统的问题,按其所处能级,可用等效热降原理简便地求得该热量引起的做功损失和热经济性指标的变化,其计算公式与内部热量利用一样,不同的只是前者表示做功增加和经济性提高,后者表示做功减少和经济性降低,其装置效率的相对变化为

$$\delta \eta_i = -\frac{\Delta H}{H - \Delta H} \times 100\ \%$$

图 6.4 给水泵焓升示意图

4. 带工质的热量进出系统的定量诊断法则

带工质的热量,无论是外部热量还是内部热量,除了热量进出系统外,还有工质进出系统。因此,这类问题的处理不同于纯热量,不能简单地应用等效热降原理进行定量诊断其对热经济指标的影响,必须考虑系统工质的变化。具体分析时,还应当区分携带热量的工质是蒸汽还是热水,以及其进入热力系统的位置。

(1)蒸汽携带热量进系统

图 6.5 表示具有焓值 h_f,份额为 α_f 的蒸汽,从 η_j 能级进入系统。比如轴封漏汽回收利用于加热器,或者外部蒸汽引用于加热器就属于这种情况。其目的是提高装置的经济性。

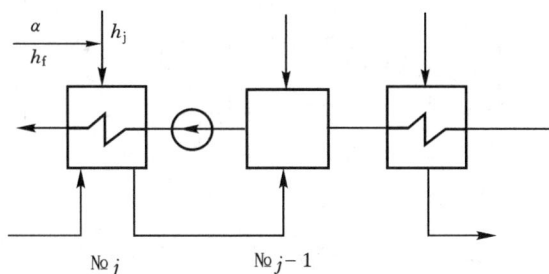

图 6.5 蒸汽携带热量进系统

为了确定蒸汽携带热量进入系统引起做功和经济性的变化,可以把这个热量分

成两部分来研究:一部分为纯热量 $\alpha_f \cdot (h_f - h_j)$;另一部分为带工质的热量 $\alpha_f \cdot h_j$。显然,纯热量进入系统的做功可以利用等效热降概念解决,由于这个热量利用于抽汽效率为 η_j 的能级上,因而做功的变化为

$$\Delta H_1 = \alpha_f \cdot (h_f - h_j) \cdot \eta_j$$

分析剩余的带工质的热量 $\alpha_f \cdot h_j$,正好与该级抽汽焓值 h_j 一致,因此 α_f 来汽恰好顶替 α_f 抽汽,而且不产生疏水的变化。为了保持系统工质的平衡,进入冷凝器的化学补水量必须相应减少 α_f,这样主凝结水量将保持不变。由于疏水量及主凝结水量均未发生变化,因而不影响各加热器的抽汽。所以被顶替的抽汽返回汽轮机,是全部直达冷凝器,其做功为 $\alpha_f \cdot (h_j - h_n)$。由此可知,蒸汽携带热量的全部做功应是两部分热量做功的代数和。即

$$\Delta H = \alpha_f \cdot [(h_f - h_j) \cdot \eta_j + (h_j - h_n)] \tag{6.13}$$

装置经济性的相对变化为　　$\delta \eta_i = \dfrac{\Delta H}{H + \Delta H} \times 100\%$

（2）蒸汽携带热量出系统

图 6.6 表示具有焓值 h_f,份额为 α_f 的蒸汽,从汽轮机出系统。比如轴封漏汽、门杆漏汽就属于这种情况。其实质是减少汽轮机做功,降低了装置的经济性。

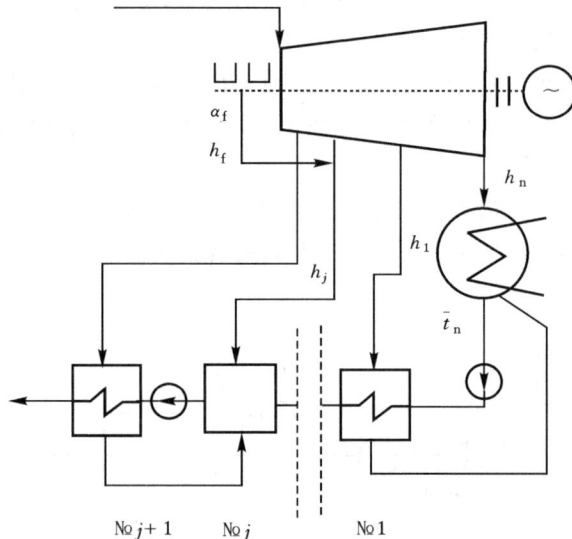

图 6.6　蒸汽携带热量从汽轮机出系统

由于系统中有 α_f 的工质出系统,凝汽器必须有 α_f 的化学补充水进入系统,而蒸汽出系统和水的进系统均不影响回热系统的抽汽和疏水,故新蒸汽做功的变化为

$$\Delta H = \alpha_f \cdot (h_f - h_n) \tag{6.14}$$

对装置热经济性的影响为

$$\delta\eta_i = -\frac{\Delta H}{H - \Delta H} \times 100\ \%$$

蒸汽带热量出系统的另一种方式是从加热器汽侧出系统,如图 6.7 所示,具有焓值 h_f、份额为 α_f 的蒸汽从 No j 加热器汽侧出系统。可以将其分解为二部分:一部分为纯热量 $\alpha_f \cdot (h_f - h_j)$;另一部分为带工质的热量 $\alpha_f \cdot h_j$。显然,纯热量出系统的做功损失可由等效热降概念得出,由于这个热量从抽汽效率为 η_j 的能级上损失,因而做功损失为

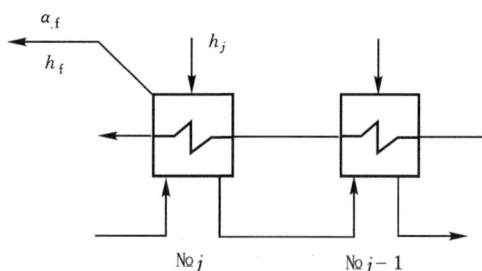

图 6.7　蒸汽携带热量从加热器汽侧出系统

$$\Delta H_1 = \alpha_f \cdot (h_j - h_f) \cdot \eta_j$$

剩余的带工质的热量 $\alpha_f \cdot h_j$,正好与该级抽汽焓值 h_j 一致,因此 α_f 的蒸汽从汽轮机出系统不产生疏水的变化。为了保持系统工质的平衡,进入冷凝器的化学补水量必须相应增加 α_f,这样主凝结水量将保持不变。由于疏水量及主凝结水量均未发生变化,因而不影响各加热器的抽汽量,所以其做功损失为 $\alpha_f \cdot (h_j - h_n)$。由此可知,蒸汽携带热量从加热器汽侧出系统的全部做功应是两部分热量做功的代数和。即

$$\Delta H = \alpha_f \cdot [(h_f - h_j) \cdot \eta_j + (h_j - h_n)] \tag{6.15}$$

装置经济性的相对变化为

$$\delta\eta_i = -\frac{\Delta H}{H - \Delta H} \times 100\ \%$$

（3）热水携带热量进系统

无论外部热水或内部热水进入系统,其方式有三种:一种是从主凝结水管路进入（图 6.8）,另一种是从加热器疏水管路进入（图 6.9）,第三种是从加热器汽侧进入（图 6.10）。由于热水进入地点不同,产生的经济效果和诊断计算方法也不相同。

① 热水从主凝结水管路进入系统

图 6.8 表示具有焓值 h_f、份额为 α_f 的热水从 No j 加热器后进入凝结水管路。为了定量该热水携带热量进入系统后引起的做功和装置经济性的变化,把这个热量也可分成两部分来研究:一部分是纯热量 $\alpha_f \cdot (h_f - \bar{t}_j)$;另一部分是带工质的热量 $\alpha_f \cdot \bar{t}_j$。显然,纯热量进入系统引起的做功变化是一个与等效热降概念一致的问题,由于这个热量利用于抽汽效率为 η_{j+1} 的能级,因而做功为

$$\Delta H_1 = \alpha_f \cdot (h_f - \bar{t}_j) \cdot \eta_{j+1}$$

另一部分带工质的热量 $\alpha_f \cdot \bar{t}_j$，正好与混合点的凝结水焓 $\bar{t}_j$ 相同，因此 α_f 的热水恰好顶替 α_f 的主凝结水。为了保持系统工质的平衡，此时进入冷凝器的化学补给

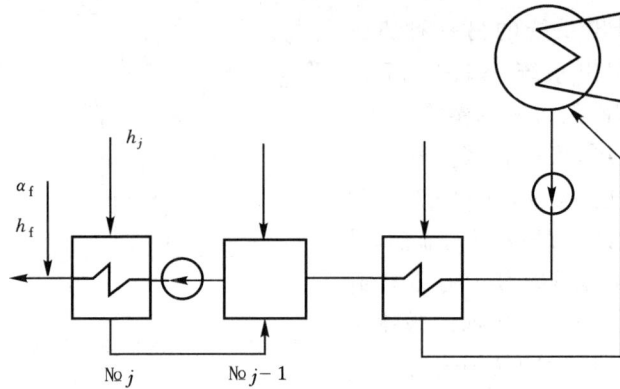

图 6.8　　热水携带热量进入凝结水管侧

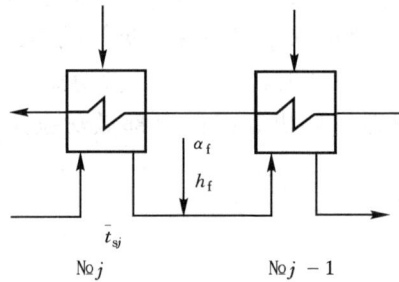

图 6.9　　热水携带热量从加热器疏水管进系统

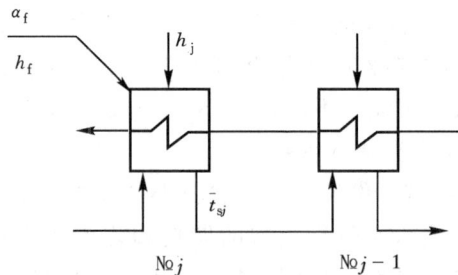

图 6.10　　热水携带热量从加热器汽侧进系统

水也相应减少 α_f。显然，它使加热器 №1 到 №j 中流过的主凝结水减少 α_f，因而汽轮机做功的变化为

$$\Delta H_2 = \alpha_f \cdot \sum_{r=1}^{j} \tau_r \cdot \eta_r$$

由此可知，热水从主凝结水管路进入系统的全部做功变化应是两部分热量做功的代数和。即

$$\Delta H = \alpha_f \cdot \left[(h_f - \bar{t}_j) \cdot \eta_{j+1} + \sum_{r=1}^{j} \tau_r \cdot \eta_r \right] \tag{6.16}$$

装置经济性的相对变化为

$$\delta\eta_i = \frac{\Delta H}{H + \Delta H} \times 100\%$$

② 热水从疏水管路进入系统

图 6.9 是具有焓值 h_f、份额为 α_f 的热水从 №j 加热器的疏水管路进入系统。为诊断该热水进入系统后机组经济性的变化，同样把它分成两部分，即纯热量 $\alpha_f \cdot (h_f - \bar{t}_{sj})$ 和带工质的热量 $\alpha_f \cdot \bar{t}_{sj}$。显然，纯热量部分利用在 №$j-1$ 加热器中，因而做功为

$$\Delta H_1 = \alpha_f \cdot (h_f - \bar{t}_{sj}) \cdot \eta_{j-1}$$

带工质的热量 $\alpha_f \cdot \bar{t}_{sj}$ 沿疏水管路逐级自流，在加热器 №$j-1$ 到 №m 中分别放出热量 $\alpha_f \cdot \gamma_r$，故做功为

$$\Delta H_2 = \alpha_f \cdot \sum_{r=m}^{j-1} \gamma_r \cdot \eta_r$$

当该热水进入汇集式加热器 №m 后，正好顶替 α_f 的主凝结水，为了保持系统工质平衡，这时进入冷凝器的化学补给水将相应减少 α_f，因而获得做功为

$$\Delta H_3 = \alpha_f \cdot \sum_{r=1}^{m-1} \tau_r \cdot \eta_r$$

由以上分析可知，热水从疏水管路进入系统的全部做功，应是这二部分热量的三个做功的代数和，即

$$\Delta H = \alpha_f \cdot \left[(h_f - \bar{t}_{sj}) \cdot \eta_{j-1} + \sum_{r=m}^{j-1} \gamma_r \cdot \eta_r + \sum_{r=1}^{m-1} \tau_r \cdot \eta_r \right] \tag{6.17}$$

装置热经济性相对变化为

$$\delta\eta_i = \frac{\Delta H}{H - \Delta H} \times 100\%$$

③ 热水从加热器汽侧进入系统

图 6.10 是具有焓值 h_f、份额为 α_f 的热水从 №j 加热器的汽侧进入系统。为诊断该热水进入系统后机组经济性的变化，其分析方法有两种：一种是仿照热水进入疏水管进行处理，同样把它分成两部分，即纯热量 $\alpha_f \cdot (h_f - \bar{t}_{sj})$ 和带工质的热量 $\alpha_f \cdot \bar{t}_{sj}$，对其

进行经济性诊断时的不同之处是此时纯热量部分利用在 Noj 加热器中。因此,可以得出其对做功的影响为

$$\Delta H = \alpha_{\mathrm{f}} \cdot \left[(h_{\mathrm{f}} - \bar{t}_{\mathrm{sj}}) \cdot \eta_j + \sum_{r=m}^{j-1} \gamma_r \cdot \eta_r + \sum_{r=1}^{m-1} \tau_r \cdot \eta_r \right] \qquad (6.18)$$

另一种方法是将其当成蒸汽进入系统处理,相当于一部分为纯热量 $\alpha_{\mathrm{f}} \cdot (h_{\mathrm{f}} - h_j)$;另一部分为带工质的热量 $\alpha_{\mathrm{f}} \cdot h_j$。因此,也可以方便地得出其对做功的影响为

$$\Delta H = \alpha_{\mathrm{f}} \cdot \left[(h_{\mathrm{f}} - h_j) \cdot \eta_j + (h_j - h_{\mathrm{n}}) \right] \qquad (6.19)$$

装置热经济性相对变化为

$$\delta \eta_{\mathrm{i}} = \frac{\Delta H}{H + \Delta H} \times 100 \ \%$$

（4）热水携带热量出系统

热水携带热量出系统可以是给水或疏水。对于给水携带热量出系统,由于给水出系统损失工质 α_{f},为了保持系统工质的平衡,必须从凝汽器补入相同数量的化学补充水。由此可知,通过加热器 No1 至 Noj 的水量均增加了 α_{f},其做功损失为

$$\Delta H = \alpha_{\mathrm{f}} \cdot \sum_{r=1}^{j} \tau_r \cdot \eta_r \quad \mathrm{kJ/kg} \qquad (6.20)$$

装置热经济性相对变化为

$$\delta \eta_{\mathrm{i}} = - \frac{\Delta H}{H - \Delta H} \times 100 \ \%$$

对于疏水携带热量出系统,由于疏水出系统损失工质 α_{f},为保持系统工质的平衡,必须从凝汽器补入 α_{f} 的化学补充水。由此可知,流经加热器 No1 至 No$j-1$ 的水量增加 α_{f},其做功损失为

$$\Delta H = \alpha_{\mathrm{f}} \cdot \left(\sum_{r=m}^{j-1} \gamma_r \cdot \eta_r + \sum_{r=1}^{m-1} \tau_r \cdot \eta_r \right) \qquad (6.21)$$

装置热经济性相对变化为

$$\delta \eta_{\mathrm{i}} = - \frac{\Delta H}{H - \Delta H} \times 100 \ \%$$

分析热水携带热量进系统与出系统的诊断模型可以发现,从热力过程知道热水携带热量出系统不存在纯热量部分,所以,去掉热水进系统公式中的纯热量项就是热水出系统的诊断公式。所不同者,进系统是做功增加,出系统是做功减少。

5. 补水地点对诊断计算公式的影响

前面论述携带工质的内、外热量进出系统的诊断计算中,均以补充水进入冷凝器为基点。如果实际补充水进入除氧器时,则前述诸计算公式都应增添一项补水地点引起的做功差异。

如图 6.11 所示,系统补充水由冷凝器补入改为从除氧器补入引起的做功的差

异,按等效热降理论的工质进出系统进行分析,相当于 α_{bs} 热水从凝汽器出系统和从除氧器进系统的复合行为,因此对做功的影响值为

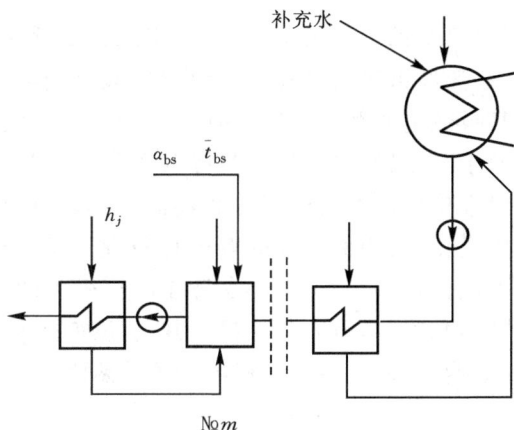

图 6.11　补水方式系统图

$$\Delta H_{bs} = \alpha_{bs} \cdot \left[\sum_{r=1}^{m} \tau_r \cdot \eta_r - (\bar{t}_m - \bar{t}_{bs}) \cdot \eta_m \right] \tag{6.22}$$

它的物理意义是,由于补水进入除氧器增加了除氧器用汽,因而新蒸汽做功减少了 $\alpha_{bs} \cdot (\bar{t}_m - \bar{t}_{bs}) \cdot \eta_m$,但补水不进冷凝器,也不沿低压加热器逐级吸热,故获得做功为 $\alpha_{bs} \cdot \sum_{r=1}^{m} \tau_r \cdot \eta_r$。两者的代数和就是补水地点引起的做功差异。

应当指出,凡有工质进出系统,且补水地点又在除氧器时,若引用前面以冷凝器为补水基点的计算公式,都应在该公式中增补这项做功差异。

6. 新蒸汽净等效热降的计算

在前面计算新蒸汽等效热降时指出,新蒸汽毛等效热降 H_M 扣除热力系统全部辅助成分的做功损失 $\sum \prod$,就得到新蒸汽净等效热降。即

$$H = H_M - \sum \prod$$

热力系统的辅助成分,是指除了抽汽回热加热以外的一切附加成分。它一般包括,门杆漏汽及其利用、轴封漏汽及其利用、抽气器用汽及其回收利用、给水泵的焓升、加热器的散热损失等等。各种热力系统都有自己的辅助成分。它们的做功损失和回收利用的做功,均可以用前面讨论的基本法则给予局部定量诊断计算。这些做功损失和回收利用做功的代数和,就是我们所求的 $\sum \prod$。

6.2　再热机组热力系统节能理论

前面介绍的是凝汽机组的等效热降理论,如图 6.12 所示的再热机组热力系统:其高压缸的排汽,在流经再热器之前称为再热冷段,经再热器升温后称为再热热段。由于有再热及其吸热量的存在,给再热机组热力系统的经济性诊断及其应用带来了一些特点,不同于前述凝汽机组。这些特点主要表现于再热冷段及其以上区段,在这区间出现任何排挤抽汽都将流经再热器而吸热。这时将引起两个问题:首先,它引起循环吸热量变化,与前面研究的等效热降理论保持热量不变相矛盾。其次,排挤抽汽的做功不仅包含加入热量 q_j 本身在汽轮机中的继续做功,而且还包含再热器增加吸热的做功。因此,研究再热机组热力系统的经济性诊断理论时,应当考虑这两个方面的影响。下面介绍再热机组的等效热降理论。

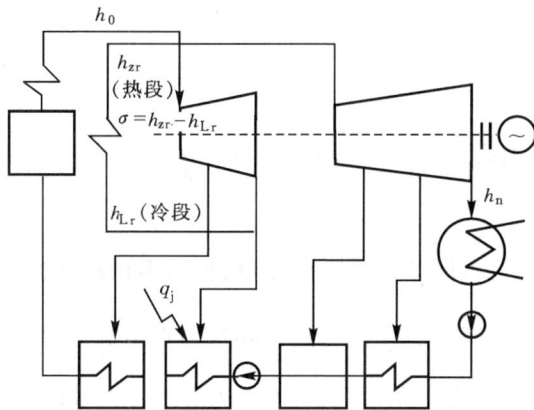

图 6.12　再热机组热力系统示意图

6.2.1　再热机组等效热降理论基础

由于再热热段以后加热器的排挤抽汽不影响通过再热器的蒸汽份额,也就不影响再热器的吸热量。因而,其抽汽等效热降的计算与前述的凝汽机组一样,其通式为

$$H_j = h_j - h_n - \sum_{r=1}^{j-1} A_r \eta_r \tag{6.23}$$

再热冷段及其以上的抽汽等效热降 H_j,根据等效热降的定义,再热冷段及其以上产生 1 kg 排挤抽汽,可以导出该蒸汽返回汽轮机的实际做功为

$$H_j = h_j + \sigma - h_n - \sum_{r=1}^{j-1} A_r \eta_r \tag{6.24}$$

式中，σ 为 1 kg 再热蒸汽在再热器中的吸热量，kJ/kg。

上两式中符号和脚标与前面凝汽机组等效热降的意义完全相同。应当指出，这是 1 kg 蒸汽返回汽轮机的真实做功，它不但包括排挤 1 kg 蒸汽所需加入热量的做功，而且还包括排挤抽汽引起再热器吸热增量的做功。这是它与凝汽机组等效热降 H_j 的本质区别。显然，再热冷段以上出现任何排挤抽汽（包括增加抽汽），都将改变通过再热器的蒸汽份额，因而改变了再热器的吸热量。

再热机组抽汽效率就是抽汽等效热降 H_j 与排挤 1 kg 抽汽加热器所需热量 q_j 之比。即

$$\eta_j = \frac{H_j}{q_j}$$

新蒸汽的等效热降为

$$H = h_0 + \sigma - h_n - \sum_{r=1}^{z} \tau_r \eta_r - \sum \prod \tag{6.25}$$

装置效率为

$$\eta_i = \frac{H}{Q}$$

式中，$Q = h_0 + \alpha_{zr}\sigma - \bar{t}_{gs}$，kJ/kg，表示新蒸汽的吸热量。

在再热机组的热力系统计算中，除用计算做功变化外，还要用再热器吸热量变化 ΔQ_{zr_j} 计算循环吸热量变化。ΔQ_{zr_j}（kJ/kg）是指任意能级 j 排挤 1 kg 蒸汽引起的再热器吸热量的变化。显然，它随 1 kg 排挤抽汽通过再热器的份额 $\Delta \alpha_{zr\_j}$ 改变而变动。即

$$\Delta Q_{zr\_j} = \sigma \Delta \alpha_{zr\_j}$$

式中，σ 为 1 kg 蒸汽在再热器中的吸热，kJ/kg；$\Delta \alpha_{zr\_j}$ 为能级 j 排挤 1 kg 抽汽流经再热器的份额。$\Delta \alpha_{zr\_j}$ 的计算通式推证如下。

如图 6.13 所示，当再热冷段 №c 排挤 1 kg 抽汽时，再热器通过的份额显然增加 1 kg，即该排挤抽汽全部经过再热器。故

$$\Delta \alpha_{zr\_c} = 1$$

当 №$_{c+1}$ 排挤 1 kg 抽汽时，因有 $\Delta \alpha_{c+1\_c}$ 分配到 №$_c$ 加热器中，故该排挤抽汽流经再热器只有

$$\Delta \alpha_{zr-c+1} = 1 - \Delta \alpha_{c+1\_c}$$

而

$$\Delta \alpha_{c+1\_c} = \frac{\gamma_c}{q_c}$$

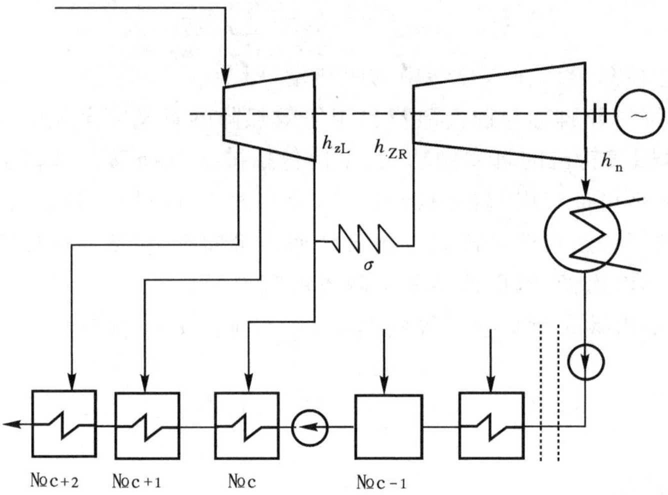

图 6.13　再热机组热力系统

故

$$\Delta\alpha_{zr-c+1} = 1 - \frac{\gamma_c}{q_c} \tag{6.26}$$

当 №$_{c+2}$ 排挤 1 kg 抽汽时,因有 $\Delta\alpha_{c+2\_c}$、$\Delta\alpha_{c+2\_c+1}$ 分别进入 №$_c$、№$_{c+1}$ 加热器中,故该排挤抽汽经过再热器只有

$$\Delta\alpha_{zr\_c+2} = 1 - \Delta\alpha_{c+2\_c+1} - \Delta\alpha_{c+2\_c}$$

因

$$\Delta\alpha_{c+2\_c+1} = \frac{\gamma_{c+1}}{q_{c+1}}$$

$$\Delta\alpha_{c+2\_c} = \frac{\gamma_c - \Delta\alpha_{c+2\_c+1}\gamma_c}{q_c} = \frac{\gamma_c}{q_c} - \frac{\gamma_{c+1}\gamma_c}{q_{c+1}q_c}$$

故

$$\Delta\alpha_{zr-c+2} = 1 - \frac{\gamma_{c+1}}{q_{c+1}} - \frac{\gamma_c}{q_c} + \frac{\gamma_{c+1}\gamma_c}{q_{c+1}q_c}$$

$$= \left(1 - \frac{\gamma_c}{q_c}\right)\left(1 - \frac{\gamma_{c+1}}{q_{c+1}}\right) \tag{6.27}$$

比较上面各式,可以得出再热冷段以上(不包括冷段)排挤 1 kg 抽汽流经再热器份额 $\Delta\alpha_{zr-j}$ 的通式为

$$\Delta\alpha_{zr-j} = \prod_{r=c}^{j-1}\left(1 - \frac{\gamma_r}{q_r}\right) \tag{6.28}$$

故

$$\Delta Q_{zr-j} = \sigma\prod_{r=c}^{j-1}\left(1 - \frac{\gamma_r}{q_r}\right) \tag{6.29}$$

应当指出,在热力系统确定和系统参数已知的情况下,ΔQ_{zr-j} 是一个定值,能预先计算给出,成为再热机组分析中决定循环再热吸热量变化的一个参数。

6.2.2　再热机组热力系统经济性诊断模型

再热机组热力系统的经济性诊断中,除考虑新蒸汽做功变化 ΔH 外,还要考虑循环吸热量 ΔQ 的变化。即

$$H' = H + \Delta H \quad kJ/kg$$
$$Q' = Q + \Delta Q \quad kJ/kg$$
$$\eta'_i = \frac{H'}{Q'} \tag{6.30}$$

式中,ΔH 和 ΔQ 有正负之分。当做功增加时,ΔH 为正值,反之为负值;当循环吸热量增加时,ΔQ 为正值,反之为负值。

经济性的相对变化

$$\delta\eta_i = \frac{\eta'_i - \eta_i}{\eta'_i} \times 100 = \frac{\dfrac{H'}{Q'} - \dfrac{H}{Q}}{\dfrac{H'}{Q'}} \times 100 = \frac{\Delta H - \Delta Q\eta_i}{H + \Delta H} \times 100 \quad \% \tag{6.31}$$

ΔQ（kJ/kg）是 1 kg 新蒸汽的吸热量变化,即循环吸热量变化,它包括再热器吸热量的变化和锅炉蒸发吸热量变化两部分。即

$$\Delta Q = \Delta Q_{gs} + \Delta Q_{zr} \tag{6.32}$$

式中,ΔQ_{gs} 为锅炉蒸发吸热量变化,kJ/kg;ΔQ_{zr} 为再热器吸热量变化,kJ/kg。

锅炉蒸发吸热量变化是容易确定的。再热器吸热量变化的计算,借助于任意能级 j 排挤 1 kg 抽汽在再热器引起的热量变化 ΔQ_{zr-j},也能方便地确定。即

$$\Delta Q_{zr} = \Delta\alpha_j \Delta Q_{zr-j} \tag{6.33}$$

式中,$\Delta\alpha_j$ 为热力系统变动时,能级 j 的抽汽份额变化量。

其他经济指标的计算如下

热耗率的变化:$\Delta q_0 = -q_0 \cdot \delta\eta_i \quad kJ/(kW \cdot h)$

汽耗率的变化:$\Delta d_0 = -d_0 \cdot \delta\eta_i \quad kg/(kW \cdot h)$

煤耗率的变化:$\Delta b_b = -b_b \cdot \delta\eta_i \quad g/(kW \cdot h)$

年煤耗量的变化:$\Delta B_{b(n)} = -B_{b(n)} \cdot \delta\eta_i \quad t/a$

6.2.3　再热机组等效热降理论的应用法则

再热机组热力系统经济性诊断理论的应用法则与前面论述的基本一致。纯热量和带工质热量进出再热后加热器的定量诊断法则与凝汽机组的完全一样,再热机组热力系统经济性诊断理论应用法则的特殊性在于纯热量和带工质热量进出再

热前抽汽加热器的诊断模型。下面将针对其特殊性进行详细论述,与凝汽机组相同的内容则不再赘述。

1. 纯热量进出系统的定量诊断法则

如果纯热量进入 Noj 再热前抽汽加热器,按再热机组等效热降概念,新蒸汽等效热降的增量为

$$\Delta H = q_f \cdot \eta_j \tag{6.34}$$

同时循环的吸热量则增加

$$\Delta Q = \Delta Q_{zr\_j} \cdot \frac{q_f}{q_j} \tag{6.35}$$

式中,q_f 为纯热量的大小,kJ/kg;q_j 为 Noj 加热器的抽汽放热量,kJ/kg。

故纯热量进入 Noj 再热前抽汽加热器使装置热经济性的变化为

$$\delta \eta_i = \frac{\Delta H - \Delta Q \cdot \eta_i}{H + \Delta H} \times 100\ \% \tag{6.36}$$

如果出现某种热量损失或热量输出时,只需将 ΔH、ΔQ 的符号反号即可。

2. 带工质的热量进出系统的定量诊断法则

(1)蒸汽携带热量进出系统

图 6.14 表示具有焓值 h_f、份额为 α_f 的蒸汽,从再热前抽汽的加热器进入系统。

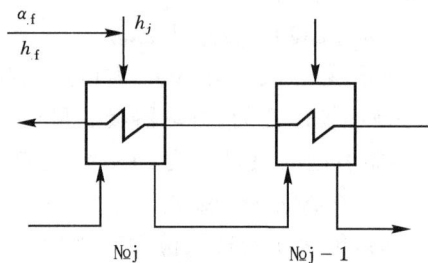

图 6.14　蒸汽携带热量进入系统

为了确定该蒸汽携带热量进入系统引起热做功和装置经济性的变化,可以把这个热量分成两部分来研究:一部分为纯热量 $\alpha_f \cdot (h_f - h_j)$;另一部分为带工质的热量 $\alpha_f \cdot h_f$。纯热量进入系统的做功和循环吸热量的变化可以按前面的法则得出,做功的变化为

$$\Delta H_1 = \alpha_f \cdot (h_j - h_f) \cdot \eta_j$$

吸热量的变化为

$$\Delta Q_1 = \alpha_f \cdot (h_j - h_f) \cdot \frac{\Delta Q_{zr\_j}}{q_j}$$

剩余的带工质的热量 $\alpha_f \cdot h_f$，正好与该级抽汽焓值 h_j 一致，因此 α_f 来汽恰好顶替 α_f 抽汽，不产生疏水的变化。为了保持系统工质的平衡，进入冷凝器的化学补水量必须相应减少 α_f，这样主凝结水量将保持不变。由于疏水量及主凝结水量均未发生变化，因而不影响各加热器的抽汽量。所以被顶替的抽汽返回汽轮机，是全部直达冷凝器。其做功为

$$\Delta H_2 = \alpha_f \cdot (h_j - h_n + \sigma)$$

吸热量的增加为

$$\Delta Q_2 = \alpha_f \cdot \sigma$$

由此可知，蒸汽携带热量的全部做功应是两部分热量做功的代数和。即

$$\Delta H = \Delta H_1 + \Delta H_2$$
$$= \alpha_f \cdot (h_j - h_f) \cdot \eta_j + \alpha_f \cdot (h_j - h_n + \sigma) \tag{6.37}$$

吸热量的变化为

$$\Delta Q = \alpha_f \cdot (h_j - h_f) \cdot \frac{\Delta Q_{zr-j}}{q_j} + \alpha_f \cdot \sigma \tag{6.38}$$

装置经济性的相对变化为

$$\delta \eta_i = \frac{\Delta H - \Delta Q \cdot \eta_i}{H + \Delta H} \times 100\% \tag{6.39}$$

蒸汽携带热量出系统相当于蒸汽携带热量进系统的一种特殊情况，其经济性诊断模型只需将蒸汽携带热量进系统的计算公式中的纯热量项去掉，同时在计算经济性变化时将提高改为降低即可。

（2）热水携带热量进入系统

与凝汽机组一样，无论外部热水或内部热水进入系统，其方式有三种：一种是从给水管路进入（图 6.15a）；另一种是从加热器疏水管路进入（图 6.15b）；第三种是从加热器汽侧进入（图 6.15c）。由于热水进入地点不同，产生的经济效果和诊断计算方法也不相同。

① 热水从给水管路进入系统

图 6.15 中 a 表示具有焓值 h_f，份额为 α_f 的热水从 Noj 加热器进水管路进入凝结水管路。为了诊断该热水携带热量进系

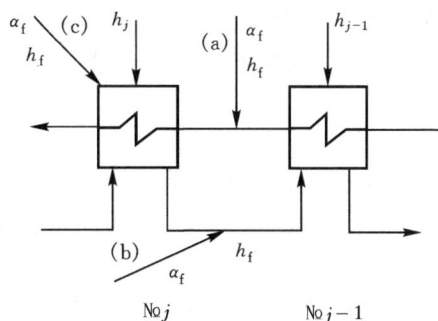

图 6.15　热水携带热量进入系统

统后引起的做功和装置经济性的变化，把这个热量也分成两部分来研究：一部分是纯热量 $\alpha_f \cdot (h_f - \bar{t}_{j-1})$；另一部分是带工质的热量 $\alpha_f \cdot \bar{t}_{j-1}$。显然，纯热量进入系统引

起的做功变化是一个与等效热降概念一致的问题,由于这个热量利用于抽汽效率为 η_j 的能级,因而做功为

$$\Delta H_1 = \alpha_f \cdot (h_f - \bar{t}_{j-1}) \cdot \eta_j$$

由于 №j 加热器的抽汽来自再热前,故吸热量变化

$$\Delta Q_1 = \alpha_f \cdot (h_f - \bar{t}_{j-1}) \cdot \frac{\Delta Q_{zr-j}}{q_j}$$

另一部分带工质的热量 $\alpha_f \cdot \bar{t}_{j-1}$,正好与混合点的凝结水焓 $\bar{t}_{j-1}$ 相同,因此 α_f 的热水恰好顶替 α_f 的主凝结水。为了保持系统工质的平衡,此时进入冷凝器的化学补给水也相应减少 α_f。显然,它使加热器 №1 到 №$j-1$ 中流过的给水减少 α_f,因而汽轮机做功的变化为

$$\Delta H_2 = \alpha_f \cdot \sum_{r=1}^{j-1} \tau_r \cdot \eta_r$$

同时,如果从 №1 到 №$j-1$ 加热器中有 z 个加热器的抽汽来自再热前,则吸热量变化

$$\Delta Q_2 = \alpha_f \cdot \sum_{r=j-z}^{j-1} \Delta Q_{zr-j} \cdot \frac{\tau_r}{q_r}$$

由此可知,热水从给水管路进入系统的全部做功变化应是两部分热量做功的代数和。即

$$\Delta H = \Delta H_1 + \Delta H_2$$
$$= \alpha_f \cdot \left[(h_f - \bar{t}_{j-1}) \cdot \eta_j + \sum_{r=1}^{j-1} \tau_r \cdot \eta_r \right] \quad (6.40)$$

吸热量的变化为

$$\Delta Q = \Delta Q_1 + \Delta Q_2$$
$$= \alpha_f \cdot (h_f - \bar{t}_{j-1}) \cdot \frac{\Delta Q_{zr-j}}{q_j} + \alpha_f \cdot \sum_{r=j-z}^{j-1} \Delta Q_{zr-r} \cdot \frac{\tau_r}{q_r} \quad (6.41)$$

装置经济性的相对变化为

$$\delta \eta_i = \frac{\Delta H - \Delta Q \cdot \eta_i}{H + \Delta H} \times 100 \% \quad (6.42)$$

② 热水从疏水管路进入系统

图 6.15 中 b 是焓值 h_f、份额为 α_f 的热水从 №j 加热器的疏水管路进入系统。定量诊断时同样把它分成两部分,即纯热量 $\alpha_f \cdot (h_f - \bar{t}_{sj})$ 和带工质的热量 $\alpha_f \cdot \bar{t}_{sj}$。显然,纯热量部分利用在 №$j-1$ 加热器中,做功为

$$\Delta H_1 = \alpha_f \cdot (h_f - \bar{t}_{sj}) \cdot \eta_{j-1}$$

吸热量增加

$$\Delta Q_1 = \alpha_f \cdot (h_f - \bar{t}_{sj}) \cdot \frac{\Delta Q_{zr\_j-1}}{q_{j-1}}$$

带工质的热量 $\alpha_f \cdot \bar{t}_{sj}$ 沿疏水管路逐级自流，在加热器 No$j-1$ 到 Nom 中分别放出热量 $\alpha_f \cdot \gamma_r$，故做功为

$$\Delta H_2 = \alpha_f \cdot \sum_{r=m}^{j-1} \gamma_r \cdot \eta_r$$

如果在加热器 No$j-1$ 到 Nom 中有 z 个加热器抽汽来源于再热前，则吸热量增加

$$\Delta Q_2 = \alpha_f \cdot \sum_{r=j-z}^{j-1} \Delta Q_{zr-r} \cdot \frac{\tau_r}{q_r}$$

当该热水进入汇集式加热器 Nom 后，正好顶替 α_f 的主凝结水，为了保持系统工质平衡，这时进入冷凝器的化学补给水将相应减少 α_f，因而获得做功为

$$\Delta H_3 = \alpha_f \cdot \sum_{r=1}^{m-1} \tau_r \cdot \eta_r \quad \text{kJ/kg}$$

由以上分析可知，热水从疏水管路进入系统的全部做功，应是两部分热量三个做功的代数和，即

$$\begin{aligned}
\Delta H &= \Delta H_1 + \Delta H_2 + \Delta H_3 \\
&= \alpha_f \cdot \left[(h_f - \bar{t}_{sj}) \cdot \eta_{j-1} + \sum_{r=m}^{j-1} \gamma_r \cdot \eta_r + \sum_{r=1}^{m-1} \tau_r \cdot \eta_r \right]
\end{aligned} \tag{6.43}$$

循环吸热量增加

$$\begin{aligned}
\Delta Q &= \Delta Q_1 + \Delta Q_2 \\
&= \alpha_f \cdot (h_f - \bar{t}_{sj}) \cdot \frac{\Delta Q_{zr\_j-1}}{q_{j-1}} + \alpha_f \cdot \sum_{r=j-z}^{j-1} \Delta Q_{zr-r} \cdot \frac{\gamma_r}{q_r}
\end{aligned} \tag{6.44}$$

装置热经济性相对变化为

$$\delta \eta_i = \frac{\Delta H - \Delta Q \cdot \eta_i}{H + \Delta H} \times 100 \% \tag{6.45}$$

③ 热水从加热器汽侧进入系统

图 6.15 中 c 是具有焓值 h_f、份额为 α_f 的热水从 Noj 加热器的汽侧进入系统。为诊断该热水进入系统后机组经济性的变化，其分析方法有两种：一种是仿照热水进入疏水管进行处理，同样把它分成两部分，即纯热量 $\alpha_f \cdot (h_f - \bar{t}_{sj})$ 和带工质的热量 $\alpha_f \cdot \bar{t}_{sj}$，对其进行经济性诊断时的不同之处是此时纯热量部分利用在 Noj 加热器中，因此，可以得出其对做功的影响为

$$\Delta H = \alpha_f \cdot \left[(h_f - \bar{t}_{sj}) \cdot \eta_j + \sum_{r=m}^{j-1} \gamma_r \cdot \eta_r + \sum_{r=1}^{m-1} \tau_r \cdot \eta_r \right]$$

循环吸热量增加

$$\Delta Q = \alpha_f \cdot (h_f - \bar{t}_{sj}) \cdot \frac{\Delta Q_{zr-j}}{q_j} + \alpha_f \cdot \sum_{r=j-z}^{j-1} \Delta Q_{zr-r} \cdot \frac{\gamma_r}{q_r}$$

另一种方法是将其当成蒸汽进入系统处理，相当于一部分为纯热量 $\alpha_f \cdot (h_f - h_j)$；另一部分为带工质的热量 $\alpha_f \cdot h_j$。因此，也可以方便的得出其对做功的影响为

$$\Delta H = \alpha_f \cdot [(h_f - h_j) \cdot \eta_j + (h_j - h_n)] \tag{6.46}$$

循环吸热量增加

$$\Delta Q = \alpha_f \cdot \left[(h_f - h_j) \cdot \frac{\Delta Q_{zr-j}}{q_j} + \sigma \right] \tag{6.47}$$

装置热经济性相对变化为

$$\delta \eta_i = \frac{\Delta H - \Delta Q \cdot \eta_i}{H + \Delta H} \times 100 \% \tag{6.48}$$

（3）热水带热量出系统

热水携带热量出系统可以是给水或疏水。带工质的热水出系统的定量分析诊断计算公式，是带工质的热量入系统的定量公式的一个特例，即令所有公式中的纯热量部分等于零，同时 ΔH、ΔQ 取负号即可。

6.3　供热机组等效热降理论

为了能够代表目前国内外的所有供热机组（背压机除外）的热力系统进行经济性诊断，本书直接采用如图 6.16 所示的具有再热的双抽机组为例进行研究。

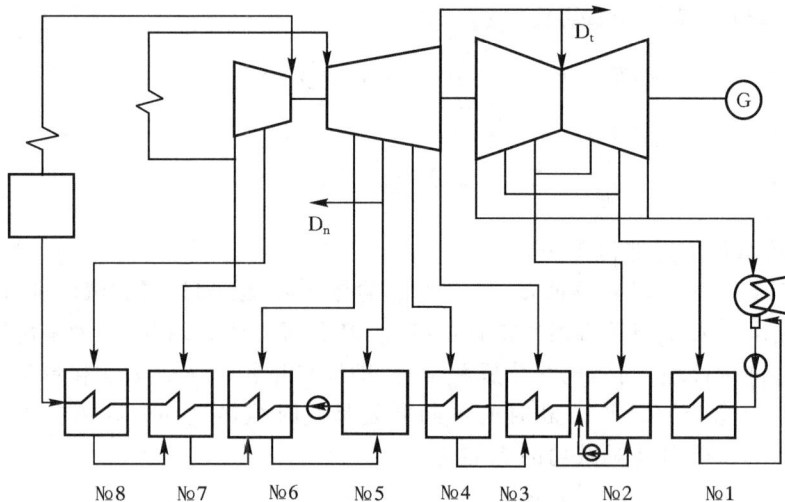

图 6.16　具有再热的双抽机组的热力系统示意图

假设该供热机组的新蒸汽量为 D_0，工业抽汽量为 D_n，采暖抽汽量为 D_t，供热抽汽的返回水及补充水都进入凝汽器，则该机组的新蒸汽等效热降（即循环功）为

$$H_0 = h_0 - h_k + \sigma - \sum_{r=1}^{z} \frac{\tau_r}{q_r} \cdot H_r - \frac{D_n}{D_0} \cdot (h_n - h_k)$$
$$- \frac{D_t}{D_0} \cdot (h_t - h_k) - \sum \prod_f$$

式中，h_j 为 №j 加热器的抽汽焓，kJ/kg；z 为热力系统中加热器的数目；$\prod_f$ 为各种辅助成份的做功能力损失，kJ/kg。

如果由于热力系统的某种变化而引起 1 kg 新蒸汽等效热降的改变为 ΔH^*、1 kg 新蒸汽的循环吸热量变化为 Δq，则根据上面新蒸汽等效热降的计算公式可得出供热机组新蒸汽等效热降的真实变化 ΔH 为

$$\Delta H = \Delta H^* - \left(\frac{D_n}{D'_0} - \frac{D_n}{D_0} \right) \cdot (h_n - h_k) - \left(\frac{D_t}{D'_0} - \frac{D_t}{D_0} \right) \cdot (h_t - h_k) \qquad (6.49)$$

式中，D'_0 为系统变化后的新蒸汽量，t/h；ΔH^* 为相当于凝汽机组的新蒸汽等效热降的变化，kJ/kg。

根据能量供应水平相等的原则可知，系统变化前后的功率不变，则有

$$H_0 D_0 = (H_0 + \Delta H) \cdot D'_0$$

于是
$$\Delta H = \frac{H_0}{H_0 + \prod_n + \prod_t} \cdot \Delta H^* \qquad (6.50)$$

式中，$\prod_n = \frac{D_n}{D_0} \cdot (h_n - h_k)$，kJ/kg；$\prod_t = \frac{D_t}{D_0} \cdot (h_t - h_k)$，kJ/kg。

供热机组热力系统变化前后的总热耗量变化为

$$\Delta Q = \frac{D'_0 \cdot (q_0 + \Delta q) - D_0 \cdot q_0}{\eta_{gl} \cdot \eta_{gd}}$$
$$= \frac{D_0 \cdot q_0}{\eta_{gd} \cdot \eta_{gl}} \cdot \left[\left(\frac{D'_0}{D_0} - 1 \right) + \frac{D'_0}{D_0} \cdot \frac{\Delta q}{q_0} \right] \qquad (6.51)$$

式中，q_0 为 1 kg 蒸汽的循环吸热量，kJ/kg；η_{gd} 为机组管道效率；η_{gl} 锅炉效率；Δq 为 1 kg 新蒸汽的循环吸热量的变化，kJ/kg。

根据供热机组能量供应水平相等和热量法分配原则可知，在不考虑机组管道效率和锅炉效率变化情况下，此总热耗量的变化 ΔQ 属发电的热耗量变化，故而可以得出供热机组发电煤耗率的变化 Δb (g/(kW·h)) 为

$$\Delta b = \frac{3\ 600 \cdot \Delta Q}{29\ 308 \cdot N_d} = \frac{3\ 600 \cdot \Delta Q}{29\ 308 \cdot D_0 \cdot H_0 \cdot \eta_{jx} \cdot \eta_d} \qquad (6.52)$$

整理可得

$$\Delta b = \frac{H_0 + \prod_n + \prod_t}{H_0} \cdot \frac{\Delta q \cdot \dfrac{H_0 + \prod_n + \prod_t}{q_0} - \Delta H^*}{H_0 + \prod_n + \prod_t + \Delta H^*} \cdot$$

$$\frac{3\ 600 \cdot q_0}{29\ 308 \cdot \eta_{gl} \cdot \eta_{gd} \cdot \eta_{jx} \cdot \eta_{d} \cdot (H_0 + \prod_n + \prod_t)}$$

令上式中

$$\lambda = \frac{H_0 + \prod_n + \prod_t}{H_0}$$

$$b^* = \frac{3\ 600 \cdot q_0}{29\ 308 \cdot \eta_{gl} \cdot \eta_{gd} \cdot \eta_{jx} \cdot \eta_{d} \cdot (H_0 + \prod_n + \prod_t)}$$

$$H_0^* = H_0 + \prod_n + \prod_t$$

$$\eta_i = \frac{H_0 + \prod_n + \prod_t}{q_0}$$

则上式简化为

$$\Delta b = \lambda \cdot \frac{\Delta q \cdot \eta_i - \Delta H^*}{H_0^* + \Delta H^*} \cdot b^* \tag{6.53}$$

分析上式可以看出：

① b^* 是新蒸汽量为 D_0 时凝汽机组的发电煤耗率；

② H_0^* 是凝汽机组的新蒸汽等效热降，Δq 是凝汽机组 1 kg 新蒸汽吸热量的变化（凝汽机组与供热机组相同），η_i 是凝汽机组的汽轮机装置效率，因此其第二项是再热凝汽机组装置效率的相对变化 $\delta\eta_i$；

③ λ 是与凝汽机组的新蒸汽等效热降和供热机组的新蒸汽等效热降有关的常数，本书称其为供热机组的经济性指标转换系数。

从而可以把供热机组热力系统变化引起机组经济性改变的表达式（6.10）写为

$$\Delta b = \lambda \cdot \frac{\Delta q \cdot \eta_i - \Delta H^*}{H_0^* + \Delta H^*} \cdot b^* = \lambda \cdot \delta\eta_i \cdot b^* = \lambda \cdot \Delta b^* \tag{6.54}$$

式中，λ 为供热机组的经济性指标转换系数；H_0^* 为再热凝汽机组的新蒸汽等效热降，kJ/kg；η_i 为再热凝汽机组汽轮机装置效率；Δb^* 为凝汽机组的经济性变化，g/(kW·h)。

从上面分析可以明显地看出，供热机组热力系统的经济性变化与凝汽机组的经济性变化通过系数 λ 得以完全统一。因此，前面的凝汽机组和供热机组的等效热降应用法则完全适用于供热机组。

6.4　计算实例

以国产的 NC200/160-12.7/535/535-I 供热机组为例，其热力系统如图 6.17 所

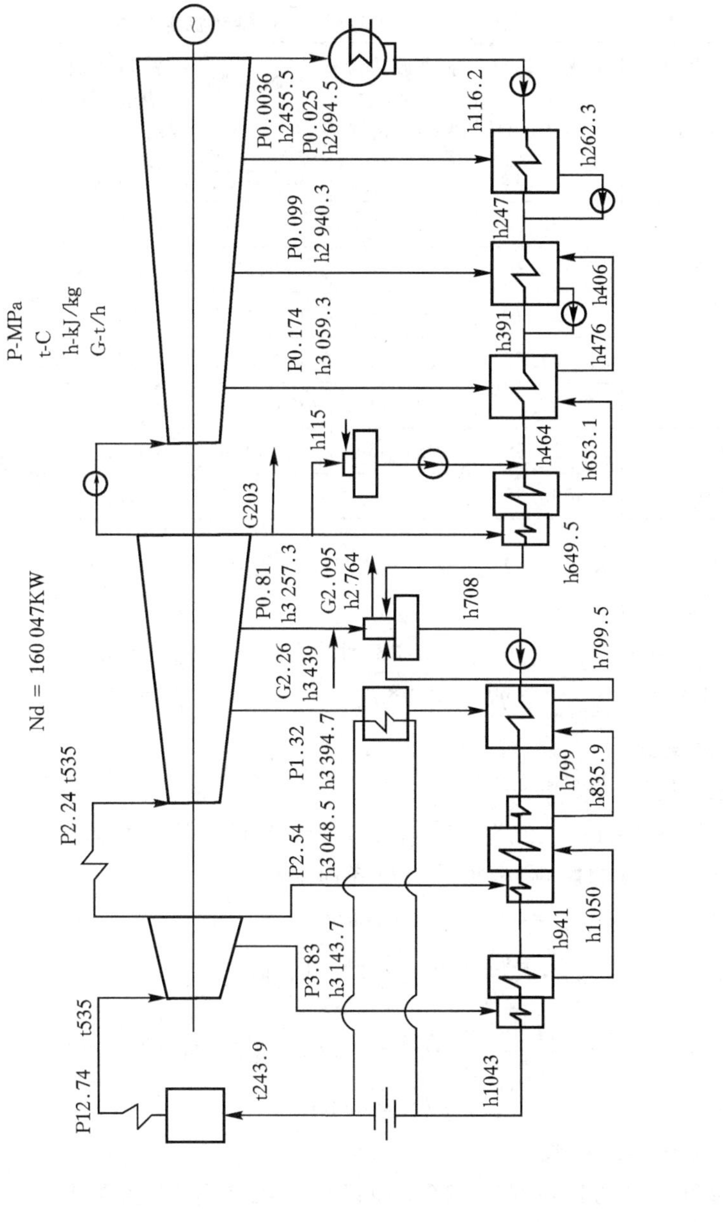

图 6.17　NC200/160 - 12.7/535/535 - 1 型机组热力系统图

示,根据制造厂提供额定供热工况数据进行整理、计算,得到等效热降的基本数据如表 6.1 所示。

表 6.1 NC200/160 - 12.7/535/535 - Ⅰ 供热机组基本数据

加热器编号	加热器焓升 τ_j /kJ·(kg)$^{-1}$	抽汽放热量 q_j /kJ·(kg)$^{-1}$	疏水放热量 γ_j /kJ·(kg)$^{-1}$	抽汽系数 α_j	抽汽等效热降 H_j /kJ·(kg)$^{-1}$	抽汽效率 η_j
1	131.76	2 578.32		0.017 85	267.58	0.103 8
2	145.49	2 692.36	227.93	0.012 44	499.72	0.185 6
3	70.97	2 583.34	177.19	0.008 54	576.36	0.223 1
4	185.10	2 520.20		0.057 34	651.24	0.258 4
5	58.53	2 607.75	149.93	0.013 31	711.89	0.273 0
6	91.23	2 137.91	36.47	0.030 67	808.33	0.378 1
7	141.72	2 212.60	214.36	0.059 36	941.79	0.425 6
8	102.37	2 093.36		0.044 18	945.68	0.451 8

$N_d = 160\ 047\ \text{kW}$ $\qquad H_0^* = 1\ 161.67\ \text{kJ/kg}$ $\qquad \eta_i = 0.413\ 6$

$q_0 = 2\ 808.56\ \text{kJ/kg}$ $\qquad D_n = 203\ \text{t/h}$ $\qquad b^* = 350.59\ \text{g/kW·h}$

$\lambda = 1.258\ 84$ $\qquad \sigma = 493.38\ \text{kJ/kg}$ $\qquad \eta_{gl} = 0.90$

$\eta_{gd} = 0.98$ $\qquad \eta_{jx} = 0.98$ $\qquad \eta_d = 0.98$

1. 加热器端差

(1) №8 加热器的端差

№8 加热器端差的标准值为 2℃,如果由于某种原因导致其运行端差达到 8℃,下面计算其对经济性的影响。根据等效热降理论有

$$\Delta H^* = \Delta\tau_8 \cdot \eta_8 = 12.58 \quad \text{kJ/kg}$$

$$\Delta q = \Delta\tau_8 + \Delta\tau_8 \cdot \frac{\Delta Q_{zr-8}}{q_8} = 33.77 \quad \text{kJ/kg}$$

$$\Delta b^* = -b^* \cdot \frac{\Delta H^* - \Delta q \cdot \eta_i}{H_0^* + \Delta H^*} = 0.41 \quad \text{g/(kW·h)}$$

$$\Delta b = \lambda \cdot \Delta b^* = 0.52 \quad \text{g/(kW·h)}$$

(2) №4 加热器的端差

№4 加热器端差的标准值为 2℃,如果由于某种原因导致其运行端差达到 10℃,下面计算其对经济性的影响。根据等效热降理论有

$$\Delta H^* = -\alpha'_H \Delta\tau_4 (\eta_5 - \eta_4) = -\alpha_H \frac{q_5}{q_5 + \Delta\tau_4} \Delta\tau_4 (\eta_5 - \eta_4) = -0.41 \quad \text{kJ/kg}$$

$$\Delta b^* = -b^* \cdot \frac{\Delta H^* - \Delta q \cdot \eta_i}{H_0^* + \Delta H^*} = 0.12 \quad \text{g/(kW} \cdot \text{h)}$$

$$\Delta b = \lambda \cdot \Delta b^* = 0.16 \quad \text{g/(kW} \cdot \text{h)}$$

（3）№7 加热器的疏水端差

№7 加热器疏水端差的标准值为 10℃，如果由于某种原因导致其运行值达到 20℃，下面计算其对经济性的影响。根据等效热降理论有

$$\Delta H^* = -\beta' \Delta \gamma_7 (\eta_7 - \eta_6) = -\beta \frac{q_7}{q_7 - \Delta \gamma_7} \Delta \gamma_7 (\eta_7 - \eta_6) = -0.227\,1 \quad \text{kJ/kg}$$

$$\Delta q = -\frac{\beta' \Delta \gamma_7}{q_7 - \Delta \gamma_7} Q_{zr-7} + \frac{\beta' \Delta \gamma_7}{q_6} Q_{zr-6} = -0.044\,9 \text{ kJ/kg}$$

$$\Delta b^* = -\frac{\Delta H^* - \Delta q \cdot \eta_i}{H_0^* - \Delta H^*} \cdot b^* = 0.063 \quad \text{g/(kW} \cdot \text{h)}$$

$$\Delta b = \lambda \cdot \Delta b^* = 0.079 \quad \text{g/(kW} \cdot \text{h)}$$

2. 凝结水过冷度

凝结水过冷度的标准值为 0℃，如果由于某种原因导致过冷度达到 5℃，下面计算其对经济性的影响。根据等效热降理论有

$$\Delta H^* = -\alpha_H \cdot \Delta \tau_1 \cdot \eta_1 = -0.785\,6 \quad \text{kJ/kg}$$

$$\Delta q = 0$$

$$\Delta b^* = -\frac{\Delta H^*}{H_0^* - \Delta H^*} \cdot b^* = 0.24 \quad \text{g/(kW} \cdot \text{h)}$$

$$\Delta b = \lambda \cdot \Delta b^* = 0.30 \quad \text{g/(kW} \cdot \text{h)}$$

3. 喷水减温

（1）过热器喷水减温

过热器减温水的来源有两种：一种是来自于高压加热器出口，另一种是来自于给水泵出口。由于过热器减温水从高压加热器出口引出时，不影响机组的热经济性；下面只分析过热器减温水从给水泵出口引出时对热经济性的影响。如果从给水泵出口过热器的喷水减温流量为 10 t/h，根据等效热降理论有

不经过高压加热器的给水份额有：$\alpha_{ps} = 0.016\,39$

$$\Delta H^* = \alpha_{ps}[(\tau_6 - \tau_b)\eta_6 + \tau_7 \eta_7 + \tau_8 \eta_8] = 2.178\,0 \quad \text{kJ/kg}$$

$$\Delta q = \frac{\alpha_{ps}(\tau_6 - \tau_b)}{q_6} Q_{zr-6} + \frac{\alpha_{ps} \tau_7}{q_7} Q_{zr-7} + \frac{\alpha_{ps} \tau_8}{q_8} Q_{zr-8} + \alpha_{ps}$$

$$[(\tau_6 - \tau_b) + \tau_7 + \tau_8] = 6.260\,2 \quad \text{kJ/kg}$$

$$\Delta b^* = -\frac{\Delta H^* - \Delta q \cdot \eta_i}{H_0^* - \Delta H^*} \cdot b^* = 0.123\,9 \quad \text{g/(kW} \cdot \text{h)}$$

$$\Delta b = \lambda \cdot \Delta b^* = 0.155\,9 \quad \text{g/(kW} \cdot \text{h)}$$

（2）再热器喷水减温

再热器减温水的来源也有两种，来自于高压加热器出口和给水泵抽头。下面分别分析这两种减温水均为 10 t/h 时，对机组热经济性的影响。

① 再热器减温水来自于高压加热器出口

$$\Delta H^* = -\alpha_{ps}(h_0 - h_{zl}) = -6.289\ 2 \quad kJ/kg$$

$$\Delta q = -\alpha_{ps}(h_0 - h_{zl}) = -6.289\ 2 \quad kJ/kg$$

$$\Delta b^* = -\frac{\Delta H^* - \Delta q \cdot \eta_i}{H_0^* - \Delta H^*} \cdot b^* = 0.378 \quad g/kW \cdot h$$

$$\Delta b = \lambda \cdot \Delta b^* = 0.475\ 8 \quad g/(kW \cdot h)$$

② 再热器减温水来自于给水泵抽头

$$\Delta H^* = -\alpha_{ps}[h_0 - h_{zl} - (\tau_6 - \tau_b)\eta_6 - \tau_7\eta_7 - \tau_8\eta_8] = -4.111\ 1 \quad kJ/kg$$

$$\Delta q = \alpha_{ps}[(h_0 - h_{zl}) - (\tau_6 - \tau_b) - \tau_7 - \tau_8 - \frac{(\tau_6 - \tau_b)}{q_6}Q_{zr-6} - $$

$$\frac{\tau_7}{q_7}Q_{zr-7} - \frac{\tau_8}{q_8}Q_{zr-8}] = 0.029\ 02 \quad kJ/kg$$

$$\Delta b^* = -\frac{\Delta H^* - \Delta q \cdot \eta_i}{H_0^* - \Delta H^*} \cdot b^* = 0.419\ 8 \quad g/(kW \cdot h)$$

$$\Delta b = \lambda \cdot \Delta b^* = 0.528\ 5 \quad g/(kW \cdot h)$$

4. 取消外置式蒸汽冷却器的经济性分析

No 6 加热器的外置式蒸冷是利用抽汽过热度加热回热终了的给水，借以提高给水的终温，以达到提高热经济性的目的。其优点是抽汽过热度可跨越几个抽汽能级，利用于较高能位上。下面分析如果取消外置式蒸汽冷却器的对机组热经济性的影响。

$$\Delta H^* = \Delta\tau \cdot \eta_6 \cdot \frac{q_6}{q_6 + \Delta\tau} = 5.261\ 1 \quad kJ/kg$$

$$\Delta Q = \Delta\tau = 14.005\ 9 \quad kJ/kg$$

$$\Delta b^* = -\frac{\Delta H^* - \Delta q \cdot \eta_i}{H_0^* - \Delta H^*} \cdot b^* = 0.054\ 3 \quad g/kW \cdot h$$

$$\Delta b = \lambda \cdot \Delta b^* = 0.068\ 36 \quad g/(kW \cdot h)$$

5. 除氧器定压改滑压运行的经济性分析

除氧器的定压运行由于有节流损失存在，而降低了加热蒸汽的使用能位。其直观表现为除氧器出口水温达不到抽汽所能加热的最高温度，增加了高能位的高加抽汽，减少了低能位的除氧器用汽，使装置热经济性降低。根据等效热降理论有

$$\Delta H^* = -\Delta\tau_5 \cdot (1 - \alpha_6 - \alpha_7 - \alpha_8)(\eta_6 - \eta_5)\frac{q_6}{q_6 - \Delta\tau_5} = -0.431\ 7 \quad kJ/kg$$

$$\Delta Q = \frac{(1 - \alpha_6 - \alpha_7 - \alpha_8) \cdot \Delta \tau_5}{q_6} \cdot Q_{zr-6} \cdot \frac{q_6}{q_6 - \Delta \tau_5} = 0.877\ 3 \quad \text{kJ/kg}$$

$$\Delta b^* = -\frac{\Delta H^* - \Delta q \cdot \eta_i}{H_0^* - \Delta H^*} \cdot b^* = 0.007 \quad \text{g/(kW} \cdot \text{h)}$$

$$\Delta b = \lambda \cdot \Delta b^* = 0.008\ 9 \quad \text{g/(kW} \cdot \text{h)}$$

6. 抽汽压损的经济性分析

（1）No3 低加抽汽压损的经济性分析

No3 加热器抽汽压损的设计值为 8%，下面分析由于有抽汽压损对经济性的影响。根据等效热降理论有

$$\Delta H^* = -\Delta \tau_3 \cdot \alpha_H \cdot (\eta_4 - \eta_3) + (\alpha_4 + \alpha_3) \cdot \Delta \gamma_3 \cdot (\eta_3 - \eta_2) \cdot \frac{q_3}{q_3 - \Delta \gamma_3}$$

$$= -0.155 \quad \text{kJ/kg}$$

$$\Delta b^* = -\frac{\Delta H^*}{H_0^* - \Delta H^*} \cdot b^* = 0.015\ 85 \quad \text{g/kW} \cdot \text{h}$$

$$\Delta b = \lambda \cdot \Delta b^* = 0.019\ 96 \quad \text{g/(kW} \cdot \text{h)}$$

（2）No4 低加抽汽压损的经济性分析

No4 加热器抽汽压损的设计值为 8%，下面分析由于有抽汽压损对经济性的影响。根据等效热降理论有

$$\Delta H^* = -\Delta \tau_4 \cdot \alpha_H \cdot (\eta_5 - \eta_4) + \alpha_4 \cdot \Delta \gamma_4 \cdot (\eta_4 - \eta_3) \cdot \frac{q_4}{q_4 - \Delta \gamma_4}$$

$$= -0.142\ 1 \quad \text{kJ/kg}$$

$$\Delta b^* = -\frac{\Delta H^*}{H_0^* - \Delta H^*} \cdot b^* = 0.014\ 54 \quad \text{g/kW} \cdot \text{h}$$

$$\Delta b = \lambda \Delta b^* = 0.018\ 3 \quad \text{g/(kW} \cdot \text{h)}$$

（3）No8 高加抽汽压损的经济性分析

No8 加热器抽汽压损的设计值为 8%，下面分析由于有抽汽压损对经济性的影响。根据等效热降理论有

$$\Delta H^* = \Delta \tau_8 \eta_8 + \alpha_8 \Delta \gamma_8 \cdot (\eta_8 - \eta_7) \frac{q_8}{q_8 - \Delta \gamma_8} = 10.290 \quad \text{kJ/kg}$$

$$\Delta q = \Delta \tau_8 + \frac{\Delta \tau_8}{q_8 - \Delta \gamma_8} Q_{zr-8} + \frac{\alpha_8 \Delta \gamma_8}{q_8 - \Delta \gamma_8} Q_{zr-8} - \frac{\alpha_8 \Delta \gamma_8}{q_7} Q_{zr-7} \frac{q_8}{q_8 - \Delta \gamma_8}$$

$$= 27.593\ 8 \quad \text{kJ/kg}$$

$$\Delta b^* = -\frac{\Delta H^* - \Delta q \cdot \eta_i}{H_0^* - \Delta H^*} \cdot b^* = 0.115\ 2 \quad \text{g/kW} \cdot \text{h}$$

$$\Delta b = \lambda \Delta b^* = 0.145 \quad \text{g/(kW} \cdot \text{h)}$$

6.5 核电机组常规岛热力系统节能理论

6.5.1 概述

核能是一种新型能源。自从世界上第一座全体规模的核电站在英国的 Calder Hall 开始运行以来,世界各国竞相发展自己的核电事业。截止到 1994 年底,全球已有 32 个国家和地区建有核电站,其中 30 个国家和地区拥有运行中的商业核电站,电站反应堆总计 473 座,装机总容量达 355.45 GW,发电量已占世界发电总量的 17.5%,开发和利用核能已经成为一个日趋明显的发展趋势。我国也制定出"因地制宜、水火并举、适当发展核电"的电力建设方针,自行设计建造的第一座工业示范性压水堆核电站秦山 300 MW 核电站已于 1991 年 12 月并网发电,之后又于 1994 年 2 月和 5 月在大亚湾核电站投运了两台 984.3 MW 压水堆核电机组,这些大功率核电机组的投运不但极大程度上缓解了华东及广东电网的供电紧张局面,而且在一定程度上减轻了沿海地区的环境污染和铁路干线运输压力,取得了较好的社会、经济和环境效益。

实践证明,核电技术是一种经济安全、清洁可靠的发电技术,随着电力工业的不断发展,核电机组将在我国得到更加迅猛的发展,国家计委已经批准在广东岭澳和江苏连云港新建两座 2×1 000 MW 压水堆核电站。因此,有必要对核电机组进行深入的研究,以促进核电机组的合理设计和经济安全运行。

根据核电机组反应堆内核反应机理的不同可以将核电机组分为快中子堆机组(快堆机组)和热中子堆机组(热堆机组)。其中,热堆机组又可根据其堆内冷却剂的不同分为轻水堆机组、重水堆机组和气冷堆机组。轻水堆机组使用普通水作冷却剂是最常见的核电机组。根据其堆内压力和反应堆出口水参数的不同(表 6.2)可以将其分为压水堆机组和沸水堆机组。不同类型核电机组的热力系统设计方案也不尽相同,下面以此为重点简单陈述各种核电机组的概况。

表 6.2 核电机组类型及容量

机组类型	运行个数	发电总容量 /MW	运行一年以上的台数及总容量 /MW	
PWR	189	177 484.5	183,	1 770 070.5
BWR	82	71 804.0	82,	71 804.0
PHWR	26	15 662.9	26,	15 662.9
Magnox	24	8 065.4	24,	8 065.4
AGR	13	8 602.0	10,	6 600.0
其他	5	2 412.0		
总计	339	284 030.8	325,	272 202.8

　　压水堆核电机组是世界上最普遍的核电机组,全球半数以上的核电机组为压水堆机组,我国现有和在建的核电机组也多为压水堆核电机组。该型机组采用双回路热力系统,一回路采用普通水作为反应堆的慢化剂和冷却剂,大大减少了核电站的建造和维护费用;一回路的高压热水在蒸汽发生器将二回路的工质水加热到饱和或微过热状态,必须采用与常规火电机组不同的汽轮机热力系统才能保证汽轮机装置的安全高效运行。

　　压水堆核电机组不但广泛地用于电力生产,而且目前世界上所有核动力潜艇和航空母舰均采用此型机组作为其动力系统。加强对压水堆核电机组定量分析及经济性诊断理论的研究,无疑会提高我国核电工业经济效益,同时推动国防科技相关领域的技术进步,因而具有重要的经济和社会意义。

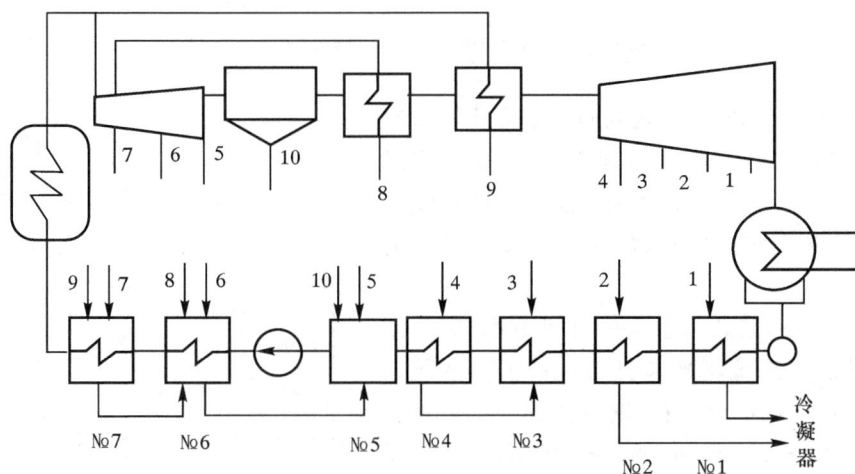

图 6.18　压水堆机组二回路热力系统示意图

　　图 6.18 为典型的压水堆核电机组二回路热力系统,与常规火电机组的热力系统相比,压水堆核电机组二回路具有以下几方面基本特点。

　　(1) 较常规火电机组蒸汽参数低、单机容量大。二回路汽轮机装置的进汽为饱和或微过热蒸汽,见图 6.19,汽机叶片工作在湿蒸汽区,须对高压缸排汽进行汽水分离和再热除湿以减小流经各低压叶栅的汽流湿度,才能保证汽机叶片安全工作,并减少流动过程中的不可逆损失、提高低压缸相对内效率。据分析,核电汽轮机在采用汽水分离和再热除湿措施后可使低压缸排汽湿度不超过 15%,整机效率 $\Delta\eta_{el}/\eta_{el}$ 提高 3.5% 至 5%。

　　(2) 与常规火电机组的"烟-汽"再热方式不同,压水堆核电机组利用新汽和高压缸抽汽对高压缸排汽进行"汽-汽"再热。采用汽-汽再热方式不仅可以达到对高

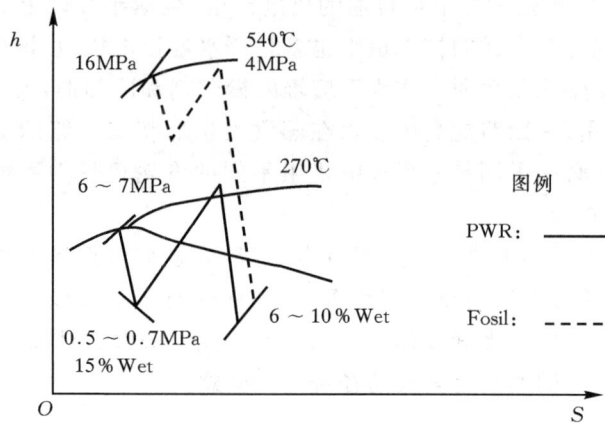

图 6.19　典型 PWR 机组的汽轮机过程线

压缸排汽进行再热除湿的目的,而且可以简化核电站一、二回路间的管道联接,减少穿过反应堆安全壳的管道数目,缩短再热管线长度,达到减少建造成本、增大系统安全系数的目的。

（3）二回路热力系统的外延有所拓展,二回路的热力系统不但包括传统的回热系统而且包括用于汽水分离和"汽-汽"再热的汽水分离再热器（moisture separator and reheater）,见图 6.20。二回路汽水分离器及汽-汽再热器的疏水一般从除氧器及各高压加热器的蒸汽侧

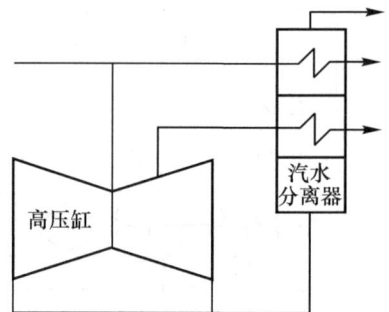

图 6.20　汽水分离再热器

进入回热系统,这种独特的系统连接方式决定了二回路各级回热抽汽和再热抽汽流量间相互联系、彼此制约,常规火电机组热力系统的各种计算方法均无法直接应用于压水堆核电机组二回路的定量分析,从而在一定程度上加大了二回路分析计算的难度。

（4）由于蒸汽参数低,二回路各加热器都没有蒸汽冷却器。

基于以上分析,本书主要介绍压水堆核电机组二回路热力系统经济性诊断理论。

6.5.2　压水堆核电机组二回路热力系统经济性定量分析数学模型

压水堆核电机组二回路热力系统的任何定量分析（包括设备变动、系统结构变

化、运行方式切换、工质和热量进出系统等）都可以归结为纯热量和带工质热量的利用问题进行处理，即只要得出纯热量和带工质热量进出热力系统的定量计算模型，就解决了二回路热力系统的经济性定量分析问题。

如图 6.18 所示的二回路热力系统，根据压水堆核电机组二回路各加热器的功能和加热器间的疏水关系将整个二回路热力系统划分为若干个低压回热单元和一个高压回热单元，讨论各个回热加热器利用外部热量后，导出二回路热经济性指标变化的定量计算模型，从而得出其经济性诊断方法。

1. 纯热量利用的经济性定量计算数学模型

（1）热量利用于低压加热器的计算模型

对于如图 6.21 所示的任一回热加热单元，它包括一个汇集式回热加热器和若干个疏水放流式回热加热器，单元内各加热器编号是整个回热系统按压力从低到高的顺序进行；如果定义回热单元出口流量为"1"时，其单元进水系数为 K_j，则对一个无任何外部热量引入的回热单元来说其进水系数为

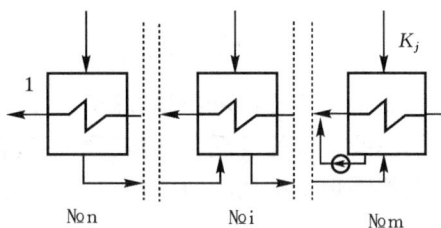

图 6.21　二回路低压加热单元示意

$$K_j = 1 - \sum_{i=m}^{n} \alpha_i \qquad (6.55)$$

式中，α_i 为该单元出口流量为"1"时第 i 级加热器的抽汽量；n 为该单元的加热器压力最高的加热器编号；j 为表示整个回热系统中的第 j 个加热单元。

如果有一股纯热量 q_{fi} 利用于第 i 级加热器时，根据该级加热器的热平衡和加热单元中比该加热器压力低的加热器的工质平衡和热量平衡，可推导得出加热单元的进水系数的变化为

$$\Delta K_j = \frac{q_{fi}}{q_i} \prod_{r=m}^{i-1} \left(1 - \frac{\gamma_r}{q_r}\right) \qquad (6.56)$$

式中，q_r、q_i 为第 r、i 级加热器 1 kg 抽汽在该加热器中放热量，kJ/kg；γ_r 为第 $r+1$ 级加热器的 1 kg 疏水在第 r 级加热器中的放热量 kJ/kg；q_{fi} 为利用于第 i 级加热器的纯热量（kJ/h）与新蒸汽流量（kg/h）的比值（kJ/kg）。

利用循环函数法[2]的基本理论可以得出此时机组排汽份额的变化为

$$\Delta \alpha_k = \Delta K_j \cdot \prod_{r=1}^{j-1} K_r \qquad (6.57)$$

式中，K_r 为第 r 个加热单元的单元进水系数。

此时冷源热量损失的变化为

$$\Delta q_{\mathrm{k}} = \Delta \alpha_{\mathrm{k}} \cdot (h_{\mathrm{k}} - \bar{t}_{\mathrm{k}}) \tag{6.58}$$

式中,h_{k} 为二回路排汽焓,kJ/kg;$\bar{t}_{\mathrm{k}}$ 为二回路凝汽器压力对应的饱和水焓,kJ/kg。

1 kg 新蒸汽做功能力的变化为

$$\Delta H_0 = q_{\mathrm{fi}} - \Delta q_{\mathrm{k}} \tag{6.59}$$

采用定流量计算方法,汽轮机热耗率的变化为

$$\Delta q_0 = - \frac{\Delta H_0}{H_0 + \Delta H_0} \cdot q_0 \quad \mathrm{kJ/(kW \cdot h)} \tag{6.60}$$

式中,H_0 为没有纯热量利用时二回路 1 kg 新蒸汽的真实做功,kJ/kg;q_0 为没有纯热量利用时二回路的热耗率,kJ/(kW · h)。

将式(6.56)、(6.57)、(6.58) 代入式(6.59)中整理可得

$$\Delta H_0 = q_{\mathrm{fi}} \left[1 - \frac{(h_{\mathrm{k}} - \bar{t}_{\mathrm{k}})}{q_i} \cdot \prod_{r=m}^{i-1} \left(1 - \frac{\gamma_r}{q_r} \right) \cdot \prod_{r=1}^{j-1} K_r \right] \tag{6.61}$$

分析上式可以看出,右端的第二项只与二回路系统参数有关。因此,可以在给定二回路系统的情况下,将其预先计算好,在局部定量分析时直接采用。如果仿造等效热降理论中抽汽效率的概念,可以定义其为加热器的热功转换系数 η_i,则上式变为

$$\Delta H_0 = q_{\mathrm{fi}} \cdot \eta_i \tag{6.62}$$

式中

$$\eta_i = 1 - \frac{(h_{\mathrm{k}} - \bar{t}_{\mathrm{k}})}{q_i} \cdot \prod_{r=m}^{i-1} \left(1 - \frac{\gamma_r}{q_r} \right) \cdot \prod_{r=1}^{j-1} K_r \tag{6.63}$$

从上面的分析可以得出,只要预先计算好加热器的热功转换系数 η_i(其物理意义是在 Noi 加热器利用单位热量转化为真实做功的份额,代表热量的品位高低),则可以通过式(6.62)、(6.60) 快速得出二回路机组纯热量利用的经济性变化,从而得出了二回路低压加热器的经济性定量分析数学模型。

(2) 热量利用高压加热器的计算模型

核电机组二回路的高压缸工作在湿蒸汽区,其排汽利用新蒸汽再热前要进行汽水分离,分离出的疏水要引入高压加热单元,且两级再热加热器的疏水也引入高压加热器。因此,纯热量利用于高压加热器时,将导致高压缸排汽量的变化,引起汽水分离器和两级再热加热器疏水量的变化,从而增加了高压加热单元的复杂性,使 η_i 的计算不能直接使用式(6.63)。下面讨论高压加热单元中各个加热器的热功转换系数的计算方法。

图 6.22 为一典型压水堆机组二回路的高压加热单元,包括 $N-m+1$ 个回热加热器和 2 个再热加热器及 1 个汽水分离器,2 个再热加热器、汽水分离器参与回热加热器编号为 No$N+1$、No$N+2$、No$N+3$。如果有纯热量 q_{iL} 利用于第 L 级加热器时,导致再热后进入中压缸的蒸汽流量变化为 β_L,由机组工质平衡可知,高压加

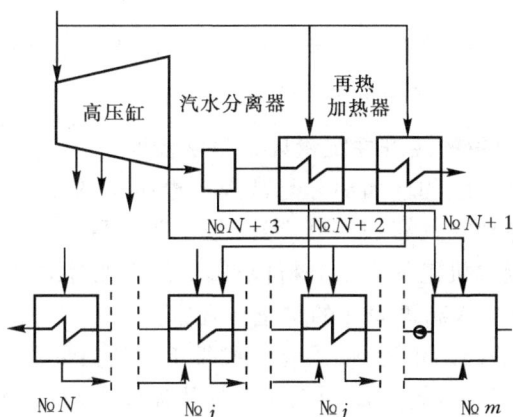

图 6.22　二回路高压加热单元示意图

热单元的进水系数也变化 β_L，于是根据高压加热单元各加热器的热平衡和工质平衡有

$$\beta_L = \frac{q_{fL}}{q_L} \prod_{r=m}^{L-1} \left(1 - \frac{\gamma_r}{q_r}\right) \cdot \frac{1}{1+B} \tag{6.64}$$

式中，

$$B = \frac{\tau_{N+1}}{q_{N+1}} \cdot \left(1 - \frac{\gamma_{N+1}}{q_i}\right) \cdot \prod_{r=m}^{j-1} \left(1 - \frac{\gamma_r}{q_r}\right) + \frac{\tau_{N+2}}{q_{N+2}} \cdot \left(1 - \frac{\gamma_{N+2}}{q_j}\right) \cdot$$

$$\prod_{r=m}^{i-1} \left(1 - \frac{\gamma_r}{q_r}\right) + \frac{1-x}{x} \cdot \left(1 - \frac{\gamma_{n+3}}{q_m}\right) \tag{6.65}$$

其中，γ_{N+1}，γ_{N+2} 为再热加热器的疏水在被引入的回热加热器中的放热量，kJ/kg；γ_{N+3} 汽水分离器的疏水在被引入的回热加热器中的放热量，kJ/kg；τ_r 为加热器的焓升[1]，kJ/kg；x 为汽水分离器中分离出的汽占汽水总量的比例。

类似前面的推导可得

$$\eta_L = 1 - \frac{1}{1+B} \frac{(h_k - \bar{t}_k)}{q_L} \cdot \prod_{r=m}^{L-1} \left(1 - \frac{\gamma_r}{q_r}\right) \cdot \prod_{r=1}^{M-1} K_r \tag{6.66}$$

其中，M 为加热单元的总数目。

　　分析高压加热单元中回热加热器的热功转换系数可以发现，与低压加热单元加热器热功转换系数的差别在于 B 的取值，分析 B 的表达式则可发现，它也是一个系统参数（称为新蒸汽再热特性参数），表示再热加热器和汽水分离器引入高压加热单元后对高压加热单元进水系数的改变，对一个给定二回路热力系统，其值保持不变。因此，可以根据二回路热力系统的参数计算得出 η_L。而当 $B=0$ 时，则高压加热单元中回热加热器的热功转换系数与低压加热单元加热器热功转换系数的表达式形式完全相同。

高压加热单元加热器热量利用后对机组经济性影响的计算方法与低压加热器一样,用式(6.60)、(6.62)计算得出。

2. 带工质热量利用的经济性定量计算数学模型

由于二回路热力系统的低加部分与常规火电机组的完全一致,而二回路热力系统的特殊性主要体现在其高加部分,因此带工质热量进出低加的定量分析数学模型可以参照前述凝汽机组的定量分析模型,下面主要针对高加系统进行研究。

(1)带工质热量进入高加壳侧的定量计算方法

如图6.22所示的高加单元,如果有一股带工质的热量进入高压加热器的壳侧其相对新蒸汽的份额为α_f,焓为h_f用于№L加热器($m \leqslant L \leqslant N$),则可以将其分解为两部分组成,一部分为与№$L$加热器抽汽焓值相同的带工质热量(份额为$\alpha_f$、焓值为$h_L$),另一部分为纯热量$\alpha_f \cdot (h_f - h_L)$,分解后纯热量可按前述的方法直接得出其对经济性的影响。下面讨论带工质热量的计算模型。

由于带工质热量的焓值与№L加热器的抽汽焓值相同,则相当于α_f的抽汽返回高压缸继续做功,由于此时流过再热加热器的流量变化β_α,故导致高加单元的进水系数变化$\beta_\alpha - \alpha_f$。采用定流量计算方法,对高加单元进行工质平衡和能量平衡可得

$$\beta_\alpha = \alpha_f \cdot \frac{1}{1+B} \tag{6.67}$$

则α_f的抽汽返回高压缸后最终到达凝汽器的量为

$$\alpha_{fk} = \alpha_f - \alpha_f \cdot \frac{1}{1+B} \prod_{r=1}^{M-1} K_r \tag{6.68}$$

由于α_f的抽汽返回高压缸后1 kg新汽的做功变化量为

$$\Delta H_{0f} = \alpha_f \cdot (h_L - \bar{t}_k) - \alpha_{fk} \cdot (h_k - \bar{t}_k)$$

$$= \alpha_f \cdot (h_L - h_k) + \alpha_f \cdot (h_k - \bar{t}_k) \cdot \frac{1}{1+B} \prod_{r=1}^{M-1} K_r \tag{6.69}$$

式中,h_k为汽轮机排汽焓;$\bar{t}_k$为凝汽器凝结水焓;h_L为№L加热器的抽汽焓。

由此得出带工质热量利用于高加后,对1 kg新蒸汽做功能力的影响为

$$\Delta H_0 = \Delta H_{0f} + \alpha_f \cdot (h_f - h_L) \cdot \eta_L$$

$$= \alpha_f \cdot (h_L - h_k) + \alpha_f \cdot (h_k - \bar{t}_k) \cdot \frac{B}{1+B} \prod_{r=1}^{M-1} K_r + \alpha_f \cdot (h_f - h_L) \cdot \eta_L$$

$$\tag{6.70}$$

分析式(6.70)可以发现,当带工质热量进入高加壳侧时,由于影响再热蒸汽量的变化,而使式(6.70)比常规机组的分析模型多出一项(即式右端的第二项),

当 $B = 0$ 时,则式(6.70)变为带工质热量进入低加($1 \leqslant L \leqslant m$)壳侧时对经济性影响的计算模型.对二回路经济指标的影响为

热耗率的变化: $\Delta q_0 = -\dfrac{\Delta H_0}{H_0 + \Delta H_0} \cdot q_0$ \hfill (6.71)

汽耗率的变化: $\Delta d_0 = -\dfrac{\Delta H_0}{H_0 + \Delta H_0} \cdot d_0$ \hfill (6.72)

式中, q_0 为热量利用前二回路的热耗率; d_0 为热量利用前二回路的汽耗率; H_0 为热量利用前二回路 1kg 新汽真实做功.

（2）带工质热量进入高加水侧的定量计算方法

如图 6.22 所示的高加单元,如果有一股带工质的热量进入高压加热器的水侧(其相对新蒸汽的份额为 α_f,焓为 $\bar{t}_f$),下面将讨论其对二回路经济性影响的定量模型.

如果带工质的热量进入 No L 加热器($L < N$)的出口,由于有 α_f 的工质进系统,则凝汽器必须有 α_f 的水出系统,由此可知相当于 α_f 的水没有经过 No 1～L 加热器,故这可以认为是一个纯热量利用的问题,1 kg 新蒸汽做功能力的变化为

$$\Delta H_0 = \alpha_f \cdot (\bar{t}_f - \bar{t}_L) \cdot \eta_{L+1} + \sum_{r=1}^{L} \alpha_f \cdot \tau_r \cdot \eta_r \tag{6.73}$$

式中, $\bar{t}_L$ 为 No L 加热器给水出口焓.

其对二回路对经济指标的影响按式(6.59)、(6.60)计算.另需说明的是上式也适用于低加的计算(此时 $B = 0$).

如果带工质的热量进入 No N 加热器的出口,此时它除了影响新蒸汽的做功外,还将影响二回路从一回路的吸热量,类似前面的分析可得其对 1 kg 新蒸汽做功能力的影响为

$$\Delta H_0 = \sum_{r=1}^{N} \alpha_f \cdot \tau_r \cdot \eta_r \tag{6.74}$$

1 kg 新蒸汽的循环吸热量变化为

$$\Delta Q_0 = \alpha_f \cdot (\bar{t}_f - \bar{t}_N) \tag{6.75}$$

由于带工质的热量进入 No N 加热器的出口后造成二回路经济指标的变化.

热耗率的变化: $\Delta q_0 = -\dfrac{\Delta H_0 + \Delta Q_0 \cdot \eta_i}{H_0 + \Delta H_0} \cdot q_0$ \hfill (6.76)

汽耗率的变化: $\Delta d_0 = -\dfrac{\Delta H_0 + \Delta Q_0 \cdot \eta_i}{H_0 + \Delta H_0} \cdot d_0$ \hfill (6.77)

式中, η_i 为热量利用前二回路的装置效率.

（3）蒸汽出高加系统的经济性定量方法

如果有 α_f 的蒸汽由高加系统出热力系统,其焓值为 h_f,由于它没有经过再热

器,同时还需要从凝汽器补入 α_f 的工质,则根据前面带工质热量进系统的推导可知凝汽器的放热量将减少,其量为

$$Q_{fk} = (\alpha_f \cdot \frac{B}{1+B} \prod_{r=1}^{M-1} K_r - \alpha_f) \cdot (h_k - \bar{t}_k) \qquad (6.78)$$

故 1 kg 新蒸汽做功能力的变化为

$$\Delta H_0 = -\alpha_f \cdot (h_f - \bar{t}_k) - Q_{fk}$$

$$= -\alpha_f \cdot (h_f - h_k) - \alpha_f \cdot (h_k - \bar{t}_k) \cdot \frac{B}{1+B} \prod_{r=1}^{M-1} K_r \qquad (6.79)$$

其对二回路对经济指标的影响按式(6.59)、(6.60)计算。另需说明的是上式也适用于低加的计算(此时 $B = 0$)。

(4) 水出高加系统的经济性定量方法

分析图 6.22 所示的高加系统图可知,水出热力系统有两种方式,一种是从给水侧出系统,另一种是从加热器壳侧出系统。首先分析水由给水侧出系统的情况,其实它与前面分析的带工质热量进高加水侧的情况类似,因此如果有 α_f 的水由 №L 加热器的出口出系统,相当于 α_f 的水经过 №$1 \sim L$ 加热器而多吸热,那么其对 1 kg 新蒸汽做功能力的影响为

$$\Delta H_0 = -\sum_{r=1}^{L} \alpha_f \cdot \tau_r \cdot \eta_r \qquad (6.80)$$

其对二回路对经济指标的影响按式(6.59)、(6.60)计算。

如果有 α_f 的水由 №L 加热器的壳侧出系统,相当于有 α_f 的蒸汽以 h_L 的焓值出系统,同时有纯热量 $\alpha_f \cdot (h_L - t_{sL})$ 利用于 №L 加热器,由此可得出其对 1 kg 新蒸汽做功能力的影响为

$$\Delta H_0 = -\alpha_f \cdot (h_f - h_k) - \alpha_f \cdot (h_k - \bar{t}_k) \cdot \frac{B}{1+B} \prod_{r=1}^{M-1} K_r$$

$$+ \alpha_f \cdot (h_L - \bar{t}_{sL}) \cdot \eta_L \qquad (6.81)$$

式中,$\bar{t}_{sL}$ 为 №L 加热器的疏水焓。

其对二回路对经济指标的影响也按式(6.59)、(6.60)计算。

以上全面分析了带工质热量进出二回路热力系统的定量方法,并得出其定量数学模型。

6.5.3　实例计算及检验

为了验证本书所提出的数学模型和计算方法的正确性,采用 K－100－60/1500 核电机组二回路热力系统参数和结构(如图 6.6 所示),利用本文研究的方法和常规计算方法分别对几个例子(纯凝工况)进行定量分析计算,比较计算结果以校验

本文经济性诊断定量模型的正确性和准确性。

（1）№3 低压加热器端差增大对机组经济性的影响

如果由于某种原因使 №3 加热器的端差（端差是指加热器的汽侧饱和水温度与加热器出口水温之差）增加了 10℃，即 №3 加热器一部分焓升（$\Delta\tau_3 = 41.868$ kJ/kg）由 №4 加热器承担，下面利用两种方法计算其对二回路经济性的影响。

a. 本书所提出的方法

$$\Delta H_0 = -1.263\ 6\ \text{kJ/kg} \qquad \Delta q_0 = 21.651\ 4\ \text{kJ/kW} \cdot \text{h}$$

表 6.3　K－100－60/1500 压水堆核电机组二回路热力系统参数整理结果

加热器编号	加热器焓升 τ_j/kJ(kg)$^{-1}$	抽汽放热量 q_j/kJ(kg)$^{-1}$	疏水放热量 γ_j/kJ(kg)$^{-1}$	抽汽份额 α_j	热功转换系数 η_j
1	113.1	2 306.6	0	0.021 762	0.052 458
2	115.4	2 333.5	0	0.029 896	0.109 307
3	117.6	2 380.1	256.4	0.029 245	0.169 931
4	119.1	2 245.7	0	0.035 495	0.215 025
5	150.4	1 944.4	170.4	0.052 931	0.244 337
6	114.0	1 851.0	114.0	0.050 402	0.275 772
7	113.0	1 805.0	0	0.053 393	0.303 056
8	100.0	1 692.0	227.0	0.039 356	0.304 878
9	116.0	1 569.0	336.0	0.049 481	0.347 475
10			172.1		

$$x = 0.887\ 3 \qquad B = 0.214\ 5 \qquad H_0 = 617.657\ \text{kJ/kg}$$

$$q_0 = 10\ 561.2\ \text{kJ/(kW} \cdot \text{h)}$$

b. 常规计算方法

$$\Delta q_0 = 21.651\ 4\ \text{kJ/(kW} \cdot \text{h)}$$

（2）汽轮机门杆漏汽对机组经济性的影响

考虑主汽门门杆漏汽 $\alpha_f = 0.002$，被引入 №5 加热器（即除氧器），下面利用两种方法计算其对二回路经济性的影响：

a. 本书所提出的方法

$$\Delta H_0 = -0.370\ 3\ \text{kJ/kg} \qquad \Delta q_0 = 6.335\ 1\ \text{kJ/(kW} \cdot \text{h)}$$

b. 常规计算方法

$$\Delta q_0 = 6.335\ 1\ \text{kJ/(kW} \cdot \text{h)}$$

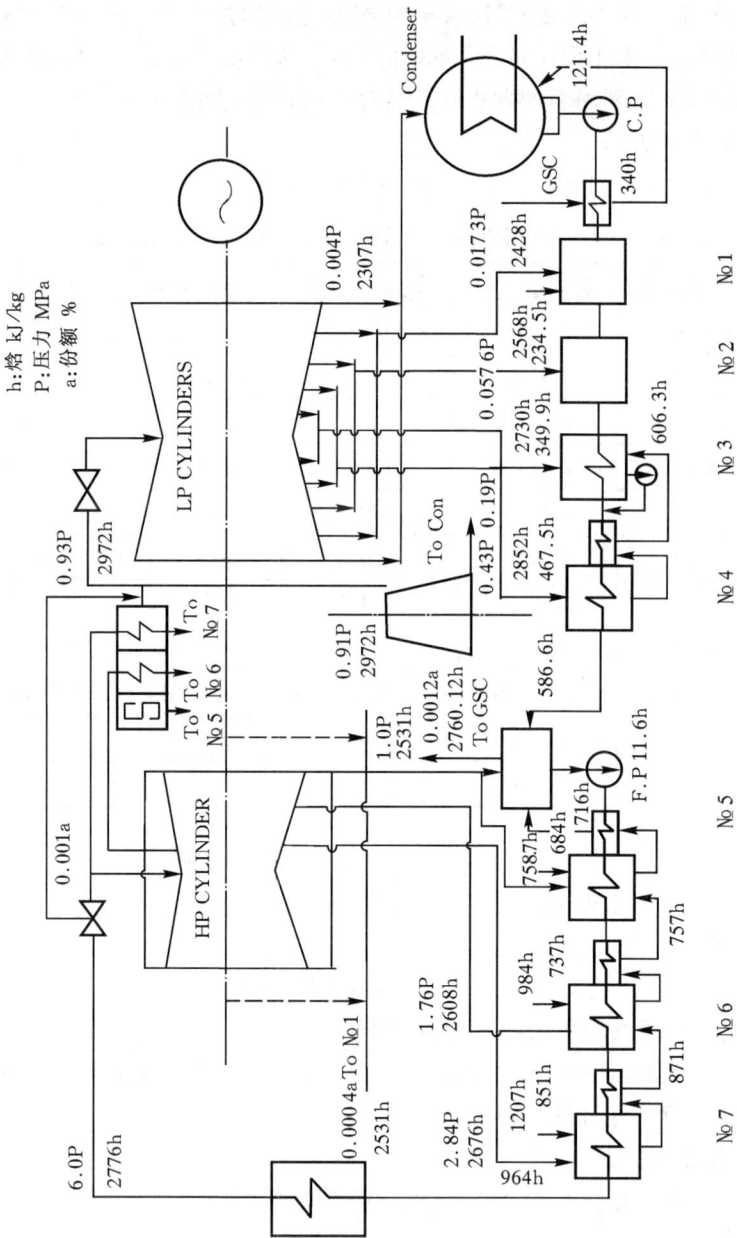

图 6.23 K-1000-60/1500 压水堆核电机组二回路热力系统图

（3）连续排污对二回路经济性的影响

如果二回路连续排污份额为 $\alpha_{\mathrm{f}} = 0.02$，下面利用两种方法分别计算其对二回路经济性的影响。

a. 本书所提出的方法

$$\Delta H_0 = -\alpha_{\mathrm{f}} \cdot \sum_{r=1}^{7} \tau_r \cdot \eta_r = -3.331\ 4 \quad \mathrm{kJ/kg}$$

$$\Delta Q_0 = -\alpha_{\mathrm{f}} \cdot (h_{\mathrm{f}} - \bar{t}_N) = -5.440 \quad \mathrm{kJ/kg}$$

$$\Delta q_0 = 89.151\ 4\ \mathrm{kJ/(kW \cdot h)}$$

b. 常规计算方法

$$\Delta q_0 = 89.151\ 4\ \mathrm{kJ/(kW \cdot h)}$$

（4）高压缸后轴封漏汽对二回路经济性的影响

考虑主汽门轴封漏汽 $\alpha_{\mathrm{f}} = 0.002$，被引入 №1 加热器，下面利用两种方法分别计算其对二回路经济性的影响。

a. 本书所提出的方法

$$\Delta H_0 = -\alpha_{\mathrm{f}} \cdot (h_{\mathrm{f}} - h_{\mathrm{k}}) - \alpha_{\mathrm{f}} \cdot (h_{\mathrm{k}} - \bar{t}_{\mathrm{k}}) \cdot \frac{B}{1+B} \sum_{r=1}^{M-1} K_r + \alpha_{\mathrm{f}} \cdot (h_{\mathrm{f}} - h_1) \cdot$$
$$\eta_1 + \alpha_{\mathrm{f}} \cdot (h_1 - h_{\mathrm{k}}) = -0.717\ 3 \quad \mathrm{kJ/kg}$$

$$\Delta q_0 = 12.279\ 9\ \mathrm{kJ/(kW \cdot h)}$$

b. 常规计算方法

$$\Delta q_0 = 12.279\ 9\ \mathrm{kJ/(kW \cdot h)}$$

从上面两个例子可以看出采用两种方法的计算结果完全一致，说明本文的方法是确实可行的，避免了常规法需对热力系统进行全面计算，具有简捷、快速、方便、准确的特点，适用于压水堆机组二回路热力系统的经济性诊断和分析。

参考文献

[1] 林万超. 火电厂热系统节能理论[M]. 西安：西安交通大学出版社,1994.

[2] 林万超. 等效热降及其在火电厂中的应用[J]. 电力科技通讯,1983(5).

[3] 林万超. 背压机组供热蒸汽过热度利用的经济性分析[J]. 西安交通大学学报,1993(4).

[4] 严俊杰. 热力发电厂系统及设备[J]. 西安：西安交通大学出版社,2002.

第7章 热管及热管换热器

热管是近几年来发展迅猛的一种高效换热元件。由于其灵活的结构和良好的传热性能，被广泛应用于航空航天、石油化工、建材轻纺、能源动力、医疗卫生等领域中。热管可以实现几乎"零"温差的传热，热负荷大，可以将大量热量远距离地传输而无需外加动力，在节能技术中占有极其重要的地位。

7.1 热管的基本知识

7.1.1 热管的发展与现状

在热管产生之前，作为它的前身——热虹吸管已经在一些工业中得到了应用。热虹吸管是一种两端封闭，内部充有少量水的管子，是帕金斯（J. Perkins）在1936年发明的，因此又称为帕金斯管。使用时，热虹吸管的一端插入高温热源中，管中的水吸热沸腾变为水蒸气，水蒸气在管子的另一端放热冷凝后回流，如此周而复始实现热量的传递。1892年，帕金斯（L. P. Perkins）改进了帕金斯管，提出在充入水之前，先抽除管中的空气，由于不凝性气体的减少大大提高了热虹吸管的工作性能。帕金斯热虹吸管主要依靠重力回流冷凝液，后来亦称之为重力热管。

1944年，美国的高格勒（R. S. Gaugler）首先阐述了具有现代意义的热管的工作原理，其主要思想是冷凝液借助管内的毛细吸液芯所产生的毛细力实现回流。1962年，美国的崔菲森（L. Trefethen）指出高格勒的传热元件可以应用于宇宙飞船。第一个实现这种传热元件并命名为"热管"的是美国的格罗弗（G. M. Grover）。1964年，在美国洛斯-阿拉莫斯（Los Alamos）国家实验室工作的格罗弗制造出以不锈钢为壳体、以钠为工作流体、采用丝网吸液芯的热管，并进行了性能测试实验。1965年，美国的考特（T. P. Cotter）提出了比较完整的热管理论，奠定了热管研究的理论基础。1967年，一根实验用不锈钢-水热管首次被送入地球卫星轨道并运行成功。1968年，作为卫星仪器温度控制的手段，热管第一次成功应用在美国的 GEOS-Ⅱ 测地卫星上。从此，苏联、英国、法国、前西德、意大利、荷兰、日本以及中国等都对热管展开了大量的科学研究和应用实践,热管技术得到迅速发展。一些新型热管,如可控热管、旋转式热管、分离式热管等也相继问世。

由于热管技术的迅速发展,其应用范围也迅速扩展到电子、电气、机械、能源、动力、化工和医疗卫生等领域。1969 年,前西德成功研制出用于大功率半导体元件冷却的热管散热器。1970 年,美国在横穿阿拉斯加永久冻土带的输油管线上用热管作为管道的支撑,维持了地面的永冻层,该工程共使用单根最长达 23 m 的热管112 000 余根。1974 年以后,热管在节约能源和新能源开发方面受到了充分的重视,用热管换热器回收余热、用热管技术开发太阳能和地热能等在各国都取得了显著的成绩。

我国从 1970 年开始研究热管,1972 年第一支钠热管试制成功,1980 年第一台槽道式吸液芯热管换热器投入运行。随后,热管余热锅炉、高温热管蒸汽发生器、高温热管热风炉等应用热管技术的产品在我国相继开发并被应用。

随着科学技术的发展,热管的应用领域也在不断的拓宽。电子器件的冷却、电路板卡的冷却、新能源的开发、余热回收、高效传热设备的开发等都为热管技术的应用提供了舞台。

7.1.2　热管的结构和工作原理

典型的热管结构如图 7.1 所示,它是由壳体、吸液芯、工作流体组成,吸液芯是镶套在壳体的内表面的。装配时将管内抽成高真空,在吸液芯的毛细多孔材料中充入适量的工作液体后密封形成热管。管子的一端为蒸发段,另一端为冷凝段,根据实际的需要可以在蒸发段和冷凝段之间布置绝热段。

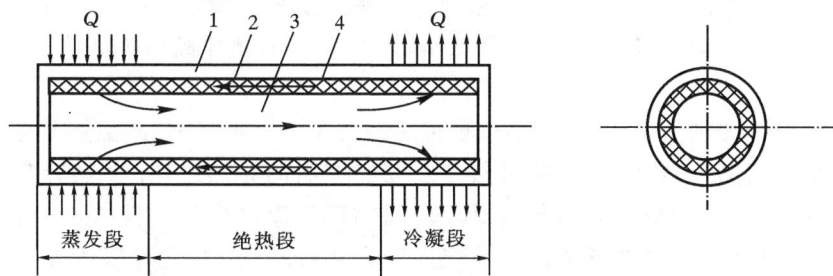

图 7.1　热管工作原理示意图
1— 壳体;2— 毛细吸液芯;3— 工作蒸气;4— 工作液体图

热管的壳体一般为圆管形,用金属材料制成,两端由端盖封装,是一个耐压的封闭容器。热管依靠其工作流体的相变来完成热量的传递,工作时工作流体处于气液两相共存状态,液体储存在多孔材料的吸液芯层中,气体充满热管的内腔(简称"蒸气腔")。

毛细吸液芯除了储存工作流体外,主要作用是产生毛细力并提供冷凝液回流的通道。热管中毛细吸液芯的典型结构如图 7.2 所示。其中(a)型的结构为内孔彼此相连的多孔材料,多孔材料一般由丝网、纤维状物及颗粒状物制作;(b)型和(c)型的结构都是在热管内壁面开矩形、三角形或梯形槽道,区别在于(c)型的槽道上有覆盖物,而(b)型没有;热管(d)型内壁面和金属丝网或多孔屏之间形成环形通道;(e)型是在(d)型的基础上,从壁面向蒸气腔伸出一个或多个由丝网制成的较大通道(通常称为"干道")。(b)型~(d)型的结构常被认为是组合式管芯,由两部分组成。一部分是抽吸吸液芯,由毛细孔结构的材料构成,以提供高的毛细压头;另一部分是传输吸液芯,由毛细孔径较大的粗丝网、干道、开口槽道、环槽道构成,以满足回流的要求。

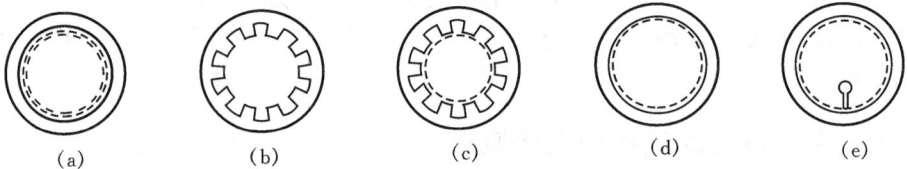

图 7.2　典型毛细吸液芯的结构示意图

当加热蒸发段时,毛细芯中的工作液体蒸发气化,通过中间通道流向冷凝段,在冷凝段工作蒸气冷却凝结形成冷凝液,在毛细力和重力的作用下沿着多孔材料流回蒸发段,如此周而复始,热量由热管的一端传至另一端。

从热力学的观点出发,热管正常工作时,其工质的循环经历了液体蒸发、蒸气流动、蒸气凝结和液体回流四个阶段。

从传热学的观点出发,热管的热量传递经历了 7 个环节。① 高温热源与热管蒸发段外壁之间的换热过程。② 热管蒸发段固体壁面的导热过程。③ 热管蒸发段的沸腾换热过程。④ 热管蒸发段与冷凝段之间的蒸气流动换热过程。⑤ 热管冷凝段的凝结换热过程。⑥ 热管冷凝段固体壁面的导热过程。⑦ 热管冷凝段外壁与低温热源之间的换热过程。

从流体力学的观点出发,热管两端由于毛细作用产生的压差是用来克服工作蒸气从蒸发段流向冷凝段的压力降、工作液体从冷凝段流向蒸发段的压力降和重力场对流动产生的压力降。因此,热管正常工作的必要条件是

$$\Delta p_{cap} \geqslant \Delta p_1 + \Delta p_v \pm \Delta p_g \qquad (7.1)$$

式中,Δp_{cap} 为热管两端压差,Pa;Δp_1 为工作液体流动压力降,Pa;Δp_v 为工作蒸气

流动压力降,Pa;Δp_g 为重力作用压力降,Pa,包括蒸气和液体重力作用压力降,一般情况下,蒸气重力作用压力降可以忽略不计。重力场引起的压力降根据热管的放置选择其前面的计算符号。图 7.3 显示了不考虑蒸气和液体重力作用压力降时热管内的压力分布。

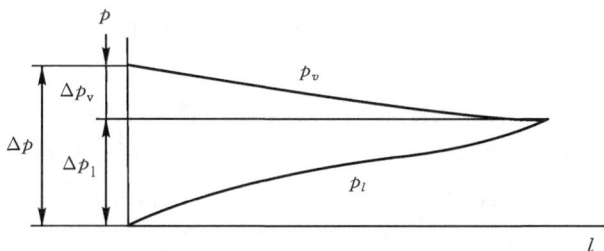

图 7.3　热管内压力分布示意图

7.1.3　热管的分类

由于热管的用途广泛,型式多样,种类繁杂,有多种不同的分类方法,这里只列举其中常用的几种分类情况。

1. 按照热管的工作温度划分

(1)低温热管:指工作流体的温度在 0℃ 以下的热管,所用工作流体多为低沸点的工质,如氨、乙醇、各种氟里昂等。低温热管通常用于电子器件、轴承等的冷却、空调及低温余热回收等。

(2)常温热管:指工作流体的温度在 0 ~ 250℃ 之间的热管,最常用的工作流体是水。常温热管通常用于工业余热的回收。

(3)中温热管:指工作流体的温度在 250 ~ 450℃ 之间的热管,常用的工作流体是萘、硫以及混合工质等。中温热管通常用于各种工业换热器。

(4)高温热管:指工作流体的温度在 450℃ 以上的热管,常用的工作流体是银、锂、钠、汞、钾和铯等贵金属。由于成本昂贵,高温热管通常用于高温余热利用、热离子发电装置、高温恒温黑体炉等特殊场合。

2. 按照热管的工作液体回流方式划分

(1)有芯热管:又称为标准热管。其工作液体的回流主要依靠吸液芯毛细力的作用。

(2)重力热管:指工作液体的回流主要依靠重力场作用的热管,又称为二相虹吸热管。很显然,重力热管无法在外太空使用。

(3)旋转热管:指工作液体的回流主要依靠离心力作用的热管。

（4）电流体动力热管：指工作液体的回流主要依靠静电体积力作用的热管。

（5）磁流体动力热管：指工作液体的回流主要依靠磁体积力作用的热管。

（6）渗透热管：指工作液体的回流主要依靠渗透力作用的热管。

3. 按照热管的结构划分

（1）单管型热管：热管的蒸发段和冷凝段均在同一根管子内。这是最常用的一种热管。

（2）平板型热管：吸液芯把液体工质沿平板平面均匀分布，形成一个等温面，可以消除局部加热所产生的热点。电子板卡的冷却常使用这种热管。

（3）回路型热管：蒸发段和冷凝段之间用连接管连接起来的热管，它适用于高温热源和低温热源有一定距离的场合。这种型式常用于重力热管，亦称之为分离型热管。

（4）挠性热管：是在蒸发段和冷凝段之间加一段可弯曲的波纹管或塑料管，以便于在特殊场合下安装的热管。

4. 按照热管的壳体材料和使用的工质划分

热管可分为铜-水热管、碳钢-水热管、铜钢复合-水热管、铝-丙酮热管、碳钢-萘热管和不锈钢-萘热管等。

5. 按照热管的功能划分

热管可分为普通传热热管、热二极管、热开关、仿真热管和制冷热管等。

另外，还有可变热导热管、混合工质热管等。可变热导热管又称为可控热管，它通过热导率随高温热源和低温热源的变化而变化来达到控制温度的的目的。混合工质热管充分利用了混合工质的优势互补性，大大拓宽了热管的工作范围，改善了热管的工作性能。

7.1.4 热管的基本特性

热管之所以被广泛应用，源于它良好的特性。

1. 高导热性

热管通过工作流体携带气化潜热来传递热量，与通过显热的增减传递热量相比，工质的传热能力大大提高，因此具有很高的导热能力。与相同外部尺寸的银、铜、铝等金属比，热管的传热量可高出三四个数量级甚至更高。例如，一根外径为 25 mm、蒸发段和冷凝段都是 1 m 的碳钢-水热管的导热能力是相同尺寸铜棒的 1 500 多倍。热管的高导热性体现在轴向，径向并无太大的改善（径向热管除外）。

2. 等温特性

热管工作时,管内的蒸气和液体处于饱和状态。由热力学可知,一定的饱和温度对应一定的饱和压力。忽略热管内压力的差别,热管内的温度是相同的,即使考虑到工作蒸气流动的压力降,温度的变化也是很小的,因而热管具有优良的等温性。热管等温炉就是利用热管的等温特性制成的,其轴向及径向温度偏差可小于 $\pm 0.1℃$。

3. 热流密度可变性

通过改变蒸发段和冷凝段的面积,可以在很大范围内调整热管吸热和放热的热流密度。利用热管的这个特性,可以把集中的热流分散处理,也可以把分散的热流集中使用。

4. 传热方向的可逆性

有芯热管内部循环动力是毛细力,因此热管的任意一端都可以作为蒸发段或者冷凝段。宇宙飞船和人造卫星在太空的温度展平就是利用热管的这个特性,先放热后吸热的化学反应器也利用了热管的这个特性。

5. 热二极管与热开关

所谓的热二极管就是只允许热流向一个方向流动,而不允许热流向相反的方向流动。重力热管实际上是一个热二极管,蒸发段只能在冷凝段的下方,只有当下端的温度高于上端时,工作蒸汽才能从下端流向上端。所谓的热开关是当热源温度高于某一温度时,热管开始工作,当热源温度低于该温度时,热管不传热。

6. 恒温特性

一般的热管随着加热量的变化,其内各部分的温度会随之变化,因为热管各部分的热阻随温度变化得很小。如果使蒸发段的热阻随着加热量的增加而降低,随着加热量减少而增加的话,热管在加热量变化的情况下仍然保持工作液体的蒸发温度不变化,这就是热管的恒温特性。可变热导热管就是利用了这个特性。

7.2　热管理论

7.2.1　毛细力与热管循环动力

1. 毛细现象与毛细力

众所周知,把一根细的管子插入液体,管中的液面会出现升高或下降的现象,这就是毛细现象。如图 7.4 所示。通常把能产生毛细现象的容器称为毛细管。导致毛细管内液面弯曲的原因是由于表面张力的作用。

表面张力是作用在两种介质(或者两种相)交接的薄层中的一种力,沿介质分界面的切向指向表面收缩的方向。毛细管中的液体和与之接触的固体以及其上的气体三者之中任意两种介质都存在表面张力。如图 7.5 所示,以三者交点处质点为研究对象,当处于平衡状态时,由静力学可知

$$\sigma_{v,s} = \sigma_{s,l} + \sigma_{l,v}\cos\theta \qquad (7.2)$$

式中,$\sigma_{v,s}$、$\sigma_{s,l}$、$\sigma_{l,v}$ 分别是毛细管中气体与固体、固体与液体、液体与气体在接触界面上的表面张力,N/m;θ 为固体和液体之间的表面张力与液体和气体之间的表面张力的夹角,称为接触角或浸润角,rad。

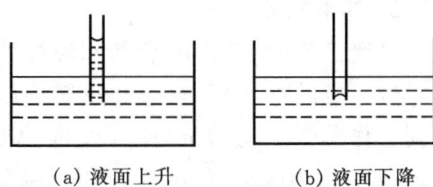

(a) 液面上升　　　　　(b) 液面下降

图 7.4　　毛细现象

当 $\sigma_{v,s} > \sigma_{s,l}$,即固体和液体之间的表面张力大于液体和气体之间的表面张力时,接触角 $\theta < \pi/2$,液体表面呈现凹弯曲形状,通常称为液体部分浸润固体表面,如图 7.5(a) 所示。当 $\sigma_{v,s} < \sigma_{s,l}$ 时,接触角 $\theta > \pi/2$,液体表面呈现凸弯曲形状,通常称为液体不浸润固体表面,如图 7.5(b) 所示。

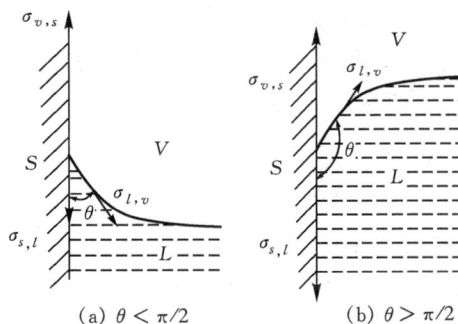

(a) $\theta < \pi/2$　　　　(b) $\theta > \pi/2$

图 7.5　　表面张力示意图

毛细管中液体的弯曲面两边存在一定的压力差。当弯曲液面为球面时,该压力差为

$$\Delta p = \frac{2\sigma}{R} \qquad (7.3)$$

式中,Δp 为弯曲液面两边的压力差,又称作毛细头。R 为球的半径,m。

下面以浸润壁面的液体为例,讨论毛细管中液面上升的问题。如图 7.6 所示,当毛细管刚插入液体时,由于弯曲液面两边压力差的存在,B 点的压力 $p_B = p_0 - \Delta p$,小于大气环境的压力 p_0。而毛细管外同样高度的的 C 点处的压力等于大气环境压力,为了达到力平衡,毛细管中的液面开始上升直至 B 点的压力与 C 点相同为止。达到平衡后 B 点的压

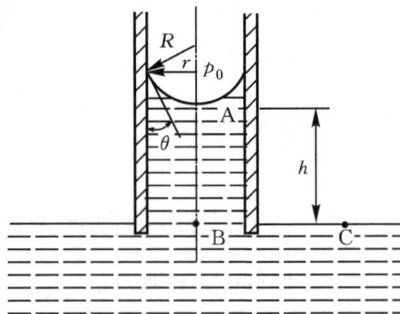

图 7.6　　毛细管弯曲液面压力差示意图

力满足

$$p_B = p_C = p_0 \tag{7.4}$$

$$p_B = p_A + \rho g h = p_0 - \Delta p + \rho g h = p_0 - \frac{2\sigma}{R} + \rho g h \tag{7.5}$$

式中，ρ 为液体密度，kg/m^3；h 为液柱高度，m。最右边的等式使用了球面弯曲液面的假设，这对于内径 r 很小的毛细管来说，是个合理的假设。

比较式(7.4)和式(7.5)得到毛细管中液面上升高度为

$$h = \frac{2\sigma}{\rho g R} = \frac{2\sigma \cos\theta}{\rho g r} \tag{7.6}$$

式中，r 为毛细管内径，$r = R\cos\theta$，m。

2. 热管循环推动力

图 7.7 为热管壳体与吸液芯纵剖面示意图。如图所示，热管中的吸液芯形成了插入工作液体的毛细管。由于蒸发和冷凝的作用，蒸发段弯曲液面的曲率半径比冷凝段的小。由式(7.3)可知，蒸发段和冷凝段的弯曲液面两边的压力差分别为

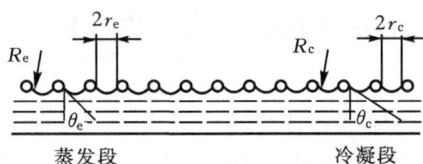

图 7.7　热管吸液芯毛细作用示意图

$$\Delta p_e = \frac{2\sigma}{R_e} = \frac{2\sigma \cos\theta_e}{r_e} \tag{7.7}$$

$$\Delta p_c = \frac{2\sigma}{R_c} = \frac{2\sigma \cos\theta_c}{r_c} \tag{7.8}$$

式中，下标 e、c 分别表示蒸发段和冷凝段参数。

于是，热管两端毛细头压差 Δp_{cap} 为

$$\Delta p_{cap} = \Delta p_e - \Delta p_c = 2\sigma \left(\frac{\cos\theta_e}{r_e} - \frac{\cos\theta_c}{r_c} \right) \tag{7.9}$$

这就是热管工作流体循环的推动力。当 $\theta_e = 0℃$、$\theta_c = 90℃$ 时，Δp_{cap} 有最大值

$$\Delta p_{cap} = \left(\frac{2\sigma}{r_c} \right) \tag{7.10}$$

考虑到热管中的吸液芯结构的差异，如果各种结构都用上式来表示毛细头压差，那么我们称 r_c 为有效毛细半径。常见吸液芯结构的有效毛细半径列于表 7.1。

表 7.1　常见吸液芯结构的有效毛细半径

吸液芯结构	有效毛细半径 r_c	变量说明
圆柱形毛细孔	$r_c = r$	r 为毛细孔半径
矩形沟槽	$r_c = W$	W 为沟槽宽度
三角形沟槽	$r_c = \dfrac{W}{\cos\beta}$	W 为沟槽宽度 β 为 1/2 顶角
圆形沟槽	$r_c = W$	W 为沟槽宽度
平行丝线芯	$r_c = W$	W 为线间距
丝网芯(多层)	$r_c = \dfrac{W+d}{2}$	W 为网丝间距 d 为网丝直径
填充球(烧结芯)	$r_c = 0.41 r_s$	r_s 为颗粒半径

7.2.2　热管内工质流动的压力降

热管两端毛细头压差,除了克服重力对流动产生的压力降外,主要用来克服工作蒸气从蒸发段流向冷凝段的压力降 Δp_v 和工作液体从冷凝段流向蒸发段的压力降 Δp_l。

1. 吸液芯中工作液体流动的压力降

热管内吸液芯中液体的流动一般为层流。对于层流,根据哈根-泊肃叶(Hagen-Poiseuille)公式,不可压缩流体在稳定状态下流过圆形截面管道的压力降为

$$\Delta p = \frac{8\eta l q_m}{AR^2 \rho} \tag{7.11}$$

式中,η 为流体的粘度,Pa·s;l 为管道长度,m;A 为圆管横截面积,m²;R 为圆管半径,m;ρ 为流体的密度,kg/m³;q_m 为流体质量流量,kg/s。

吸液芯的流道非常复杂,不是简单的圆形,考特对上式进行了修正,提出了热管内吸液芯多孔物质中液体流动的压力降计算公式

$$\Delta p_l = \frac{\eta_l l q_m}{\pi (r_o^2 - r_i^2) K \rho_l} \tag{7.12}$$

式中,r_o、r_i 分别为吸液芯的外径和内径,K 为吸液芯的渗透率,其定义为

$$K = \frac{\varepsilon r_{hl}^2}{b} \tag{7.13}$$

式中,b 为与流动情况有关的无因次常数,一般为 $10 \sim 20$,对于彼此不连通的圆形直孔,$b = 8$;ε 为吸液芯的空隙率,等于吸液芯的空隙容积与总容积的比;r_{hl} 为吸液芯的有效毛细水力半径,其定义为

$$r_{hl} = \frac{2A_1}{c_1} \tag{7.14}$$

式中，A_1、c_1 分别为液体流道的横截面积和湿润周长，m^2 和 m。例如，对圆柱形毛细孔，其有效毛细水力半径为毛细孔的半径。

如果详细知道液体在吸液芯中的流动情况，无因次常数 b 可以按下式计算

$$b = \frac{Re_1 f_1}{2} \tag{7.15}$$

式中，Re_1、f_1 分别为吸液芯中工作液体流动的雷诺数和阻力系数。

如果考虑重力影响，式(7.12)的微分形式可以表示为

$$\frac{dp_1}{dx} = \rho_1 g \sin\varphi - \frac{\eta_1 q_m(x)}{\pi(r_o^2 - r_i^2)K\rho_1} \tag{7.16}$$

式中，φ 为热管轴线与水平方向的夹角。

也可以用达西定律表示热管中液体的压力降

$$\Delta p_1 = \frac{\eta_1 l_{eff} q_m}{\pi(r_o^2 - r_i^2)\varepsilon \cdot K\rho_1} \tag{7.17}$$

式中，l_{eff} 为热管的有效长度，m。对均匀加热和冷却的热管，$l_{eff} = l_e/2 + l_a + l_v/2$，$l_e$、$l_a$、$l_v$ 分别为蒸发段、绝热段和冷凝段的长度。

2. 热管内蒸气流动的压力降

热管正常工作时，蒸气流动的质量流量等于同一轴向位置上的液体的质量流量。由于蒸气的密度远远比液体的密度小，所以蒸气的流速远大于液体，其流动状态可以呈现层流、也可以呈现湍流。同时，由于蒸发和冷凝的作用，在蒸发段和冷凝段，蒸气除了轴向流动还存在径向流动，大大增加了流动的复杂性。一般来讲，热管内蒸气流动的压力降按蒸发段、绝热段和冷凝段分别考虑，即

$$\Delta p_v = \Delta p_{ve} + \Delta p_{va} + \Delta p_{vc} \tag{7.18}$$

对于无绝热段的热管，在径向雷诺数 $Re_r \leqslant 1$ 时，热管中蒸气流动压力降为

$$\Delta p_v = -\frac{4\eta_v l Q}{\pi \rho_v r_v^4 h_{fg}} \tag{7.19}$$

式中，r_v 为蒸气腔半径，m；h_{fg} 为液体的气化潜热，J/kg。

在径向雷诺数 $Re_r > 1$ 时，热管中蒸发段和冷凝段的蒸气流动压力降分别为

$$p_{ve} = \frac{Q^2}{8\rho_v r_v^4 h_{fg}^2} \tag{7.20}$$

$$p_{vc} = \frac{Q^2}{2\pi^2 \rho_v r_v^4 h_{fg}^2} \tag{7.21}$$

当存在绝热段时，绝热段内径向雷诺数 $Re_r \approx 0$，当轴向雷诺数 $Re < 1\,000$ 时，其流动可视为层流，绝热段蒸气流动压力降可用式(7.11)计算。当轴向雷诺数

$Re > 1\,000$ 且 $l_a > 50r_v$ 时,其流动为湍流,压力降为

$$\frac{\mathrm{d}p_v}{\mathrm{d}x} = -\frac{0.065\,5\eta_v^2}{\rho_v r_v^3}Re^{7/4} \tag{7.22}$$

7.2.3 热管的热量传递

如前所述,从热源到冷源,热管的热量传递总共经历 7 个环节。实际上,热管从高温热源到低温热源的换热除了通过上述环节外,还有从蒸发段的管壁到冷凝段管壁间的轴向导热。从热阻的角度分析,热管传热的热阻图如图 7.8 所示。

下面分别分析各个环节的换热热阻。

如果只考虑对流换热,高温热源与热管蒸发段外壁间的换热热阻为

$$R_1 = \frac{1}{A_{eo}h_1} \tag{7.23}$$

式中,A_{eo} 为热管蒸发段外壁面积,m^2;$A_{eo} = \pi d_o l_e$,d_o 为热管外径,m;h_1 为高温热源与外壁间的表面传热系数,$W/(m^2 \cdot K)$。

图 7.8　热管热阻示意图

热管蒸发段固体壁面的导热热阻为

$$R_2 = \frac{1}{2\pi\lambda l_e}\ln\left(\frac{d_o}{d_i}\right) \tag{7.24}$$

式中,λ 为管壁材料的导热系数,$W/(m \cdot K)$;d_i 为热管内径,m。

热管蒸发段的沸腾换热热阻为

$$R_3 = \frac{1}{A_{ei}h_3} \tag{7.25}$$

式中,A_{ei} 为热管蒸发段内壁面积,$A_{ei} = \pi d_i l_e$;h_3 为蒸发段沸腾换热的表面传热系数。

热管蒸发段与冷凝段之间的换热是借助于蒸气分子的质量传输而实现热量传输的。由于蒸气流动的压差很小,两段之间的温差就很小,可以近似认为该过程是等温的。所以,在该环节的换热热阻 R_4 可以忽略不计。

热管冷凝段的冷凝换热热阻为

$$R_5 = \frac{1}{A_{ci}h_5} \tag{7.26}$$

式中,A_{ci} 为热管冷凝段内壁面积,$A_{ci} = \pi d_i l_c$;h_5 为冷凝段冷凝换热的表面传热系数。

热管冷凝段固体壁面的导热热阻为

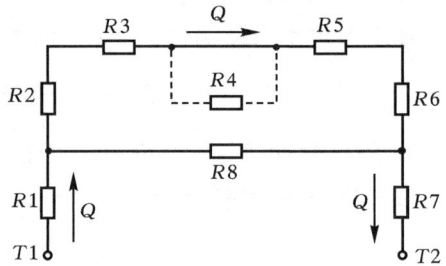

$$R_6 = \frac{1}{2\pi\lambda l_c} \ln\left(\frac{d_o}{d_i}\right) \tag{7.27}$$

如果只考虑对流换热,热管冷凝段外壁与低温热源间的换热热阻为

$$R_7 = \frac{1}{A_{co}h_7} \tag{7.28}$$

式中,A_{co} 为热管冷凝段外壁面积,$A_{co} = \pi d_o l_c$。h_7 为低温热源与外壁间的表面传热系数。

对于热管管壁的轴向导热,由于管壁一般都很薄,即使是金属,其换热热阻与其他环节热阻相比也要大得多,可以认为其热阻 R_8 为无穷大。换句话讲,从热管管壁的轴向传热量可以忽略不计。

表 7.2 列出了碳钢-水热管各项热阻值的数量级。热管的主要尺寸为:内径 $d_o = 21$ mm,外径 $d_i = 25$ mm,蒸发和冷凝段长度 $l_e = l_c = 1$ m。从表中可以看出,热管传热的主要热阻环节是热管外壁与高、低温热源之间的换热。

表 7.2　热管各热阻的近似值　　　　单位:$m^2 \cdot K(W)^{-1}$

热阻	R_1	R_2	R_3	R_4	R_5	R_6	R_7
数量级	$10^{-1} \sim 10^{-2}$	10^{-4}	10^{-3}	10^{-7}	10^{-3}	10^{-4}	$10^{-1} \sim 10^{-2}$

对于有吸液芯的热管,在热管壁面的导热热阻与相变换热热阻之间还需加入吸液芯-液体组合层的热阻。

7.2.4　热管的传热极限

热管虽然具有很强的传热能力,但是其热量传递会受到结构尺寸、工作条件、传热和流动条件,如:工作介质选择、吸液芯结构、传热温差、热流密度、流动阻力、毛细压差等的限制。这种由于热管内部因素不能使热管传热能力提高的各种限制条件,形成了热管的"工作极限",或称之为"传热极限"。在工作极限点,与之相对应的热流量称之为极限热流量。图 7.9 为热管的传热极限示意图,它描述了极限热流量随工作温度的变化情况。热管正常工作范围只能在由各条传热极限形成的包络线 ABCDEFGH 之内。下面简单介绍一下各种传热极限。

1. 连续流动传热极限

热管管内蒸气的流动通常是连续的。但是,随着热管尺寸减小,到一定程度,管内蒸气的流动可能不满足连续介质模型假设。这时,热管的传热能力将会受到很大的限制,沿长度方向将存在着很大的温度梯度,热管也由此失去其作为高效传热设备的优势。一般把热管中蒸气流动从连续流动转变到稀薄或自由分子流动的温度称为转变温度。在低于转变温度下工作的热管会遇到连续流动传热极限,热管将失

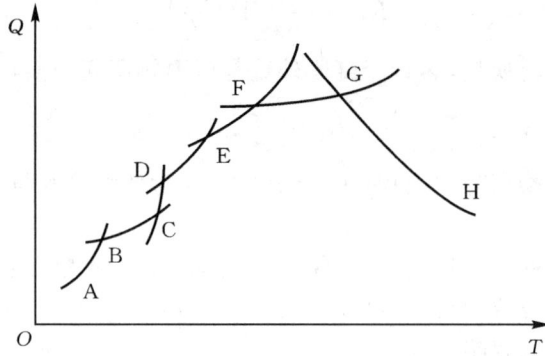

图 7.9　　热管的传热极限示意图

AB— 连续流动传热极限；BC— 冷冻启动传热极限；CD— 粘性传热极限；

DE— 声速传热极限；EF— 携带传热极限；FG— 毛细传热极限；GH— 沸腾传热极限

去其等温性。例如，在直径为 80 μm 的圆柱形小蒸气空间内，水的转变温度约为 50℃，在这种情况下，水作为工质的微型热管明显不适合冷却工作温度低于 50℃ 的电子设备。

2. 冷冻启动传热极限

热管是利用工质气-液相变传递热量的，在正常的工作状态下，热管中的工质处于气态或者液态。对于高温热管，在高温下实现气-液相变的工质在室温时可能处于固态。在这种情况下，热管启动之前，热管的内部基本为真空。当蒸发段开始加热后，蒸发段的温度逐渐上升并导致工质液化进而气化。气化的蒸气从蒸发段流向冷凝段，在冷凝段凝结。由于冷凝段尚处于室温，蒸气可能凝固成为固体，不能回流到蒸发段。同时，因为热管的轴向导热，固体也可能溶解回流至蒸发段。这两种过程决定了热管能否成功启动。当出现工质不能回流至蒸发段时，蒸发段将出现干涸现象，热管达到了冷冻启动传热极限。

3. 粘性传热极限

蒸气在热管中流动时，由于粘性力的作用，总会有压力降。当蒸气压力在热管冷凝段降低到零时，其传热量将达到一个极限。例如，用液态金属做工质的热管，因为其气体粘度较大，在较低的温度下工作时，可能遇到粘性传热极限。粘性传热极限又称为蒸汽传热极限。

热管的粘性传热极限热流量 $Q_{vi,max}$ 可以表示为

$$Q_{vi,max} = \frac{d_v^2 h_{fg}}{64\eta_v l_{eff}} \rho_v p_v A_v \tag{7.29}$$

式中，d_v、A_v 分别为热管蒸气腔的内径和面积；p_v 为工作温度对应的饱和蒸气压。

4. 声速传热极限

当热管中蒸气流动的马赫数较高时，特别是蒸气流速接近声速时，必须考虑蒸气的压缩性。例如高温液态金属热管，启动时蒸气密度小，流速大，惯性力和可压缩性不能忽略。此时热管蒸气的流动与拉伐尔缩放喷管中的气体流动十分类似，不同的是拉伐尔缩放喷管是在质量流量不变的情况下，通过改变流道横截面积引起蒸气流速的变化，而热管是在流道横截面积不变的情况下，通过改变质量流量引起蒸气流速的变化。在蒸发段，蒸气流量沿长度方向不断增加，而其截面不变，蒸气不断加速，压力不断降低，这类似于拉伐尔缩放喷管的收缩段。在蒸发段末端，流速达到最大值，压力降低为最小值。在冷凝段，蒸气流量沿长度方向不断减小，流速也不断降低，压力逐渐回升，这类似于拉伐尔缩放喷管的扩张段。图 7.10 为凯米（Kemme）在一根钠热管进行的实验结果。因为热管中蒸气可近似认为处于饱和状态，饱和温度值与饱和压力值一一对应，所以凯米在不同传热量下测量热管的轴向温度分布来近似描述压力分布。

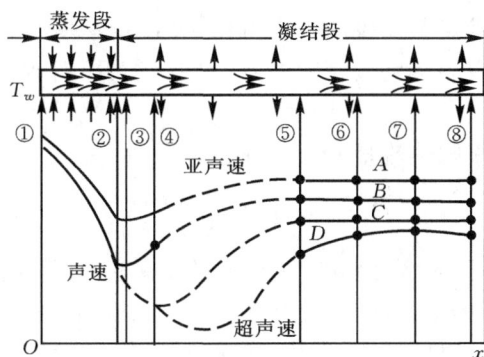

图 7.10　热管内蒸气流动的温度分布

图中曲线 A 表示亚声速流动工况。在蒸发段：开始（1 点）蒸气流速为零，随后由于液体不断蒸发，蒸气流量和流速逐渐增加，壁温逐渐下降；出口（2 点）蒸气流速达到最大，温度降到最低。在冷凝段的情况刚好相反：由于蒸气不断冷凝，蒸气流量和流速逐渐减少，壁温又逐渐回升。如果进一步加强凝结段散热，则蒸气凝结速度加快，蒸气压力降低，如图曲线 B 所示。当蒸发段出口处蒸气流速达到当地声速，也即处于临界状态，相当于拉伐尔缩放喷管的喉部，将出现所谓的"阻塞"现象。此时，即使再加强冷凝段的散热，也只能使冷凝段温度降低，而蒸发段的温度分布不发生变化，因此热流量也保持恒定不变，如图曲线 C 和 D 所示。由于热管中蒸气流速在蒸发段出口达到声速而限制了热量传递的现象称为声速传热极限。热管中出现声速传热极限,不能增加热流量的同时还可能产生了很大的轴向温度梯度变化(如图中曲线 D),影响了热管的等温特性。

如果假设热管中的蒸气是一维流动,忽略摩擦的影响并认为蒸气遵循理想气体性质,声速传热极限热流量 $Q_{s,max}$ 为

$$Q_{s,max} = A_v \rho_v h_{fg} \left[\frac{\gamma_v R_g T_v}{2(\gamma_v + 1)} \right]^{1/2} \tag{7.30}$$

式中,R_g、γ_v 分别为蒸气的气体常数和理想气体比热比,J/kg·K。T_v、ρ_v 分别为蒸发段入口处蒸气温度和密度。根据理想气体的性质,单原子、双原子和多原子蒸气的比热比分别为 5/3、7/5 和 9/7。

5. 携带传热极限

热管中的蒸气和回流液体是直接接触的,存在于气液交界面处的剪切力会导致液体自由表面上产生波浪。随着蒸气流速的增大,两相之间的相互作用也增大,自由表面的波动幅度也变大。当蒸气流速增加到一定程度时,处于波峰的液体将被蒸气夹带反向流回冷凝段,削弱了热管的传热。当被夹带的液体足够多时,流回蒸发段的液体的量不能满足蒸发段的需求,最终导致蒸发段干涸,热管达到了携带传热极限。此时,可以观察到蒸发段管壁温度会突然上升,听到携带液体撞击冷凝段端盖发出的声音。

热管的携带传热极限热流量 $Q_{e,max}$ 为

$$Q_{e,max} = A_v h_{fg} \left(\frac{\rho_v \sigma}{2 r_{hs}} \right)^{1/2} \tag{7.31}$$

式中,r_{hs} 为吸液芯表面孔的水力半径。对于丝网吸液芯,r_{hs} 等于网丝间距的 1/2;对于槽道式吸液芯,r_{hs} 等于槽道的宽度;对于填充球吸液芯,r_{hs} 等于球半径乘以 0.41。

在重力热管中,携带极限时常发生,极大地限制了热管的传热。在毛细力推动的各种热管中至今还未观察到携带传热极限的现象,可能是因为毛细结构会阻止液体表面波浪的生成和发展的原因。

6. 毛细传热极限

热管工作的动力来源于吸液芯所提供的毛细压差 Δp_{cap},它主要用来克服蒸气从蒸发段流向冷凝段的压力降 Δp_v、工作液体从冷凝段流向蒸发段的压力降 Δp_1以及重力场的影响。随着热管热负荷的增大,流体流速增大,Δp_v 和 Δp_1 随之增大。当热负荷达到一定程度,毛细力作用抽回的液体不足以满足蒸发所需的量时,导致蒸发段干涸。此时,蒸发段管壁温度会逐渐上升,严重时甚至出现烧坏热管的现象。这就是所谓的毛细传热极限,毛细传热极限又称为流体动力极限传热。

热管的毛细传热极限由式(7.1)确定,该式应用时要根据具体的情况做必要的变

化。例如,如果热管的吸液芯结构径向是沟通的,并且工作在重力场中,式(7.1)改写为

$$\Delta p_{\text{cap}} \geqslant \Delta p_1 + \Delta p_v + \Delta p_{\text{d,g}} \pm \Delta p_g \tag{7.32}$$

式中,$\Delta p_{\text{d,g}}$ 为热管在直径方向上重力所产生的压力降。显然,$\Delta p_{\text{d,g}}$ 可表示为

$$\Delta p_{\text{d,g}} = \rho_1 g d_v \cos\varphi \tag{7.33}$$

工程上,热管中液体和蒸气的流动一般为不可压缩的层流。这种情况下,毛细传热极限热流量 $Q_{\text{c,max}}$ 可以通过下式计算。

$$Q_{\text{c,max}} = \frac{\dfrac{2\sigma}{r_c} - \rho_1 g d_v \cos\varphi \pm \rho_1 g l \sin\varphi}{(F_1 + F_v) l_{\text{eff}}} \tag{7.34}$$

式中,F_1 和 F_v 分别为液体和蒸气流动的摩擦系数。

$$F_1 = \frac{\eta_1}{K A_w \rho_1 h_{\text{fg}}} \tag{7.35}$$

当 $Re_v \leqslant 2\,300$,马赫数 $M_v \leqslant 0.2$ 时

$$F_v = \frac{8\eta_v}{A_v r_{\text{hv}}^2 \rho_v h_{\text{fg}}} \tag{7.36}$$

当 $Re_v \leqslant 2\,300$,马赫数 $M_v \geqslant 0.2$ 时

$$F_1 = \frac{8\eta_v}{A_v r_{\text{hv}}^2 \rho_v h_{\text{fg}}} \left(1 + \frac{\gamma_v - 1}{2} M_v^2\right)^{-1/2} \tag{7.37}$$

蒸气的雷诺数 Re_v 和马赫数 M_v 分别为

$$Re_v = \frac{2 r_{\text{hv}} Q}{A_v \eta_v h_{\text{fg}}} \tag{7.38}$$

$$M_v = \frac{Q}{A_v \rho_v h_{\text{fg}} \sqrt{\gamma_v R_v T_v}} \tag{7.39}$$

上述计算公式中,r_{hv} 为蒸气腔的水力半径,A_w、A_v 分别为吸液芯中液体流通截面积和蒸气腔截面积。吸液芯中液体流通截面积 A_w 可表示为

$$A_w = \pi(r_w^2 - r_v^2)\varepsilon \tag{7.40}$$

式中,r_w 和 r_v 分别为吸液芯外径和蒸气腔内半径。

7. 沸腾传热极限

热管蒸发段的径向传热是通过管壁和吸液芯完成的。在低热流量下,吸液芯中液体的相变表现为气液分界面上的蒸发;在高热流量下,液体的相变过程同时还表现为液体内部的沸腾。当有沸腾现象时,如果沸腾产生的气泡能顺利排出吸液芯,则传热可以增强;如果沸腾产生的气泡造成吸液芯毛细孔的堵塞,造成吸液芯局部干涸,传热能力下降。这就是所谓的沸腾传热极限。显然,由于沸腾是在温度达到了饱和温度时才发生,热管的沸腾传热极限与工作介质有很大关系。对高导热性能的液态金属,一般情况很难达到沸腾传热极限;对于有机工质或水,在不太大的的径

向热流密度下都可以达到沸腾传热极限。需要说明的是,热管在冷凝段的径向传热并不存在类似的传热极限,因为冷凝段液体处于过冷状态,径向热流密度的大小不会造成工质循环的破坏。

根据传热学核态沸腾理论,不难得到沸腾传热极限热流量 $Q_{b,max}$ 为

$$Q_{b,max} = \frac{2\pi l_e \lambda_{eff} T_v}{h_{fg}\rho_v \ln(r_i/r_v)} \left(\frac{2\sigma}{r_b} - \Delta p_c \right) \tag{7.41}$$

式中,λ_{eff} 为浸满液体吸液芯的有效导热系数;r_b 为气泡生成临界半径(可近似取 2.54×10^{-7} m);r_i 为管壳的内半径。

7.3　热管的设计

由于热管用途广泛,根据不同的需要热管有不同的设计要求。一般来讲,热管设计主要包括工作温度的确定,工作流体的选择,吸液芯的选择以及壳体材料的选择。

7.3.1　热管工作温度的确定

热管的工作温度是指热管在正常工作条件下蒸气腔中蒸气的温度,它主要由热管的工作环境确定。假如热管传递的热流量为 Q,热源和冷源的温度分别为 T_1 和 T_2,蒸发段和冷凝段的热阻分别为 R_e 和 R_c,则有

$$Q = \frac{T_1 - T_v}{R_e} = \frac{T_v - T_2}{R_c} \tag{7.42}$$

$$T_v = \frac{1}{2}(T_1 + T_2) + \frac{1}{2}Q(R_c - R_e) \tag{7.43}$$

式中,T_v 为热管的工作温度,K。热管实际运行并非总是在设计工况下,所以设计时应考虑热管在一定范围内工作温度的变化。

不难看出,热管的工作温度除了与热、冷源的温度和传热量有关外,还与蒸发段和冷凝段的传热热阻有关。在设计热管时,可以通过调整蒸发段和冷凝段的热阻来合理设计热管的工作温度。

实际中热管的工作温度分布很广,可以在 $-200 \sim 2\,000$℃ 的温度范围内使用热管传热。

7.3.2　热管工作流体的选择

热管是依靠工作流体的相变和流动来传递热量的,所以工作流体的选择至关重要。工作流体的选择主要考虑:应有适当的饱和性质,适应的工作温度;优良的热物理性质,满足传热和流动的要求;稳定的化学性质,与壳体、吸液芯等材料相容。另外,工作流体还应考虑经济性、环保性、安全性等。

为了保证工作流体的流动性,热管的工作温度范围应该介于工作流体的凝固点和临界点之间。表 7.3 给出了一些热管常用工质的基本性质。当工作温度接近凝固点时,热管内工质的饱和压力过低,密度较小,蒸气流速较大,会产生较大的蒸气压降,进而产生较大的温差,同时还会受到粘性、声速和携带等传热极限的限制。当工作温度接近临界点时,热管内工质的饱和压力过高,提高了对热管材料的要求。对于给定工作条件的热管,应根据工作温度和对应的饱和压力综合考虑选择工作流体。例如,对中、低温热管工作温度最好选在工质的标准沸点附近。

表 7.3　一些常用热管工质的基础性质

工质	凝固点 /K	标准沸点 /K	临界温度 /K	临界压力 /kPa
氨气	194.95	239.82	405.40	11 333
R11	162.72	296.80	471.15	4 466
R22	114.00	313.30	369.20	4 980
乙烷	101.00	184.60	305.30	4 900
R113	238.15	320.42	487.30	3 379
丙酮	178.70	329.30	508.00	4 800
甲醇	176.00	337.80	513.00	8 100
乙醇	155.90	351.70	516.20	6 300
苯	278.65	353.30	562.00	4 890
水	273.20	373.17	647.30	22 064
导热姆 A	285.15	531.00	770.15	3 060
汞	234.30	629.81	1 735.00	110 000
萘	353.42	491.15	751.65	3 923
钠	370.96	1 156.00		

工作流体的热物理性质对热管的传热能力有着极其重要的影响,这种影响可以通过工质的传输系数加以反映。工质的传输系数 N 为

$$N = \frac{\sigma \rho_1 h_{fg}}{\eta_1} \tag{7.44}$$

一般来讲,工质的传输系数越大,热管的毛细传热极限就越高,热管的载热能力就越大。图 7.11 为一些工质的传输系数。工质的传输系数在标准沸点附近有一个最大值,设计时应使热管的工作温度处在 N 值最大的附近。

热管的工作流体应该具有稳定的化学性质。工质在工作温度范围内不变质、不分解,与管壳材料、吸液芯材料不发生化学反应,不产生不凝性气体和沉淀物。采用热稳定性较差的有机物作为工作流体的热管,在较高工作温度时,工质可能发生分解反应形成不同的组分,破坏热管的性能,在与热管材料不相容的情况下,甚至破

坏热管的正常工作。

当满足热管工作的需要，具有良好的物理和化学性质的工质，还应考虑其安全性、经济性等问题。热管工质最好不易燃烧、不易爆炸、无毒性，且供应充足，经济实惠，方便灌注。

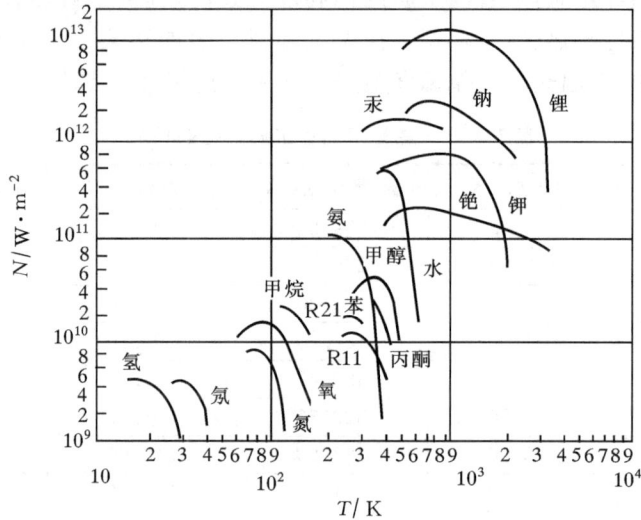

图 7.11　常用热管工质的传输系数

对于中常温热管，水是最理想的工质。因为水的热物理性质、化学稳定性、安全性、经济性都很好。目前，应用水作为工质流体的热管工作温度范围分布广泛，从 $50 \sim 320 \, ℃$ 都有。在工作温度 $250 \sim 450 \, ℃$ 范围内，萘是一种很好的工质，它的热稳定性好，临界压力较低，与碳钢等材料相容。

7.3.3　热管吸液芯的选择

吸液芯是热管中为工作流体循环流动提供通道和毛细驱动力的部件。合理选择吸液芯是一个复杂问题，总的原则是在能满足传热要求的基础上尽量选择简单的结构。从传热的角度出发，热管应具有小的有效毛细半径，以提供最大的毛细压力；应具有大的渗透率，以减少回流液体的压力损失；应具有小的导热热阻，以减少径向导热阻力。前述的复合和干道等复杂结构的吸液芯就是为了尽量满足这些要求，但同时也增加了制造的难度。从实用的角度出发，吸液芯应具有良好的相容性、润湿性、工艺重复性、结构简单、价格低廉等。

7.3.4　热管壳体材料的选择

热管的壳体材料的选择主要考虑以下因素。

（1）相容性。热管材料的相容性是指构成热管的各种材质之间，以及材质与工作流体和环境介质之间是否发生化学、电化学反应或者溶解、溶化等物理过程。如果热管材料不相容，则会出现壳体、管芯被腐蚀，或者工作流体变质，形成不凝性气体或固体沉淀物等现象。表 7.4 给出了一些热管材料与工作流体相容性实验结果。当然，随着科学技术的进步，热管材料与工作流体的不相容性也可以得到解决。例如，碳钢-水热管具有热物理性质好、制作工艺简单、耐压性好、强度高、造价低廉等特点，但是碳钢和水不相容。近年来，采用碳钢表面钝化处理、磷化处理、相容材料镀层或涂层、加入缓蚀剂等方法基本上解决了碳钢与水的不相容性问题。

表 7.4　热管材料与工作流体的相容性

工作流体	相容材料	不相容材料
水	铜、硅、镍、钛	铝、碳钢、不锈钢 1Cr18Ni9Ti
氨	铝、碳钢、不锈钢、铁、镍	铜
甲醇	不锈钢、铁、铜、黄铜、镍、二氧化硅	
丙酮	铝、不锈钢、铜、黄铜	
R11	铝、不锈钢、铜	
导热姆 A	铝、碳钢、铜、二氧化硅	
导热姆 E	不锈钢、铜	铝、碳钢、黄铜
联苯	碳钢、不锈钢、铝、黑铁	
萘	碳钢、铝	
汞	不锈钢	镍、钽、钼、钛

（2）导热性能。壳体材料的导热系数要尽可能地大，壁面要尽可能地薄，以减少热管径向热阻。金属材料热管的导热性能一般都很好，但有时热管需具有电绝缘等特殊要求，壳体材料的选用要特别注意其导热性能。

（3）机械性能。材料的机械性能要满足国家有关标准的规定，有足够的强度和刚度，有良好的机械加工性能和焊接性能。尤其是在高温条件下工作的热管，需要进行强度校核。热管的焊接和装配也要注意，不能出现焊缝裂纹或者不合理装配。

（4）实用性能。热管材料要有充足的供应源和良好的经济性。对于中、低温热管，壳体材料一般选用不锈钢、碳钢、铜、铝、铝合金、镍及镍铬钢。对于高温热管，常用的壳体材料有不锈钢、镍、铌镐合金、钼合金等。

7.3.5　热管的设计计算

确定了热管的工作温度,选择了热管的工作流体、吸液芯和壳体材料后,进行热管的设计计算。热管的设计计算包括管径设计计算、管壁设计计算、端盖设计计算、吸液芯设计计算、毛细传热极限核算和其他一些核算等。下面就以普遍采用的圆管为例来描述热管的设计计算。

1. 管径设计计算

管径设计的基本原则是管内蒸气的流动马赫数不超过 0.2。当马赫数小于 0.2 时,蒸气流动可视为不可压缩流动。由式(7.39)可知

$$A_v = \frac{Q}{0.2\rho_v h_{fg} \sqrt{\gamma_v R_v T_v}} \tag{7.45}$$

所以,热管蒸气腔管径为

$$d_v = \left(\frac{20Q}{\pi\rho_v h_{fg} \sqrt{\gamma_v R_v T_v}}\right)^{1/2} \tag{7.46}$$

蒸气腔的直径应该大于该数值,就不会出现声速传热极限。

2. 管壁设计计算

热管管壁设计计算主要是确定管壁的厚度,管壁的厚度主要由热管承受的压力和材料的强度来决定。

通常把确定管壁厚度的压力称为设计压力,设计压力一般取稍高于热管工作温度所对应的饱和压力。但对于低温热管,其常温存放和焊接时的工作流体压力往往远高于工作压力,此时设计压力应取最大的压力值。

通常把热管工作过程中可能达到的最高或者最低(指 − 20℃ 以下)的壁面温度称为设计温度。

热管管壁厚度可按下式计算:

$$\delta = \frac{pd_i}{2[\sigma]\varphi - p} + C \tag{7.47}$$

式中,p 为设计压力;d_i 为管子的内径;$[\sigma]$ 为设计温度下管材的许用应力,Pa;φ 为焊缝系数,它与焊接方式有关,一般取 0.75 ~ 1.0;C 为腐蚀裕度,可表示为

$$C = \frac{0.15pd_i}{2[\sigma]\varphi - p} + 0.5 \tag{7.48}$$

表 7.5 给出了各种常用钢管许用应力。在缺乏数据的情况下,可以直接使用材料的许用应力进行计算,表 7.6、表 7.7 分别给出了铜和铝的许用应力。

表 7.5　　不同温度下钢管的许用应力　　　　　　　　MPa

钢号	钢管标准	壁厚/mm	≤20℃	100℃	150℃	200℃	250℃	300℃	350℃	400℃	425℃	450℃	475℃
10	GB6479	≤16	112	112	108	101	92	83	77	71	69	61	41
		17～40	112	110	104	98	89	79	74	68	66	61	41
20G	GB6479	≤16	137	137	132	123	110	101	92	86	83	61	41
		17～40	137	132	126	116	104	95	86	79	78	61	41
16Mn	GB6479	≤16	163	163	163	159	147	135	126	119	93	66	43
		17～40	163	163	163	153	111	129	119	116	93	66	43
12CrMo	GB6479	≤16	128	113	108	101	95	89	83	77	75	74	72
		17～40	122	110	104	98	92	86	79	74	72	71	69
0Cr18Ni10Ti	GB13296	≤13	137	137	137	130	122	114	111	108	106	105	104
	GB/T14976	≤18	137	114	103	96	90	85	82	80	79	78	77
00Cr19Ni10	GB13296	≤13	118	118	118	110	103	98	94	91	89		
	GB/T14976	≤18	118	97	87	81	76	73	69	67	66		

表 7.6　　不同温度下铜的许用应力　　　　　　　　MPa

温度/℃	120	121～140	141～160	161～180	181～200	201～230	231～250
许用应力(拉伸)	44.12	41.10	39.20	37.24	35.28	31.30	29.40
许用应力(弯曲)	46.06	43.12	41.16	39.20	37.24	35.28	32.34

表 7.7　　不同温度下铝的许用应力　　　　　　　　MPa

温度/℃	30	31～60	61～80	81～100	101～120	121～140	141～160	141～160	141～160
许用应力(拉伸)	1 500	1 400	1 300	1 200	1 050	900	750	600	450
许用应力(弯曲)	2 500	2 250	2 000	1 750	1 500	1 250	1 000	750	500

在已知管径和壁厚的情况下,热管最大允许工作压力的校核公式为

$$[p] = \frac{2[\sigma]\varphi(\delta - C)}{d_i + (\delta - C)} \tag{7.49}$$

3. 端盖设计计算

如果把热管端盖视为平板盖的话,其壁厚 δ 可设计为

$$\delta = d_i \sqrt{\frac{0.35p}{[\sigma]\varphi}} \tag{7.50}$$

4. 吸液芯设计计算

吸液芯设计的总原则是毛细传热极限热流量计算公式(7.34)

$$Q_{c,\max} = \frac{\dfrac{2\sigma}{r_c} - \rho_1 g d_v \cos\varphi \pm \rho_1 g l \sin\varphi}{(F_1 + F_v)l_{eff}} \tag{7.34}$$

从上式可以看出影响热流量的主要因素是毛细压力和液体流动压力降。增加吸液芯的渗透率和横截面积可以减少液体流动压力降,进而提高热流量。但是增加吸液芯的渗透率会使毛细压力下降,增加横截面积可使径向热阻增大,不利于传热。考虑工程实用性,吸液芯的设计思想应该是根据情况全面权衡,根据问题有所侧重。下面就以目前就常用的丝网吸液芯为例阐明吸液芯的设计计算。

首先根据热管使用需要的长度和倾角确定热管中液体静压力

$$p_g = \rho_1 g (d_v \cos\varphi + l \sin\varphi) \tag{7.51}$$

初步设计最大毛细压力值 Δp_{cap} 为液体静压力的 2 倍。那么根据式(7.10)可得吸液芯的有效毛细半径为

$$r_c = \left(\frac{2\sigma}{\Delta p_{cap}}\right) \tag{7.52}$$

然后由表 7.1 求取丝网的目数 N

$$N = \frac{1}{d + W} = \frac{1}{2r_c} \tag{7.53}$$

最后求取吸液芯的厚度。忽略蒸气的摩擦压降,由式(7.34)和式(7.35)可得到

$$A_w = \frac{l_{eff}Q_{c,\max}\eta_1}{\left(\dfrac{2\sigma}{r_c} - p_g\right)K\rho_1 h_{fg}} \tag{7.54}$$

吸液芯的厚度 δ 为

$$\delta \approx \frac{A_w}{\pi d_i} \tag{7.55}$$

5. 毛细传热极限核算

根据吸液芯的厚度可求得热管蒸气腔的直径 d_v,吸液芯液体流通截面积 A_w、液体流动压力降 F_1 和蒸气流动压力降 F_v 等。然后根据式(7.34)求得毛细传热极限热流量,如果不满足设计要求,修改丝网设计参数并重新计算。

6. 其他核算

核算流动的 Re 数,是否满足层流条件。核算其他传热极限热流量,是否满足设计要求。

7.3.6　热管的设计举例

要求设计一根在地面使用的标准热管,有关参数如下:

热管工作温度:200 ℃;

热管倾角:5°;

热管管长:0.5 m,其中蒸发段和冷凝段管长分别为 0.25 m,蒸发段位于冷凝段之上;

传递最大热流量:50 W。

1. 工作温度的确定

根据设计要求,热管的工作温度为 200 ℃。

2. 工作流体的选择

由表 7.3 可以看出,满足工作温度的工作流体有:R113、丙酮、甲醇、乙醇、苯、水、导热姆 A、汞、萘、钠等。从接近标准沸点温度程度看,R113、丙酮、甲醇、汞、萘、钠不如其他流体合适。从图 7.11 所示的传输系数看,水是剩余流体中最大的。考虑到水的供应和价格因素,本设计选取水作为热管的工作流体。

查物质性质手册,得到 200 ℃ 时水的有关热物理性质为:

饱和压力 $p_s = 1.555\ 1$ MPa

饱和液体密度 $\rho_l = 864.68$ kg/m_3

饱和气体密度 $\rho_v = 7.865\ 3$ kg/m^3

气化潜热 $h_{fg} = 1\ 939.0$ kJ/kg

饱和液体导热系数 $\lambda_l = 0.663$ W/(m·℃)

饱和液体粘度 $\eta_l = 1.364 \times 10^{-4}$ Pa·s

饱和气体粘度 $\eta_v = 1.565 \times 10^{-5}$ Pa·s

饱和气体动力粘度 $\nu_v = 1.99 \times 10^{-6}$ Pa·s

表面张力 $\sigma = 3.767 \times 10^{-2}$ N/m

气体常数 $R = 461$ J/kg·K

比热容比 $\gamma = 1.33$

3. 吸液芯的选择

考虑机械性能、供应价格等因素,选用铜材丝网结构的吸液芯。

4. 壳体材料选择

从表 7.4 所示的相容性看,水与金属材料铜、硅、镍、钛等均相容。考虑导热性能、机械性能和价格因素,选用铜作为壳体材料。

5. 设计计算

(1) 管径设计计算

根据管内蒸气流动的马赫数不超过 0.2 的原则,由式(7.46)可知

$$d_{\mathrm{v}} = \left(\frac{20Q}{\pi\rho_{\mathrm{v}}h_{\mathrm{fg}} \sqrt{\gamma_{\mathrm{v}}R_{\mathrm{v}}T_{\mathrm{v}}}} \right)^{1/2}$$

$$= \left(\frac{20 \times 50}{3.141\,6 \times 7.865\,3 \times 1\,939.0 \times 10^3 \sqrt{1.33 \times 461 \times 473.15}} \right)^{1/2}$$

$$= 1.969 \times 10^{-4}\,(\mathrm{m})$$

所以设计的蒸气腔直径大于 0.2 mm。

(2) 管壁设计计算

根据管材的国家标准,选用直径为 32 mm,壁厚为 2.5 mm 的铜管,管子的内径为 27 mm。由于工作温度高于环境温度,该热管的最大工作压力为工作温度对应的饱和压力 1.555 1 MPa。

由表 7.6 可知铜在 200 ℃ 时的许用压力为 35.28 MPa,在焊缝系数和腐蚀裕度为零的情况下,由式(7.49)可得到壳体的最大允许压力值为

$$[p] = \frac{2[\sigma]\varphi(\delta - C)}{d_{\mathrm{i}} + (\delta - C)} = \frac{2 \times 35.28 \times 2.5}{27 + 2.5} = 5.98 \times 10^6\,(\mathrm{Pa})$$

壳体最大允许压力值大大高于工作最大压力,可见管材设计合理。由于水在 275.34 ℃ 的饱和压力为 5.98 MPa,所以该热管的工作压力绝对不能超过 275 ℃。

(3) 端盖设计计算

由式(7.50)可得到端盖的壁厚为

$$\delta = d_{\mathrm{i}} \sqrt{\frac{0.35p}{[\sigma]\varphi}} = 27 \times \sqrt{\frac{0.35 \times 5.98 \times 10^6}{35.28 \times 10^6 \times 0.8}} = 7.353\,(\mathrm{mm})$$

计算时设计压力取与管材相同的最大允许压力值,焊缝系数取 0.8。根据计算结果,设计端盖的厚度为 8 mm。

(4) 吸液芯设计计算

吸液芯的结构设计为铜丝网结构。

由式(7.51)可得到热管中液体静压力为

$$p_{\mathrm{g}} = \rho_{\mathrm{l}}g(d_{\mathrm{v}}\cos\varphi + l\sin\varphi)$$

$$= 864.68 \times 9.81 \times (27 \times 10^{-3} \times \cos 5° + 0.5 \times \sin 5°)$$

$$= 579.8\,(\mathrm{Pa})$$

初步设计最大毛细压力值 Δp_{cap} 为液体静压力的 2 倍,由式(7.52)可得到吸液芯的有效毛细半径为

$$r_c = \left(\frac{2\sigma}{\Delta p_{cap}}\right) = \left(\frac{2 \times 3.767 \times 10^{-2}}{597.8}\right) = 6.301 \times 10^{-5} \text{ (m)}$$

由式(7.53)可得到丝网的目数为

$$N = \frac{1}{2r_c} = \frac{1}{2 \times 6.301 \times 10^{-5}} = 7\,935 \text{ (m}^{-1}\text{)}$$

根据国家标准 GB 5330—1985《工业用金属丝编织方孔筛网》,选用网孔为 0.071 mm,丝径 0.056 mm 的金属丝网。其有效毛细半径为 0.063 5 mm,相当于英制 200 目 / 英寸,换算成公制为 7 835 mm^{-1},与 7 935 mm^{-1} 基本一致。因此,选用 200 目的铜丝网吸液芯可以达到设计要求。此时最大毛细压力值 Δp_{cap} 为

$$\Delta p_{cap} = \left(\frac{2\sigma}{r_c}\right) = \left(\frac{2 \times 3.767 \times 10^{-2}}{0.063\,5 \times 10^{-3}}\right) = 1\,186 \text{ (m)}$$

根据本章参考文献 16,丝网吸液芯的空隙率和渗透率也可以由下式计算

$$\varepsilon = 1 - \frac{1.05\pi \times 787\,4 \times 0.056 \times 10^{-3}}{4} = 0.636\,4$$

$$K = \frac{d^2\varepsilon^3}{122(1-\varepsilon)^2} = \frac{(0.056 \times 10^{-3})^2 \times 0.636\,4^3}{122 \times (1-0.636\,4)^2} = 5.011 \times 10^{-11} \text{(m}^2\text{)}$$

由式(7.54)可得到吸液芯液体流通截面积为

$$A_w = \frac{l_{eff}Q_{c,max}\eta_l}{\left(\frac{2\sigma}{r_c} - p_g\right)K\rho_l h_{fg}}$$

$$= \frac{0.25 \times 50 \times 1.364 \times 10^{-4}}{\left(\frac{2 \times 3.767 \times 10^{-2}}{6.35 \times 10^{-5}} - 597.8\right) \times 5.011 \times 10^{-11} \times 864.68 \times 1\,939}$$

$$= 3.447 \times 10^{-5} \text{(m}^2\text{)}$$

由式(7.55)可得到吸液芯的厚度为

$$\delta \approx \frac{A_w}{\pi d_i} = \frac{3.477 \times 10^{-5}}{\pi \times 27 \times 10^{-3}} = 4.064 \times 10^{-4} \text{(m)}$$

由于丝网的直径为 0.056 mm,所以需要多层丝网方能满足吸液芯厚度的要求。每层丝网的厚度为 2 倍的丝网直径,所以丝网的层数 n 为

$$n = \frac{\delta}{2d}\frac{4.064 \times 10^{-4}}{2 \times 0.056 \times 10^{-3}} = 3.629$$

根据计算结果,取 4 层丝网,所以丝网的实际厚度为 δ' 为

$$\delta' = 4 \times 2 \times 0.056 \times 10^{-3} = 4.480 \times 10^{-4}\text{(m)}$$

综上所述,所设计热管的主要特征和尺寸为

管材:铜 $\phi 32 \times 2.5$ mm（长度 0.5 m）

吸液芯:4 层黄铜丝网,网孔 0.071 mm,<u>丝径 0.056 mm</u>。

（5）毛细传热极限核算

所设计热管的蒸气腔直径为

$$d_v = d_i - 2\delta_w = 2.7 \times 10^{-2} - 2 \times 4.48 \times 10^{-4} = 2.61 \times 10^{-2} \text{(m)}$$

所设计吸液芯的液体流通面积为

$$A'_w = \pi d_i \delta' = \pi \times 2.7 \times 10^{-2} \times 4.480 \times 10^{-4} = 3.800 \times 10^{-5} \text{(m)}$$

由式（7.36）可得到蒸气流动摩擦系数为

$$F_v = \frac{8\eta_v}{A_v r_{hv}^2 \rho_v h_{fg}}$$

$$= \frac{8 \times 1.565 \times 10^{-5}}{\pi/4 \times (2.61 \times 10^{-2})^2 \times (2.61 \times 10^{-2}/2)^2 \times 7.865\,3 \times 1\,939.0 \times 10^3}$$

$$= 9.001 \times 10^{-5} \text{(Pa} \cdot \text{m}^{-1} \cdot \text{W}^{-1})$$

由式（7.35）可得到液体流动摩擦系数为

$$F_l = \frac{\eta_l}{KA_w \rho_l h_{fg}}$$

$$= \frac{1.364 \times 10^{-4}}{5.011 \times 10^{-11} \times 3.800 \times 10^{-5} \times 864.68 \times 1\,939.0 \times 10^3}$$

$$= 42.72 \text{(Pa} \cdot \text{m}^{-1} \cdot \text{W}^{-1})$$

由式（7.34）可得到毛细传热极限热流量为

$$Q_{c,max} = \frac{\dfrac{2\sigma}{r_c} - p_g}{(F_l + F_v)l_{eff}} = \frac{\dfrac{2 \times 3.767 \times 10^{-2}}{0.063\,5 \times 10^{-3}}}{(9.001 \times 10^{-5} + 42.72) \times 0.25} = 55.12 \text{（W）}$$

毛细传热极限热流量大于 50 W,符合设计要求。

（6）其他核算

蒸气流动的雷诺数按式（7.38）验算

$$Re_v = \frac{2r_{hv}Q}{A_v \eta_v h_{fg}}$$

$$= \frac{2 \times (2.61 \times 10^{-2}/2) \times 55.12}{\pi/4 \times (2.61 \times 10^{-2})^2 \times 1.565 \times 10^{-5} \times 1\,939.0 \times 10^3}$$

$$= 88.61 < 2\,300$$

符合层流流动假设。

沸腾传热极限热流量为

$$Q_{b,max} = \frac{2\pi l_e \lambda_{eff} T_v}{h_{fg} \rho_v \ln(r_i/r_v)} \left(\frac{2\sigma}{r_b} - \Delta p_c \right)$$

$$= \frac{2\pi \times 0.25 \times 0.663 \times (200+273.15)}{1\,939 \times 10^3 \times 7.865\,3 \times \ln(27/26.1)} \left(\frac{2 \times 3.767 \times 10^{-2}}{2.54 \times 10^{-7}} - 1\,186 \right)$$

$$= 1\,126 \, (\text{W})$$

声速传热极限热流量为

$$Q_{\text{s,max}} = A_{\text{v}} \rho_{\text{v}} h_{\text{fg}} \left[\frac{\gamma_{\text{v}} R_{\text{g}} T_{\text{v}}}{2(\gamma_{\text{v}}+1)} \right]^{1/2}$$

$$= \pi/4 \times (2.61 \times 10^{-2})^2 \times 1\,939.0 \times 10^3 \left[\frac{1.33 \times 461 \times (200+273.15)}{2 \times (1.33+1)} \right]^{1/2}$$

$$= 2.036 \times 10^6 \, (\text{W})$$

携带传热极限热流量为

$$Q_{\text{e,max}} = A_{\text{v}} h_{\text{fg}} \left(\frac{\rho_{\text{v}} \sigma}{2r_{\text{hs}}} \right)^{1/2}$$

$$= \pi/4 \times (2.61 \times 10^{-2})^2 \times 1\,939.0 \times 10^3 \left[\frac{7.865\,3 \times 3.767 \times 10^{-2}}{2 \times 0.071 \times 10^{-3}/2} \right]^{1/2}$$

$$= 6.702 \times 10^4 \, (\text{W})$$

根据计算结果,设计要求的热流量均在各种传热极限热流量之内,由此可见设计的热管工作是安全可靠的。

7.4　热管换热器及其应用

7.4.1　热管换热器的特点、类型与结构

1. 热管换热器的特点

热管换热器属于热、冷流体互不接触的间壁式换热器。与常规的换热器相比,热管换热器具有以下的特点。

(1) 换热效率高,节能效果显著　热管具有高导热性,其导热性能远高于金属棒,实现了几乎没有温差的导热,降低了传热过程的熵增,节约了能量。热管换热器容易实现纯逆流换热布置,在相同的热、冷流体进、出口温度下,具有较高的对数平均温差。对于气-气换热器,由于热、冷流体均可以在管外流动,相对于管内流动便于强化气侧的对流换热。在传递相同热量的条件下,热管换热器的金属消耗量小于其他类型的换热器。

(2) 流动压力损失小　由于热、冷流体都是管外流动,流动阻力小,降低了驱动流体流动的动力消耗,起到了节能的效果。

(3) 结构简单灵活,便于布置,工作可靠　热管结构紧凑,通道简单,蒸发段和冷凝段尺寸和位置灵活,便于复杂多变的工程环境。热管元件无运动部件,不易损坏,工作可靠。热管元件相对独立,单根热管失效或损坏,不会对总体换热效果有明

显影响。

(4) 使用和维护方便　热管使用时可以变换流体流动方向,给使用带来了极大的便利。同时,由于热管没有易损件,密封简单可靠,清洗容易,为维护带来了便利。

2. 热管换热器的流态分类

按照热、冷流体的状态,热管换热器可分为 3 种。

(1) 气-气热管换热器　图 7.12 给出了气-气热管换热器的示意图,这种换热器两侧的流体都是气体,为了提高气体的表面传热系数,往往在热管管壁外侧加肋片。火力发电厂中热管式空气预热器就属于气-气热管换热器。

(2) 气-液热管换热器　图 7.13 给出气-液热管换热器的示意图,这种换热器一侧的流体为气体,另一侧为液体。热管余热锅炉就是典型的气-液 热管换热器。

(3) 液-液热管换热器

3. 热管换热器的结构分类

按照结构型式,热管换热器可分为 3 类。

(1) 整体式热管换热器　整体式热管换热器的蒸发段和冷凝段做成一个整体,中间由隔板隔开。图7.14 为一台气-气式热管换热器的实物图。整体式热管换热器结构紧凑,体积小,重量轻,便于工业布置。

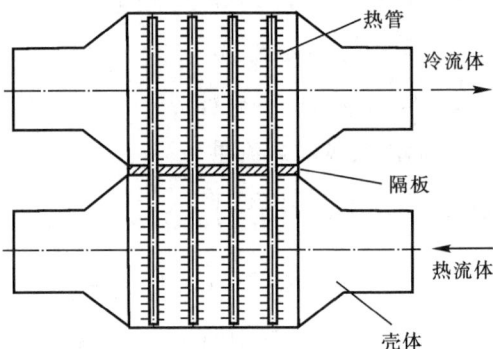

图 7.12　气-气热管换热器的示意图

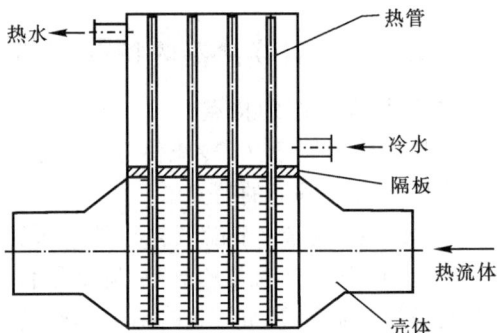

图 7.13　气-液热管换热器的示意图

(2) 分离式热管换热器　分离式热管换热器的蒸发段和冷凝段相互分开,两者之间通过蒸气上升管和冷凝液下降管连接起来。图 7.15 为分离式热管换热器的示意图。分离式热管换热器的主要优点是:能实现较远距离间的两流体换热;完全分开冷热流体以避免冷热流体意外混合造成危险;方便实现多股流体与一股流之间的换热。同时,分离式热管换热器也有体积大、制造工艺复杂等缺点。

图 7.14　整体式热管换热器

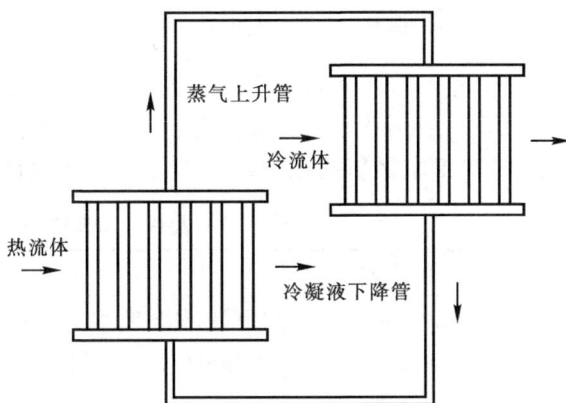

图 7.15　分离式热管换热器示意图

（3）回转式热管换热器　回转式热管换热器使热管围绕一定的轴做旋转，根据旋转的组织型式可分为离心式、轴流式和涡流式等几种型式。图 7.16 为离心回转式热管换热器的示意图。回转式热管换热器利用转动的离心力促使气流的搅动，强化了换热的效果。

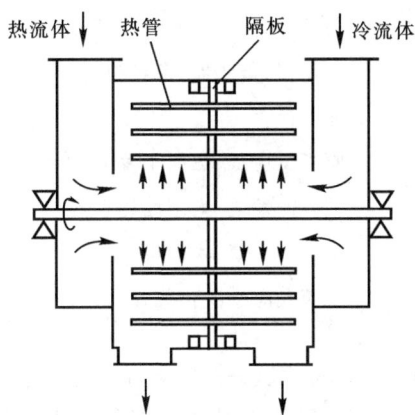

图 7.16　离心回转式热管换热器示意图图

上述 3 种型式的热管换热器一般由多根热管组成，它们都可以通过在热管中装载不同的工作流体实现不同温度和温差下的传热。

7.4.2　热管换热器的应用

从 1968 年热管技术首先在卫星上应用开始,经过 40 多年的开发利用,其应用范围日益广泛,应用技术日益成熟。表 7.8 简述了目前热管技术在工业中的应用情况。图 7.17 显示了最新的用于冷却计算机 CPU 的热管散热器。

表 7.8　热管在工业中的应用

工业领域	应用举例
航天工业	搭载机器冷却、温度控制、人造卫星的均温
能源工业	余热锅炉、蒸汽过热器
机械工业	刀具冷却和均热、成型模具冷却
电子工业	扬声器线圈冷却、显卡散热器、CPU 散热器
电机工业	电机冷却
电器工业	变压器的冷却、大型开关冷却
化学工程	高温炉、均热炉、热风炉
冶金工业	工业窑炉
医疗器械	深冷技术、微波治疗仪、热管手术器
汽车工业	刹车油、发动机机油冷却
制冷工业	换热器、蓄热器、余热利用
地热利用	冻土保存
原子能利用	原子反应堆、热离子发电
太阳能利用	太阳能发电、太阳能热水器
家用器具	烹调用平锅、烤肉机
其他	热管式海水淡化装置

航天工业是热管应用最早的领域,热管成功地控制了仪表舱的温度,保证了飞行器件和电子元件的工作温度。目前在外太空的飞行器、卫星和空间站中,成千上万根热管在有效地工作,保证了这些航天器的安全运行。在地面上,热管的应用几乎遍及各个工业领域。例如,借助热管的良好导热性能,它被用于电子器件的冷却、刀具冷却等;借助热管的等温性能,它被用于均温炉、黑体炉等。

热管换热器是热管应用最为活跃的领域,尤其是在当前能源紧张的背景下,新能源和节能设备的开发中。下面简单介绍一些热管换热器在能源动力领域的应用。

图 7.17　计算机热管 CPU 散热器

1. 热管式空气预热器、热管省煤器和热管锅炉

在冶金、化工、机械、能源等工业上有大量的低品位余热资源。例如,工业窑炉的排烟温度一般为 $200\sim600℃$,排烟带走的热量约占燃料消耗量的 50% 以上;火力发电厂的排烟温度在 $150℃$ 左右,还含有可利用的热量。如何利用这些中低温余热,提高能源的利用率是节能研究的重要课题之一。热管换热器不同于常规换热器的特点使它成为余热利用的理想设备。热管式空气预热器、热管省煤器和热管锅炉等都是目前流行的余热回收设备。

实际上,火力发电厂锅炉的余热已经经过省煤器和空气预热器回收了大部分热量,回收后排烟温度设计为 $140℃$,如果再进一步回收烟气余热,使用常规换热器存在单位回收热量所需的换热面积大、冷热工作介质流过换热面的动力消耗大等缺陷。热管换热器刚好可以避免这些问题,通过选择合适的工作流体使排烟的温度进一步降低回收余热。苏联、美国、日本和我国在火电厂大量使用的前置式空气预热器就是一个典型的例子。前置式空气预热器进一步回收余热的原理如图7.18所示。

作为回收火力发电厂和工业窑炉余热的热管式省煤器,与常规的铸铁管式、烟管式省煤器相比有许多优点。相同工况下,前者工作时的管壁温度比后者要高,具有更好的抗低温腐蚀性;前者容易强化热阻大的烟侧换热,使得其

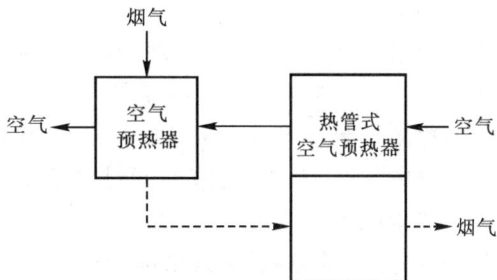

图 7.18　前置式空气预热器回收余热的
原理示意图

传热系数高于后者。热管式省煤器还具有
体积小、流动阻力小、重量轻、便于布置等
特点。

　　对于较高温度的工业窑炉排烟和其他
余热资源，也可以使用热管锅炉作为余热
回收装置。热管锅炉的结构如图 7.19 所
示。热管的一端置于烟道内，另一端插入锅
筒内。与水管及火管余热锅炉相比，热管锅
炉的锅筒内水沸腾和换热性能都要好
很多。

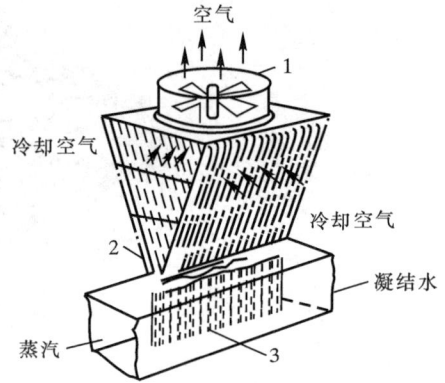

图 7.19　　热管锅炉结构示意图
1— 锅筒；2— 烟道；3— 热管

2. 热管风冷凝汽器

　　对于缺水条件下的发电站，如坑口电
站、火车电站、沙漠电站和水资源紧张地区
的火力发电厂，采用热管风冷凝汽器是一种可行
的方案。图 7.20 显示了热管风冷凝汽器的原理，汽
轮机排除的乏汽经过热管的蒸发段放出热量凝结
为水，热管再把这些热量通过其冷凝段放到外界
环境中。

3. 热管制冷系统

　　近年来，把热管技术应用于制冷低温装置越
来越多。深冷热管手术器、热管废热溴化锂制冷
机、热管吸收式制冷机以及热管除湿机等制冷系
统相继问世。

　　图 7.21 所示的是一个典型的热管手术器，它
主要由液氮储箱、热管和尖部等组成。手术器的尖
部连接着热管的蒸发段，液氮储箱一方面作为热
管的冷凝段起冷却氮气的作用，另一方面还起补
充液氮的作用。工作时，液氮通过储箱下部的小孔

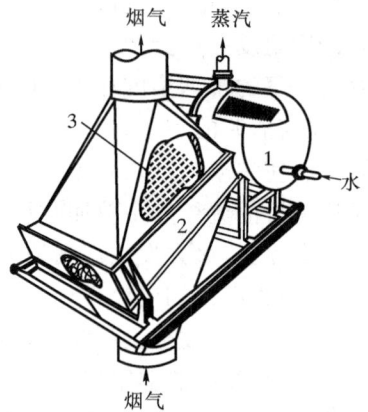

图 7.20　　热管风冷凝汽器
结构示意图
1— 风扇；2— 热管；3— 光管

渗入热管毛细吸液芯，在蒸发段吸热蒸发变为氮气。氮气通过热管中心管道排到储
箱，一部分冷凝为液氮，其余部分通过储箱顶端的小孔排出。很显然，这种热管进行
的是一个开式循环，需要消耗一定的工质。

　　利用热管回收余热的优势，用热管换热器氨锅炉代替蒸馏塔设计制造的氨吸
收式制冷系统，可以充分利用各种工业余热实现制冷，同时该系统的设备结构简

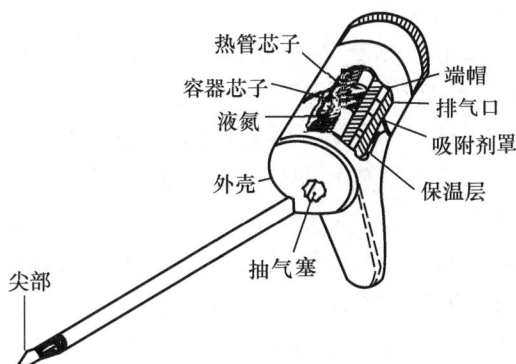

图 7.21　热管手术器

单、成本低、寿命长、制造方便、传热效率高。在我国的上海制造了世界上第一台热管废热溴化锂吸收式制冷机,它由柴油机的废烟气驱动,实现了柴油发电机的热、电、冷联供,极大地提高了能源的利用率。

　　热管除湿机将热管技术应用于普通的冷却除湿机中,在除湿机蒸发器出口处的冷空气和除湿机进口空气之间使用热管换热,提高空气进入蒸发器时的相对湿度,使得蒸发器除湿量大大提高,同时制冷系统功率消耗却不增加,达到节能的目的。

参考文献

[1] CHI S W. Heat pipe theory and practice[M]. New York:McGraw-Hill, 1976.

[2]GAUGLER R S. Heat transfer device[R]. U. S. Patent 2350348. Dec. 21 1942, June 6, 1944.

[3]TREFETHEN L. On the surface tension pumping of liquids or a possible role of the candlewick in space exploration[R]. G. E. Tech. Info. Serial No. 615 D115, 1962.

[4]GROVER G M, COTTER T P, ERIKSON G F. Structure of very high thermal conductance[J]. J. Appl. Phys. 1964, 35(6).

[5]COTTER T P. Theory of heat pipes[R]. Los Alamos Scientific Lab. Report No. LA-3246-MS. 1965.

[6] 杨世铭,陶文铨. 传热学[M]. 北京:高等教育出版社,1998.

[7]中国科学院力学研究所,第七机械工业部 502 所. 外延炉等温热管[M]. 北京:

科学技术文献出版社,1978.

[8] 马同泽,侯增祺,吴文铣. 热管[M]. 北京:科学出版社. 1991.

[9] 庄骏,张红. 热管技术及其工程应用[M]. 北京:化学工业出版社,2000.

[10] 景思睿,张鸣远. 流体力学[M]. 西安:西安交通大学出版社,2001.

[11] 靳明聪,陈远国. 热管及热管换热器[M]. 重庆:重庆大学出版社,1986.

[12]CAO Y, FAGHRI A. Micro/Miniature heat pipes and operating limitatioms[J]. Proc. ASME National Heat Transfer Conf.. Atlanta, Georgia:ASME HTD, 1993, 236: 55 - 62.

[13]BUSSE V A. Theory of ultimate heat transfer limit of cyclindrical heat pipes[J]. Int. J. Heat Mass Transfer. 1973,16:169 - 186.

[14]DEVERALL J E, KEMMA J E, FLORSCHUETZ L W. Sonic limitation and startup problems of heat pipes[R]. Los Alamos Scientific Lab. Report No. LA - 4518. Sep. 1970.

[15]CHI S W.热管理论与实用[M].蒋章焰,译.北京:科学出版社,1981.

[16] 吴存真,刘光铎. 热管在热能工程中的应用[M]. 北京:水利电力出版社,1993.

第8章

热泵技术及应用

热泵是以冷凝器放出的热量来供热的制冷系统,是近30年来迅猛发展的一种高效的节能装置。由于热泵花费少量的驱动能源,就可以从周围环境中提取低品位热量转化为有用的热量,被广泛应用于建筑空气调节、石油化工供能、农副产品加工、化工原料处理、中草药材干燥、轻工产品生产等领域中。热泵还可以采用各种新能源和可再生能源作为驱动能源,合理匹配利用能源,在节约能源的同时实现了社会的可持续发展。正是因为热泵同时兼顾节约能源、环境保护和持续发展而倍受人们关注。

8.1 热泵的基本知识

8.1.1 热泵的发展与现状

热泵的理论最早可追溯到1824年法国物理学家卡诺(S. Carnot)发表的逆卡诺循环。世界上第一个提出热泵装置的人是英国科学家开尔文(L. Kelvin),开尔文早在1852年就描述了他的热量倍增器的设想。如图8.1所示,该装置由两个气缸和一个储气筒组成,气缸活塞由蒸汽机驱动,储气筒起换热器的作用。室外环境的空气被吸入气缸,膨胀降温后排至室外的储气筒,在储气筒中吸收环境热量温度回升,然后进入排出气缸被压缩至大气压力排出。显然,排出空气的温度高于环境温度,再送入需要供暖的建筑物。遗憾的是,限于当时的工业技术水平,开尔文没有制造出他的热泵装置。

历史上,同样是制冷系统的制冷机的发展远远领先于热泵,主要的原因是人类获得冷源的方式比较少,而

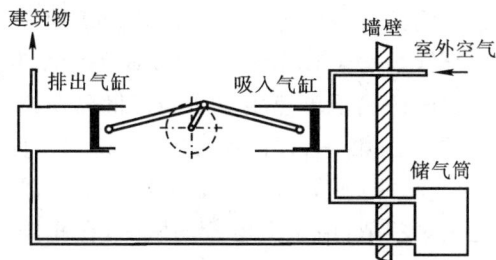

图8.1 卡尔文的"热泵"设想简图

获得热源的方式有很多。如化石燃料直接取暖、锅炉采暖、电加热取暖等。

世界上第一台热泵装置是 1927 年在英国安装试验的一台家用热泵,它是用氨作为工质,外界空气作为热源,用来采暖和加热水。当时,人们已经认识到在热泵装置中,通过简单的切换循环的方向来实现冬季供热、夏季供冷的可能性,以及合理匹配废热、驱动能源、供热和制冷等综合利用的问题。

随后,美国、瑞士、德国和日本等国家也开始研究和使用热泵装置。1931 年,美国洛杉矶一座办公大楼将制冷设备用于供热,供热量达 1 050 kW,性能系数达 2.5,这是世界上最早应用的大容量热泵。1937 年,日本在大型办公大楼中安装了两台 194 kW 的压缩机驱动并带有蓄热箱的热泵系统,以井水作为低温热源,性能系数达 4.4。1939 年,瑞士苏黎世安装了一台热泵系统,向市政厅冬季供暖夏季制冷,以河水作为热源,R12 作为工质,采用离心式压缩机,有蓄热系统和辅助电加热系统,供热量为 175 kW,性能系数为 2,输出水温为 60℃。此后受第二次世界大战的影响,热泵的发展出现第一个停滞期。

战后热泵首先在美国蓬勃发展起来,房屋供暖、建筑空调和工业中大量应用热泵系统。通用电器公司开发了以空气为热源,制冷和供热可自动切换的空调机组,使得热泵作为一种全年运行的设备进入空调市场。到 20 世纪 60 年代,在美国安装的热泵机组达 8 万台左右,但是由于设计水平和制造水平较低,大量热泵机组出现故障,最终导致热泵发展又一次进入停滞期。

1973 年世界爆发第一次石油危机,迫使世界各国重新审视能源利用问题,提出节能的口号,各国政府相继出台各种政策鼓励节能产品的研制,热泵做为一种高效的节能设备再次得到迅猛发展。到 1994 年,全世界安装运行的热泵机组已经超过 5 500 万台,其中有 7 000 台热泵用于工业,近 400 套用于区域集中供热。北欧是世界上热泵供暖最多的的地区,瑞典的斯德哥尔摩市区供暖容量的 50% 以上由热泵提供。据统计,全世界供热需求量中 2% 由热泵提供。

目前,世界上热泵最广泛的应用领域是建筑物采暖。据统计,世界上很多国家在建筑物采暖的耗能占所消耗总能量的 40% 左右,已经高于工业生产的耗能量。与传统锅炉房供暖相比,热泵供暖的能量利用率明显好于锅炉房供暖。

我国的热泵事业相对滞后于世界发达国家。20 世纪 50 年代,天津大学在实验室制成我国第一台热泵系统。1965 年,原上海冰箱厂研制成功一台制热量为 3 720 kW 的 CKT-3A 热泵型窗式空调器,但运行的可靠性并不好。与世界上其他发达国家相似,由于受电价的影响,在我国热泵的发展也是先从工业应用开始,再逐渐进入家庭。

20 世纪 80 年代,我国科研机构和生产企业对各种场合的热泵应用展开了详细的研究开发,取得了许多研究成果。1980 年,上海手工业局设计室与上海冷气机厂协作在上海工艺美术部安装了国内第一台自行设计的水-水热泵系统,采用 R12 为工质,压缩机功率为 55 kW,配有 48 kW 的辅助电加热,供 1 200 m² 面积空调用,制冷供暖采用手动阀门切换。1982 年,广州能源研究所在东莞设计建造了一套用于加热室内游泳池的热泵,该系统由太阳房和水-水热泵组成,采用深井中的 24℃ 的地下水作热源,性能系数达 5 ～ 6。1984 年,上海 704 所、开封通用机械厂和无锡第四织布厂联合试制了国内第一套双效型第一类吸收式热泵。1985 年,上海空调厂和上海冷气机厂试制成功国内第一个热泵型柜式空调机组系列。1989 年,青岛建筑工程学院建立了利用大地土壤作为热源的热泵实验室,成功运行至今。1990 年,在上海成功研制出了 350 kW 第二类吸收式热泵。

20 世纪 90 年代,我国经济高速发展,人民生活水平显著提高,住宅和办公条件明显改善,电力供应大幅增长,特别是城市商场、旅店、住宅等高层建筑的兴建,大大促进了热泵与空调事业的发展。以包括热泵在内的房间空调器增长为例,年产量从 1991 年的 59.6 万台,增至 1996 年的 645.9 万台,2000 年的 2 000 万台。若以热泵型空调器占房间空调器 50% 计算,2000 年热泵型空调器年产量已达到 1 000 万台。

可以看出,热泵的发展与国民经济的发展、能源消费结构、热泵技术以及政府的政策导向等因素都有着密切的关系。目前,全世界范围内热泵产品已基本定型,热泵作为一种高效的节能装置,在工农业、服务业等生产环节和家居办公舒适环境等生活环节中,将发挥越来越重要的作用。

8.1.2　热泵的分类与系统基本型式

热泵应用广泛,种类繁多,分类复杂,本书仅就常用的热泵型式进行分类。

1. 按照工作原理分类

(1) 蒸气压缩式热泵　蒸气压缩式是应用最普遍的一种热泵形式。它的工作原理为:热泵工质在由压缩机、冷凝器、节流装置和蒸发器组成的系统中循环,通过工质的状态变化及相变将低温下的热能"泵"送到高温度区。家用空调器基本都是这种形式。

(2) 气体压缩式热泵　气体压缩式热泵与蒸气压缩式热泵的主要区别是其内工质不发生相变,始终以气态进行循环。

(3) 蒸气喷射式热泵　蒸气喷射式热泵是以蒸气喷射器代替蒸气压缩式热泵的机械式压缩机,其他工作原理大体相同。对有蒸气来源的场合可以考虑使用这种形式。

(4) 吸收式热泵　吸收式热泵通常由发生器、冷凝器、吸收器、蒸发器和节流装置等组成,它消耗高温的热能将低温热能"泵"送到高温度区。吸收式热泵按照其供热的温度又分为第一类(增热型)和第二类(升温型)热泵。第一类吸收式热泵的供热温度低于驱动热源的温度,以增大制热量为主要目的;第二类吸收式热泵的供热温度高于驱动热源的温度,以提升温度为主要目的。常用的吸收式热泵有水-溴化锂吸收式热泵和氨-水吸收式热泵。前者的工质为水,吸收剂为溴化锂,后者的工质为氨,吸收剂为水。

(5) 吸附式热泵　吸附式热泵是利用一些固体表面能够吸附大量气体(或液体)的特性,通过发生-吸附器的吸附和解吸作用实现"泵"热。

(6) 热电式热泵　热电式热泵是利用热电效应(即帕尔帖效应)原理建立的一种热泵。将 N 型和 P 型半导体由导线连接并接通直流电路,便会使一个接点变热,另一个接点变冷。若将冷端放于环境,热端便可获得高于环境的温度。热电式热泵具有无运动部件、工作可靠、寿命长、控制调节方便、振动小、噪音低、无污染等优点,但同时也有供热量小、成本高、效率低等缺点。

(7) 化学热泵　利用化学反应中吸收、吸附、浓度差等现象或者化学反应原理制成的热泵。目前尚处于研究阶段。

2. 按照热源介质与供热介质的组合方式分类

(1) 空气-空气热泵　热源介质和供热介质均为空气的热泵。家用空调基本都属此类。

(2) 空气-水热泵　热源介质为空气,供热介质为水的热泵。

(3) 水-水热泵　热源介质和供热介质均为水的热泵。

(4) 水-空气热泵　热源介质为水,供热介质为空气的热泵。水-水热泵和水-空气热泵需要有丰富的水资源。

(5) 土壤-空气热泵　热源介质为土壤,供热介质为空气的热泵。

(6) 土壤-水热泵　热源介质为土壤,供热介质为水的热泵。

3. 按照用途分类

(1) 住宅用热泵　一般供热量为 $1 \sim 70 \ kW$。

(2) 商用热泵　一般供热量为 $2 \sim 120 \ kW$。

(3) 工业用热泵　一般供热量为 $100 \sim 10 \ 000 \ kW$。

4. 按照驱动方式分类

(1) 电动机驱动的热泵　目前电动机驱动的热泵占绝大部分,技术也相对成熟。

(2) 热驱动的热泵　热驱动又分为热能驱动和发动机驱动两类。例如,吸收式和蒸气喷射式热泵属于热能驱动的热泵,内燃机、燃气轮机和蒸汽轮机驱动的热泵属于后者。

5. 按照机组的安装形式分类

(1) 单元式热泵机组。

（2）分体式热泵机组。

（3）现场安装式热泵机组。

6. 常用的热泵系统基本型式

常用的热泵装置采用闭式蒸气压缩循环、不带和带有换热器的开式蒸气压缩循环等。

（1）闭式蒸气压缩循环　闭式蒸气压缩循环是热泵在暖通空调领域应用最普遍的型式。其系统结构如图 8.2 所示，它实质上就是常规的制冷循环。在工程实践中，根据需要可以设计为单级压缩、多级压缩或者复迭式。

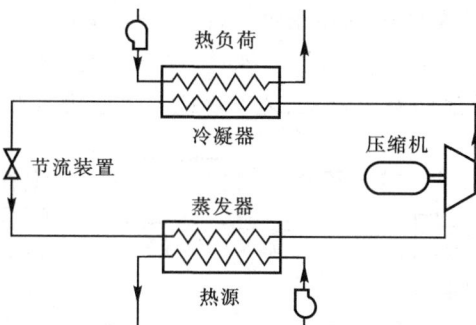

图 8.2　闭式蒸气压缩循环

根据实际使用中热源介质和供热介质的不同，按闭式蒸气压缩循环工作的热泵也有许多型式，如图 8.3 ～ 8.7 所示。

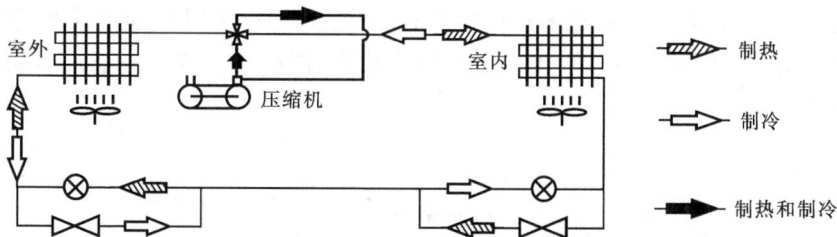

图 8.3　空气-空气热泵系统图（热泵工质换向）

图 8.3 是空气-空气热泵的系统结构。空气-空气热泵被广泛应用于住宅和商业中，通过自动或者手动的换向阀，改变热泵工质的流动方向，来实现制热和制冷的切换，以使被调节的空间获得热量或者冷量。

图 8.4 是空气-水热泵的系统结构。空气-水热泵被广泛应用于热泵型的冷热

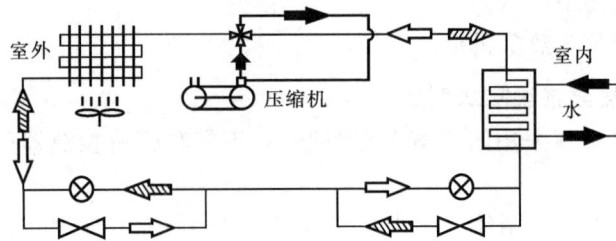

图 8.4　空气-水热泵系统图（热泵工质换向）

水机组，与空气-空气热泵的区别在于供热（冷）介质是水。

图 8.5 是水-空气热泵的系统结构。水-空气热泵与空气-空气热泵的区别在于热源介质为水，热源通常利用地表水、地下水或者工业废水等。

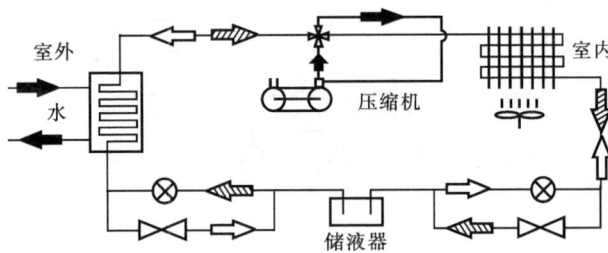

图 8.5　水-空气热泵系统图（热泵工质换向）

图 8.6 是水-水热泵的系统结构。水-水热泵的热源和供热（冷）介质均为水，它可以通过热泵工质流向的变化实现制热和制冷的切换，也可以通过水回路流向的变化实现制热和制冷的切换，工业上多使用后者。图中显示的是用三通阀切换水回路流向的情况。

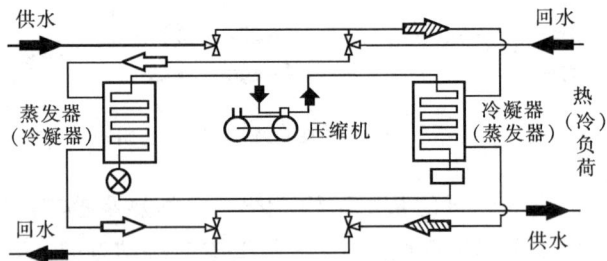

图 8.6　水-水热泵系统图（水换向）

　　图 8.7 是土壤-空气热泵的系统结构。这是利用土壤热量作为热源的热泵型式,美国的一些高层办公大楼利用一定深度的土壤热量用热泵向大楼内供热(冷)。

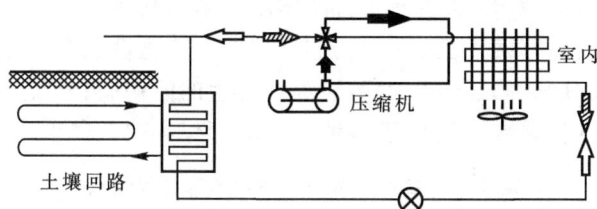

图 8.7　土壤-空气热泵系统图(热泵工质换向)

　　(2) 开式蒸气压缩循环　开式蒸气压缩循环是把低压的蒸气"泵"送至所需要的高压蒸气,它可以充分利用工业装置中多余的低压蒸气。其系统基本结构如图 8.8 所示。

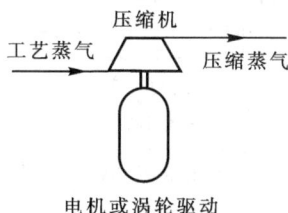

图 8.8　开式蒸气压缩循环　　　　图 8.9　带有换热器的开式蒸气压缩循环

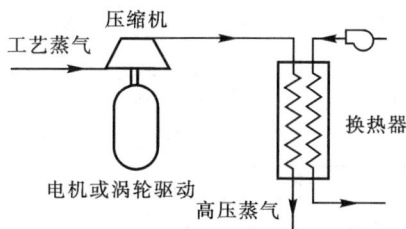

　　(3) 带有换热器的开式蒸气压缩循环　在开式蒸气压缩循环后加装换热器把出口高压蒸气的温度降下来,就形成带有换热器的开式蒸气压缩循环,它可以满足工业中所需的一定温度和压力的蒸气。其系统基本图式如图 8.9 所示。

8.1.3　热泵的热源与驱动能源

1. 热泵的热源

　　热泵的热源是指可以利用的自然界低品位能源以及生产和生活中的余热、废热资源。如空气、水、工业废气、工业废水等。热泵的作用就是将这些能够利用的低品位热量提升为高品位的热量向用热对象提供。由于供热温度取决于用热对象的要求,所以热源的选择对热泵装置的设计、运行和性能有重要的影响。一般来讲,作为热泵的热源应满足下列基本要求。

　　(1) 热源的温度尽可能地高　热源温度高,才能使热泵温升小,热泵的性能好。

　　(2) 热源的热容量尽可能地大　热源的热容量要满足用热对象的需要,否则需要附加热源,从而增加系统的复杂程度。

(3)热源工质要有良好的物理化学性质　热源工质最好具有大的比热容,小的粘度,无毒,无污染,对热泵装置无腐蚀作用和结垢现象。

常用的热泵热源分两大类。一类为自然能源,其温度较低,主要包括空气、水(地下水、地表水、海水等)、土壤、太阳能等可再生的能源。自然能源来源充足、工作可靠,广为人们利用。表 8.1 给出了各种自然能源作为热泵热源的优缺点。

表 8.1　自然能源作为热泵热源的优缺点

热源类型	优　点	缺　点
空气	1. 无处不在,使用方便 2. 可提供足够的热量	1. 热力状态随季节、地域、昼夜等发生明显变化 2. 比热容小,换热性能差 3. 含有水蒸气,换热器有凝露结霜问题
河水	1. 可提供足够的热量 2. 温度相对稳定,传热性能好	1. 受水资源情况限制,如分布、结冰 2. 对材料有腐蚀作用 3. 使用后可能污染河流生态环境
海水	1. 可提供足够的热量 2. 温度相对稳定,传热性能好	1. 对材料有强腐蚀作用 2. 使用后可能污染海洋生态环境
地下水	1. 可提供足够的热量 2. 温度稳定,传热性能好 3. 可利用地热资源	1. 易造成地下水资源枯竭 2. 可能导致地面下沉 3. 对材料有强腐蚀作用
土壤	1. 可提供足够的热量 2. 温度稳定 3. 可利用地热资源	1. 传热性能差 2. 土壤沙石会发生位移
太阳能	1. 无处不在,使用方便 2. 可提供足够的热量	1. 能量密度低,需采用高效集热器 2. 能量随地域、季节、昼夜等发生明显变化

另一类热泵热源为生产和生活中的余热热源,其温度往往比环境温度高,主要包括工业废水废气、生活废水废气、垃圾热量等。余热热源存在广泛,但需"因地制宜,综合利用"。

工业废水废气形式多,数量大,温度高。有的可以直接利用,有的不能满足用热对象的要求,可以通过热泵提高温度来满足。生活废水废气形式也多,数量大,温度比较高,可以通过热泵提高温度来循环使用,但是生活废水废气往往含有多种化学物质,需要加以处理后才可使用。城市垃圾数量大,焚烧是常规的处理方法,其热量稳定可以作为热泵的热源加以利用。

2. 热泵的驱动能源

热泵热源是低品位热量,要把它提升为高品位热量,根据热力学第二定律,热泵需要驱动能源。常用的热泵驱动能源为电力、热能和发动机动力。

电力清洁、充足、技术成熟,电网覆盖广泛,利用电动机驱动热泵是普遍的使用方式。电动机驱动的热泵还有系统简单、设备体积小等优点。

吸收式热泵和吸附式热泵是直接利用热能驱动热泵的典型例子。这些热能来源于汽油、柴油、重油、煤炭、天然气等燃料的燃烧或者工业高温余热等。

发动机驱动热泵实际上也属于热能驱动类型,它是通过发动机把燃料的热能转换为机械能应用于蒸汽或者气体压缩式热泵的型式。根据动力产生的工作原理可分为内燃机驱动、燃气轮机驱动、蒸汽轮机驱动等三种。由于发动机的技术非常成熟,它比热能直接驱动的效率要高、寿命要长、工作可靠性要好。内燃机可以使用柴油、汽油、煤气、天然气等多种燃料,燃气轮机使用汽油、天然气燃料,具有功率大、效率高等特点。蒸汽轮机使用煤炭等燃料。发动机驱动热泵还可实现热电联产、热电冷联产等能量综合利用,大大提高能量的利用程度。

在工程实际中,采用什么样的热泵热源和驱动能源不可一概而论,要根据热源来源的方便程度、系统的复杂程度、驱动能源的成本、整个能量系统的经济性、环境可行性等因素统筹考虑。

8.1.4　热泵的经济性指标

热泵作为一种高效的节能装置,应用的目的和型式繁多,其相应的经济性指标也很多。作为一种热力设备,这里仅仅从热力经济性角度,简单介绍热泵的性能系数和季节性能系数。

1. 热泵的性能系数

通常热泵的经济性指标由其性能系数 COP(coefficient of performance)来表示,根据式(2.3)效率的定义,COP 是指热泵的制热量与其所消耗的电能、机械能或者热能的比值。

对于压缩式热泵装置,如果制热量为 Q_1,所消耗的功(电能、机械能)为 W,则热泵的性能系数 COP 可用制热系数 ε 表示为

$$\varepsilon = \frac{Q_1}{W} = \frac{q_1}{w} \tag{8.1}$$

根据热力学第一定律,理想热泵循环的制热量等于其所消耗的功和从热源吸

收的热量,有 $Q_1 > W$。所以热泵的制热系数恒大于1。

对于吸收式或者吸附式热泵装置,如果制热量为 Q_1,所消耗的热能为 Q,则热泵的性能系数 COP 可用热力系数 ζ 表示为

$$\zeta = \frac{Q_1}{Q} = \frac{q_1}{q} \tag{8.2}$$

第一类吸收式热泵的热力系数恒大于1,第二类热泵的热力系数不一定大于1。

2. 热泵的季节性能系数

空气热源热泵在空调采暖等领域有着广泛的应用,而空气的热力状态参数(尤其是温度)会随着季节发生较大的变化,用性能系数表示热泵的经济性与工况有关,不能直观地评价热泵在整个用热季节的经济性。因此,通常用季节性能系数 HSPE(heating seasonal performance factor) 来评价空气热源热泵在整个用热季节向用热对象提供热量的经济性。热泵的季节性能系数 HSPE 定义为

$$\text{HSPE} = \frac{供热季节总的制热量}{供热季节总的输入能量} \tag{8.3}$$

由于用季节性能系数评价热泵的经济性有很大的实用性,所以许多国家采用季节性能系数来制定热泵机组的能耗标准。

建筑物所消耗的能量非常高,有的国家甚至达到其一次能源消耗量的40%左右。以美国为例,建筑物耗能占总耗能的33.6%,其中53.3%用于采暖,12%用于热水供应,7.4%用于空调,6.5%用于制冷。合计采暖、空调和热水供应占建筑物耗能接近80%。采用热泵技术进行采暖、空调和热水供应可以大大节约能源,提高能源利用率。从能量利用的角度,我们不但要注重热泵的经济性,还应对整个能量系统的经济性进行分析。下面就以燃油燃烧直接采暖、发动机驱动热泵采暖和电动机驱动热泵采暖三种采暖方式来分析能量利用的经济性。

图8.10显示了燃料燃烧直接采暖的能量流图。根据工业实际情况,一般燃料燃烧设备的热损失约为30%,其他漏热等热损失约10%,最后被建筑物使用热量占燃料所含能量的60%左右。

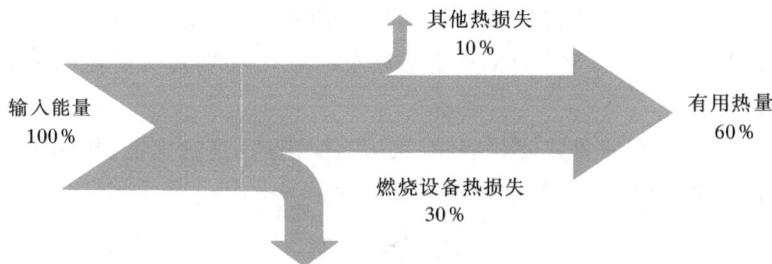

图8.10　燃料燃烧直接采暖的能量流图

　　图 8.11 显示了发动机驱动热泵采暖的能量流图。根据工业实际情况,燃料能量的 35% 左右转换成了发动机的功,发动机漏热 17% 左右,能被建筑物使用的发动机余热占 48% 左右。用发动机的功驱动性能系数为 3 的热泵,将从热源吸收相当于燃料能量 70% 的热量,连同被利用的余热,最后被建筑物使用热量相约为燃料所含能量的 153%。

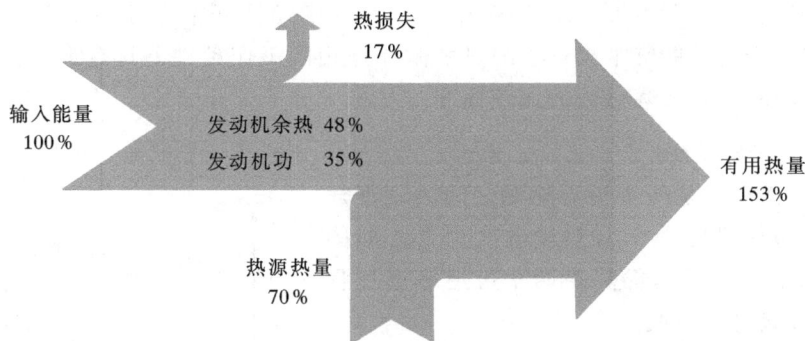

图 8.11　发动机驱动热泵采暖的能量流图

　　图 8.12 显示了电动机驱动热泵采暖的能量流图。根据工业实际情况,一般发电厂的热效率为 40% 左右,电力输送会损失 2% 能量。以此电力驱动性能系数为 3 的热泵,将从热源吸收相当于燃料能量 76% 的热量,最后被建筑物使用热量约为燃料所含能量的 114%。

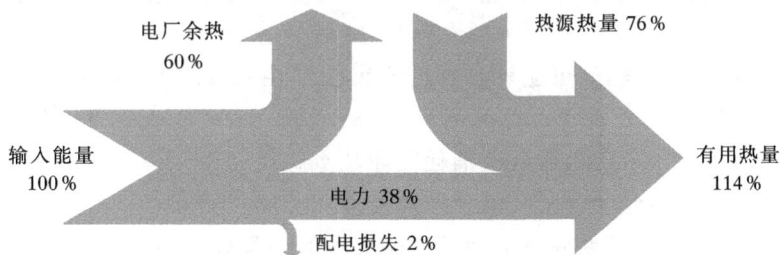

图 8.12　电动机驱动热泵采暖的能量流图

　　不难看出,使用热泵的后两种情况的能量利用情况比燃料燃烧直接采暖的能量利用率高得多,尤其是发动机驱动热泵采暖可以节约一半以上的能源。同时,热泵的性能系数对整个能量系统的经济性也有明显的影响。

8.2　热泵原理及其理论循环

8.2.1　理想热泵循环

根据热力学第二定律,要把低品位的热能"泵"送到高品位处,需要消耗一定的外界能量。实现热泵功能的理想循环有逆卡诺循环和洛仑兹(H. Lorentz)循环。根据卡诺定理能够推出理想的热泵循环是相同工作条件下具有最大性能系数的热泵循环,它是实际循环的比较标准。

1. 逆卡诺循环

逆卡诺循环是两个恒温热源之间的理想热泵循环,用热温度为 T_H,热源温度为 T_L。如图 8.13 所示的温熵图,循环由两个可逆等温过程和两个等熵过程组成。

工质在状态 1 被等熵压缩至状态 2,由式(2.18a)单位工质所消耗的功为

$$w_1 = h_2 - h_1 \qquad (8.4)$$

工质在状态 2 向用热对象可逆等温放热至状态 3,由式(2.29a)单位工质放热量为

图 8.13　逆卡诺循环

$$q_1 = T_H(s_2 - s_3) \qquad (8.5)$$

工质在状态 3 等熵膨胀至状态 4,由式(2.18a)单位工质所消耗的功为

$$w_2 = h_3 - h_4 \qquad (8.6)$$

工质在状态 4 从热源可逆等温放热至状态 1,由式(2.29a)单位工质放热量为

$$q_2 = T_L(s_1 - s_4) \qquad (8.7)$$

结合热力学第一定律,循环所消耗的净功 w_{net} 为

$$
\begin{aligned}
w_{net} &= w_1 - w_2 = (h_2 - h_1) - (h_3 - h_4) \\
&= q_1 - q_2 = T_H(s_2 - s_3) - T_L(s_1 - s_4) \\
&= (T_H - T_L)(s_2 - s_3)
\end{aligned}
\qquad (8.8)
$$

由此可得,按照逆卡诺循环工作的热泵的性能系数为

$$\varepsilon = \frac{q_1}{w_{net}} = \frac{T_H(s_2 - s_3)}{(T_H - T_L)(s_2 - s_3)} = \frac{T_H}{T_H - T_L} \qquad (8.9)$$

从上式可以看出,随着 T_H 的升高和 T_L 的降低,逆卡诺理想热泵循环的性能系数将会升高。

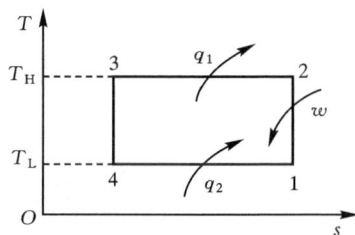

2. 洛仑兹循环

洛仑兹热泵理想循环是工作在两个变温热源之间的。如图 8.14 所示的温熵图，循环由两个可逆吸、放热过程和两个等熵过程组成，两个可逆吸、放热过程实质上是多变过程或者多变过程的组合。与逆卡诺热泵理想循环不同的地方是，工质在状态 2 向用热对象可逆放热至状态 3 的过程中，由式(2.29a)，单位工质放热量为

图 8.14　洛仑兹循环

$$q_1 = \int_3^2 T_H \mathrm{d}s \qquad (8.10)$$

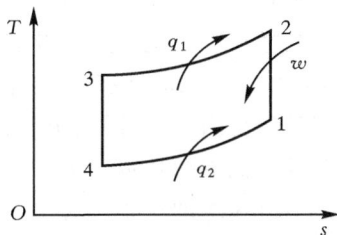

工质在状态 4 从热源可逆放热至状态 1 的过程中，由式(2.29a)单位工质放热量为

$$q_2 = \int_1^4 T_L \mathrm{d}s \qquad (8.11)$$

采用平均吸放热温度的概念，工质的平均吸热温度 $T_{H,m}$ 和平均放热温度 $T_{L,m}$ 分别为

$$T_{H,m} = \frac{q_1}{s_2 - s_3} = \frac{\int_3^2 T_H \mathrm{d}s}{s_2 - s_3} \qquad (8.12)$$

$$T_{L,m} = \frac{q_2}{s_1 - s_4} = \frac{\int_1^4 T_L \mathrm{d}s}{s_1 - s_4} \qquad (8.13)$$

循环所消耗的净功 w_{net} 为

$$\begin{aligned} w_{net} &= q_1 - q_2 = T_{H,m}(s_2 - s_3) - T_{L,m}(s_1 - s_4) \\ &= (T_{H,m} - T_{L,m})(s_2 - s_3) \end{aligned} \qquad (8.14)$$

由此可得，按照逆卡诺循环工作的热泵的性能系数为

$$\varepsilon = \frac{q_1}{w_{net}} = \frac{T_{H,m}(s_2 - s_3)}{(T_{H,m} - T_{L,m})(s_2 - s_3)} = \frac{T_{H,m}}{T_{H,m} - T_{L,m}} \qquad (8.15)$$

同样地，随着 $T_{H,m}$ 的升高和 $T_{L,m}$ 的降低，洛仑兹热泵理想循环的性能系数将会升高。

8.2.2　机械压缩式热泵循环

机械压缩式热泵理想循环包括蒸汽压缩式和气体压缩式两种热泵，它主要是消耗电动机、发动机等所做的功，将工质从低温低压状态压缩至高温高压状态。气体压缩式热泵还有逆布雷顿(G. B. Brayton)热泵和逆斯特林(O. R. Stirling)热泵之分。

1. 蒸汽压缩式热泵循环

实际中的绝大部分热泵是按照蒸汽压缩式热泵循环工作的。蒸汽压缩热泵的基本系统结构如图 8.15 所示，它是由压缩机、冷凝器、节流装置和蒸发器四个部件组成。气态工质在压缩机中被压缩为高温高压状态，在冷凝器中放热冷却进而冷凝成液态工质，在节流装置中降低压力变为低温低压状态，在蒸发器中吸热蒸发成气态工质。

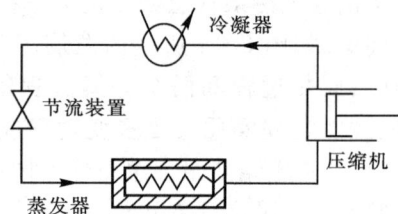

图 8.15 蒸汽压缩式热泵系统

在理想情况下，蒸汽压缩热泵循环按照逆朗肯（W. J. M. Rankine）循环进行，其温熵图和压焓图如图 8.16 所示。循环由两个等压过程、一个等熵过程和一个绝热节流过程组成。

在等压放热和等压吸热过程中，单位工质的换热量为

$$q_1 = h_2 - h_4 \tag{8.16}$$

$$q_2 = h_1 - h_5 \tag{8.17}$$

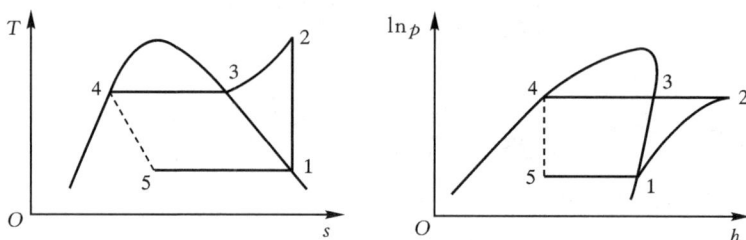

图 8.16 蒸汽压缩式热泵理想循环

在等熵压缩过程中，单位工质所消耗的功量，也即是循环净功量为

$$w = w_{net} = h_2 - h_1 \tag{8.18}$$

在绝热节流过程中，有

$$h_5 = h_4 \tag{8.19}$$

由此可得，按照逆朗肯循环工作的理想热泵性能系数为

$$\varepsilon = \frac{q_1}{w_{net}} = \frac{h_2 - h_4}{h_2 - h_1} = \frac{h_2 - h_5}{h_2 - h_1} \tag{8.20}$$

在实际的蒸汽压缩式热泵中，压缩机的压缩过程有散热同时还是不可逆程度较大的过程，冷凝器出口工质一般处于过冷液体状态，并不是饱和液体状态（工程上习惯称这种情况为液体过冷），蒸发器出口工质一般处于过热蒸汽状态，并不是饱和蒸汽状态（工程上习惯称这种情况为吸气过热）。考虑这些实际因素，蒸

汽压缩式热泵循环的温熵图和压焓图变为图 8.17 所示。

用与上述同样的分析方法可得,压缩蒸汽热泵实际循环的性能系数为

$$\varepsilon = \frac{q_1}{w_{\text{net}}} = \frac{h_{2'} - h_4}{h_{2'} - h_1} = \frac{h_{2'} - h_5}{h_{2'} - h_1} \tag{8.21}$$

现在来分别分析液体过冷、吸气过热和压缩机不可逆程度对热泵性能系数的影响。

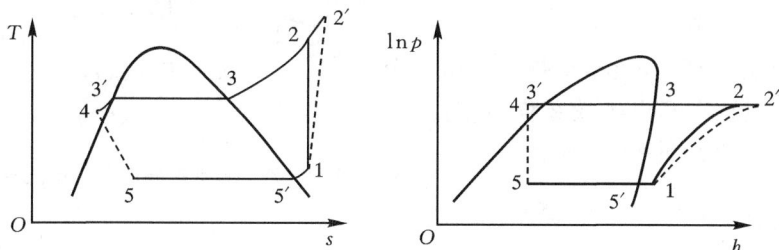

图 8.17　压缩蒸汽热泵实际循环

由于存在液体过冷,热泵向用热对象排放的热量由原来的$(h_2 - h_3)$增加为$(h_2 - h_4)$,而压缩机所消耗的功并没有变化。所以,热泵的性能系数会得到提高,而且过冷度越大,对热泵越有利。然而,液体过冷度也不能无限制增大,它将受到用热对象温度的限制。

由于存在吸气过热,压缩机吸气温度升高,将导致压缩机排气温度升高,单位工质热泵向用热对象排放的热量将会增加、压缩机的耗功也随之增加。同时由于吸气时工质的比体积增大,对于尺寸一定的压缩机,循环的质量流量将减少。压缩机排气温度升高和循环质量流量减少对热泵系统不利。压缩机排气温度升高将会提高对相关材料的耐高温程度的要求,循环质量流量减少将导致在同样制热量的情况下,增大压缩机的尺寸。单位工质供热量和耗功的增加对热泵性能系数的影响,可能提高也可能降低,详细的分析表明这种影响还与工质的性质有关。

压缩机中不可逆过程是由于气体工质流动阻力以及压缩机部件摩擦等因素引起的。工程上通常用压缩机的指示效率来表示其不可逆程度和散热等的影响,压缩机的指示效率 η_i 定义为

$$\eta_i = \frac{w_{\text{C,s}}}{w_\text{C}} = \frac{h_2 - h_1}{h_{2'} - h_1} \tag{8.22}$$

式中,$w_{\text{C,s}}$、w_C 分别为可逆绝热和不可逆绝热压缩过程压缩机所消耗的功,J/kg。

由于压缩过程散热和不可逆的影响,热泵向用热对象排放的热量由原来的$(h_2 - h_4)$增加为$(h_{2'} - h_4)$,压缩机所消耗的功由原来的$(h_2 - h_1)$增加为$(h_{2'} - h_1)$,无论是散热或者不可逆因素都导致热泵的性能系数下降,压缩机的排气温度将升高。

总之,压缩机的非等熵压缩过程对热泵不利。

2. 逆布雷顿循环

按照逆布雷顿循环运行的热泵系统如图 8.18 所示,它是由压缩机、高压换热器、膨胀机和低压换热器四个部件组成。与压缩蒸汽热泵不同的是其工质在循环中一直处于气态。

在理想情况下,逆布雷顿循环由两个可逆等压过程和两个等熵过程组成,其温熵图和压焓图如图 8.19 所示。

在等压放热过程中,单位工质向用热对象供热量为

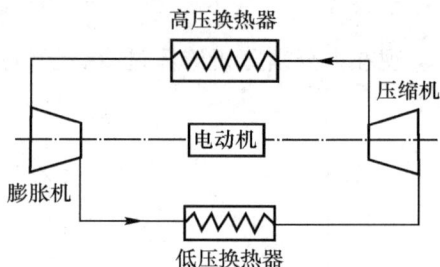

图 8.18   逆布雷顿热泵系统装置示意图

$$q_1 = h_2 - h_3 = c_p(T_2 - T_3) \tag{8.23}$$

在等压吸热过程中,单位工质吸热量为

$$q_2 = h_1 - h_4 = c_p(T_1 - T_4) \tag{8.24}$$

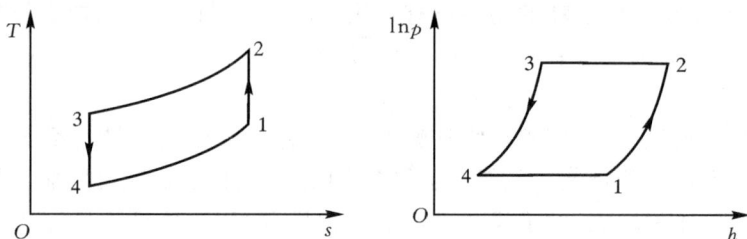

图 8.19   逆布雷顿热泵循环

单位工质所消耗的净功量为

$$w_{net} = q_1 - q_2 = c_p[(T_2 - T_3) - (T_1 - T_4)] \tag{8.25}$$

由此可得,逆布雷顿热泵循环的性能系数为

$$\varepsilon = \frac{q_1}{w_{net}} = \frac{c_p(T_2 - T_3)}{c_p[(T_2 - T_3) - (T_1 - T_4)]} = \frac{(T_2 - T_3)}{(T_2 - T_3) - (T_1 - T_4)} \tag{8.26}$$

由于 1—2 和 3—4 过程是等熵过程,有

$$\frac{T_1}{T_2} = \left(\frac{p_1}{p_2}\right)^{-\frac{k-1}{k}} = \left(\frac{p_3}{p_4}\right)^{-\frac{k-1}{k}} = \frac{T_4}{T_3} \tag{8.27}$$

可变形为

$$\frac{T_1 - T_4}{T_2 - T_3} = \frac{T_1}{T_2} = \left(\frac{p_1}{p_2}\right)^{-\frac{k-1}{k}} \tag{8.28}$$

把式(8.27)和式(8.28)代入式(8.26),得到

$$\varepsilon = \frac{1}{1 - \dfrac{T_1}{T_2}} = \frac{T_2}{T_2 - T_1} = \frac{T_3}{T_3 - T_4} = \frac{1}{1 - \left(\dfrac{p_2}{p_1}\right)^{-\frac{k-1}{k}}} \tag{8.29}$$

由上式可以看出,逆布雷顿热泵循环的性能系数与循环的增压比 p_2/p_1 有关,增压比越小,性能系数越高。

逆布雷顿热泵是利用气体的显热进行吸、放热的,与蒸气压缩热泵利用相变进行吸放热相比,由于气体的比热容小,因此其单位工质的制热量很小,要达到较大制热量需要很大的气体流量。

3. 逆斯特林循环

按照逆斯特林循环运行的热泵装置和工作原理如图 8.20 所示。热泵由两个气缸和两个活塞形成的膨胀腔和压缩腔、回热器、两个换热器等部件组成。其工作原理是,起始状态 1 时,压缩腔和膨胀腔的活塞均处于右死点,如图中 Ⅰ 所示。接着压缩腔活塞向左移动,膨胀腔活塞不动,气体被等温压缩至状态 2,压缩过程的热量向用热对象供热,如图中 Ⅱ 所示。然后压缩腔和膨胀腔一起向左移动,气体的体积保持不变,进行等容放热至状态 3,所放的热量被回热器中的填料吸收,如图中 Ⅲ 所示。接着压缩腔活塞不动,膨胀腔活塞向左继续移动,气体等温膨胀至状态 4,膨胀过程吸收热源的热量,如图中 Ⅳ 所示。最后压缩腔和膨胀腔活塞一起向右移动,气体等容吸热至状态 1,吸收的热量来自回热器填料。

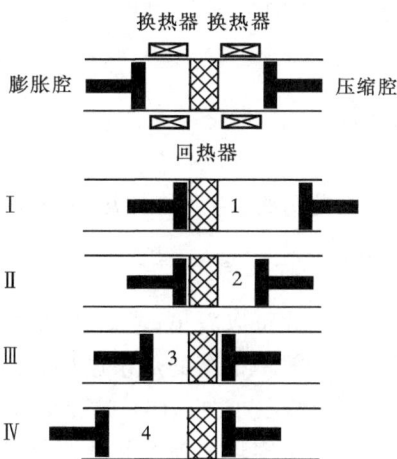

图 8.20　逆斯特林热泵装置和工作原理示意图

在理想情况下,逆斯特林循环由两个可逆等温和两个可逆的等容过程组成,其温熵图和压焓图如图 8.21 所示。

在等温放热过程中,单位工质向用热对象供热量为

$$q_1 = T_1(s_2 - s_1) = T_H(s_2 - s_1) \tag{8.30}$$

在等温吸热过程中,单位工质吸热量为

$$q_2 = T_3(s_4 - s_3) = T_L(s_4 - s_3) \tag{8.31}$$

由于等容放热和吸热过程在回热器中进行,属于系统内部热交换,与外界无关。所以,单位工质循环所消耗的净功量为

$$w_{\text{net}} = q_1 - q_2 = T_{\text{H}}(s_1 - s_2) - T_{\text{L}}(s_4 - s_3) \tag{8.32}$$

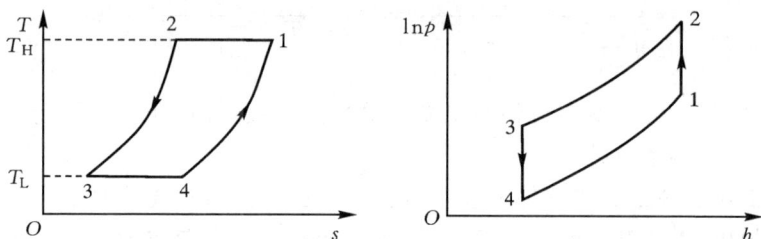

图 8.21　逆斯特林热泵循环

根据 $2-3$ 等容过程和 $4-1$ 等容过程的特征,有

$$s_1 - s_4 = c_{\text{v}} \ln \frac{T_1}{T_4} = c_{\text{v}} \ln \frac{T_2}{T_3} = s_2 - s_3 \tag{8.33}$$

因此,有

$$s_1 - s_2 = s_4 - s_3 \tag{8.34}$$

由此可得,逆斯特林热泵循环的性能系数为

$$\varepsilon = \frac{q_1}{w_{\text{net}}} = \frac{T_{\text{H}}(s_1 - s_2)}{T_{\text{H}}(s_1 - s_2) - T_{\text{L}}(s_4 - s_3)} = \frac{T_{\text{H}}}{T_{\text{H}} - T_{\text{L}}} \tag{8.35}$$

由上式可以看出,逆斯特林热泵循环有着与逆卡诺热泵循环相同的性能系数,它是一种效率很高的热泵循环。可惜的是,逆斯特林热泵需要压缩腔活塞和膨胀腔活塞做"跳跃"式的运动,这是非常难于实现的,工程实际中往往采用机构的连续运动来近似实现逆斯特林热泵循环。

8.2.3　热力压缩式热泵循环

热力压缩式热泵是相对机械压缩式热泵而言的,它主要是利用高温蒸气、燃料燃烧或者余热等热能直接驱动热泵工作,因为几乎没有机械运动部件而倍受关注。热力压缩式热泵循环包括蒸气喷射式热泵、吸收式热泵和吸附式热泵等。

1. 蒸气喷射式热泵

蒸气喷射式热泵装置如图 8.22 所示。热泵由锅炉、喷射器、冷凝器、蒸发器、节流元件和水泵等部件组成。其工作原理是:工质在锅炉中被加热成高温高压的蒸气状态 7 进入喷嘴,等熵膨胀形成低压高速气流,引射从蒸发器出来的状态 1 的工质,混合后进入扩压管升压升温至状态 3,然后进入冷凝器向用热对象放热冷凝至

状态 4。处于状态 4 的液态工质一部分被绝热节流至状态 5,进入蒸发器吸收热源热量回到状态 1,另一部分经过水泵加压、锅炉加热回到状态 7。

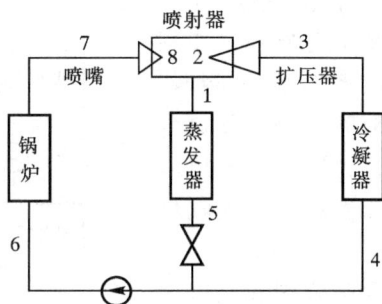

图 8.22　蒸气喷射式热泵装置示意图

在理想情况下,蒸气喷射式热泵循环的温熵图和压焓图如图 8.23 所示。

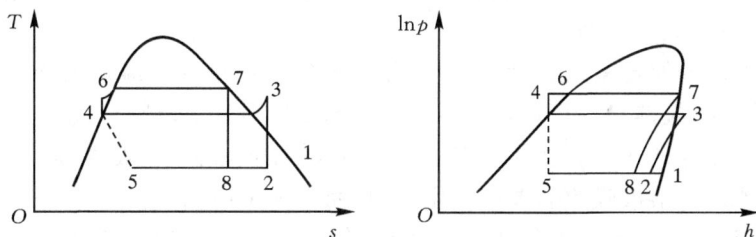

图 8.23　蒸气喷射式热泵循环

喷射器的工作性能用喷射系数 μ 表示,其定义为

$$\mu = \frac{\text{单位时间内被引射流体的质量 } m_2}{\text{单位时间内工作蒸气的质量流量 } m_1} \tag{8.36}$$

蒸气喷射式热泵单位工质的制热量为

$$q_1 = h_3 - h_4 \tag{8.37}$$

相对于此制热量所消耗的热量为

$$q = \frac{m_1}{m_1 + m_2}(h_7 - h_6) \tag{8.38}$$

由此可得,蒸气压缩式热泵的性能系数为

$$\zeta = \frac{q_1}{q} = \frac{h_3 - h_4}{\dfrac{m_1}{m_1 + m_2}(h_7 - h_6)} = \frac{(1 + \mu)(h_3 - h_4)}{(h_7 - h_6)} \tag{8.39}$$

2. 吸收式热泵

吸收式热泵是利用溶液在一定条件下能析出低沸点组分的蒸气，在另一条件下又能强烈吸收低沸点组分的蒸气这一特性完成热泵循环的。

最简单的第一类吸收式热泵装置如图 8.24 所示。它是由发生器、吸收器、冷凝器、蒸发器、节流阀、溶液泵等部件组成。其热泵循环由在发生器和吸收器之间进行的溶液循环和在发生器、冷凝器、蒸发器和吸收器之间进行的工质循环组成。

溶液循环的原理是：由吸收剂和制冷剂组成的溶液在发生器中被加热，消耗热量 Q_g，使部分工质气化，导致溶液由浓溶液变

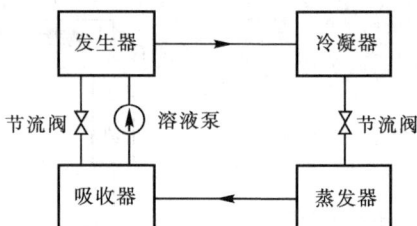

图 8.24　第一类吸收式热泵装置示意图

为稀溶液，稀溶液通过节流阀进入吸收器，在吸收器中吸收来自蒸发器的气态工质，再次变为浓溶液，同时释放出吸收热 Q_a 向用热对象供热。浓溶液被溶液泵送回发生器，从而完成溶液循环。

工质循环的原理是：在发生器中部分工质气化后进入冷凝器被冷凝成液态工质，同时放出冷凝热 Q_c 向用热对象供热。液态工质通过节流阀后进入蒸发器，在蒸发器中吸收热源的热量后变为气态工质，再被输往吸收器。在吸收器中气态工质被来自发生器的稀溶液吸收后泵回发生器，从而完成工质循环。

在理想情况下，不考虑各种散热损失，第一类吸收式热泵的制热量为 $Q_a + Q_c$，所消耗的热量为 Q_g。由此，其性能系数为

$$\zeta = \frac{Q_1}{Q} = \frac{Q_a + Q_c}{Q_g} \tag{8.40}$$

第二类吸收式热泵装置如图 8.25 所示，其溶液循环的原理是：溶液在发生器中被加热，消耗热量 Q_g，由于部分工质被气化变为稀溶液。稀溶液通过溶液泵泵到吸收器中，吸收来自蒸发器的气态工质，再次变为浓溶液，同时释放出吸收热 Q_a 向用热对象供热。然后，浓溶液经过节流阀返回发生器。

工质循环的原理是：在发生器中部分工质气化后进入冷凝器被冷凝成液态工质，因为冷凝器中工质的温度比较低，不能够满足用热对象的需要，只好放入环境。液态工质通过泵送入蒸发器，在蒸发器中吸收热量 Q_e 后，变为气态工质，再被输往吸

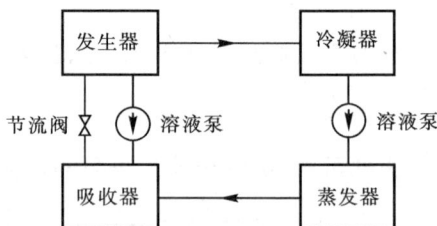

图 8.25　第二类吸收式热泵装置示意图

收器。在吸收器中气态工质被来自发生器的稀溶液吸收后经过节流阀回到发生器，从而完成工质循环。

在理想情况下，不考虑各种散热损失，第二类吸收式热泵的制热量为 Q_a，所消耗的热量为 $Q_g + Q_e$。由此，其性能系数为

$$\zeta = \frac{Q_1}{Q} = \frac{Q_a}{Q_g + Q_e} \qquad (8.41)$$

第一类吸收式热泵与第二类吸收式热泵的最大区别在于，由于系统流程不同，驱动第一类吸收式热泵的热源温度必须高于用热对象的温度，而驱动第二类吸收式热泵的热源温度则低于用热对象的温度。用图 8.26 所示的能量流进行说明。所以第一类和第二类吸收式热泵又分别称为增热型和升温型吸收式热泵。

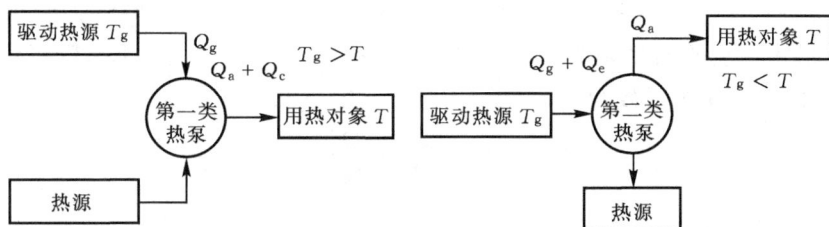

图 8.26　第一类和第二类吸收式热泵能量流图

3. 吸附式热泵

吸附式热泵是利用一些固体表面能够大量吸附气体（或液体），在一定条件下解吸出制冷剂蒸气这一特性完成热泵循环的。

最基本的吸附式热泵结构如图 8.27 所示，由发生-吸附器、冷凝器、储液器、蒸发器、节流阀、阀门等部件组成。其热泵循环由在发生-吸附器中的吸附剂循环和在发生-吸附器、冷凝器、蒸发器之间进行的工质循环组成。

吸附式热泵的工作原理是：在发生-吸附器中，吸满液态工质的吸附剂被加热，吸收热量 Q_g，压力和温度升高，进行解吸过

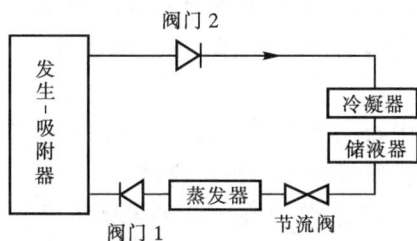

图 8.27　吸附式热泵装置示意图

程。待热泵工质全部解吸出来，冷却吸附剂，使发生-吸附器中的压力温度下降，吸附从蒸发器出来的气态工质，直到吸满液态工质恢复到开始状态，完成吸附剂循环。从吸附剂中解吸出的高温高压工质，进入冷凝器放热向用热对象供热 Q_c，冷凝至液态工质后，经过节流阀进入蒸发器，吸收热源的热量变为气态工质，进入发生-

吸附器被吸附剂吸收。显然,由于吸附和解吸过程需要一定的时间,吸附式热泵是间歇供热的,通过两个阀门1和2控制吸附和解吸过程的间歇进行。间歇式工作和供热是吸附式热泵最大的缺点,要实现连续式供热需要两台甚至多台或者与其他热泵联合工作。与吸收式热泵一样,吸附式热泵具有有效利用余热、废热或者太阳能等可再生能源,并且结构比吸收式热泵简单、工作可靠等一系列优点。吸附式热泵目前还没有达到工业化应用。

在理想的情况下,吸附式热泵的工作过程如图8.28所示。图中1—2—3—4—1组成吸附剂循环,其中2—3和4—1过程分别为吸附和解吸过程;1—2—5—6—1组成热泵工质循环。

吸附式热泵的制热量为 Q_c,所消耗的热量为 Q_g。因此,其性能系数为

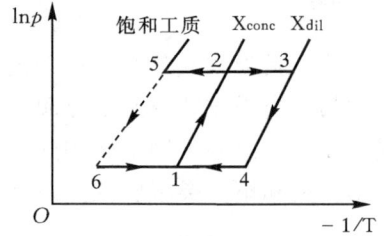

图 8.28　吸附式热泵循环

$$\zeta = \frac{Q_1}{Q} = \frac{Q_c}{Q_g} \tag{8.42}$$

8.2.4　其他型式热泵

其他利用物理的或者化学的热现象实现供热的热泵型式还有很多,这里介绍典型的热电式热泵和化学热泵。

1. 热电式热泵

由电学上的塞贝尔(T. J. Seebeck)效应知道:将两种不同的导体组成一个闭合的电路(称为电偶对),并将导体的接触点分别处于不同温度 T_H 和 T_L 下时,将在电路中产生一定的温差电动势 E,其值的大小与温度及导体材料有关

$$E = \alpha(T_H - T_L) \tag{8.43}$$

式中,α 为电偶对的温差电动势率。热工测量中,通过测量热电偶的热电势来得到温度值的方法即用此原理。

相反,如果在由两种导体组成的闭合电路中加上一直流电,同时把一个接触点放置于温度为 T_L 的环境中,那么将在另一接触点上形成一个温度为 T_H 的供热体。该现象称为帕尔帖(Peltier)效应,这就是热电式热泵的基本原理。热电式热泵又称为温差电热泵。

金属导体有良好的导电性,同时也有良好的导热性,如果用它作为导体组成热泵系统的话,高温端(热端)的热量将沿着导体传递给低温端(冷端),不利于热泵的工作。半导体具有良好的导电性,但不具有良好的导热性,用半导体组成热泵的话,将大大提高热泵的性能。图8.29显示了由P型和N型半导体组成的热泵系统图。

在热端,由于帕尔帖效应释放的帕尔帖热 Q_p、由于电流通过电阻释放的焦耳热 Q_i 和由于半导体导热传向冷端的热量 Q_λ 分别为

$$Q_p = \alpha T_H I \qquad (8.44)$$

$$Q_i = \frac{1}{2} I^2 R \qquad (8.45)$$

$$Q_\lambda = \lambda (T_H - T_L) \qquad (8.46)$$

式中,I 为回路中的电流;R 为电偶对的总电阻;λ 为电偶对的导热系数。

图 8.29　热电式热泵装置示意图

若不考虑各种损失,并假设焦耳热有一半传到用热对象,另一半传到冷端。那么热泵的供热量为

$$Q_1 = Q_p + Q_i + Q_\lambda = \alpha T_H I + \frac{1}{2} I^2 R + \lambda (T_H - T_L) \qquad (8.47)$$

外加电源的电压一部分用于克服电阻引起的电压降,一部分用于克服电阻温差电动势 E,因此热泵消耗的电功为

$$W = EI + I^2 R = \alpha (T_H - T_L) I + I^2 R \qquad (8.48)$$

由此可得,电动式热泵的性能系数为

$$\varepsilon = \frac{Q_1}{W} = \frac{\alpha T_H I + \frac{1}{2} I^2 R + \lambda (T_H - T_L)}{\alpha (T_H - T_L) I + I^2 R} \qquad (8.49)$$

2. 化学热泵

利用化学变化的热现象构造的热泵称为化学热泵。上述吸附式热泵如果利用的是化学吸附也可以算是化学热泵的一种,这里讲述的化学热泵系指利用化学反应的热现象构造的。

众所周知,一般的化学反应多伴随着吸热或者放热现象,通常表示为

$$A + B \overset{Q}{\underset{-Q}{\rightleftharpoons}} C + D \qquad (8.50)$$

即反应物 A 和 B 在一定温度、压力条件下发生化学反应形成生成物 C 和 D,并吸收反应热 Q,同时在该条件下,C 和 D 也可以发生化学反应形成生成物 A 和 B,放出反应热 Q。

化学反应原理还指出,反应物 A 和 B 生成 C 和 D 也可以按照以下的步骤进行

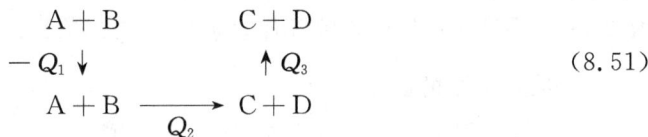

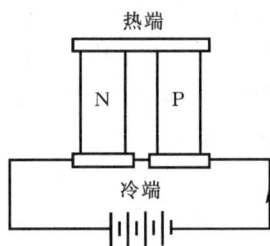

$$\begin{array}{ccc} A + B & & C + D \\ -Q_1 \downarrow & & \uparrow Q_3 \\ A + B & \xrightarrow{\quad Q_2 \quad} & C + D \end{array} \qquad (8.51)$$

即反应物 A 和 B 先经过某个物理过程(如降低温度压力),放出热量 Q_1,然后在新的温度压力下生成 C 和 D,吸收反应热 Q_2,最后再经过某个物理过程(如升高温度压力)吸收热量 Q_3 到达最终的状态。利用该过程和化学反应的可逆性,构造一个热泵循环如下

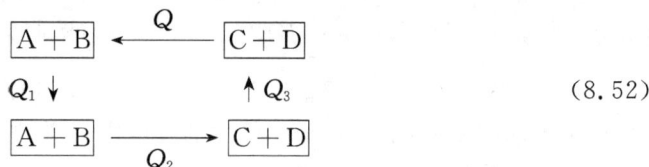

$$
\begin{array}{ccc}
\boxed{A+B} & \xleftarrow{\quad Q \quad} & \boxed{C+D} \\
Q_1 \downarrow & & \uparrow Q_3 \\
\boxed{A+B} & \xrightarrow{\quad Q_2 \quad} & \boxed{C+D}
\end{array} \qquad (8.52)
$$

显然,反应物 A 和 B 在一定条件(如低温低压)下反应生成 C 和 D 吸收热源热量 Q_2,在另一条件(如高温高压)下再由生成物 C 和 D 还原为 A 和 B 并向用热对象供热 Q。图 8.30 是该化学热泵循环的焓温图。

把热力学第一定律应用于化学反应,上述化学热泵循环的能量平衡为

$$Q = -Q_1 + Q_2 + Q_3 \qquad (8.53)$$

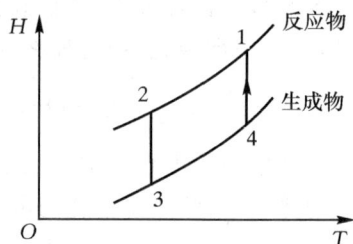

图 8.30　化学热泵的焓温图

8.3　热泵工质和主要设备

工业上应用的热泵机组有复杂的、有简单的,有大型的、中型的、小型的,但不论什么热泵机组,都需要热泵工质携带能量实现热泵的热量转移目的。热泵机组主要的设备有压缩机、换热器、节流元件等。

8.3.1　热泵工质

热泵工质是热泵系统的工作流体,热泵是利用其工质的状态变化实现供热的。例如在蒸气压缩式热泵中,处于低压低温的热泵工质在蒸发器中从热源吸收热量,经过压缩机压缩变为高压高温状态,在冷凝器中向供热对象放出热量,并经过节流装置变回低压低温状态,以此不断循环流动达到连续供热。

热泵和制冷机的工作原理是相同的,所以从本质上讲,热泵工质就是制冷剂。根据不同的工况,热泵系统可以选择不同的工质。常用的热泵工质有 R22、R717、R11、R12 等,正在推广使用的新型环保热泵工质有 R134a、R410A、R407C 和 R123 等。

1. 热泵工质的基本要求

选择某一物质作为热泵工质,应具备价廉、制备容易、安全、可靠等特点。具体

来说,应满足下列基本要求。

（1）在使用条件下,化学稳定性和热稳定性要好,与润滑油、制冷设备材料有良好的相容性。

（2）使用安全,不易燃、不易爆,且无毒性。

（3）价格便宜,来源广泛。

（4）具有优良的热力性质,在指定的温度范围内的热泵循环性能优良,如具有高的性能系数、大的制热量、适中的排气温度等。

（5）具有优良的热物理性质,如具有大的气化潜热,小的液体比热容,大的气体比热容,高的导热系数和低的粘度等。

表 8.2 列出了一些纯质制冷与热泵工质的分子量、凝固温度、标准沸点、临界温度、临界压力、临界比容等基础物理性质。表中热泵工质按标准沸点由低到高排序。

表 8.3 列出了一些制冷机与热泵用混合工质的组成、1 atm 下露点温度、临界温度、临界压力、临界比容、温度滑移等基础物理性质,热泵工质符号中以"4"打头的是共沸混合工质,以"5"打头的是非共沸混合工质。

（6）对大气环境无公害,不破坏臭氧层,具有尽可能低的温室效应。

完全满足上述要求的热泵工质很难寻觅,实用中要根据具体要求、设备情况、使用条件等,对热泵工质相应的性质有所侧重考虑,优化选择合适的热泵工质。

常用的热泵工质按照化学成分可分为三类,无机物、卤代烃（商品名为氟里昂）和碳氢化合物。按组成可分为纯质和混合工质,混合工质又分为共沸混合工质和非共沸混合工质两类。例如,R22 属于氟里昂类纯质热泵工质。

热泵工质的一些实用性质对其应用也非常重要。这些实用性质主要有:热泵工质与润滑油的溶解性、热泵工质与水的溶解性、热泵工质的安全性、热泵工质的热稳定性、热泵工质与材料的适用性,制冷剂泄漏判断等。

表 8.2　制冷与热泵工质的基本热物理性质

符号	名称	分子量	凝固温度 $t_f/℃$	标准沸点 $t_b/℃$	临界温度 $t_c/℃$	临界压力 p_c/kPa	临界比容 $v_c/10^{-3} m^3 \cdot kg^{-1}$
R704	氦	4.002 6	—	−268.9	−267.9	228.8	14.43
R702	氢	2.015 9	−259.2	−252.8	−239.9	1 315	33.21
R720	氖	20.183	−248.6	−246.1	−228.7	3 397	2.070
R728	氮	28.013	−210	−198.8	−146.9	3 396	3.179
R729	空气	28.97	—	−194.3	−140.53	3 785	3.126
R740	氩	39.948	−189.3	−185.86	−122.49	4 860	1.88

符号	名称	分子量	凝固温度 t_f/℃	标准沸点 t_b/℃	临界温度 t_c/℃	临界压力 p_c/kPa	临界比容 v_c/10^{-3} m³·kg⁻¹
R732	氧	31.998 8	−218.8	−182.962	−118.569	5 042.9	2.293
R50	甲烷	16.04	−182.2	−161.5	−82.5	4 638	6.181
R14	四氟甲烷	88.01	−184.9	−127.9	−45.7	3 741	1.598
R1150	乙烯	28.05	−169	−103.7	9.3	5 114	4.37
R744a	氧化二氮	44.02	−102	−89.5	36.5	7 221	2.216
R170	乙烷	30.07	−183	−88.8	32.2	4 891	5.182
R23	四氟甲烷	70.02	−155	−82.1	25.6	4 833	1.942
R13	一氯三氟甲烷	104.47	−181	−81.4	28.8	3 865	1.729
R744	二氧化碳	44.01	−56.6	−78.4	31.1	7 372	2.135
R13B1	一溴三氟甲烷	148.93	−168	−57.75	67.0	3 962	1.342
R32	二氟甲烷	52.02	−136	−51.8	78.4	5 830	2.326
R125	五氯乙烷	120.03	−103.15	−48.57	66.3	3 630.6	1.750
R1270	丙烯	42.09	−185	−47.7	91.8	4 618	4.495
R290	丙烷	44.10	−187.7	−42.09	96.70	4 248	4.53
R22	二氟一氯乙烷	86.48	−160	−40.76	96.0	4 974	1.904
R115	五氟一氯乙烷	154.48	−106	−39.1	79.9	3 153	1.629
R717	氨	17.03	−77.7	−33.3	133.0	11 417	4.245
R12	二氟二氯甲烷	120.93	−158	−29.79	112.0	4 113	1.792
R134a	四氟乙烷	102.03	−96.6	−26.16	101.1	4 067	1.81
R152a	五氟乙烷	66.05	−117	−25.0	113.5	4 492	2.741
R40	一氯甲烷	50.49	−97.8	−12.4	143.1	6 674	2.834
R124	四氟一氯乙烷	136.47	−199.15	−13.19	122.5	3 660	1.786
R600a	异丁烷	58.13	−160	−11.73	135.0	3 645	4.526
R764	二氧化硫	64.07	−75.5	−10.0	157.5	7 875	1.910
R142b	二氟一氯乙烷	100.5	−131	−9.8	137.1	4 120	2.297
R630	甲基胺	31.06	−92.5	−6.7	156.9	7 455	—
RC318	八氟环丁烷	200.04	−41.4	−5.8	115.3	2 781	1.611
R600	丁烷	58.13	−138.5	−0.5	152.0	3 794	4.383

续表 8.2

符号	名称	分子量	凝固温度 $t_f/℃$	标准沸点 $t_b/℃$	临界温度 $t_c/℃$	临界压力 p_c/kPa	临界比容 $v_c/10^{-3} m^3 \cdot kg^{-1}$
R114	四氟一氯乙烷	170.94	−94	3.8	145.7	3 259	1.717
R21	一氟二氯甲烷	102.92	−135	8.9	178.5	5 168	1.917
R160	一氯乙烷	64.52	−138.3	12.4	187.2	5 267	3.028
R631	已基胺	45.08	−80.6	16.6	183.0	5 619	—
R11	一氟三氯甲烷	137.38	−111	23.82	198.0	4 406	1.804
R123	三氟一氯乙烷	152.93	−107.15	27.87	183.79	3 674	1.818
R611	甲酸甲酯	60.05	−99	31.8	214.0	5 994	2.866
R141b	一氟二氯乙烷	116.95	—	32	204.2	4 250	2.174
R610	乙醚	74.12	−116.3	34.6	194.0	3 603	3.790
R216ca	六氟二氯丙烷	220.93	−125.4	35.69	180.0	2 753	1.742
R30	二氯甲烷	84.93	−97	40.2	237.0	6 077	—
R113	三氟三氯乙烷	187.39	−35	47.57	214.1	3 437	1.736
R1130	二氯乙烯	96.95	−50	47.8	243.3	5 478	—
R1120	三氯乙烯	131.39	−73	87.2	271.1	5 016	—
R718	水	18.02	0	100	373.99	22 064	3.11

表 8.3　混合工质的基本热物理性质

符号	组成	质量分数 $w_i/\%$	露点温度* $t_d/℃$	临界温度 $t_c/℃$	临界压力 p_c/kPa	临界比容 $v_c/10^{-3} m^3 \cdot kg^{-1}$	温度滑移** $\Delta t/℃$
R500	R12/R152a	73.8/26.2	−33.60	102.1	4 173	2.033	0
R501	R22/R12	75/25	−40.42	96.20	4 764	1.896	0
R502	R22/R115	48.8/51.2	−45.14	80.73	4 018	1.758	0
R503	R23/R13	40.1/59.9	−87.49	18.43	4 265	1.812	0
R504	R32/R115	48.2/51.8	−56.96	62.14	4 439	1.980	0
R507A	R125/R143a	50/50	−47.10	70.75	3 715	2.030	0
R508A	R23/R116	39/61	−87.41	11.01	3 701	1.745	0
R508B	R23/R116	46/54	−87.20	12.06	3 834	1.753	0
R401A	R22/R152a/R124	53/13/34	−28.84	105.3	4 613	2.020	5.58

续表 8.3

符号	组成	质量分数 w_i/%	露点温度* t_d/℃	临界温度 t_c/℃	临界压力 p_c/kPa	临界比容 v_c/10^{-3} $m^3 \cdot kg^{-1}$	温度滑移** Δt/℃
R401B	R22/R152a/R124	61/11/28	−30.79	103.5	4 682	2.010	4.94
R401C	R22/R152a/R124	33/15/52	−23.83	109.9	4 402	2.014	6.70
R402A	R125/R290/R22	60/2/38	−47.05	76.03	4 234	1.837	2.11
R402B	R125/R290/R22	38/2/60	−44.85	83.03	4 525	1.865	2.32
R403A	R290/R22/R218	5/75/20	−47.49	—	—	—	2.50
R403B	R290/R22/R218	5/56/39	−48.51	—	—	—	0.90
R404A	R125/R143a/R134a	44/52/4	−45.78	72.14	3 735	2.047	0.78
R405A	R22/R152a/R142b/RC318	45/7/5.5/42.5	−24.47	106.0	4 292	1.868	8.41
R406A	R22/R600a/R142b	55/4/41	−23.55	116.5	4 883	2.179	9.16
R407A	R32/R125/R134a	20/40/40	−38.71	81.91	4 487	1.883	6.52
R407B	R32/R125/R134a	10/70/20	−42.40	74.38	4 083	1.780	4.40
R407C	R32/R125/R134a	23/25/52	−36.72	86.05	4 634	1.950	7.09
R407D	R32/R125/R134a	15/15/70	−32.67	91.56	4 483	1.968	6.75
R407E	R32/R125/R134a	25/15/60	−35.57	88.76	4 794	2.001	7.25
R408A	R125/R143a/R22	7/46/47	−45.00	83.34	4 424	2.079	0.46
R409A	R22/R124/R142b	60/25/15	−27.54	106.9	4 693	1.970	7.89
R409B	R22/R124/R142b	65/25/10	−29.70	104.4	4 711	1.955	6.81
R410A	R32/R125	50/50	−51.55	70.17	4 770	1.812	0.05
R410B	R32/R125	45/55	−51.43	69.46	4 665	1.782	0.08
R411A	R1270/R22/R152a	1.5/87.5/11	−37.24	99.06	4 954	2.051	2.44
R411B	R1270/R22/R152a	3/94/3	−40.28	95.95	4 947	2.012	1.31
R414A	R22/R124/R600a/R142b	50/28.5/4/16.5	−25.52	108.1	4 685	1.939	8.34
R414B	R22/R124/R600a/R142b	50/39/1.5/9.5	−26.13	108.0	4 588	1.974	8.27

* 压力为 1 atm 时。** 压力为 1 atm 时泡点温度与露点温度之差。

2. 常用热泵工质及替代工质

传统的热泵工质主要有 R22、R717、R12、R502、R11、R142b 等。由于传统热泵工质中的一些物质破坏大气臭氧层,加剧大气环境温室效应等,一些新的环保节能型的替代工质已经或者正在代替传统的热泵工质。目前,比较成熟并有广泛工业应用的替代工质有 R410A、R407C、R134a 等。

R22(二氟一氯甲烷,$CHClF_2$) 是应用最广泛的一种热泵工质。它无色、无味、不可燃、毒性很小,广泛应用于大、中、小型制冷和热泵装置中。R22 的标准沸点为 $-40.76℃$,气化潜热大,传热性能和流动性能不如氨,流动性能比 R12 好一些。R22 对金属无腐蚀性,但制冷系统需要密封。R22 与润滑油有限溶解,在设计热泵系统时应予注意。R22 对环境的危害很小,根据国际协议可以使用到 2030 年,所以它也是 R11、R12 和 R502 的一种过渡性替代工质。替代 R22 的工质主要有 R410A 和 R407C 等。

R717(氨,NH_3) 是目前广泛应用于大型热泵装置的一种工质。R717 有较好的热物理性质,其标准沸点为 $-33.3℃$,气化潜热大,密度小,传热性能好,流动阻力小。另外,R717 来源广泛,价格低廉,在低温下也能以任何比例与水互溶。R717 有较明显的缺陷,有毒,有强烈的刺激性气味,含有水份时,对锌、铜及其合金有腐蚀作用。氨几乎不溶于润滑油,这对传热和润滑油的回油有影响,目前在干式蒸发器中已使用可溶解的润滑油。氨还易燃、易爆,在实际使用时存在一定安全隐患。

R12(二氟二氯甲烷,CCl_2F_2) 是最早使用且性能优良的氟里昂类热泵工质。R12 无毒、无色、无味、不可燃,在大、中、小型热泵设备中有广泛应用。R12 的标准沸点为 $-29.79℃$,流动阻力大,对金属无腐蚀性。R12 与矿物润滑油有良好的互溶性。使用 R12 的热泵系统必须严密密封。R12 对环境有危害,正在被逐步限制使用,替代 R12 的工质有 R134a、R600a 和混合物 R22/R152a 等。

R502 是 R22 和 R115 按质量成分 48.8:51.2 配制而成的共沸混合物。R502 无毒、不可燃,主要应用于工作温度比较低的热泵装置。R502 与 R115、R22 相比具有更好的热力学性能,气化潜热大,气体密度大,制冷剂循环量大,有较大的制冷量,压缩机排温低,对金属无腐蚀性。R502 不溶于水,其与烷基苯润滑油有良好的互溶性。R502 对环境有危害,也是近期将被替代的工质,替代 R502 的工质有 R402A、R403A、R404A、R407A、R411B 等。

R11(一氟三氯甲烷,CCl_3F) 是应用于离心式压缩机热泵装置中一种工质。R11 无毒、无色、无味、不可燃。标准沸点为 $-23.82℃$,适合于工作温度比较高的热泵装置。R11 对金属无腐蚀性,与润滑油有良好的互溶性。R11 对环境有危害,替代 R11 的工质有 R123、R22 和 R245ca 等。

R142b(二氟一氯乙烷,CH_2ClCHF_2) 的标准沸点为 $-9.8℃$,通常应用于木材、医药、农作物干燥的热泵装置。使用 R142b 的热泵具有较高的性能系数。R142b 具有一定的可燃性,对环境也有危害。

R410A 是 R32 和 R125 按质量成分 50:50 配置而成的几乎共沸的混合物。R410A 是 R22 的主要替代物之一。与以 R22 为制冷工质的热泵相比,应用 R410A

的热泵系统压力较高,系统部件和管路需要专用或重新设计。R410A 的传热性能好,优化后的热泵性能较好。另外,由于 R410A 的共沸特性,有利于工业应用时的充灌、维修和回收。

R407C 是 R32、R125 和 R134a 按质量成分 23∶25∶52 配置而成的非共沸混合物。R407C 的热力性质与 R22 几乎一样,两者在热泵系统中应用有很好的兼容性。但是 R407C 是一个非共沸混合工质,工业应用时的充灌系统复杂,且不利于维修和回收。

R134a(四氟乙烷,CH_2FCF_3)是 R12 最成熟的替代工质,商业化程度高,目前已经广泛应用于小型制冷与热泵装置。R134a 的热力性质与 R12 非常相近,一直被认为是 R12 比较理想的替代物,但是它有较高的温室效应,故又被认为只能是一种过渡性替代物。与 R12 相比,R134a 传热性能好,分子量大,流动阻力损失较大。R134a 与矿物油和烷基苯润滑油几乎不溶解,故热泵系统润滑最好使用酯类油。R134a 在水中的溶解度极低,所以对制冷系统中水份含量的要求比使用 R12 要严格得多。由于 R134a 与材料的相溶性及其化学合成等问题,导致 R134a 替代 R12 的成本较高。

R123(三氟二氯乙烷,$CHCl_2CF_3$)的热力性质与 R11 非常接近,是 R11 的理想替代物,也可以替换 R22。与 R22 相比,R123 对环境的危害程度要小得多,它的工作压力也低得多,可以长久使用。

8.3.2　热泵压缩机

在众多类别的热泵装置中,蒸气压缩式热泵占有绝对主导的地位。压缩机是蒸气压缩式热泵的心脏,承担压缩和输送热泵工质的任务,是决定热泵性能的关键部件,与热泵系统的运行、噪音、维护、使用寿命等有着直接的联系。由于热泵系统也是制冷系统,所以热泵压缩机与制冷压缩机原理是一样的,只是根据运行的工况不同而采用不同的设计参数,有时可采用制冷压缩机作为热泵压缩机。

1. 热泵压缩机的分类

根据对热泵工质压缩的热力学原理,热泵压缩机可分为容积型和速度型两大类。

在容积型压缩机中,一定容积的气体被吸入到气缸中,在气缸中被强制压缩,当气体的压力达到一定数值时再被强制从气缸中排出。显然,容积型压缩机的吸、排气是间歇进行的,工质的流动并非连续稳定。按其压缩部件的运动特点,容积型压缩机分为往复活塞式和回转式两种形式。后者根据其压缩部件的结构特点又可分为滚动转子式(简称转子式)、滑片式、螺杆式(又称双螺杆式)、单螺杆式、涡旋式等。

在速度型压缩机中,气体压力的升高是由其动能转化为热力学能引起的,即先使吸入的气流获得一定的速度,然后通过类似扩压管原理的流道,使动能转化为气体的热力学能,气体压力升高后排出。速度型压缩机与容积型压缩机最大的区别在于其压缩过程是连续的,流动是稳定的。在热泵中应用的速度型压缩机几乎都是离心式压缩机。

图 8.31 给出了热泵压缩机的分类及其结构示意简图。

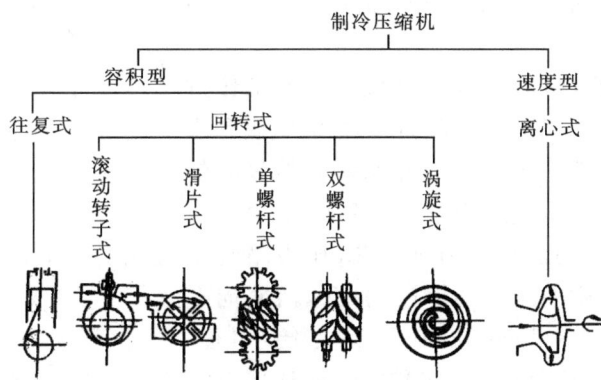

图 8.31　热泵压缩机的分类及结构示意图

为了防止热泵工质泄漏,热泵系统包括压缩机在内需要密封。根据压缩机的密封结构形式,热泵压缩机可分为开启式压缩机、半封闭式压缩机和全封闭式压缩机。

开启式压缩机的原动机单独安装于热泵系统之外,与压缩机分离放置,中间由传动装置连接。通过轴封密封伸出压缩机机体外的轴,防止热泵工质的泄漏。开启式压缩机一般适用于大型热泵系统。由于原动机独立于系统之外,无需考虑其与热泵工质和耐润滑油等的相容性问题。

半封闭式压缩机采用封闭式结构,把原动机和压缩机安装在同一机体内的同一根主轴上,连成一个整体。因而取消了开启式压缩机上的轴封装置,避免由此产生的可能泄漏。半封闭式压缩机一般适用于中型热泵系统。

全封闭式压缩机在半封闭式压缩机的基础上,把连接在一起的原动机和压缩机密闭在一个薄壁机壳中,简化了压缩机的结构,使得压缩机更加紧凑。全封闭式压缩机一般适用于小型热泵系统。全封闭式压缩机有不便于安装、搬运及维修困难等缺点。

2. 往复式压缩机

往复式压缩机有单缸机和多缸机之分,是迄今为止使用最多的热泵压缩机,被广泛应用于中、小型热泵装置中。图 8.32 给出了单缸往复式压缩机的结构示意图。

压缩机的机体是由气缸 1 和曲轴箱 2 组成,装在气缸中的活塞 5 通过连杆 4 与装在曲轴箱中的曲柄 3 相连,在气缸的顶部装有与吸气腔 9 相连的吸气阀 8 和与排气腔 6 相连的排气阀 7。其工作原理是,当曲轴被原动机带动而旋转时,通过连杆的传动,活塞在气缸内做往复运动,同时在吸气阀和排气阀开、关的配合下,完成对热泵工质的吸入、压缩和输送。

如图 8.33 所示,往复式压缩机具体的工作过程为:活塞处于下止点 1-1 截面处时,吸气阀和排气阀处于关闭状态,气缸中充满了从蒸发器吸入的蒸气,活塞向上运动压缩蒸气至 2-2 截面,完成压缩过程。此时工质的温度压力都很高,压力略高于排气腔中热泵工质的压力,排气阀打开,活塞向上运动至上止点 3-3 截面排出工质,完成排气过程。活塞处于 3-3 截面处时,活塞和气缸的顶部有一余隙容积。排气结束后,吸气阀和排气阀处于关闭状态,活塞向下运动至 4-4 截面,余隙容积内的高压工质膨胀,压力下降,完成膨胀过程。此时工质的

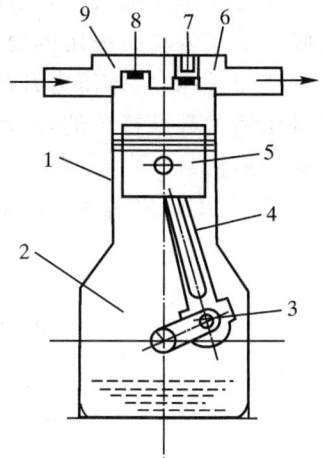

图 8.32　单缸往复式压缩机结构示意图

1—气缸;2—曲轴箱;3—曲轴;
4—连杆;5—活塞;6—排气腔;
7—排气阀;8—吸气阀;
9—吸气腔

压力略低于进气腔中热泵工质的压力,进气阀打开,吸入蒸气,活塞回到 1-1 截面,完成吸气过程。如此周而复始循环,吸入、压缩和输送热泵工质完成热泵循环。

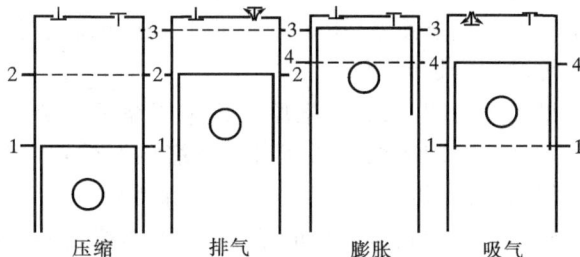

图 8.33　往复式压缩机工作过程示意图

3. 滚动转子式压缩机

滚动转子式压缩机近十年才被广泛应用于小型热泵装置中,在小容量范围有替代往复式压缩机的趋势,主要优点是它没有吸气阀,零部件少,结构紧凑,适合变速运行。

图 8.34 是一台滚动转子式压缩机的结构示意图,它主要由气缸、滚动转子、偏心轴和滑片等组成。转子 3 沿着气缸内壁滚动,与气缸间形成一个月牙形的工作腔。滑片 7 靠弹簧的作用使其端部与转子紧密接触,并随着转子的滚动在槽道中做往复运动,滑片将月牙形工作腔分隔成两部分。端盖装配在气缸的两端,与气缸内壁、转子外壁、滑片壁面形成封闭的气缸容积,称为基元容积,其大小随着转子的转动而变化。

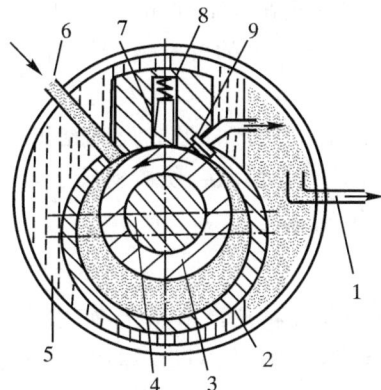

图 8.34 滚动转子式压缩机结构示意图
1— 排气管;2— 气缸;3— 转子;4— 曲轴;5— 润滑油;
6— 吸气管;7— 滑片;8— 弹簧;9— 排气阀

参见图 8.35,滚动转子式压缩机具体的工作过程为:转子处于最上端,并从转角 $\theta = 0$ 顺时针滚动至吸气孔后边缘角 α 期间,基元容积不与吸气孔和排气孔相连,其内气体膨胀,工质压力低于吸气压力。接着转子从转角 $\theta = \alpha$ 处顺时针滚动至最上端 2π 处,基元容积逐渐扩大并在 2π 处达到最大值,形成吸气腔,不断吸入热泵工质。当转子开始第 2 转时,原来充满吸入蒸气的吸气腔成为压缩腔。当转子从转角 $\theta = 2\pi$ 顺时针滚动至 $\theta = 2\pi + \beta$ (β 为吸气孔前边缘角)期间,基元容积变小,工质压力升高,高于吸气压力,产生吸气回流,吸气状态气体倒流回吸气孔。当转子从转

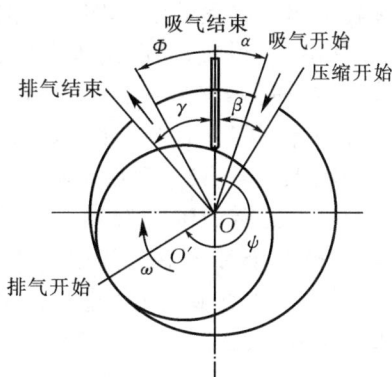

图 8.35 滚动转子式压缩机工作过程示意图

角 $\theta = 2\pi + \beta$ 顺时针滚动至 $\theta = 2\pi + \psi$ 期间,不与吸气孔相连的基元容积逐渐变小,形成压缩腔,工质压力升高,在 $2\pi + \psi$ 处压力高于排气压力开始排气。当转子从转角 $\theta = 2\pi + \psi$ 顺时针滚动至 $\theta = 4\pi - \gamma(\gamma$ 为吸气孔后边缘角)期间,压缩腔中的工质排出。排气结束后压缩腔中还有高温高压工质,此时的排气腔容积称为余隙容积。当转子从转角 $\theta = 4\pi - \gamma$ 顺时针滚动至 $\theta = 4\pi - \varphi(\varphi$ 为吸气孔前边缘角)期间,吸气腔和压缩腔通过排气孔相连,余隙容积中的工质膨胀,导致吸气减少。当转子从转角 $\theta = 4\pi - \varphi$ 顺时针滚动至 $\theta = 4\pi$ 期间,不与吸气孔和排气孔相连的压缩腔气体压力急剧升高,一般将此转角内的气缸内壁切削出 $0.5 \sim 1$ mm 的凹陷与排气孔相连,以排出高压的气体。

　　由于滑片把月牙形气缸分成两部分形成吸气腔和压缩腔,在上述的 4π 周期内吸气、压缩、排气在两个腔体中同时存在。所以实际上,滚动转子式压缩机是在一转中就完成一次吸气、压缩、排气过程。

4. 涡旋式压缩机

　　涡旋式压缩机也是近十年才被广泛应用于中、小型热泵装置中,它的主要特点是:效率高、体积小、质量轻、噪音低、结构简单且运转平稳。

　　图 8.36 是一台涡旋式压缩机的结构示意图,它主要由静涡旋体、动涡旋体、机座、曲轴和防自转机构等组成。

　　涡旋式压缩机主要靠不同心的动静涡旋转子啮合形成压缩腔完成工质的压缩,图 8.37 给出了涡旋圈数为 3 圈、曲轴转角每隔 120°动静涡旋转子相对位置的示意图。具体的工作过程是:在图中(a)位置,动涡旋体中心 O_2 位于静涡旋体 O_1 的右侧,涡旋密封啮合线在左右两侧,涡旋外圈部分刚好封闭,此时最外圈两个月牙形空间吸入热泵工质,完成了吸气过程(如图中阴影部分)。随着曲轴的转动,动涡旋体作回转平移,外圈两个月牙形空间中的工质不断向中心推移,压缩腔体积变小,进行压缩过程,工质压力不断升高,如图中(b)—(f)位置。当两个月牙形空间汇合成一个中心腔室并与排气孔相通时,如图中(g)位置,压缩过程结束,排气过程开始。排气过程为图中(h)—(j)位置。同时,曲轴旋转了三圈,涡旋体外圈分别开启和闭合三次,完成三次吸气过程。由此可见,在曲轴转动

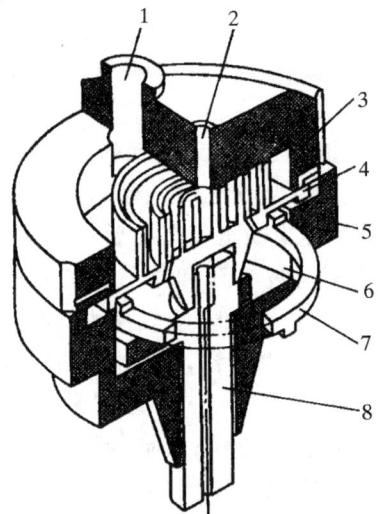

图 8.36　涡旋式压缩机结构示意图
1— 吸气孔;2— 排气孔;3— 静涡旋体;4— 动涡旋体;5— 机座;6— 背压腔;7— 十字联接环;8— 曲轴

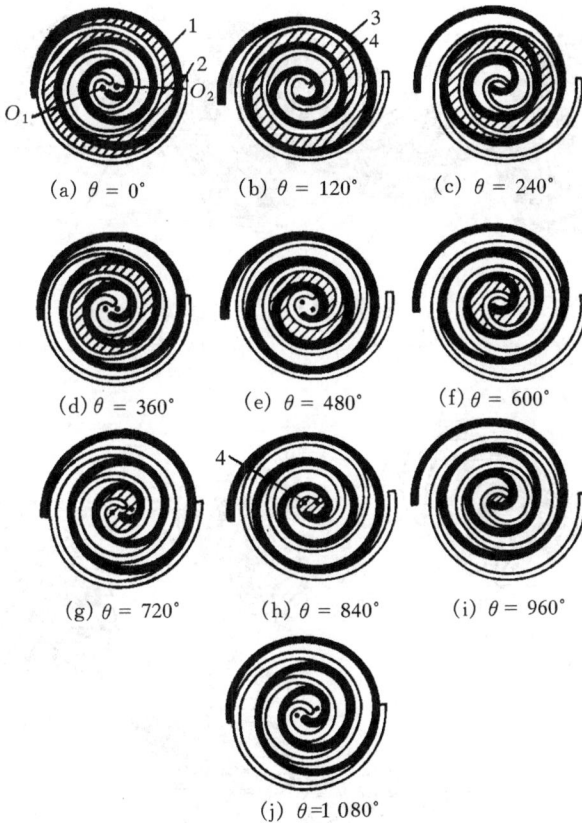

图 8.37　涡旋式压缩机工作过程示意图
1— 动涡旋体；2— 静涡旋体；3— 压缩腔；4— 排气孔

时,动静涡旋转子形成的三个月牙形腔体中分别进行着吸气、压缩、排气过程。所以,涡旋式压缩机基本上是连续地吸气和排气,并且工质从吸入开始到排出结束需要经历涡旋体的多次回转平动才能完成。

5. 螺杆式压缩机

螺杆式缩机从 20 世纪 70 年代开始就被应用于大型热泵装置中,它具有结构简单、易损件少、排气温度低等特点。

图 8.38 是一台开启式螺杆压缩机的结构示意图,它主要由吸气端盖、阴转子、阳转子、气缸和排气端盖等组成。

螺杆式压缩机主要靠气缸中一对含有螺旋齿槽的阴转子和阳转子互相啮合,形成由齿型空间组成 ∞ 型基元容积,通过基元容积的变化进行压缩。压缩机运转时,通常由阳转子带动阴转子转动。如图 8.39 所示,螺杆式压缩机具体的工作过程

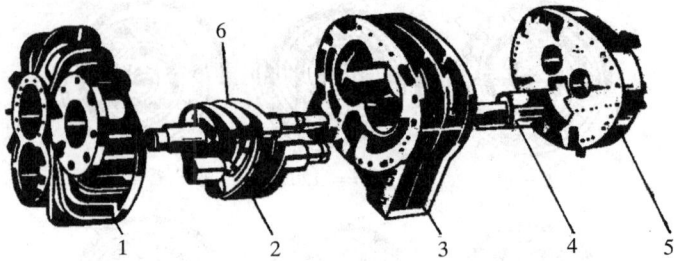

图 8.38   开启式螺杆压缩机结构示意图

1— 吸气端盖；2— 阴转子；3— 阳转子；4— 气缸；5— 排气端盖

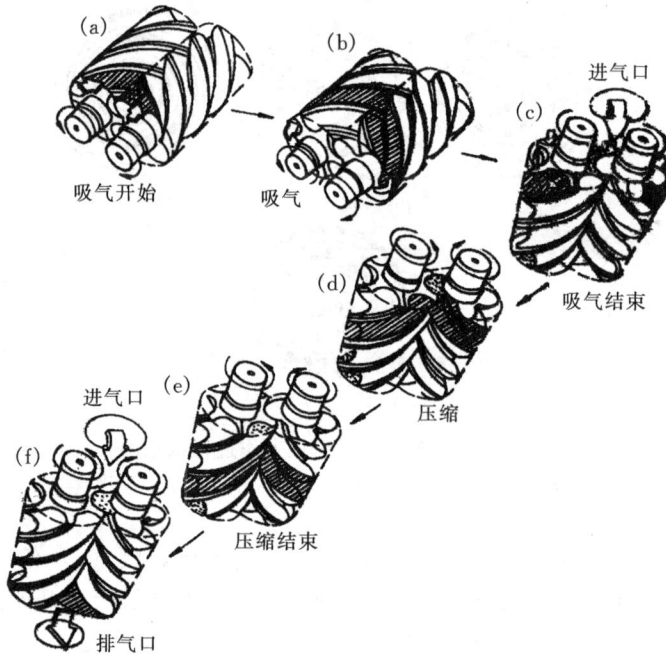

图 8.39   螺杆式压缩机工作过程示意图

为：当基元容积由最小向最大变化时，它与径向和轴向吸气孔相通，进行图中
(a)—(c) 的吸气过程。当基元容积达到最大后，其与吸气孔隔开，进行图中
(c)—(e) 的压缩过程。当基元容积内工质的压力升高到一定值，与排气孔接通，进行图中(e)—(f) 的排气过程。

6. 离心式压缩机

与前述的容积型压缩机不同，离心式压缩机是一种速度型压缩机，它从 20 世纪 20 年代起就广泛被应用于大型热泵系统。图 8.40 是离心式压缩机的结构简图，它主要由转子、定子、叶轮和扩压室等组成。由原动机带动的高速转子使工质获得很大的动能，在转子的动叶片和定子的定叶片组成的流道以及扩压室中，把工质的动能转化为本身能量，从而提高工质的压力。离心式压缩机的结构决定了其具有流量大、易实现多级压缩多级供热、运转平稳、磨损件少、寿命长等特点。

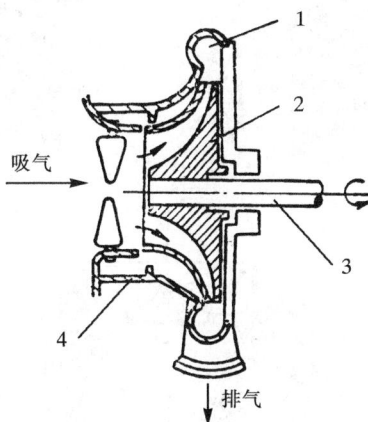

图 8.40　离心式压缩机结构简图
1— 扩压室；2— 叶轮；3— 转子；4— 定子

8.3.3　热泵换热器

换热器是用来使热量从热流体传递到冷流体的设备，热泵装置中热泵工质和热源以及用热对象之间需要用换热器（如冷凝器、蒸发器）实现热量的传递。

热泵换热器种类十分繁多。常用的热泵换热器主要有翅片管式换热器、套管式换热器、壳管式换热器和板式换热器等几种形式。

1. 翅片管式换热器

翅片管式换热器是热泵工质与空气进行换热时采用的换热器形式，广泛应用于空气-空气、水-空气和空气-水热泵装置。由传热学可知，空气侧的表面传热系数远远低于热泵工质侧的表面传热系数，所以在空气侧加装翅片，强化空气侧传热，可以大大减少换热器的体积和重量。

热泵使用的翅片管有绕片管、扎片管和套片管三种型式。绕片管是在铜管外绕上铜片再经搪锡组成。扎片管是用厚壁铝管直接扎出高翅。套片管是在整张的薄铝片上套上铜管后，再经过机械胀管制成。由于套片管具有工艺简单、加工方便、传热系数高等特点，已经成为翅片管的主要型式。

　　从换热器结构布置上,翅片管式换热器有直形、L形、V形、U形、方形等多种型式,直形和L形多使用于供热量较小的热泵机组,V形多使用于大型热泵机组。直形、L形和V形翅片管式换热器的结构型式见图8.41。

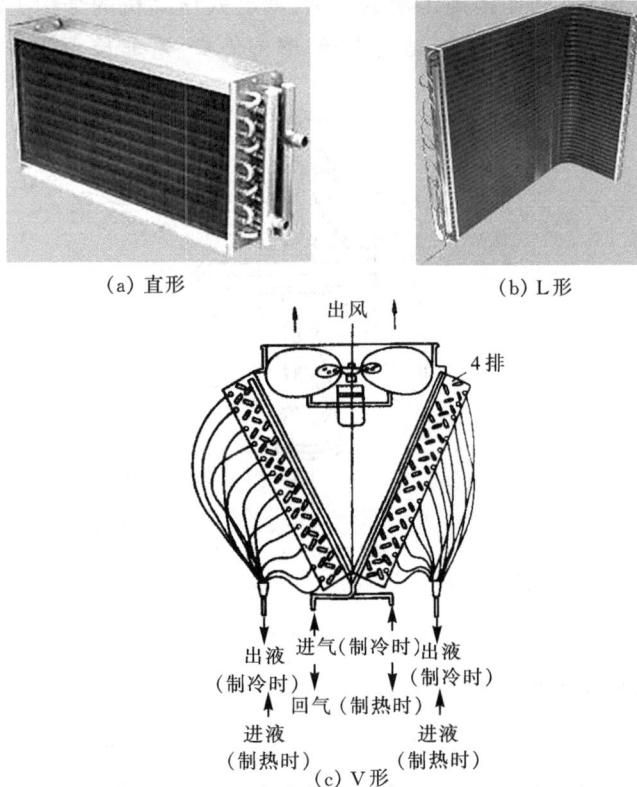

（a）直形　　　　　　　　　　　　　　　（b）L形

出风

4排

出液
（制冷时）
进气（制冷时）
出液
（制冷时）
回气（制热时）
进液
（制热时）
进液
（制热时）

（c）V形

图8.41　翅片管式换热器

　　以V形翅片管式换热器作为热泵冷凝器为例,在图8.41(c)中,热泵运行时,从压缩机排出的高压高温工质分两路进入左右换热器的汇总管,然后分别进入各分路,在管内冷凝放热,冷凝后的液体进入分配器后流出。

2. 套管式换热器

　　套管式换热器可以用于热泵工质与水之间的传热,它是由套在管内的管子或者管束组成。图8.42所示为一热泵使用的套管式换热器,热泵工质经分流器进入内管,水在内管外流动,一般热冷流体流动方向布置为逆流。由于套管式换热器的结构限制,它只能适用于换热量不大的情况。

3. 壳管式换热器

壳管式换热器是热泵工质与水进行换热时,应用最多的换热器形式,主要用于大型的水-空气和空气-水热泵装置。在热泵冷热水机组中,水在壳管式换热器中吸收热泵工质冷凝放出的热量。热泵机组使用的壳管式换热器都制成干式蒸发器,即热泵工质在管内流动,水在管外流动。图 8.43 是一种最简单的壳管式换热器的示意图,图 8.44 是壳管式换热器的剖面图。从图中可以看出:壳

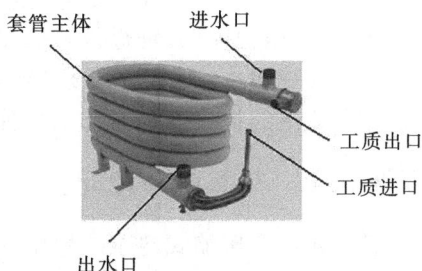

图 8.42　套管式换热器

管式换热器由外壳、封头以及装在外壳中的管子、挡板、管板、隔板等组成。隔板和挡板的设置提高了热泵工质和水的流速,强化了换热效果。为了更进一步提高管内热泵工质和管外水的表面传热系数,通常采用内螺纹管外轧螺旋波纹槽代替光管。也有采用光管内压入带翅片的铝芯来强化管内侧热泵工质的传热。

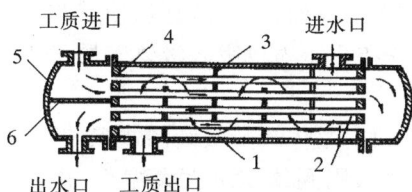

图 8.43　壳管式换热器示意图
1— 外壳;2— 管子;3— 挡板;
4— 管板;5— 封头;6— 隔板

图 8.44　壳管式换热器剖面图

4. 板式换热器

板式换热器是热泵工质与水进行换热时广泛采用的换热器。板式换热器由一组几何结构相同的平行薄平板叠加而成,两相邻平板之间用特殊设计的密封垫片隔开,形成一个通道,冷热流体间隔地在每个通道中流动。为强化换热并增加板片的刚度,常在平板上压制出各种形状波纹。图 8.45 是一板式换热器的示意图。

板式换热器有组合式板式换热器和钎焊板式换热器两种型式。组合式板式换热

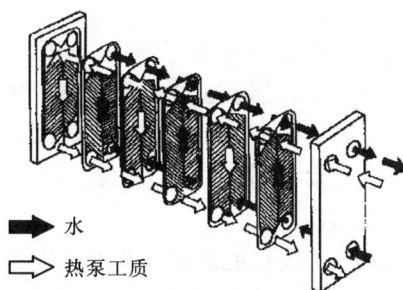

　　→　水
　　⇨　热泵工质

图 8.45　板式换热器

器用加压支架把板片夹在一起,能够拆卸,方便清洗,适合于含有易污染的流体的换热,但其耐压程度低。钎焊板式换热器是在板片之间插入薄铜箔,压紧后放入真空钎焊炉钎焊而成。由于是焊接结构,大大提高了板式换热器的耐压程度,现在热泵装置中使用的板式换热器都是这种钎焊板式换热器。

8.3.4 热泵的节流元件

节流元件在压缩式热泵装置中起将工质降温降压的作用,是热泵机组重要的组成部分。当高温高压的热泵工质在冷凝器中向用热对象放热冷凝为液体后,流过节流元件,就变为低压低温的状态,进入蒸发器从热源吸收热量而蒸发,从而实现热泵的目的。热泵的节流元件主要有热力膨胀阀、毛细管和电子膨胀阀等。

1. 热力膨胀阀

热力膨胀阀(简称膨胀阀)除了节流降压的作用,还有控制蒸发器热泵工质的流量和过热度的作用。所以热力膨胀阀带有感温包,感温包包缚在压缩机的吸气管上,用毛细管与膨胀阀膜片(或波纹管)腔室相连。利用密封在毛细管中的热泵工质饱和压力的增减来调节阀的开度,控制进入蒸发器的工质流量,使其与蒸发器的热负荷匹配,有效利用蒸发器的换热面积,并防止压缩机吸入液体工质发生"液击"现象。

膨胀阀按结构可分为整体式和拼装式两种。整体式膨胀阀制造工艺比较简单,内部结构紧凑,如果调节机构设计在阀体内部,则阀体积可大大缩小,适用于安装位置受限制的地方。整体式膨胀阀的主要缺点是调节范围不够大。拼装式膨胀阀安装维修方便,调节范围大,只需更换阀芯组件就可适应不同制热量机组的需要,非常适合热泵装置。图8.46是一只拼装式膨胀阀的结构简图,它主要由感温组件、阀芯组件和阀体等组成。一般的热力膨胀阀为单向,工质只能向一个方向流动。近年来已经出现可以双向流动的双向型膨胀阀。

2. 毛细管

毛细管由于结构简单、成本低、工作可靠,被广泛应用于小型热泵装置中,如分体式家用空调器、柜式空调器等。热泵装置中的毛细管一般由一段内径大约为 $0.4 \sim 2$ mm 的细紫铜管做成,其内径和长度根据运行工况确定。毛细管的内径和长度一旦确定,在热泵工况发生变化后也不能改变,所以它是一种流道截面积不变的节流元件。

热泵工质在毛细管中节流过程的压力随长度的变化情况如图8.47所示。在开始的 AB 段,纯液体工质流动逐渐变为含有少量蒸气的两相流动,因为液体流动的阻力小,压力平缓降低。在 BC 段,两相工质中蒸气含量越来越多,因为气体流动的阻力大,压力下降逐渐加快。在 CD 段,由于毛细管的出口效应影响,压力略有下降。

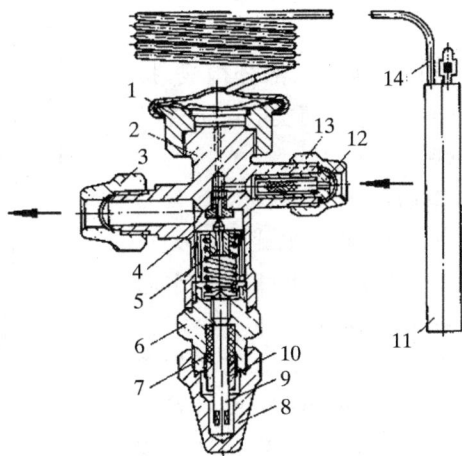

图 8.46　拼装式膨胀阀结构图

1— 感应机构；2— 阀体；3— 螺母；4— 阀座；5— 阀杆；6— 调节杆座；7— 填料；
8— 帽罩；9— 调节杆；10— 填料压盖；11— 感温包；12— 过滤器；13— 螺母；14— 毛细管

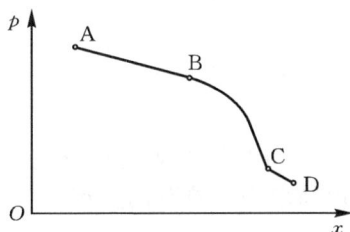

图 8.47　毛细管中热泵工质压力变化曲线

在热泵装置中,虽然毛细管的内径和长度不变,但是它也能调节工质的流量。当热负荷的变化引起毛细管两端压力差增大时,导致毛细管的流量增大,同时毛细管的流动阻力也增大,阻力增大造成毛细管内闪发的气体量增多,反过来抑制了流量的增大。当热负荷的变化引起毛细管两端压力差减小时,导致毛细管的流量减少,同时毛细管的流动阻力也减少,阻力减少造成毛细管内闪发的气体量减少,反过来抑制了流量的减少。这种作用的结果使得在变工况下工质在毛细管中的流量变化很小,所以毛细管只能适用于热负荷变化不大的热泵装置。

3．电子膨胀阀

随着电子自动控制技术的发展,用微机电一体化控制的电子膨胀阀由于控制精度高,调节范围大,有逐渐代替热力膨胀阀的趋势。

电子膨胀阀由检测、控制、执行三部分构成。按照驱动方式分,有电磁式和电动式两类,电动式又分为直动型和减速型两种。

电磁式膨胀阀的结构如图 8.48 所示。线圈 3 在通电的情况下会产生电磁力,而且电磁力的大小与外加电流成正比,柱塞 2 是用磁性材料制作而成。在磁力的作用下,与柱塞一体的阀针 7 向下移动,加大阀门的开度。当磁力减少时,在弹簧的作用下阀针向上运动,减小阀门的开度。可见,电磁式膨胀阀是通过控制线圈电流的大小,达到控制节流深度和热泵工质流量的。

电动式膨胀阀是用电动机驱动针阀的移动来实现节流元件的功能。电动机直接带动针阀移动的称为电动式直动型膨胀阀,电动机通过齿轮减速装置带动针阀移动的称为电动式减速型膨胀阀。

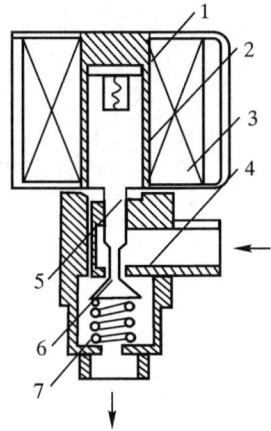

图 8.48　电磁式膨胀阀的结构示意图

1— 柱塞弹簧；2— 柱塞；3— 线圈；4— 阀座；5— 阀杆；6— 阀针；7— 弹簧

8.4　热泵的应用

如前所述,热泵在工业生产和人民生活上都有广泛的应用,下面就从废热利用、空调和冷热水机组等方面简单介绍热泵的应用。

8.4.1　热泵在废热回收中的应用

低品位的热量,在自然界随处可见,环境热量、工业余热、余能以及建筑物排热都可以使用热泵将其用于生产和生活中。

1. 建筑排热的利用

随着现代建筑的大型化,大楼内的照明、办公设备以及人体发热量很大,甚至在冬季都需要供冷。如果将建筑物的这些排热吸收,通过热泵提高其温度,该热量可以为大楼周围的地区供热,同时热泵的蒸发器可以为大楼供冷。图 8.49 是利用建筑物排热的热冷联供系统图。该系统由热泵分系统、热水、冷水和冷却水三个管路分系统构成,分系统各自独立。在冷水管路系统设有建筑物排热回收的换热器。热水管路系统设有换热器以向用热对象供热,同时还设有蓄热槽,用来储存白天的余热,以作为白天大楼使用前供热启动用热源(晚上大楼内不产生排热),蓄热槽内

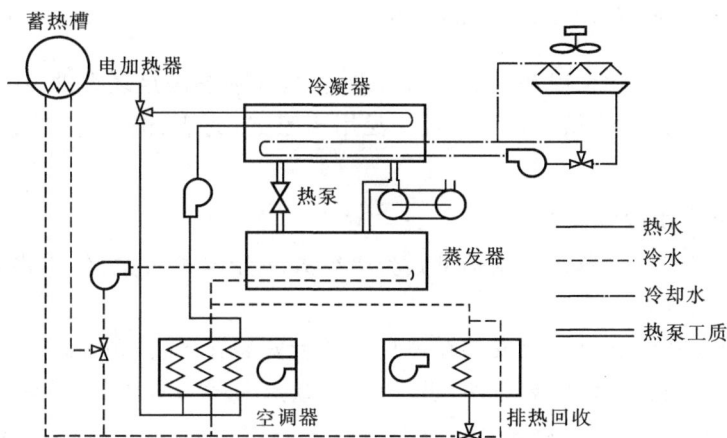

图 8.49　建筑物排热的热冷联供系统图

装有电加热器,以备严寒时补充热量。大楼内部的排热量在白天基本恒定,周边地区用热量则随着室外气候条件而变化,当用热量富裕时,可以储存在蓄热槽中,蓄热槽蓄满热量后,由冷却水管路系统排放到大气中,以维持系统的热平衡。蒸发器出来的冷水通过换热器可以提供冷量。

2. 在化工生产上的应用

化工工业的能流多,合理安排工艺流程,利用热泵可以节约大量能量。图 8.50 为一化工厂中热泵在蒸发罐上应用的示意图。该化工流程的目的是浓缩稀的水溶液,温度较低的稀溶液经过换热器预热,进入蒸发罐内被浓缩,从蒸发罐蒸出来的水蒸气温度为 100℃ 左右。把该蒸汽导入蒸汽压缩机提高温度到 110℃,进入蒸发罐提供浓缩稀溶液所需的热量。浓溶液经过换热器预热稀溶液。

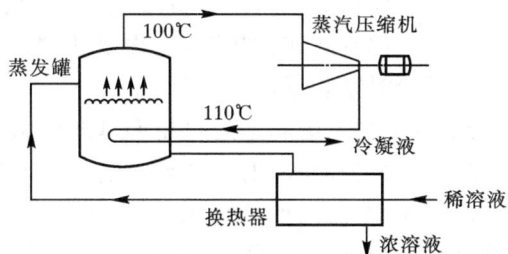

图 8.50　热泵在蒸发罐上的应用

8.4.2　热泵在空调上的应用

随着国民经济的发展和人民生活水平的提高,能够满足夏季供冷,冬季供热需要的、各式各样的热泵型空调器已经广泛用于家庭、商店、医院、宾馆、饭店等各种活动场所。

1. 热泵型房间空调器

热泵型房间空调器按其结构型式分为窗式和分体式两类。分体式又分为挂壁式、座地式、吊顶式、立柜式等。

热泵型窗式空调器直接安装在窗户上或者安装在墙上开的专用洞中。其优点是结构紧凑,价格便宜,安装方便,易于维修。缺点是噪音较大,冬季制热效果不理想,只能适应冬季室外气温在 0℃ 以上的地区。图 8.51 是一台热泵型窗式空调器的结构图。其结构是把压缩机、蒸发器、冷凝器、毛细管以及辅助配件风机、控制面板等装配在一个箱体中。安装时,只把室内换热器和控制面板露出在室内。

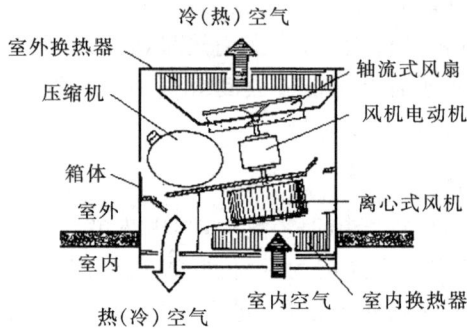

图 8.51　热泵型窗式空调器的结构图

图 8.52 是热泵型窗式空调器的工作原理图。通过换向阀简单地使热泵工质正向或者反向流动实现供热或者制冷。在供热时,室内换热器作为冷凝器使用,室外换热器作为蒸发器使用。供冷时则相反。

热泵型分体式空调器由室内机组和室外机组两部分组成。室内机组一般由室内换热器、风机、电器控制箱(或控制板)以及控制器等组成,室外机组一般由压缩机、室外换热器、风机、换向阀、节流元件等组成,室内机组和室外机组通过管子相连。与窗式空调器相比,分体式空调器虽然有结构复杂、安装困难、成本高等缺点,但其室内噪音小、性能系数高,与室内装饰协调美观。尤其是最近几年的迅猛发展,在我国分体式空调器已经基本取代窗式空调器,作为制热量或制冷量需求小的场合使用。

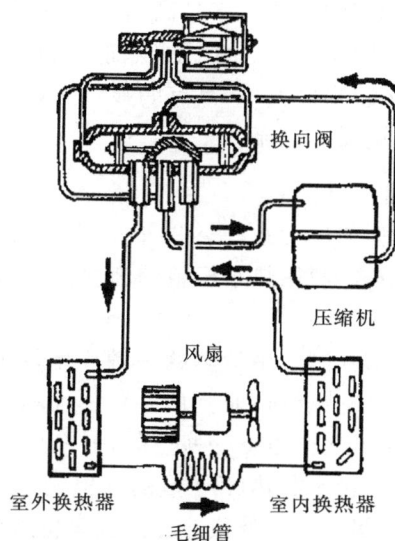

图 8.52　热泵型窗式空调器的工作原理图

　　分体式空调器与窗式空调器的工作原理相同,也是在制冷系统中通过换向阀控制热泵工质的流向来实现供热或者制冷的。

　　根据分体式空调器室内机组的结构型式,其还分为挂壁式、落地式、吊顶式(又称为嵌入式或者吸顶式)、立柜式等多种型式。图 8.53 是一台热泵型挂壁式分体空调器的结构简图。

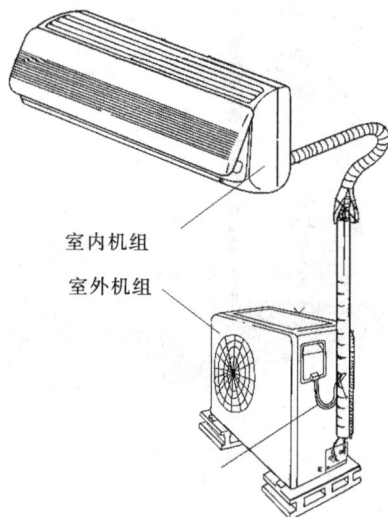

图 8.53　热泵型挂壁式分体空调器示意图

　　另外,随着人们对空调器的要求越来越高,现代生产的热泵型空调器除了具有制热和制冷的功能外,还有除湿功能、定时功能、静电过滤、睡眠运行、热风起动等其他功能。随着电气和电子技术的发展,具有明显节能效果和更高舒适度的变频空调器将逐渐成为热泵型空调器的主流。

2. 商用分体热泵机组

　　商用热泵机组是指大型的单元式的空调机组,多使用于公共场所,都是分体式的。根据室内机组的结构型式,商用热泵机组分为立柜式、天花板嵌入式、天花板悬吊式和屋顶式等多种型式。

　　立柜式热泵机组是目前我国使用最多的一种商用热泵机组,不但被广泛用于会议室、餐厅等面积较大的公共场所,而且由于住房面积的改善,家居使用也日渐增多。立柜式热泵室内机组虽然会占据一些空间,但充足的空间延伸丰富了热泵机组的结构变化。图 8.54 是一台小制热(冷)量的立柜式热泵机组。与分体式热泵空调器不同的是:它的室外机组只有室外换热器及其风机组件,其余的部件包括压缩机都装在室内机组内。当然也有立柜式热泵机组的压缩机装在室外机组内,大制热(冷)量的立柜式热泵机组也有把室内机组单独放置在一个房间中,把处理好的热(冷)空气送入多个空调房间。立柜式热泵机组的工作原理与分体式热泵空调器基本类似。

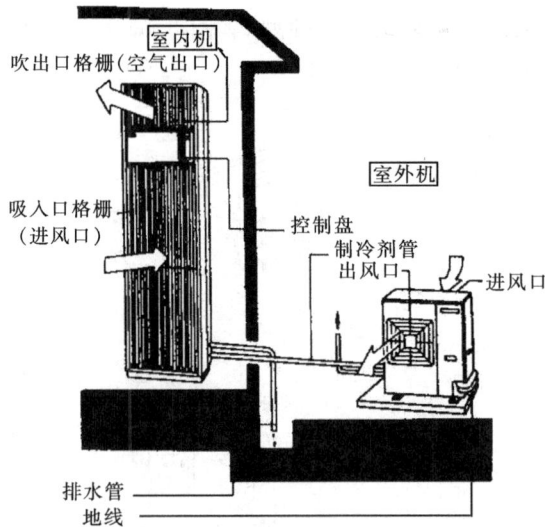

图 8.54　立柜式热泵机组

　　天花板嵌入式和悬吊式热泵机组具有不占室内地面面积、多方向送风、与室内

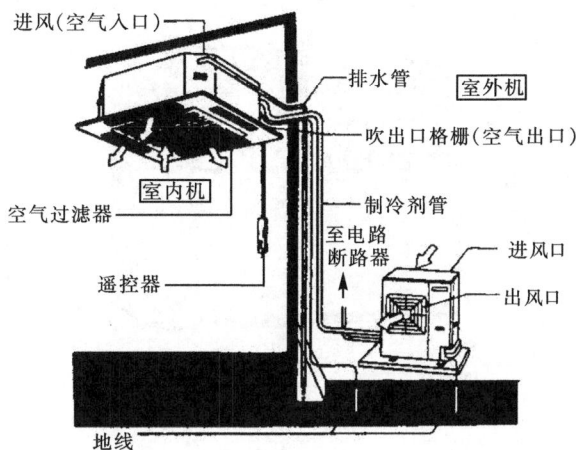

图 8.55　天花板嵌入式热泵机组

装潢融为一体、美观大方、外形迷人等优点,明显比立柜式热泵机组更能适合市场的需要。但由于其需要与建筑装饰一起设计安装,增加了建筑装饰的复杂程度,减少了热泵机组的灵活性。图 8.55 是一台天花板嵌入式热泵机组的结构示意图。

近年来,商用热泵机组技术不断发展,各式各样的新型热泵系统层出不穷。例如,一台室外机组联两台甚至多台室内机组的多联系统,变热泵工质流量的 VRV 系统,变频系统等热泵机组都是最近十年才被提出和广泛采用的。

8.4.3　风冷热泵冷热水机组

空气是自然界取之不尽、用之不竭的热源,用空气作为热源的风冷热泵冷热水机组,在为用户冬季供热水、夏季供冷水的时候,不但利用热泵技术节约了能源,而且省去了锅炉加热供暖系统和复杂的冷却水系统。同时,由于风冷热泵冷热水机组安装方便、热冷兼供等优点使它深受用户欢迎,广泛应用于工业生产、宾馆服务、人民生活等领域。

按照采用的压缩机类型,风冷热泵冷热水机组可分为往复式压缩机热泵冷热水机组和螺杆式热泵冷热水机组。按照机组结构型式,风冷热泵冷热水机组可分为组合式热泵冷热水机组和整体式热泵冷热水机组。组合式热泵冷热水机组是由多个独立回路的单元机组组合而成的,每个单元机组有独立的压缩机、空气侧换热器和水侧换热器,多个单元组合后将水管连接成为一台冷热水机组。整体式热泵冷热水机组是指只有一个水侧换热器,可以有多个压缩机和空气侧换热器的冷热水机组。

图 8.56 是组合式的风冷热泵冷热水机组的外观图,其空气侧换热器采用的是 V 形铝翅片套管式换热器,水侧换热器采用的壳管式换热器。

图 8.56　　组合式风冷热泵冷热水机
组的外观图

参考文献

[1] 蒋能照,姚国琦,周启瑾,等. 空调用热泵技术及应用[M]. 北京:机械工业出版社,1997.

[2] KIRN H, HADENFELDT A. 热泵(第一卷)导论和基础[M]. 耿惠彬,译. 北京:机械工业出版社,1986.

[3] 郁永章. 热泵原理与应用[M]. 北京:中国建筑工业出版社,1993.

[4] 余邦裕. 热泵[M]. 北京:中国建筑工业出版社,1988.

[5] 高田秋一. 大型热泵与排热回收[M]. 林毅,译. 北京:烃加工出版社,1986.

[6] 张早校,冯霄,郁永章. 制冷与热泵[M]. 北京:化学工业出版社,2000.

[7] 郑祖义. 热泵技术在空调中的应用[M]. 北京:机械工业出版社,1998.

[8] 边绍雄. 低温制冷机[M]. 北京:机械工业出版社,1991.

[9] 吴业正,韩宝琦. 制冷器[M]. 北京:机械工业出版社,1990.

[10] 王如竹,吴静怡,代彦军,等. 吸附式制冷[M]. 北京:机械工业出版社,2002.

[11] 俞炳丰. 制冷与空调应用新技术[M]. 北京:化学工业出版社,2002.

[12] 吴业正,韩宝琦. 制冷原理及设备[M]. 西安:西安交通大学出版社,1997.

[13] 刘桂玉,刘咸定,钱立伦,等. 工程热力学[M]. 北京:高等教育出版社,1989.

[14] ASHRAE. 1997 ASHRAE Fundamentals Handbook (SI)[M]. Atlanta:ASHRAE Inc.,1997.

[15] ASHRAE. 1998 ASHRAE Refrigeration Handbook (SI)[M]. Atlanta:ASHRAE Inc.,1998.

[16] 缪道平,吴业正. 制冷压缩机[M]. 北京:机械工业出版社,2001.

风机与水泵节能技术

风机与泵属通用机械,广泛应用于工农业生产和日常生活中,是钢铁、化工、采矿等企业的关键设备,同时也是这些企业的主要耗能设备。就全国而言,风机与泵所消耗的能源总量十分可观。因此,在保证安全运行的前提下使其节能运行对行业乃至全国的节能有重要意义。本章主要讨论风机与泵的工作原理,风机、泵与管网的联合工作,在此基础上讨论风机与泵的节能运行。

9.1 风机与泵的工作原理及性能曲线

9.1.1 风机与泵的性能参数

流量、压力(扬程)、功率、效率和转速是表征通风机与泵特性的主要参数,通常称为通风机与泵的特性参数。

1. 流量

单位时间内通风机与泵所输送的流体的量称为流量,分别用 q_m 和 q_v 表示容积流量和质量流量,容积流量常用的单位有 m^3/s、m^3/min 和 m^3/h,质量流量的单位为 kg/s。

通风机的流量通常是指标准状况(温度 $t_a = 20℃$,大气压力 $p_a = 101\ 325\ Pa$,相对湿度 $\varphi = 50\%$ 的空气)下单位时间内流经风机进口法兰处的气体容积,用 q_{vsg1} 表示。

2. 压力(扬程)

通风机压力是指气体在通风机内的压力升高值,或者说是通风机进出口处气体压力之差。单位为 Pa。它有动压、静压、全压之分。

(1)风机压力 p_F,指通风机出口滞止压力 p_{sg2} 和通风机进口滞止压力 p_{sg1} 之差,也就是单位容积气体通过通风机以后获得的总能量。式如

$$p_F = p_{sg2} - p_{sg1} \tag{9.1}$$

（2）风机动压，指通风机出口处气体的动压。式如

$$p_{d} = p_{d2} = \frac{1}{2\rho}\left[\frac{q_{m}}{A_{2}}\right]^{2} \tag{9.2}$$

式中，p_{d2} 为通风机出口动压；ρ 为气体密度；A_{2} 为通风机出口面积。

（3）风机静压，指通风机压力减去用马赫系数修正的通风机动压。式如

$$p_{sF} = p_{F} - p_{d2} = p_{2} - p_{sg1} \tag{9.3}$$

泵的扬程，指单位质量流体流过泵后的能量的增加值，通常用 H 表示，单位为 m。

3. 风机与泵的功率

有效功率，指单位时间内流体从风机或泵所得到的能量，用 N_{e} 表示，单位为 W 或 kW。式如

$$N_{e} = q_{v} \cdot p_{F} = q_{v}\rho gH \tag{9.4}$$

式中，ρ 为被输送的流体的密度，kg/m³；g 为重力加速度，对海平面地区 $g = 9.807$ m/s²。

轴功率，指原动机传到风机或泵轴上的功率，用 N_{s} 表示，单位为 W 或 kW。

4. 效率

风机与泵的效率定义为有效功率与轴功率之比，用 η 表示，它表示了轴功率被风机或泵的利用程度。式如

$$\eta = \frac{N_{e}}{N_{s}} \tag{9.5}$$

5. 转速

风机或泵叶轮每分钟的转数，用 n 表示，单位为 r/min。

9.1.2 风机与泵工作原理

风机或泵是一种输送流体的机械，流体流过风机或泵以后压力（势能）得以提高，动能增加，也就是说风机或泵把机械能转变为流体的压力能（势能）和动能。

1. 风机与泵的工作原理

以离心通风机为例来说明风机与泵的工作原理。图 9.1 为离心通风机工作原理示意图，气体在离心通风机中的流动先为轴向，后转变为垂直于通风机轴的径向运动，当气体通过旋转叶轮的叶道时，由于叶片的作用，气体获得能量，即气体压力提高和动能增加。

其他类型的风机与泵工作原理类似，区别是输送的流体介质不同，结构形式也有些不同。

2. 欧拉方程式

风机或泵叶轮进出口速度三角形如图 9.2，绝对速度矢量 c 为相对速度矢量 w

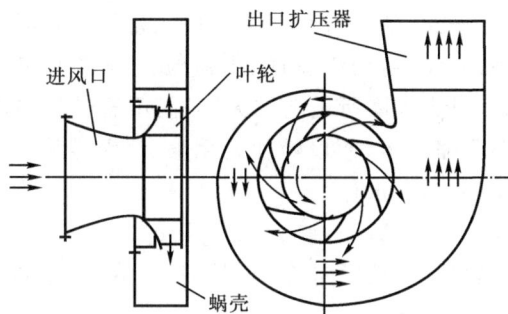

图 9.1　离心通风机原理图

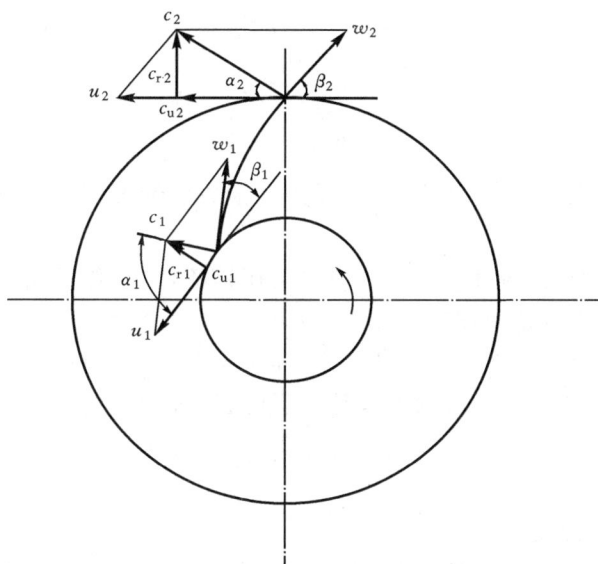

图 9.2　叶片进出口速度三角形

和牵连速度矢量 u（圆周速度）之和，即

$$c = w + u \tag{9.6}$$

$$c_{r1} = c_1 \sin\alpha_1 \qquad c_{r2} = c_2 \sin\alpha_2$$

$$c_{u1} = c_1 \cos\alpha \qquad c_{u2} = u_2 - c_{r2} \cdot \cot\beta_2$$

式中，c_r 和 c_u 分别为绝对速度的径向分量和周向分量；α 和 β 分别为流体绝对速度和相对速度方向角；叶轮进出口用下标 1 和 2 表示。

在稳定流动的条件下，叶轮对 1 kg 流体所做的理论功可以表达为

$$h_{th} = u_2 c_{u2} - u_1 c_{u1} \tag{9.7}$$

上式即称为欧拉方程式。欧拉方程式可以由动量矩定理导出，它适用于理想流体、粘性流体、不可压缩流体、可压缩流体。由欧拉方程式可知，只要知道叶轮进出口速度，即可计算出对 1 kg 流体所做功的大小，而不管叶轮内部的流动情况。

无限多叶片、不可压缩流体，假设叶片为无限多，无限薄，则叶片出口流动角和叶片安装角一致，即 $\beta_2 = \beta_{A2}$，此时

$$h_{th\infty} = u_2 c_{u2\infty} - u_1 c_{u1} \tag{9.8}$$

当 $\alpha_1 = 90°$ 时，即流体无预旋径向进入叶轮时，$c_{u1} = 0$，则欧拉方程式可以写为

$$h_{th\infty} = u_2 c_{u2\infty} = u_2^2 \left(1 - \frac{c_{r2}}{u_2} \cdot \cot\beta_{A2}\right) \tag{9.9}$$

根据连续性，叶片出口径向速度 c_{r2} 可以写成如下形式

$$c_{r2} = \frac{q_v}{\pi D_2 b_2}$$

则

$$h_{th\infty} = u_2 c_{u2\infty} = u_2^2 \left(1 - \frac{q_v}{\pi D_2 b_2 u_2} \cdot \cot\beta_{A2}\right) \tag{9.10}$$

可以看出在叶片无限多、叶片无限薄、无流动损失的情况下，理论能量头随流量是线性变化的。

对于通风机而言，流体通常被看成不可压缩流体，气体的密度可以看作常数，则风机的理论压力可以写作

$$P_{T\infty} = \rho u_2 c_{u2\infty} \tag{9.11}$$

对于泵而言，无限多叶片时其理论扬程的表达式为

$$H_{th\infty} = \frac{1}{g} u_2 c_{u2\infty} \tag{9.12}$$

3. 叶轮的实际功

实际上，叶轮叶片是有限多的，通常风机的叶片数为 10 ~ 30 片，水泵的叶片数为 5 ~ 10 片。流体实际上是在有一定宽度的流道内流动，流体质点不会严格按照叶片型线流动，由于流体的惯性，叶轮旋转时流道内就会产生和叶轮旋转方向相反的流动，这个流动被称为轴向涡流。由于轴向涡流的存在，叶轮出口流体相对速度的方向发生变化，流动方向角 $\beta_2 < \beta_{A2}$，绝对速度的圆周方向分量 $c_{u2} < c_{u2\infty}$，出口速度三角形的变化如图 9.3 所示。因此，有限多叶片时所获得的理论能量头降低。

一般用滑移系数 K 来修正有限多叶片的理论能量头，滑移系数的定义为

$$K = \frac{c_{u2}}{c_{u2\infty}} \tag{9.13}$$

对于无预旋的叶轮，风机或泵的理论能量头为

$$h_{th} = u_2 c_{u2} = h_{th\infty} \cdot K \qquad (9.14)$$

滑移系数目前还没有精确的理论计算公式,通常采用经验公式计算,各种文献及书籍中介绍的滑移系数的经验公式有很多种,具体使用时可以参考选取。

实际流体是有粘性的,在流道中必然存在流动损失,这种损失通常用流动效率 η_h 来计算,流动效率的定义为

$$\eta_h = \frac{h}{h_{th}} \qquad (9.15)$$

式中,h 为流体流过叶轮所获得的实际能量头。

图 9.3　轴向涡流的影响

通风机实际压力为

$$P = P_{th} \cdot \eta_h = P_{T\infty} \cdot K \cdot \eta_h \qquad (9.16)$$

泵的实际扬程为

$$H = H_{th} \cdot \eta_h = H_{th\infty} \cdot K \cdot \eta_h \qquad (9.17)$$

9.1.3　能量损失与实际性能曲线

风机与泵中的能量损失可分为流动损失、泄漏损失、轮阻损失和机械损失。流动损失降低实际压力或扬程,泄漏损失减小实际流量,轮阻损失和机械损失则会增加外功的消耗。风机(泵)的性能曲线则是考虑这些损失后的压力(扬程)、功率和效率随流量变化的曲线。

1. 能量损失

（1）流动损失

指流体在流道中流动所产生的能量损失,通常包括磨擦损失、涡流损失和冲击损失。

① 磨擦损失和涡流损失。流体流经风机或泵的进口、叶轮和机壳等部件,由于流体的粘性和流道的不同形状,在整个流动过程中存在着摩擦损失和涡流损失(如边界层、二次流等)。流动损失的计算模型目前尚不完善,借助于水力学中的计算公式,风机或泵中摩擦损失和涡流损失(无分离)能量头表达为

$$\Delta h_{fric} = \sum \zeta_i \cdot \frac{c_i^2}{2} \qquad (9.18)$$

式中,ζ_i 和 c_i 分别为流体流过某一部件的损失系数和特征速度。将上式中速度用容积流量表达,则上式变为

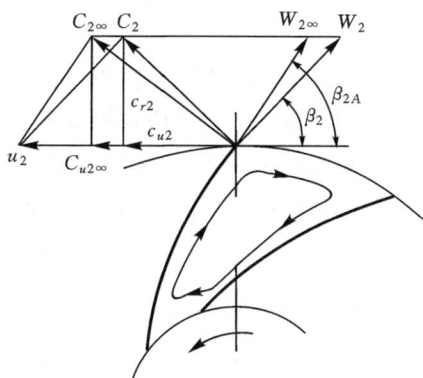

$$\Delta h_{\text{fric}} = \left(\frac{1}{2} \sum \zeta_i \cdot \frac{1}{A_i^2} \right) \cdot q_v^2 \tag{9.19}$$

式中，A_i 为某部件的特征面积。可以看出损失能量头正比与容积流量的平方。

　　② 冲击损失。当风机或泵运行工况偏离设计工况时，叶片进口流动角 β_1 与叶片安装角 β_{A1} 不相等，存在冲角，将产生冲击损失。冲击损失是一种分离损失，它与叶片进口的冲击速度 w_{sh} 大小有关，冲击速度 w_{sh} 如图 9.4 所示。冲击损失表达为

$$\Delta h_{\text{sh}} = \zeta_{\text{sh}} \cdot w_{\text{sh}}^2 \tag{9.20}$$

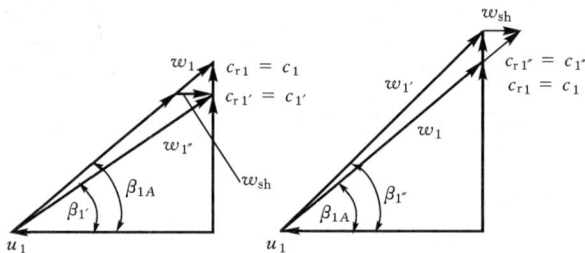

图 9.4　变工况进口速度三角形

　　如图 9.4 所示，根据叶轮进口速度三角形，冲击速度 w_{sh} 可表达为

$$w_{\text{sh}}^2 = u_1^2 \cdot \left(\frac{q_x}{q_{v,o}} - 1 \right)^2 \tag{9.21}$$

式中，u_1 为叶片进口圆周速度；q_x 为某工况下的流量。则冲击损失能量头可写为

$$\Delta h_{\text{sh}} = \zeta_{\text{sh}} \cdot u_1^2 \cdot \left(\frac{q_x}{q_{v,o}} - 1 \right)^2 \tag{9.22}$$

可见，在设计流量 $q_{v,o}$ 时冲击损失最小，偏离设计点冲击损失均增加。

　　综上所述，由于流体粘性引起的总的能量损失为

$$\Delta h_h = \Delta h_{\text{fric}} + \Delta h_{\text{sh}} \tag{9.23}$$

　　(2) 泄漏损失

　　风机与泵的叶轮与静止部件存在有间隙，流体经过叶轮后能量和压力得到提高，出口处的压力高于进口压力，由于间隙两侧存在压力差，使得流体向低压侧流动而产生泄漏，使风机或泵有效流量减小，称之为泄漏损失。

　　通常用泄漏效率 η_e 表示泄漏损失的大小，定义泄漏效率为

$$\eta_e = \frac{q_T - q_e}{q_T} = \frac{q_v}{q_T} \tag{9.24}$$

式中，q_T 为理论流量；q_e 为泄漏流量。通常 $\eta_e = 0.9 \sim 0.95$。

　　(3) 轮阻损失

　　叶轮旋转时，气体与叶轮前后盘外侧面及轮缘的摩擦损失称为轮阻损失，轮阻

损失的功率 N_r 常以下式表示

$$N_r = \beta \rho u_2^3 \cdot D_2^2 \tag{9.25}$$

式中, β 为轮阻损失系数,与雷诺数、盘与壳体的间隙和圆盘外侧的粗糙度等有关。

轮阻损失也常用轮阻效率 η_r 来表达,定义如下

$$\eta_r = \frac{N_i - N_r}{N_i} \tag{9.26}$$

式中, N_i 为内功率。

（4）机械损失

机械传动过程所产生的损失称之为机械损失,通常定义机械传动效率 η_m 为

$$\eta_m = \frac{N_i}{N} = \frac{N - N_m}{N} \tag{9.27}$$

式中, N_i 为内功率, N_m 为机械损失功率。机械损失效率与传动方式有关（如直接传动、皮带传动等）,根据传动的不同其值的范围大约为 $\eta_m = 0.90 \sim 0.98$。

2. 风机与泵的全效率

根据风机与泵全效率的定义,全效率可以表达为

$$\eta = \frac{N_e}{N_s} = \eta_h \eta_e \eta_m \tag{9.28}$$

3. 风机与泵的实际性能曲线

风机与泵的性能曲线是指其风压或扬程（或功率、效率）随流量变化的关系曲线。前面已经讨论了风机与泵的工作原理,导出了风机与泵的理论曲线,在此曲线的基础上,考虑风机与泵的各种能量损失,对理论性能曲线进行修正,就可以得到风机与泵的实际性能曲线。

风机或泵的实际能量头等于理论能量头减去所有损失后的能量头

$$h = h_{th} - \Delta h_{fric} - \Delta h_{sh} = h_{th\infty} \cdot K - \Delta h_{fric} - \Delta h_{sh} \tag{9.29}$$

如图 9.5 所示,是以后向叶片为例的风机理论性能曲线为基础,逐步分析修正得到实际性能曲线的过程。曲线 Ⅰ 是叶片无限多、无限薄且无能量损失时根据欧拉方程绘出的曲线;曲线 Ⅱ 考虑了轴向涡流的影响;曲线 Ⅲ 为考虑摩擦损失和涡流损失,但不考虑冲击损失的情况;曲线 Ⅳ 为考虑了冲击损失后的最终性能曲线。同样的方法也可以分析功率和效率的实际性能曲线。

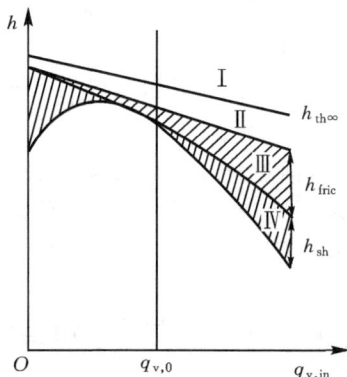

图 9.5 风机与泵性能曲线

　　目前,风机与泵变工况性能计算模型还很不完善,各种损失模型及机理尚不十分清楚,完全从理论上给出风机与泵的性能曲线还有困难。在实际应用中,风机与泵的性能曲线仍需要由实验台实测来确定。如图 9.6 是实验得到的三种典型的风机性能曲线,图(a)为后向叶片的离心风机性能曲线,图(b)为前向叶片的离心风机性能曲线,它在小流量区有驼峰现象,图(c)为轴流风机典型性能曲线,在小流量区有可能出现不连续点。

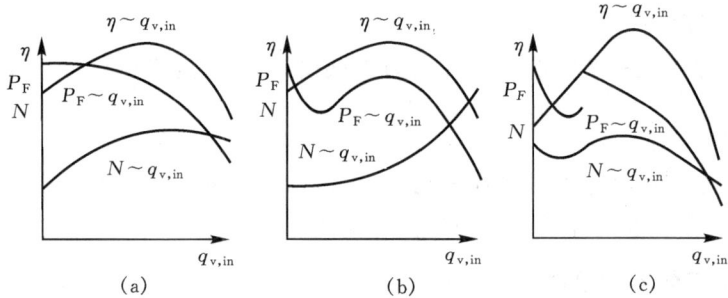

图 9.6　风机与泵性能曲线

4. 风机与泵的稳定工况范围

　　流量减小到某一值时,由于冲击损失的急剧增加,使风机或泵效率降低。与管网联合工作时,还有可能产生流体从管网中向风机或泵内倒流的现象,并引起机器的强烈振动,这种现象称为喘振,出现喘振时的流量为风机或泵工作的最小流量,用 $q_{v,min}$ 表示。再减小流量可能造成机器损坏。

　　随着风机或泵流量的增加,损失也会增加,叶轮对流体所作的功,全部用于克服流动损失,而流体的能量得不到提高,这时的流量为风机或泵的最大流量,用 $q_{v,max}$ 表示。

　　综上所述,风机或泵若要稳定运行,其流量的变化范围为

$$q_{v,min} < q_{v,x} < q_{v,max} \tag{9.30}$$

因此,衡量一台风机或泵的性能好坏,不仅要求在设计工况下具有较高的效率,还要求它有较宽的稳定工况范围,即 $q_{v,max}/q_{v,min}$ 的值要大。另外还希望在较大的流量变化范围内,压力(扬程)和效率值变化较小,即要求性能曲线平坦。

9.2　风机与泵的联合工作

9.2.1　风机与泵在管网中的工作

　　风机与泵一般都是与管网联合工作的,管网是指与风机或泵连接在一起的,流

体流经的管道以及管道上的阀门、除尘器(过滤器)等附件的总称。风机与泵的性
能曲线表明了在给定转速下,机器的风压(扬程)、功率、
效率等参数与流量的关系。在安装有风机或泵的管网系
统中,实际运行的工况点除受风机或泵性能曲线影响
外,还取决于管网的特性曲线。

1. 管网特性曲线

管网的阻力是指管网在一定的流量下维持流动所
消耗的能量,它与管网的结构尺寸、流体速度有关,也就
是说它是流动中沿程损失及各部件局部损失之和。流体
力学研究表明,管道、阀门、弯道等阻力损失与流体速度

图 9.7　管网性能曲线

(即流量)的平方成正比,过滤器、换热器等的阻力损失与流量的 n 次方成正比,n
约等于 2,由于这部分损失只占整个管网损失的一小部分,故可以认为整个管网的
阻力损失与流量的平方成正比,用公式表示为

$$R = \sum \zeta_i \cdot \frac{1}{2}\rho c_i^2 + \frac{1}{2}\rho c_d^2 = \sum \zeta_i \cdot \frac{1}{2}\rho\Big(\frac{q_v}{A_i}\Big) + \frac{1}{2}\rho\Big(\frac{q_v}{A_d}\Big) = Kq_v^2 \qquad (9.31)$$

式中,ζ_i、c_i、A_i 分别为各段管道或部件的阻力系数、特征速度和特征面积;A_d 为出
口面积;K 为管网总阻力系数,对一定的管网其值是一定的。

如果风机向某储气罐送气,储气罐容积很大,其中的压力基本上保持不变,设
其值为 P_0,则更为一般的管网性能曲线为

$$R = P_0 + K \cdot q_v^2 \qquad (9.32)$$

对于泵来说,管网阻力可以表达为

$$R = H_0 + K \cdot q_v^2 \qquad (9.33)$$

式中,H_0 为管网的静能头,即重力势能和压力能的改变。

2. 风机与泵的工作点

风机与泵总是与管网联合工作的,流体在风机或泵中获得外界功时,其压力
(扬程)与流量之间的关系是按风机或泵性能曲线变化的。而当流体通过管网时,
压力(扬程)与流量的关系又要遵循管网的性能曲线。那么,风机或泵与管网联合
工作时,必须满足下面关系:

① 通过风机或泵及无泄漏的管网的流体流量要完全相等;

② 风机或泵所产生的压力(扬程),一部分用于克服管网中的阻力损失,其余
部分消耗在管网出口时所具有的动能上,即

$$P = \sum \zeta_i \cdot \frac{1}{2}\rho c_i^2 + \frac{1}{2}\rho c_d^2 \qquad (9.34)$$

也就是说,要满足上面两个条件,整个装置 —— 包括风机或泵与管网只能在

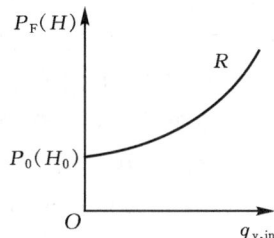

风机(泵)压力(扬程)曲线 $P \sim q_v (H \sim q_v)$ 与管网性能曲线的交点 A 上运行,如图 9.8 所示。在 A 点上,两者的流量 $q_{v,A}$ 平衡,压力(扬程)与阻力(P_A)也平衡,A 点称为系统的平衡工况点。根据上面要求,系统工况点是由风机或泵性能曲线和管网性能曲线的交点来决定的,当管网性能曲线变为 R' 和 R'' 时,工况点随之改变,设风机与泵的性能曲线不改变,则工况点沿着压力(扬程)移到 A' 和 A"。反之,若风机或泵的性能曲线改变,管网性能曲线不变,工况点也会沿着管网性能曲线移动。在实际运行中,若工况点变动很大,使装置的流量或压力(扬程)达不到要求,这时可采取不同的方法人为改变工况点,来满足系统要求,这就是风机与泵的调节。

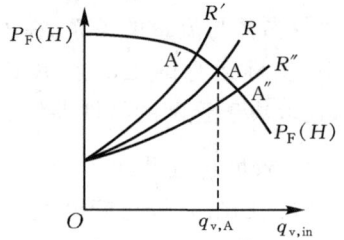

图 9.8 风机、泵与管网联合工作

3. 稳定工作区和非稳定工作区

风机与泵不是在任何工作点都能稳定工作,这是由风机与泵的特性所决定的。如图 9.9 所示,风机或泵的性能曲线有峰值点,它和管网的性能曲线有两个交点。理论上,机器在这两个点运行时,均可满足前述的两个条件,即流量平衡和能量平衡,但这两个平衡却有着本质的区别。这里用小扰动法来分析两者的区别,事实上,在风机与泵的管网系统中,存在着各种各样的扰动因素,因此风机或泵及管网的性能都不是严格地保持不变。介质的温度、密度、机器的转速、管网内的压力脉动、管路与阀门的振动引起的阻力变化等都能产生扰动。如果小的扰动过去后,系统能回复到原来的平衡工作点,则这种工况是稳定的,否则就是不稳定的。

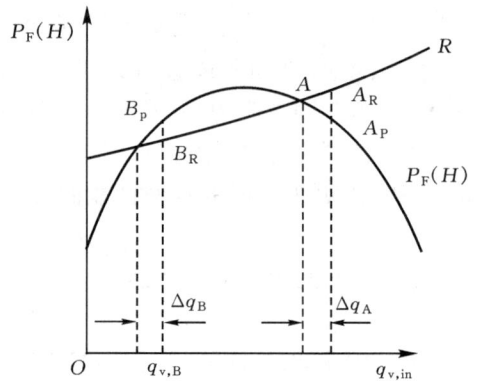

图 9.9 稳定工况与不稳定工况

假设风机或泵在 A 点工作,系统处于平衡状态,如果由于扰动使流量增加,即由原来的 $q_{v,A}$ 增大为 $q_{v,A} + \Delta q_A$,那么风机或泵的工况点将由 A 点移至 A_p 点,而管网工况点由 A 移至 A_R。由图可见,此时风机或泵的能量头小于管网的阻力,流体得到的能量不足以在改变后的流量下工作,整个系统流量必将减小,使系统流量回到 $q_{v,A}$,于是系统工况点又自动回复到原来的工况点 A。同样,若小扰动的结果使流量减小,系统流量由 $q_{v,A}$ 减小为 $q_{v,A}-\Delta q_A$,流体得到的能量大于管网阻力,使得系统朝增大输送能力的方向发展,系统的工况点也将自动回到原来的工况点 A。因此系统在 A 点的工作是稳定的,A 点是稳定的平衡工况点。风机或泵能稳定工作的区域,称为稳定工作区。从上面分析可知,当平衡工作点在风机或泵性能曲线右支时,风机或泵总是能稳定地工作,因此,风机或泵的稳定工作区处于其性能曲线的右支。

　　如果系统的平衡位置位于 B 点,同样使用小扰动法分析后可知系统在 B 点的工作是不稳定的。假设扰动使系统流量由 $q_{v,B}$ 增加至 $q_{v,B}+\Delta q_B$,则流体得到的能量大于管网阻力,流量将继续增加,系统工作点不能回复到 B 点。同样,若系统使流量有所减小,则流体所得到的能量小于管网阻力,驱使系统流量继续减小,因此,B 点是不稳定的平衡点。不稳定的平衡工况点所在的区域称为非稳定工作区。从上面的分析可知,处于风机或泵的性能曲线左支的平衡工况点有可能不稳定,因此不稳定工作区处于风机或泵性能曲线的左支。

　　综上所述,风机与泵性能曲线与管网性能曲线交点在风机或泵性能曲线左支时,工况点有可能不稳定;当两线的交点在风机或泵性能曲线右支时,平衡工况是稳定的。实际使用中,应尽量避免使系统工作在风机或泵性能曲线的左支。

　　平衡工况点在性能曲线左支时,风机还有可能产生喘振。当流量减小到一定程度时,风机叶片进口冲角很大,非工作面产生分离,风机性能恶化,若继续减小流量,分离形成的分离团以某一速度沿转动方向传播,称之为旋转失速。根据旋转失速的强烈程度,又分为“渐进失速”和“突变失速”,在突变失速情况下,风机性能曲线将不连续,工况点就会从一条管网曲线跳到另一条管网曲线上,并来回跳动,风机工作在输气 → 倒流 → 零流量 → 输气的循环中,流量处在变化之中,风机始终不能保持在一点工作,这就是风机的喘振现象。

　　喘振现象使风机产生振动与噪声,引起流量和压力周期性振荡,对风机正常工作危害极大,严重时会破坏风机,应尽力防止风机进入喘振工况。在重要的工艺流程中,风机设备中通常要安装防喘振装置,如放空阀。还可采用一些调节方法来防止喘振发生,如转动进口导叶和改变风机的转速等。

9.2.2　泵的并联与串联运行

　　在实际应用中,一台风机或泵不能满足要求时,就需要采用几台风机或泵联合工作。风机与泵的联合工作方式又分为并联工作和串联工作。为了得到较大的流量,可以采用并联运行方式;为了得到较大的压力,可以采用串联运行的方式。事实上,双吸入风机或双吸泵就是两台单吸入风机或两台单吸入泵并联工作的一种形式。而多级风机或多级泵,实际上是风机与泵的串联工作的一种形式。

1. 风机与泵的并联运行

两台或两台以上的风机或泵向同一管道中输送流体称为风机或泵的并联运行。并联运行的目的是在同一压力(扬程)下得到较大的流量。

(1) 性能相同的风机与泵的并联运行

图 9.10 为两台性能相同的风机并联运行的情况,单台风机性能曲线压力与流量的关系为单调下降,图中$(P \sim q_v)_{\text{I},\text{II}}$,并联后的综合性能曲线为$(P \sim q_v)_{\text{I}+\text{II}}$,流量为相同压力下两风机流量之和。图中 R 为管网性能曲线,它与并联后综合性能曲线相交于 A 点,A 点即为两台性能相同的风机并联时的工作点。从 A 点作一水平线,同单台风机性能曲线相交于 B 点,由 B 点可以确定每台风机的流量 $q_{v,B}$ 和压力 P_A,从图中以得到如下关系:

$$q_{v,A} = (q_{v,B})_{\text{I}} + (q_{v,B})_{\text{II}} = 2q_{v,B} \tag{9.35}$$

$$P_A = (P_A)_{\text{I}} = (P_A)_{\text{II}} \tag{9.36}$$

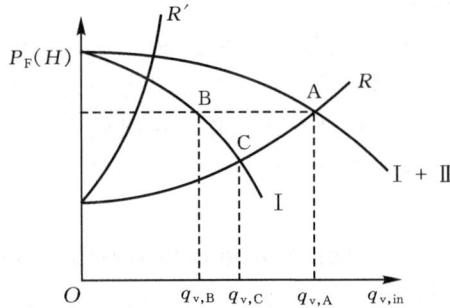

图 9.10   两台性能相同的风机(泵)并联运行

如果管网中只有一台风机工作,则工作点在 C 点,显然

$$q_{v,C} > q_{v,B}, \quad 2q_{v,C} > q_{v,A}$$

由此可知,风机或泵在并联工作时,总流量并不成倍增加,比同一管网中单台风机或泵流量相加要小。并联运行时每台风机的效率为 η_B,单独运行时的效率为 $\eta_{C'}$,并联运行的效率点在单独运行的左侧。因此,为了使风机或泵并联运行时有较高的效率,在选择风机或泵时要使单独运行时的工况点处于风机或泵最高效率点的右侧。

当管网阻力曲线 R' 较陡时(参见图 9.10),流量、压力(扬程)增加甚小,并联工作效果不大,从节能的观点看,此时不应采用并联运行方式。

由图 9.11 可见,单台风机压力曲线有驼峰时,在驼峰区作等压力水平线,与风机压力曲线有 A 和 B 两个交点,根据并联运行压力相等流量相加的原则,由流量的 2 倍综合性能曲线 AA 和 BB 点,A 流量与 B 流量相加得 AB 点。必须指出得是,风机在第二象限尚有压力曲线,其流量为负,即在一定条件下气体会在风机中倒流,可能出现 B 点与 C 点相加得 BC 点。这样,综合性能曲线就变成细线所示得情况,若管网曲线为 R_2、R_3 和 R_4,则风机可以稳定地工作。若管网曲线为 R_1,则 R_1 与风机联合性能曲线有三个交点,即有三个工况,风机性能将在三个工况上随机摆动,工作呈不稳定状态,会出现喘振。

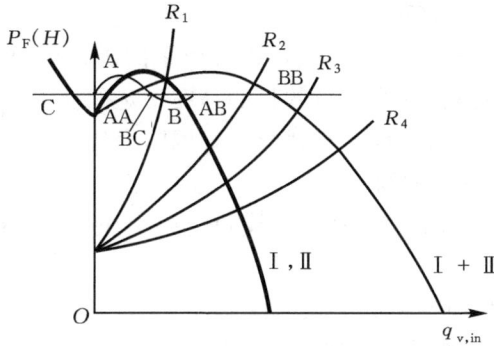

图 9.11　压力(扬程)有峰值时的并联工作

(2) 性能不同的风机与泵的并联运行

如图 9.12 所示,$(P \sim q_v)_I$ 和 $(P \sim q_v)_{II}$ 是两台性能不同的风机的性能曲线,按照并联运行综合性能的特点可绘出两台性能不同的风机并联运行时的综合性能曲线 $(P \sim q_v)_{I+II}$,它与管网性能曲线 R 相交于 A 点。从 A 点作水平线于两台风机性能曲线分别相交于 B_1 和 B_2 两点,即 B_1 和 B_2 分别为两台性能不同的风机在并联运行时的实际工作点。显然,$q_{v,B1}$ 和 $q_{v,B2}$ 小于两台风机单独运行时的各自的流量 $q_{v,C1}$ 和 $q_{v,C2}$,所以并联运行时的总流量 $q_{v,A} < q_{v,C1} + q_{v,C2}$,但并联后总的压力有所增加。

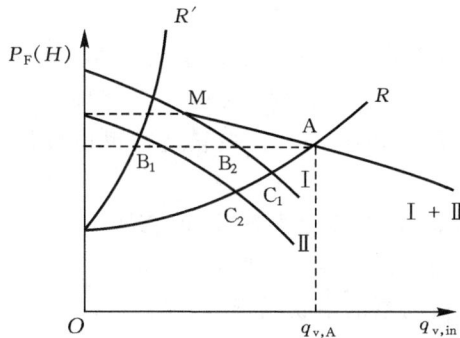

图 9.12　两台性能不同的风机或泵的并联运行

对于不同性能的风机或泵并联运行时需要注意的问题是,当管网性能曲线因阻力增大而变陡时,不能使工作点位于 M 点左侧。因为在 M 点,压力低的风机 Ⅱ已不起作用,如果不关闭阀门还会产生倒流,严重时可能导致事故。如果工作点越过 M 点继续向左偏移时,则必须停止风机 Ⅱ 的运行,并关闭风机 Ⅱ 管道的阀门。

2. 风机与泵的串联运行

一台风机或泵的出口管路与另一台风机或泵的进口管路相联接的运行方式,称为风机或泵的串联运行。串联运行的目的是在一定的流量下,获得一台风机或泵所不能达到的压力(扬程)。串联运行适合于管网阻力较大或背压较大的场合,也适合于压力(扬程)变化较大的场合。

风机与泵串联运行时的综合性能曲线,是将它们的压力(扬程)在同一流量下相加得到。

(1)性能相同的风机与泵的串联运行

如图 9.13 所示,为两台性能相同的风机串联运行的情况,单独的性能曲线为 $(P \sim q_v)_{\text{I,Ⅱ}}$,串联后的综合性能曲线 $(P \sim q_v)_{\text{I+Ⅱ}}$,是两台风机风压相加而得。管网性能曲线 R 和串联后综合性能曲线的交点 A 为串联运行的工作点,即有

$$q_{v,A} = (q_{v,C})_{\text{I}} = (q_{v,C})_{\text{Ⅱ}} \quad (9.37)$$

$$P_{\text{I+Ⅱ}} = P_{\text{I}} + P_{\text{Ⅱ}} \quad (9.38)$$

从 A 点引垂线得联合工作时每台风机的运行点为 C,风机的流量为 $q_{v,C} = q_{v,A}$,风压为 $P_C \approx \frac{1}{2} P_A$。在管网性能曲线一定的

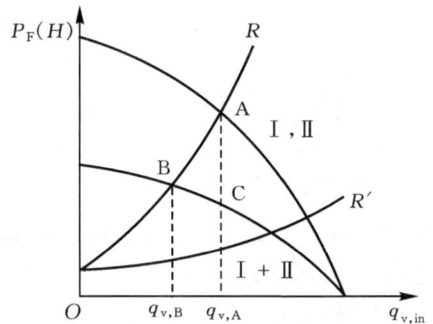

图 9.13　两台性能相同的风机或泵的串联

情况下,一台风机单独运行的工况点为 B,流量为 $(q_v)_B < (q_v)_A$,压力为 $P_B > P_C$,因此,两台性能相同的风机串联运行时,总压力 P_A 没有成倍增加,串联运行时的压力比每台风机单独运行时要小,可见,串联运行也可以用于同时需要提高压力(扬程)和流量的场合。

当管网曲线较陡时,串联工作非常有效,但管网阻力较小时,两台风机或泵串联工作可能没有意义,如图 9.13 中 R' 所示。

(2)性能不同的风机与泵的串联运行

如图 9.14 所示,$(P \sim q_v)_{\text{I}}$ 和 $(P \sim q_v)_{\text{Ⅱ}}$ 是两台性能不同的风机单独运行时的性能曲线,按风机或泵串联运行时综合性能曲线的特点,作出综合性能曲线为 $(P \sim q_v)_{\text{I+Ⅱ}}$,它与管网性能曲线 R 相交于 A 点。串联后总压力和流量都是增加的。如果

管网的性能曲线为 R'，工作点为 B，串联后的
总压力和流量仅相当于一台风机 $(P \sim q_v)_{\mathrm{I}}$
单独运行的情况，此时，第二台风机不但不增
加压力和流量，而且还消耗能量。如果管网性
能曲线低于 R'，串联运行工况点低于 B 点，串
联后的总压力反而小于一台风机单独运行的
压力和流量，风机 II 变为风机 I 的阻力。因
此，两台性能不同的风机或泵串联运行时的极
限点，只有在 B 点上方，串联运行才是有利的。

3. 风机与泵并联于串联运行的比较

如图 9.15 所示，两条虚线为两台性能相
同的风机串联和并联时的综合性能曲线，N 为
单台风机的功率曲线，R_1、R_2、R_3 是三种管网的性能曲线。当阻力为 R_2 时，无论是

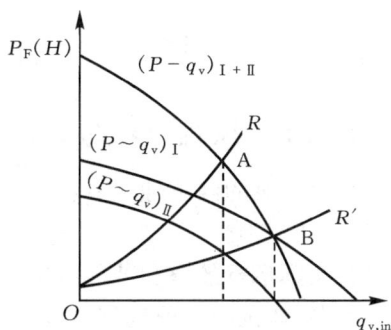

图 9.14　两台性能不同的风机或泵
的串联

串联还是并联都可以达到增加流量，提
高压力的目的，其工况点 B 是串联和并
联综合性能曲线的交点，因此，在 B 点串
联与并联的效果是相同的。但从节能的
观点看，两者是有区别的，并联时每台风
机工作在 J 点，其功率为 N_K，总功率
$N = 2N_K$；而串联工作时，每台风机工
作在 G 点，功率为 N_H，总功率为 $N =
2N_H$，由于 $N_H > N_K$，故采用并联方案有
利于节能；管网阻力曲线为 R_1 时，串联
运行的工况点为 F，其压力、流量均比并
联工况 A 点时小，相反串联运行耗功反

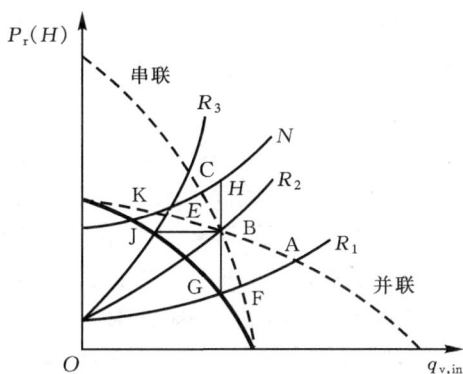

图 9.15　风机与泵联合运行的比较

而大，这时采用串联运行显然是极不合理的；管网阻力为 R_3 时，串联运行的工况点
为 C，并联运行工况点为 E，很明显，这种情况下应该选择串联运行。

选择联合运行方案时，不仅要分析管网性能曲线的变化，还要考虑运转效率和
轴功率的大小，进行全面的分析比较后，再决定选择串联或并联运行。

必须指出的是，应当尽可能避免采用几台风机或泵联合运行，因为几台风机或
泵联合运行不仅经济性差，而且可靠性差。

9.3 风机与泵的合理选型

9.3.1 风机与泵选型中存在的问题

风机与泵的经济性只有在实际应用中才能体现,一台本身效率很高的风机或泵,如果选型不当,可能不在高效区运行,起不到节能效果。因此风机与泵的合理选型对其实际运行效率和节能有重要意义。

目前,风机与泵的选型过程中,从技术上存在以下几个方面的问题。

1. 风机与泵设计参数与实际不符

风机与泵选型不当,通常的原因是设计人员为求可靠而在各设计阶段对设计要求层层加码,使得对风机与泵的设计参数高于实际需要。下面以风机为例分析风压选择过大和过小时的后果。如图 9.16 所示是风机压力选择过大的情况,原预计运行工况点为 $A(q_{v,A}, P_A, N_A)$,管网阻力曲线为 R_A,而实际管网曲线为 R_B,风机实际运行工况点为 $B(q_{v,A}, P_A, N_A)$,实际风压 $P_B < P_A$,由于管网参数估计不准,风机压力选择过大,导致实际流量增加,电机会因功率不足而发热,引起风机、电机功率大、能耗多等后果,如果采用的是前向叶片的离心风机,还可能产生电机超载而烧坏的现象。图 9.17 是风压选择过小的情况,原预计工况点为 $A(q_{v,A}, P_A, N_A)$,管网阻力曲线为 R_A,而实际管网曲线为 R_B,风机实际运行工况点为 $B(q_{v,A}, P_A, N_A)$,实际风压 $P_B > P_A$,风压选择过小,导致流量不足,不能满足实际使用需要,电机处于低负荷运行。风机也可能进入喘振区,导致设备破坏。

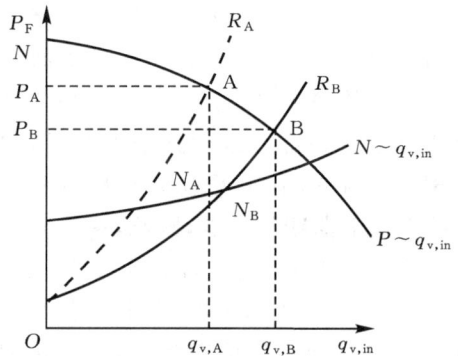

图 9.16 风机压力选大的结果

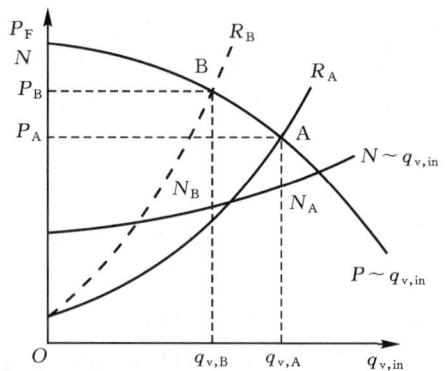

图 9.17 风机压力选小的结果

2. 风机与泵调节装置不完善

实际应用中,风机与泵多处于部分负荷工作,如果不进行适时必要的调节,可能会造成风机与泵的低效运行,浪费能源。由于工艺流程中参数(流量、压力、扬程)不明确,再加上缺少必要的调节装置,即使选择了高效率的风机或泵也无济于事。

3. 管网系统布局不合理

风机与泵的经济运行与管网布置关系极大,管网布置的好坏,会直接影响风机与泵的性能。管网布置不合理主要表现在以下几方面:一是管网中有多处突然扩大、突然缩小、突然分流、变向或急转弯的管道和接头,如多余的管接头、弯头、三通、阀门等;二是管网中存在泄漏现象,泄漏多发生在节流阀门和管道连接处,风机与泵本身有时也有泄漏;三是风机与泵进出口管路布局不合理,如缺少必要的直管段、进口与急弯管道直接连接、出口直接与 90°弯管或逆向弯管连接、出口直接连接突然扩大管等。

风机与泵进出口管路布置不合理,不仅增加局部损失,更重要的是使风机或泵运行性能变坏,其中尤以进口管路布置不合理对风机与泵性能影响最大。

9.3.2　管网系统的改进

改进风机与泵管网系统主要有以下措施。

1. 风机与泵进口管路

风机与泵进口处要求流速均匀、无涡区。风机与泵进口前面若不接管道,空间比较开阔,邻近无障碍物,可以认为进口部位是合理的。如果接管道,则要求风机或泵进口前有一段直管道,其长度不应小于风机或泵进口当量直径的 2.5 倍,其形状通常是等直径的或略带收敛的,不宜采用扩压管道。此外,应尽量避免风机或泵进口有急转弯,弯头不要离进口太近。

如果由于条件限制,进口直管道长度不能满足要求,可以在管道中加装分流板,整流网(栅)。如果风机或泵必须使用弯头,则宜采用曲率半径较大或加装导流叶片的结构,导流叶片与整流栅都能消除或削弱涡流,起到提高进口流动均匀化的功效,加装导流叶片的位置和效果如图 9.18所示。

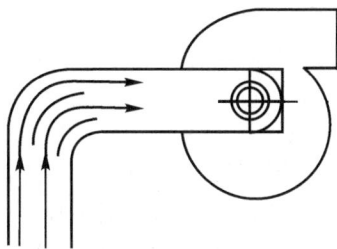

图 9.18　加装导流叶片示意图

2. 风机与泵出口管道

改善风机或泵出口流动条件和进口类似,需要接一段直管道,直管道的长度要求同进口。如果有弯道,也可以采用加装导流叶片。

3. 减少管网系统的沿程与局部损失

在管路中,管件要尽量地少,选用合适的密封技术措施,把泄漏减小到最低程度。力求管网布置最简单,管线尽量短,管内流速接近经济流速,以减小沿程损失。另一方面,截面不宜突变,若必须扩大截面,则应采用如图 9.19(a) 所示的渐扩管,且使扩张角度 $\alpha \leqslant 8°$。当扩大的面积比一定时,受条件限制为了缩短扩张段的长度,必须采用较大的扩张角时,可以在渐扩管中加装隔板或用几个不同扩张角的同心渐扩管,以求得正常扩张,如图 9.20 所示。

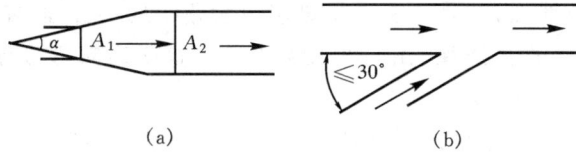

图 9.19   渐扩管和分支管

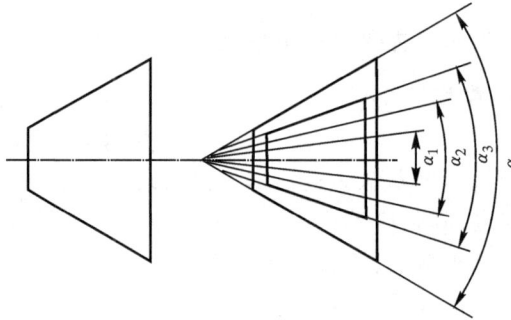

图 9.20   加装同心渐扩管

对于三通管,可在总管中,根据支管的流量加装合流板或分流板,总管与支管的连接角 $\alpha \leqslant 30°$,如图 9.19(b) 所示。

对于弯管,局部损失与中心角、管道直径、曲率半径等有关,应尽量避免采用中心角过大的死弯,采用较大的曲率半径。此外,为了减少弯道中的流动损失,可以加装导流叶片,导流叶片的型式可以是机翼型或圆弧型。

9.3.3   风机与泵的合理选型

风机与泵的选型是根据用户使用要求,从现有的系列产品中选择出一种能够满足使用要求、运行安全可靠、效率高的风机与泵。

1. 风机与泵的选型原则

（1）准确计算设计参数。风机与泵的工作点流量、压力（扬程）不当时，会影响风机或泵运行的经济性，如偏离最佳工况点较远时，将导致风机或泵低效率运行。风机与泵必须满足系统使用的流量和压力（扬程），系统的使用流量和压力（扬程）要经过准确的分析与计算。如有可能，最好以实测数据为基础，或参考类似的系统确定。

（2）风机与泵运行工况点的选择要使风机与泵在高效区运行，选型点应处于效率曲线的最高点或稍偏右运行。预留的富裕量要合适，使正常使用时的工作点尽可能接近设计工况，使风机与泵长期运行在高效区内。

（3）选择风机与泵性能曲线与实际要求相适应，保证在正常工作区泵不发生气蚀及其他不稳定现象。

（4）所选择的风机与泵应具有结构简单，易于维修，体积小，重量轻，设备投资少等特点，同时运行维护费用也要小。

（5）如果从现有产品中选不出满意的型号，可以采用变型选型的办法来解决，如切割叶轮、改变叶轮或机壳的宽度等。

2. 设计参数计算

风机与泵的设计参数是根据工艺流程的需要来确定的，一般由用户给出。通常包括流量、压力（扬程）、介质种类、当地气候条件、转速及联结方式等。流体介质、气候条件、转速和联结方式根据现场使用情况比较容易确定，而设计流量和压力用户往往很难提供准确的数据，最好是在同类或模拟系统中进行实测，以实际运行数据为依据。一般要求计算量与实际运行值相差小于 $\pm 5\%$，以保证风机或泵在高效区工作。

（1）流量确定　根据实测，或各种工艺流程的设计要求确定。

（2）压力（扬程）确定

① 管网阻力

$$\Delta H = \Delta H_{\text{in-out}} + \Delta H_{\text{fric}} + \Delta H_{\text{local}} \qquad (9.39)$$

② 压差（势能）阻力

$$\Delta H_{\text{in-out}} = H_{\text{out}} - H_{\text{in}} \qquad (9.40)$$

H_{in} 和 H_{out} 分别为系统进出口压头（势能）。

③ 沿程阻力

$$\Delta H_{\text{fric}} = \sum \lambda_i \cdot \frac{l_i}{d_{\text{h},i}} \cdot \frac{P_{\text{d},i}}{\rho g} \qquad (9.41)$$

式中，λ_i、l_i 和 $d_{\text{h},i}$ 分别为各段管路的损失系数、长度和水力直径；$P_{\text{d},i}$ 为各段的动压；ρ 为流体密度；g 为重力加速度。

④ 局部损失

$$\Delta H_{local} = \sum \zeta_i \cdot \frac{P_{d,i}}{\rho g} \tag{9.42}$$

式中，ζ_i 为部件的局部损失系数；$P_{d,i}$ 为当地动压。

⑤ 风机的压力

$$P \geqslant \rho g \cdot \Delta H + \left[1 - \left(\frac{A_2}{A_1} \right)^2 \right] \cdot P_{d2} \tag{9.43}$$

⑥ 泵的扬程

$$H \geqslant \Delta H + \left[1 - \left(\frac{A_2}{A_1} \right)^2 \right] \cdot \frac{P_{d2}}{\rho g} \tag{9.44}$$

式中，A_1、A_2 和 P_{d2} 分别为风机或泵进、出口面积和风机动压。

3. 选型计算

以风机选型为例，说明风机与泵的选型计算过程。

（1）设计参数换算

通风机实际工作时的进口条件是随时间和地点而变化的，而选择通风机多以通风机标准进口状态（大气压力为 101 325 Pa，温度为 20℃，相对湿度为 50%）为依据，如果用户给定的设计条件与标准状态有出入时，应先换算出标准状态下的参数，然后再进行计算。

大气压力及进口温度改变时换算关系为

$$q_{v,0} = q_v \tag{9.45}$$

$$P_0 = P \cdot \frac{101\ 325}{p_a} \cdot \frac{273 + t_a}{273 + 20} \tag{9.46}$$

$$N_0 = N \cdot \frac{101\ 325}{p_a} \cdot \frac{273 + t_a}{273 + 20} \tag{9.47}$$

式中，$q_{v,0}$、P_0 和 N_0 为标准状态下的容积流量、全压和内功率；q_v、P 和 N 为通风机实际工作条件下的流量、全压和内功率。

（2）通风机型号确定

根据设计参数计算出比转速

$$n_S = n \cdot \frac{q_{v,0}^{\frac{1}{2}}}{(P_0 \cdot k_p)^{\frac{3}{4}}} \tag{9.48}$$

式中，k_p 为压缩性系数；n 为通风机转速，可根据用户使用情况和所用电机来选取。以此比转速作为通风机设计点的比转速，在已有产品中选取与之接近的模型，从而定出模型风机的模化点。

$$\overline{Q_m} = \overline{Q_m}(n_S) \tag{9.49}$$

$$\overline{P_m} = \overline{P_m}(n_S) \tag{9.50}$$

$$\eta_m = \eta_m(n_S) \tag{9.51}$$

$$\overline{N_m} = \overline{Q_m}\,\overline{P_m}/\eta_m \tag{9.52}$$

依此计算的满足全压要求所需的叶轮直径为

$$D_2 = \frac{60}{\pi n}\sqrt{\frac{P_0 \cdot k_p}{\rho\,\overline{P_m}}} \tag{9.53}$$

据此圆整出叶轮直径。

（3）参数校算

上面的计算是以满足全压要求为前提的,需要检验流量和压力是否满足要求。

$$q_v = \overline{Q} \cdot \frac{\pi}{4}D_2^2 u_2 \tag{9.54}$$

$$P = \frac{\overline{P} \cdot \rho u_2^2}{k_p} \tag{9.55}$$

如果流量、全压的偏差在允许的范围内,则说明所选择的风机符合设计要求。

9.4　风机与泵的节能调节方法

在实际生产的工艺流程中,所需的流量和压力（扬程）是不断变化的,这就要求系统中的风机与泵运行参数也必须随之改变,系统中就需要有一个可靠、经济的调节系统,使之满足生产需要的同时又节约能源。调节风机与泵的流量、压力（扬程）等性能参数的过程称为风机与泵的工况调节。

风机与泵的工作点是其性能曲线与管网性能曲线的交点,改变风机与泵的性能曲线或管网性能曲线都能改变风机与泵的工作点,达到调节的目的。因此,改变工况的方法有两种:改变管网性能曲线和改变风机与泵的性能曲线。

9.4.1　改变管网性能曲线

1. 出口节流调节

出口节流调节是在风机或泵出口管道安装阀门,改变阀门的开度使管网阻力特性发生变化,来达到控制流量的目的。出口调节时风机或泵的性能曲线不变,改变的是管网性能曲线。如图 9.21 所示,当阀门全开时,管网的特性曲线为 R_0,与风机或泵性能曲线的交点为 A_0,此流量为风机或泵在该管网中的最大流量。当阀门关小时,管网性能曲线变为 R,风机或泵的工况点沿性能曲线由 A_0 变为 A,流量由 $q_{v,A0}$ 变为 $q_{v,A}$。

节流调节时,风机或泵产生的能量头为 h,它包含阀门关小而多消耗的阻力

Δh 和阀门全开时的阻力 h_0，由此可见，节流调节会引起多余的能量损失。

$$\Delta h = h - h_0 \tag{9.56}$$

$$\Delta N = \frac{q_{\mathrm{m}} \Delta h}{\eta_{\mathrm{m}}} \tag{9.57}$$

ΔN 为节流调节时风机或泵多消耗的功率，用于克服关小阀门后带来的额外阻力损失。但此调节方法简单，容易实现。适合于性能曲线较平坦的风机或泵，中、小型风机与泵应用较多。

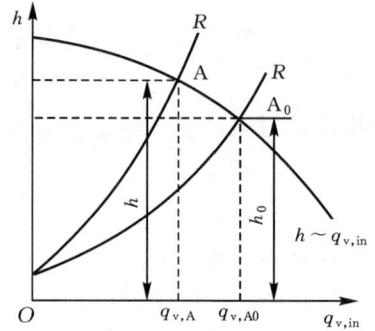

图 9.21   风机或泵出口节流调节

2. 进口节流调节

在风机或泵进口管道上加装阀门，调节阀门开度改变工作点及输出流量的方法称为进口调节。进口调节方法多用于风机中，在泵中一般不采用。这时因为进口阀门关小时，会增加管路中的能量损失，使泵进口压力下降，容易产生空蚀。

如图 9.22 所示，设风机原来的性能曲线为 I，调节阀门全开时管网的阻力曲线为 R_0，与风机或泵性能曲线的交点为 A_0，此时风机输出流量 $q_{\mathrm{v,A0}}$。当阀门关小时，由于进口压力下降，风机的性能曲线变为 II，管网性能曲线变为 R，此时的工作点为 B，流量为 $q_{\mathrm{v,B}}$。与全开相比，进口节流引起的多余损失 Δh，如果是采用出口调节方法，则此时管网性能曲线为 R_1，多消耗于阀门上的损失为 Δh_1，由图示可知，$\Delta h_1 > \Delta h$，可见进口调节的经济性优于出口调节。

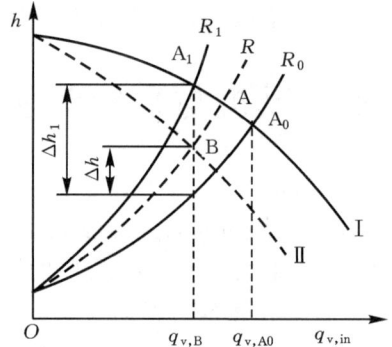

图 9.22   风机或泵进口节流调节

9.4.2   改变风机与泵结构的调节方法

改变风机与泵结构调节方法是改变风机或泵的性能曲线的常用方法，是通过改变风机或泵的几何结构来实现的。主要方法有安装进口导流器、变叶片安装角、叶轮切割等。

1. 进口导流器调节

进口导流器调节常用于离心风机、轴流风机和轴流泵中。进口导流器安装在风机或泵的进口，导流器由若干叶片组成，有时叶片可以绕自身轴转动（称之为静叶可调),叶片每转动一个角度就意味着变换一个安装角,使之进入叶轮前气流方向改变,形成一个预旋绕 c_{u1},其值可正($c_{u1} > 0$,与圆周速度同向)可负($c_{u1} < 0$,与圆周速度反向),也可为零($c_{u1} = 0$,导叶不起调节作用),通过 c_{u1} 的不同,改变风机与泵的性能曲线,达到调节的目的。

　　进口导流器分为轴向和径向两类,后者又称简易导流器,如图 9.23 所示。根据欧拉方程式可知,风机或泵的理论功为

$$h_{th} = u_2 c_{u2} - u_1 c_{u1} \qquad (9.8)$$

可见,$c_{u1} > 0$,理论功较无导流器时小,$c_{u1} < 0$,理论功较无导流器时大。

　　如图 9.24 所示,导流器安装角为 α_1、α_2、α_3($0 = \alpha_1 < \alpha_2 < \alpha_3$)时风机性能曲线分别为 P_1、P_2、P_3,工况点分别为 A_1、A_2、A_3,流量为 q_{v1}、q_{v2}、q_{v3},功率为 N_1、N_2、N_3,功率沿 N' 下降,功率曲线与 N' 所夹部分相当与所节省的功率,如果是节流调

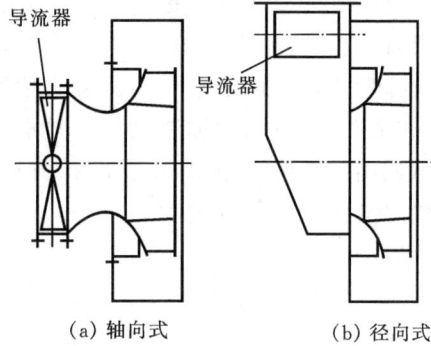

图 9.23　进口导流器调节

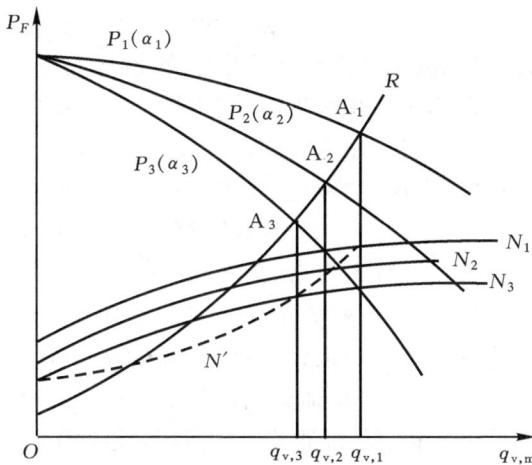

图 9.24　进口导流器调节时的性能曲线

节,风机功率是沿 $\alpha_1 = 0$ 时功率曲线下降的,显然进口导流器调节比节流调节能耗小,是一种较经济的调节方法。

　　这种方法结构也比较简单,使用可靠,可以在不停机的情况下进行调节,比使

用阀门调节优越,在风机调节中应用较广,应注意的是气体中灰尘较多,气温较高时,由于灰尘附着、热膨胀等容易引起故障,这是采用进口导流器调节应注意的问题。

2. 改变叶片安装角

改变叶片安装角又称动叶可调方法,它主要用于轴流风机与轴流泵中。当转速一定时,改变叶片安装角,气流速度和攻角都发生变化,从而改变风机或泵的性能曲线。如图 9.25 所示为轴流风机或泵沿叶高任意截面的速度三角形,根据欧拉方程式,叶轮对流体所做的理论功为

$$h_{th} = u(c_{u2} - c_{u1}) = u\Delta c_u \qquad (9.58)$$

Δc_u 与叶片安装角 β_A,攻角 α 有如下关系

$$\beta_A = \beta_m + \alpha \qquad (9.59)$$

$$\tan\beta_m = \cfrac{c_z}{u + \cfrac{1}{2}\Delta c_u} \qquad (9.60)$$

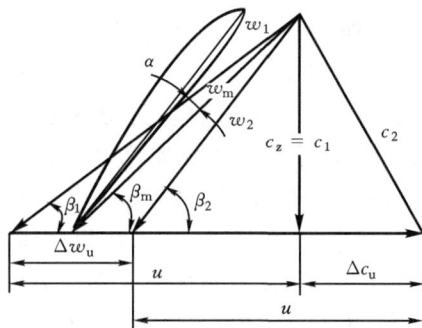

图 9.25　轴流风机叶轮速度三角形

可见,若改变安装角 β_A,就使攻角 α 和平均流动角 β_m 变化,并引起 Δc_u 和 c_z 的变化,从而使轴流风机或轴流泵的性能曲线发生变化,这就是动叶可调的原理。

轴流风机和轴流泵在不同叶片角度时的性能曲线如图 9.26 所示,从图可知,当叶轮叶片安装角变小时,流量、压力(扬程)随之减小,因此可方便地调节到小流量下工作,若采用其他调节方法,如节流,使用增加阻力等使流量减小,则工作点很容易进入不稳定工作区。改变叶片安装角调节时效率曲线也将随之变动,但效率最高点及高效区工作点的效率下降不多,而消耗功率随着叶片角减小而降低,因此改变叶片安装角调节经济性较好,可避免节流带来的额外损失。从图中可以看出,变叶片安装角所对应的流量调节范围很大,能较好地适应流量波动幅度大,调节频繁的场合。改变叶片安装角调节方法是轴流风机与泵最理想的调节方法。

动叶可调机构有以下几种:① 机器停止运行时,逐个改变叶片安装角,叶片用销子固定;② 机器停止运行时,通过控制杆,转动套在主轴上的套筒,同时改变全部动叶的安装角;③ 在机器运转过程中,任意改变动叶安装角,其操作方法可用油压式、机械式、电气式等。当调节不频繁时,可以采用停车调节,机器运转过程中调节,虽然使用方便,但结构复杂,价格昂贵。

3. 切割叶轮调节方法

为了适应工艺流程和季节变化的需要,在流量要求减小时,可以采用切割叶轮

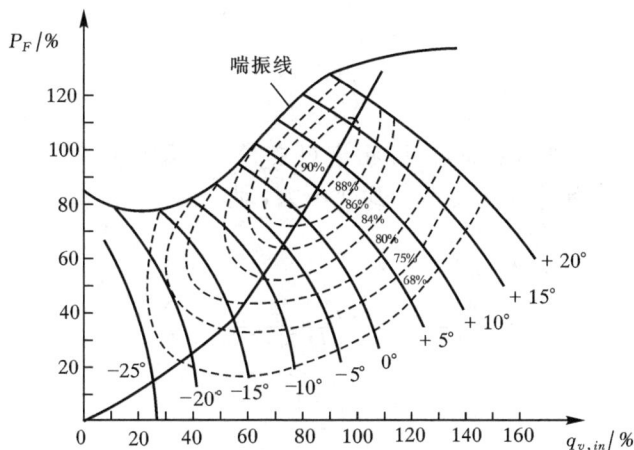

图 9.26　动叶可调轴流风机性能曲线

的方法来实现。如图 9.27 所示。在切割量不大时,可以近似地认为叶轮切割前后出口过流断面面积及叶片出口角变化不大,叶轮出口速度三角形相似。

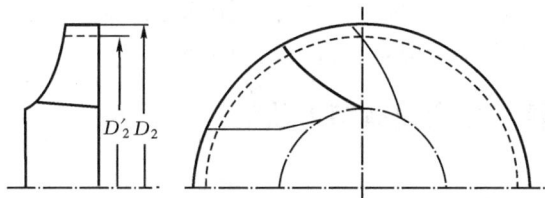

图 9.27　切割叶轮示意图

切割前、后流量变化关系为

$$\frac{q'_v}{q_v} = \frac{A'_2 c'_{r2}}{A_2 c_{r2}} \tag{9.61}$$

式中,q'_v、A'_2、c'_{r2} 叶轮切割后的流量、叶轮出口面积、叶轮出口流体径向速度;q_v、A_2、c_{r2} 叶轮切割前的流量、叶轮出口面积、叶轮出口流体径向速度。

对低比转速的风机与泵而言,叶轮进口直径小,叶轮宽度较窄,前后盘接近平行,切割叶轮后近似认为叶轮出口宽度不变,即

$$b'_2 = b_2 \tag{9.62}$$

则流量、实际功和功率的关系为

$$\frac{q'_v}{q_v} = \frac{A'_2 c'_{r2}}{A_2 c_{r2}} = \frac{\pi D'_2 b'_2 c'_{r2}}{\pi D_2 b_2 c_{r2}} = \left(\frac{D'_2}{D_2}\right)^2 \tag{9.63}$$

$$\frac{h'}{h} = \frac{u'_2 c'_{u2}}{u_2 c_{u2}} = \left(\frac{D'_2}{D_2}\right)^2 \tag{9.64}$$

$$\frac{N'}{N} = \frac{\rho q'_v h'}{\rho q_v h} = \left(\frac{D'_2}{D_2}\right)^4 \tag{9.65}$$

对高比转速的风机与泵而言,叶轮进口直径大,切割叶轮后出口宽度变化较大,可以近似认为叶轮出口通流截面变化不大,即

$$\frac{b'_2}{b_2} = \frac{D_2}{D'_2} \tag{9.66}$$

$$q'_v = \frac{A'_2 c'_{r2}}{A_2 c_{r2}} = \frac{\pi D'_2 b'_2 c'_{r2}}{\pi D_2 b_2 c_{r2}} = \frac{D'_2}{D_2} \tag{9.67}$$

$$\frac{h'}{h} = \frac{u'_2 c'_{u2}}{u_2 c_{u2}} = \left(\frac{D'_2}{D_2}\right)^2 \tag{9.68}$$

$$\frac{N'}{N} = \frac{\rho q'_v h'}{\rho q_v h} = \left(\frac{D'_2}{D_2}\right)^3 \tag{9.69}$$

上述公式中,叶轮切割后的参数用带上标"′"表示。叶轮切割控制在一定限度内时,切割前后近似认为效率不变,叶轮切割限量与风机或泵比转速有关,一般说小比转速风机与泵允许切割的量大些,大比转速风机与泵允许切割的量较小。

叶轮切割后,机壳的舌可保持不变,因间隙增大,压力(扬程)、效率都会有所下降。还应该注意,叶轮切割后应重新进行动静平衡。

9.4.3　风机与泵变速调节方法

1. 调节原理

变速调节方法也属于改变风机或泵性能曲线的方法。具体是在管网阻力曲线不变的条件下,通过改变转速,使风机或泵性能曲线发生变化,风机或泵工况点改变,从而实现调节流量和压力。从流体力学理论可知,改变转速的调节方法是最合理的,因为风机或泵在管网中工作时,没有附加的阻力损失,效率基本上保持不变,转速降低时,功率随流量和压力(扬程)降低而降低。

根据相似原理,转速改变时,风机与泵的性能变化有如下关系

$$\frac{q'_v}{q_v} = \frac{n'}{n} \tag{9.70}$$

$$\frac{h'}{h} = \left(\frac{n'}{n}\right)^2 \tag{9.71}$$

$$\frac{N'}{N} = \left(\frac{n'}{n}\right)^2 \tag{9.72}$$

图 9.28 所示为转速变化时,风机与泵的在管网中工作的情况,转速为 n 时,压力(扬程)曲线与管网性能曲线的交点为 A,即工况点为 A,相应的流量为 $q_{v,A}$。若

需要减小流量时,可将风机或泵转速降
至 n',这是工况点沿管网性能曲线移至
A',相应的流量为 $q'_{v,A'}$。相反,若需要
增加流量,可将转速增加至 n'',工况点
也随之移到 A'',流量增加至 $q''_{v,A''}$,功率
曲线分别为 N、N'、N'',工况点 A、A'、
A'' 的功率沿 NN 曲线变化。需要指出
的是,如果调节是增速,应验算风机的
强度与振动,电机是否超载,噪声是否
超标。

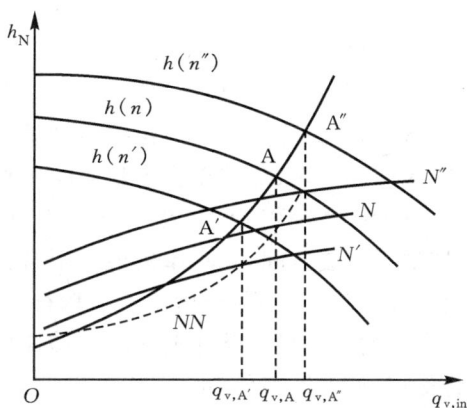

图 9.28　风机与泵转速调节

2. 改变转速的方法

改变转速的方法很多,有改变原动
机转速的方法,如采用直流电机、多速
交流电机、变频调速装置等;在不改变原动机转速的情况下,可采用皮带轮、齿轮变
速器、液力耦合器、电磁转差离合器等。

（1）改变机械装置传动比

这类装置是一种有级变速调节,如皮带传动是通过更换皮带轮大小,齿轮箱是
通过更换齿轮,则电机与风机或泵转轴之间传动比变化,风机与泵转速改变。这种
方法的缺点是使用时需要停机,且需要备有各种规格的皮带轮或齿轮。

（2）液力耦合器

液力耦合器是一种利用液体(多数
为油)的动能来传递能量的叶片式传动
机械。安装在定速电动机与风机、水泵之
间,达到平滑调节转速的目的。如图 9.29
所示,液力耦合器的调速效率 η 等于输出
功率 P_2 与输入功率 P_1 之比。在忽略液力
耦合器的机械损失和容积损失等损失
时,液力耦合器的调速效率等于转速比。
转速比越小,其调速效率也越低,这是液
力耦合器的一个重要工作特性。虽然液
力耦合器工作在低速时其调速效率很低
(等于转速比),但在泵与风机调速时,与
节流调节相比较,仍具有显著的节能效

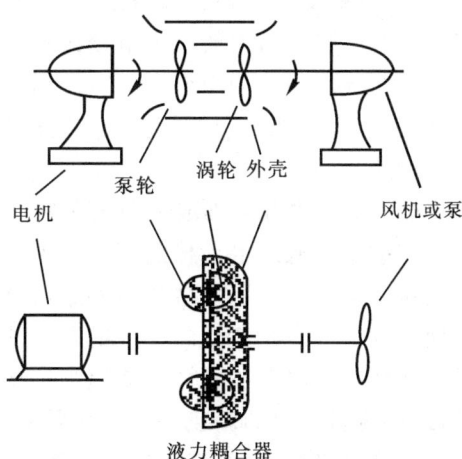

图 9.29　液力耦合器工作原理示意图

果。概括起来液力耦合器调速有以下优势:无级调速,调速范围大,较之节流调节有显著节能效果;可空载起动电动机和逐步起动大惯量负荷,降低了起动电流,使起动更为安全可靠;隔离振动,能减轻负荷冲击,再加之起动电流小,延长了电动机及泵与风机的寿命;过载保护,保护电动机及风机水泵;工作平稳,可以平缓地起动,加速,减速和停车;能用于大容量泵与风机的变速调节,目前单台液力耦合器传递的功率已达 20 MW 以上。和节流调节相比,液力耦合器调速的缺点:增加了初投资,增加了安装空间,大功率的液力耦合器除本体设备外,还要一套附加的冷油器等辅助设备与管路系统;由于液力耦合器的最大转速比 $i_n = 0.97 \sim 0.98$,因此液力耦合器的输出最大转速要比输入转速低;调速精度不高,不适宜要求精确转速的场合使用;调速效率低($\eta = i$ 等于转速比),损耗大,在各种变速装置中属低效调速装置。

（3）电磁转差离合器

传动装置原理如图 9.30 所示,它是通过磁极与电枢间的电磁力来传递力矩的,改变磁极中的励磁电流,即可改变离合器的输出转速。与液力耦合器一样,电磁转差离合器也是利用主动和从动间的滑差作用来调速的,调速效率为调速装置的转速比。调速的经济性比液力耦合器及液力调速离合器更差。优点有:可靠性高,只要把绝缘处理好,就能实现长期无检修工作;占地面积小,控制功率小,一般仅为电动机额定功

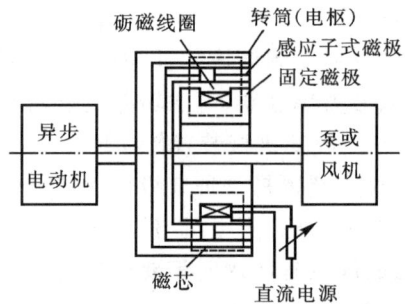

图 9.30　电磁转差离合器示意图

率的 1% ~ 2%;结构简单,加工容易,价格低廉。但存在转差损耗,尤其是当转速比较低时,运行经济性较差。适用于转速不很高、调速范围不很宽的中小容量泵与风机的调速传动。

（4）鼠笼式电动机定子调压调速

用改变鼠笼式电动机定子电压值实现调速的方法称为定子调压调速简称为调压调速。要进行风机、水泵调压调速,首先必须改变电动机的外特性,新的外特性应该使电动机有一个宽阔的稳定的调速范围,一般要采用高转差率电机,交流力矩电机或在绕线式电动机的转子绕组中串接电阻的方法,并且要加上转速闭环控制系统,才能进行稳定的调速。其次,是要将调速过程中由于转差功率引起的转子的温升很好地导出机外,才能实现长期稳定的工作。采取旋转热管结构,或采取特殊风道冷却结构,都是行之有效的方法。定子调压调速的主要优点是线路简单、可靠,调压装置体积小、价格低,使用维修比较方便。此外调压装置还可兼作鼠笼式电动机

的降压起动设备,简化了系统。调压装置的主要缺点是转差功率损耗大、效率低,属于低效调速方式,调速特性软。此外,晶闸管调压装置产生的高次谐波会影响电网及电机,如使电动机的损耗、振动和噪声增大。调压调速实际上是一种变转差率的调速方式,存在转差损失,在忽略定子损失时,电动机的效率近似等于转速比。因此,调压调速方式的经济性比起液力偶合器、液力调速离合器等的调速方式还要差。在泵与风机的调速节能方面,调压调速适用于小容量且调速范围不大的场合,通常用于 100 kW 以下的鼠笼式电动机调速,调速范围通常在 70% ～ 100% 额定转速。

(5) 粘滞型调速离合器

粘滞型调速离合器又称液力离合器,它的主要部件和工作原理如图 9.31 所示。在大部分运行速度范围内,它是通过油膜的流体剪切力来传递力矩的,但在其接近同步速时,则是通过两组固体圆盘(摩擦片)间的摩擦力来传递力矩的,从而实现对风机与泵进行从空载到同步转速的连续变转速调节。同样地,粘滞型调速离合器的调速效率也等于转速比。但它的输出轴可以达到同

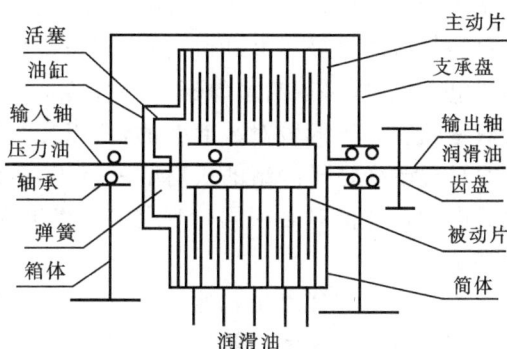

图 9.31　粘滞型调速离合器示意图

步转速,这是粘滞型调速离合器优于液力耦合器和电磁转差离合器的最大特点。

(6) 转子串电阻调速

转子串电阻调速的原理是在绕线型电机的转子上串接附加电阻,以此改变电机的机械特性,从而实现调速。串接电阻值的大小,可以通过接触器切换获得。这种调速方法一般只能是有级的,而且不易实现调速自动化,为克服这个缺点,可以采用直流调阻调速方法,即先把转子感应出的三相交流电整流成直流,然后再通过可控硅直流开关的作用来改变直流电路的电阻,以实现无级调速,其原理如图 9.32 所示。对于绕线型电机,采用转子串电阻调速或直流调阻调速方法,虽也属于滑差型调速,但这种方法较液力耦合器调速有很多优点,即设备变动小,而效率却是一样好,且没有过多的轴承及辅助设备的动力消耗。绕线式异步电动机转子串电阻调速属于有转差损失的低效调速方式。叶片式泵与风机采用这种调速方式时,其调速效率等于转速比。转子串电阻调速方式的优点是:调速方法简单,不需要复杂的控制设备,一次投资低,容易实施;可靠性高,功率因数高,启动设备和调速设备合为一体。缺点是:只能用于绕线式异步电动机;因其有集电环和电刷,使用环境受到限

制,只适于在环境温度 40℃ 以下使用,在灰尘多的地方要采用全封闭式绕线式电动机;不宜用于振动大的场地;属于低效调速方式,其转差损失在外加电阻上以热能形式散发;在调速时机械特性较软,尤其在调速范围较大时,缺点更为突出。通常,转子串电阻调速方式适用于调速范围不大,对电动机机械特性硬度要求不高的场合中的中、小容量泵与风机的调速。

（7）变极调速

改变电动机定子的极对数,可使异步电动机的同步转速 $n_0 = 60f_1/P$ 改变,从而改变异步电动机的转速 n。大中型异步电动机采用变极调速时,一般采用双速电动机。变极调速通常只用于鼠笼式异步电动机,而不用于绕线式异步电动机。这是因为鼠笼形电动机转子的极对数是随着定子的极对数而变的,所以变极调速时只要改变定子绕组的极对数就行了,而绕

图 9.32　　转子串电阻调速原理示意图
M— 电机；L— 电抗器；R— 电阻

线式电动机变极时必须同时改变定子绕组和转子绕组的极对数,这就使得变极复杂多了。

双速电机的优点是调速效率高,可靠性高,投资省。其缺点是有级调速,不能在整个调速范围内保证高效运行,有时还要配合节流调节手段调节流量,增加了部分节流损耗。双速电动机在变速时电源必须瞬间中断,对电动机及电网都有冲击作用;高压电动机若需经常进行变速切换时,其切换装置的安全可靠性尚需进一步完善和提高。

（8）串级调速

绕线式电动机的串级调速,虽然也是通过改变异步电动机的转差率来达到调速目的的,但它与能耗转差调速不同,关键的差别在于对转差功率的处理上。能耗转差调速是将调速中产生的转差功率变成热能消耗掉,而串级调速却是通过交-直-交变频器和变压器,将转差功率反馈回电网,因此是一种高效的调速方式。串级调速有静止串级调速、机械串级调速和电气串级调速三种。与转子绕组串电阻相比,它可以把转差功率回馈电网,提高了效率。缺点是转子电流的高次谐波通过定子反映到电网,逆变器也将谐波电流送到电网,对电网污染较大。

（9）变频调速

简单地讲,变频调速就是利用变频器改变电动机定子端输入电源的频率,从而改变电动机转速的调节方法。变频器可分为工频交流 → 直流 → 交流变频器和工频交流 → 交流变频器两大类,前者又称为带直流环节的间接式变频器,后者又称为直接式变频器。

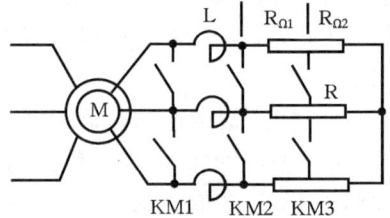

变频器的优点有：调速效率高，不存在因调频而带来的附加转差损耗；调速范围宽，一般可达 20∶1；调速精度高；易实现无级调速；起、制动能耗少等。缺点有：高压大功率变频调速装置技术含量高、难度大，因而投入也高，而一般风机水泵节能改造都要求低投入，高回报，从而造成经济效益上的问题。这两个问题是它应用于风机水泵调速节能的主要障碍；电流型变频器输出电流的波形和电压型变频器输出电压的波形均为非正弦波形，从而产生的高次谐波，对电动机和供电电源会产生一定的不良影响。

2. 风机与泵调速节能方案选择

风机与泵调速节能的经济潜力巨大。但是，由于各种调速方式在性能指标、节能效果、资金投入等方面各有其优缺点，究竟应采用何种调速方案，应根据其机组的具体情况、负荷情况（是否调峰）、设计余量、场地位置、资金投入等情况全面考虑，选择合适的节能调速方案。

（1）对于常年满负荷的机组，当风机或泵的风量裕度在 30% 时，选用双速电机最为经济。即使在满负荷连续运行工况下，电机也可在低速档运行，并满足流量要求；当流量裕度在 20% 左右时，则采用变频调速、串级调速较为经济，而采用双速电机和液力耦合器不能起到节电作用；当流量裕度在 10% 左右时，采用双速电机和液力耦合器调速的经济性还不及调节门调节，而采用变频调速和串级调速与调节门调节的经济性相差不大，因而此时只要采用调节门调节即可，不必采用变速调节。

（2）对于长期处于低负荷运行的机组，考虑到长期运行的安全可靠性、经济性和操作维护工作量等，变频调速和串级调速比双速电机及液力耦合器等调速方式具有更大的优越性。因此，在进行风机与泵的节能改造时，应优先选择变频调速和串级调速方案。

（3）低效调速节能方式，即使在低转速比时，相对节流调节方式而言，也有明显的节能效果。且因其投资少，见效快，资金回收周期短，在老机组和中小机组改造中，容易收到明显的节能效益。

（4）变频调速具有调速效率高，力能指标（功率因数）高，调速范围宽，调速精度高，又可以实现软起动，减少对电网的电流冲击及对设备的机械冲击，延长设备使用寿命等优势，故对于大部分采用笼型异步电动机拖动的电厂风机与泵，变频调速不失为目前最理想的调速方案。但其昂贵的价格，往往又使用户望而却步，且国内目前尚无技术成熟的高压大容量变频设备，致使其推广应用受到限制。

9.4.4　几种调节方法比较

（1）改变转速的调节方法，经济性最好，调节范围宽。它最适合于由蒸汽轮机、燃气轮机等转速可变的原动机拖动的情况。在大功率电力拖动的场合,变转速的成本较高,往往受到限制。对中小型风机与泵,常采用变频调速、液力耦合器等方法调速。

（2）轴流风机与轴流泵的动叶可调方法经济性和变转速调节方法相当,尽管调节机构复杂,目前仍被广泛应用,如电站、矿井等所用的大型轴流通风机,普遍采用动叶可调,因它对节能和减小噪声等是有利的。

（3）进口导流器调节的调节范围较宽,经济性也较好,可靠性高。一般用在大、中型轴流和离心风机中。

（4）进口节流调节方法,方法简单经济性较好,并且具有一定的调节范围,转速不变的风机经常采用此法调节。由于空化性能的限制,水泵不宜采用此调节方法,而只能采用出口调节方法。

（5）出口节流调节方法最简单,但经济性最差。对功率不大的水泵来说,这是最常用的方法,在小功率风机中也很常见。

（6）风机与泵的联合运行调节方法,简单而有效,装有多台机器的场所均采用此调节方法。

参考文献

［1］聂能光,李福忠. 风机节能与降噪［M］. 北京:科学出版社,1990.

［2］中国电工技术学会电控系统与装置专业委员会. 风机与水泵交流调速节能技术［M］. 北京:机械工业出版社,1990.

第10章

新能源

每次能源革命都是在能源发展同社会发展发生矛盾的情况下产生的。当今，现代能源生产和消费与环境保护的矛盾正日益激化，以煤炭、石油为代表的矿物储量有限，不可再生，同时还造成大气污染、酸雨和温室效应等环境问题。为了实现社会的可持续发展，世界发达国家纷纷致力于发展新能源和可再生能源。2002年12月11日，国际能源署(IEA)首次公布了全世界新能源和可再生能源的利用情况，文中称2000年可再生能源已占全球一次能源消费总量的13.8%，其中80%来自于生物质能，17%来自水力发电。过去的十年间，可再生能源(不包括垃圾发电和抽水蓄能电站发电)年平均增长率为1.8%，2000年已经达到了317.7 M t标准油，同期可再生能源在一次能源供应中所占比例由5.9%增加到了6.0%(如果排除水力发电，增长率为2.3%)。

我国政府一直关心新能源和可再生能源的开发利用。1992年联合国全球环境与发展大会后，国务院提出了我国对环境与发展采取的10条对策和措施，明确提出要"因地制宜地开发和推广太阳能、风能、地热能、潮汐能、生物质能等清洁能源"。在《1996—2010年新能源和可再生能源发展纲要》中也提出："新能源和可再生能源对环境不产生或很少产生污染，既是近期急需的补充能源，又是未来能源结构的基础。"在《2000—2015年新能源和可再生能源产业发展规划》中，提出："到2015年，新能源和可再生能源利用能力4 300万t标准煤，占我国当时能源消费总量的2.0%(不含传统生物质能利用和小水电)，包括小水电8 000万t标准煤，占我国当时能源消费总量的3.6%。

因此，加快对新能源的研究和利用，逐步用新能源取代化石燃料，建立多元化的能源消费结构是能源发展的必然趋势。

新能源是相对常规能源而言的，不同的时期、不同的国家有其不同的含义。在我国新能源主要是指太阳能、风能、海洋能、生物能、氢能、核聚变能、小水电等。下面就从各种新能源产生原理、应用技术及利用情况等方面做一简单介绍。

10.1　核能

10.1.1　核能概述

核能,又称原子能,是蕴藏在原子核内部的物质结构能,当原子核发生变化时会释放出来。第一个认识到原子里蕴藏有巨大能量的人,是伟大的物理学家爱因斯坦。爱因斯坦在 20 世纪初就指出:物质和能量,是同一事物的两种不同表现形式。从而使人们明白了物质和能量之间的关系,认识到物质和能量二者之间是可以相互转换的,相互转换的关系即为爱因斯坦提出的质能转换方程

$$E = mc^2 \tag{10.1}$$

式中,E 为能量;m 为质量;c 为光速。

在氦的原子核形成中会发生质量"亏损",根据上式,对 1 g 氦而言,它释放的能量达 6.78×10^8 kJ,即相当于 1.88×10^5 kW·h 的电能。

众所周知,原子核是由质子、中子以及核外电子构成的。质子带正电荷,中子不带电荷。质子之间存在着电磁排斥力,而核子之所以结合得十分紧密,是因为核子之间存在另一种力,它能克服质子间的电磁斥力而把核子凝聚在一起,这种力即为核力。核力是一种短矩力,只有当核子间距小于 3×10^{-18} m 时,核力才远大于电磁斥力。核力与电磁斥力之差,称为原子核的结合能。核子结合得越紧密,原子核的结合能就越大。某些重元素如铀 235、铀 233、钚 239 的原子核在中子作用下,会发生裂变而释放出结合能,这就是核裂变反应。而一些轻元素的原子核,如氘、氚,在一定条件下会结合在一起,生成原子量较大的核,同时释放出更大的能量,这就是核聚变反应。

1. 核裂变反应

核裂变又称核分裂,它是将平均结合能比较小的重核设法分裂成两个或多个平均结合能大的中等质量的原子核,同时释放出核能。重核裂变一般有自发裂变和感生裂变两种方式。自发裂变是重核本身不稳定造成的,因此半衰期都很长。如纯铀自发裂变的半衰期约为 45 亿年,因此利用自发裂变释放出的能量是不现实的。感生裂变是重核受到其他粒子(主要是中子)轰击时裂变成两个质量略有差别的较轻核,同时释放出能量和中子,新中子又轰击其他重核,从而成为维持反应的能量,形成连续的链式裂变反应。核感生裂变释放出的能量是人们可以加以利用的核能。

目前人们主要利用中子轰击铀 235 的原子核发生链式裂变反应,其反应方程式为

$$^{235}_{92}\text{U} +^{1}_{0}\text{n} \rightarrow ^{236}_{92}\text{U} \rightarrow ^{139}_{54}\text{Xe} +^{95}_{38}\text{Sr} + 2^{1}_{0}\text{n} \tag{10.2}$$

即铀 235 吸收一个中子形成铀 236。但它极不稳定,又立刻分裂为两个新原子氙 139 和锶 95,同时放出两个中子。锶 95 和氙 139 具有很强的放射性,它们逐渐衰变放出 β 粒子。锶 95 依次衰变为钇 95,锆 95,铌 95,最后成为稳定的钼 95;氙 139 又经碘 139 等最后衰变为镧 139 的稳定原子。即

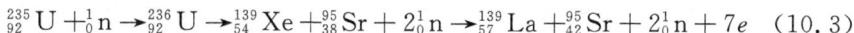

$$^{235}_{92}\text{U} +^{1}_{0}\text{n} \rightarrow ^{236}_{92}\text{U} \rightarrow ^{139}_{54}\text{Xe} +^{95}_{38}\text{Sr} + 2^{1}_{0}\text{n} \rightarrow ^{139}_{57}\text{La} +^{95}_{42}\text{Sr} + 2^{1}_{0}\text{n} + 7e \tag{10.3}$$

式中,7 个电子是 β 粒子衰变过程中的放射性产物。

2. 核聚变反应

核聚变又称热核反应,它是将平均结合能较小的轻核,例如氘和氚在一定条件下将它的聚合成一个较重的平均结合能较大的原子核,同时释放出巨大能量。由于原子核间有很强的静电排斥力,因此一般条件下发生核聚变的几率很小,只有在几千万度的超高温下,轻核才有足够的动能去克服静电斥力而发生持续的核聚变。由于超高温是核聚变发生所必须的外部条件,所以又称热核反应。

原子核间的静电斥力同其所带电荷的乘积成正比,所以原子序数越小,质子数越少,聚合的动能(即温度)就越低。目前,主要利用氘和氚实现聚变反应,其反应方程式为

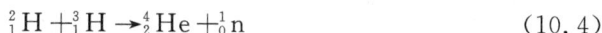

$$^{2}_{1}\text{H} +^{3}_{1}\text{H} \rightarrow ^{4}_{2}\text{He} +^{1}_{0}\text{n} \tag{10.4}$$

它所释放的能量是铀裂变反应的 5 倍,但如何有控制地释放这种能量,成为人类可利用的能源,目前还处于研究阶段。这方面工作一旦突破,可以说给人类带来了取之不尽的能源,而且这种能源对环境的污染也是极小的,其放射性水平只有核裂变反应的 1/30。

10.1.2　核能的利用

核能最早用于第二次世界大战。战后逐渐走向和平利用时代,主要表现在核能的动力利用(包括核发电)和核能的放射性应用这两个方面。

1. 核能的动力利用

实现大规模可控核裂变链式反应的装置称为核反应堆,简称反应堆,它是向人类提供核能的关键设备。世界上早期建成反应堆的国家有美国、加拿大、英国、苏联和法国。世界上第一个使用核燃料把核能用来发电的核动力反应堆是苏联在 1954 年 6 月 27 日建成的,该核电站的电功率为 5 000 kW。随后,英国和美国相继建成了各自的核电站。随着核科学技术的不断发展,核动力被广泛地用于各种舰船,并出现了许多种反应堆型,其中主要有轻水堆、石墨气冷堆和重水堆等。

核电站首次并网发电虽然只有 50 年的历史,但如今已经在为 32 个国家和地

区提供电力。根据国际原子能机构的数据,2000 年世界核电生产状况列于表 10.1。

表 10.1　　2000 年世界核电状况

国家	运行中的反应堆		在建的反应堆		2000 年供应电力	
	机组数目/台	容量/MW	机组数目/台	容量/MW	/10 亿 kW·h	比例 */%
美国	104	97 411			753.90	19.83
法国	59	63 073			395.00	76.40
日本	53	43 491	3	3 190	304.87	33.82
德国	19	21 122			159.60	30.57
俄罗斯	29	19 843	3	2 825	119.65	14.95
韩国	16	12 990	4	3 820	103.50	40.74
英国	35	12 968			78.30	21.94
乌克兰	13	11 207	4	3 800	72.40	47.28
加拿大	14	9 998			68.68	11.80
西班牙	9	7 512			59.30	27.63
中国	3	2 167	8	6 420	16.00	1.19
全世界总计	438	351 327	31	27 756	2 447.53	15

*:指占全年总供应电力的比例。

　　截至 2000 年底,全世界运行中的核反应堆共有 438 座,总装机容量为 3.51×10^8 kW,核能的消费占一次能源消费总量的 6%,核电占总发电量的 15%。美国拥有世界上最多的核发电站。法国的核电比例高达 76.40%,居世界首位。另外,核电比例超过 50% 的国家有立陶宛、比利时、斯洛伐克等。

　　中国的核电比例仅为 1.19%。截至 2003 年底,中国大陆正在运行的核电站有 8 座,总装机容量为 600 万 kW,它们分别是由我国自主设计建造的秦山核电站和从法国引进的大亚湾核电站、岭澳核电站。目前正在建设的核电站有:总装机容量为 1 850 万 kW。它们分别是:秦山四期核电站共两台机组、秦山三期核电站共两台机组、连云港核电站共四台机组、台州三门共六台机组、蒲田共四台机组、田湾核电站共两台机组。这些核电机组全部运行时,我国核电比例将达到约 3%。

　　需要注意的是,核能的动力利用必须在确保安全的条件下进行。

　　截至 1997 年 1 月 1 日世界铀资源的状况为:40 个国家和地区的铀资源可靠储量小于 80 美元/kg 的 2.34 Mt,80 ~ 130 美元/kg 的 0.72 Mt,合计 3.22 Mt 铀。铀资源比较丰富的国家有:澳大利亚、哈萨克斯坦、美国和加拿大等。

2. 核能的放射性利用

核能的放射性应用的形式可分成 3 种。

（1）作为新的科学研究工具（即示踪原子）应用于各种学科，其中包括物理学、化学、生物学、医学、地质学和考古学等。例如在考古学中，通过测定碳^{14}C 射性核子的含量，来确定发掘物的年代；利用天然放射性核子的衰变规律，以及它在某种特定的化石中的含量，来确定化石的年龄。在地质学中，利用地质矿层材料不同的放射性判断地质结构进而勘探矿藏。

（2）作为测量仪器应用于工农业生产、生活医疗等方面。放射性同位素所发射的射线和 X 射线很相似，可以用来作为辐射源去透视各种 X 射线不能透视的材料内部的特性和缺陷。例如，常用的^{60}Coγ射线探伤仪能穿透 30 cm 厚的钢板，射线测厚仪可以测量钢板等各种板材的厚度，射线液位计可以测量锅炉内的水位或其他容器内的液位高度，射线测速仪可以测量高速旋转的机器转速，放射性检漏仪可以检查输油管道的漏油处。另外，可利用放射性对食品、医疗用品进行消毒，进行农业的辐照育种，研究机体内的新陈代谢作用，诊断和治疗疑难病症等。

（3）作为核能源应用，如核电池。核电池的原理是：利用铀、镭等放射性元素的自然衰变释放的能量，通过半导体换能器将这些能量转变为电能。核电池能量大、寿命长、体积小、抗干扰性强、工作准确可靠，被广泛用作心脏起搏器、人造卫星、水下监听器和海底电缆中继站等的电源。

10.2　太阳能

10.2.1　概述

太阳能是各种可再生能源中最重要的基本能源。从本质上讲，地球上的风能、水能、生物质能、海洋温差能、波浪能和部分潮汐能都是来源于太阳能，因此从广义上讲，太阳能含以上各种可再生能源。这里所讲的太阳能是指太阳能的直接转化和利用。

太阳内部进行着剧烈的热核聚变，不断地向宇宙空间辐射出巨大的能量。太阳每秒钟向太空发射的能量约 3.75×10^{23} kJ，其中仅有 22 亿分之一投射到地球上，而投射到地球上的太阳辐射经大气层反射、吸收后，仅 70% 投射到地面上。即便如此，每年投射到地球表面上的太阳能仍高达 1.05×10^{18} kW·h，相当于 1.3×10^6 亿 t 标准煤。按照目前太阳质量的消耗速度，太阳内部的热核反应足以维持 6×10^{10} 年，相对于人类发展历史的有限年代而言，可以说是"取之不尽、用之不竭"的能源。但太阳能由于地球的公转、自转以及大气层等因素的影响而有两个主要缺点：一是能密度低,约为 $0 \sim 1 \ kW \cdot h/m^2$;二是其强度不能维持常量。这两大缺点严重限制了太阳能的有效利用。

我国属于太阳能资源丰富的国家之一,每年辐射总量为 $3.35 \times 10^{16} \sim 8.35 \times 10^{16} \ kJ/m^2$,全国总面积的 2/3 以上地区年日照时数大于 2 000 h,主要集中在我国的西北地区。

10.2.2 太阳能的利用

目前,太阳能的利用可分为两大类:一类是太阳能的热利用,即通过转换装置把太阳辐射能转换为热能直接利用或者将所获得的热能进行发电等;另一类是太阳能的光利用,即利用半导体器件的光伏效应原理通过光电转换装置进行转换,该技术又称为太阳能光伏技术。

1. 太阳能的热利用

(1)太阳能集热器 它是把太阳辐射能转换成热能的设备,是太阳能热利用中的关键设备。由于用途不同,集热器及其匹配的系统类型分为许多种,如用于炊事的太阳灶,用于产生热水的太阳能热水器,用于干燥物品的太阳能干燥器,用于熔炼金属的太阳能熔炉,以及太阳房、太阳能热电站、太阳能海水淡化装置等。

效率比较高的集热器由收集和吸收装置组成。由于太阳能比较分散,必须设法把它集中起来,所以集热器是利用太阳能装置的关键组成部分。太阳能集热器的种类很多,当前常用的主要有平板集热器、真空管集热器、聚光集热器和平面反射镜式集热器等类型。

(2)太阳能热水器 这是太阳能利用技术领域商业化程度最高、推广应用最普遍的技术之一,世界上很多国家都采用太阳能集热器来获得 85℃ 以下的热水。1998 年世界太阳能热水器的总保有量约为 5 400 万 m^2。我国自 20 世纪 70 年代后期开始开发家用太阳能热水器,经过 30 多年的推广应用,据不完全统计到 2001 年底,全国年生产能力 780 多万 m^2,总保有量 3 000 多万 m^2,居世界首位。我国太阳能热水器平均每平方米每年可节约 $100 \sim 150 \ kg$ 标准煤。尽管如此,我国户用比例仅 3%,与以色列户用比例 80% 和日本户用比例 20% 相比,还需大力推广。

(3)太阳能热发电 太阳能热发电是利用集热器将太阳辐射能转换成热能并通过热力循环过程进行发电。世界上现有的太阳能热发电系统大致有槽式线聚焦系统、塔式系统和碟式系统三类。世界上第一座太阳能热电站,是建在法国的奥德约太阳能热电站,其发电能力仅为 64 kW。截至 1994 年,美国在加利福尼亚州已建立商用太阳能热电站 11 座,总装机容量 $3.5 \times 10^{16} \ kW$,与常规发电并网运行。

(4)太阳房 它是通过建筑设计将高效隔热材料、透光材料、储能材料等有机地集成在一起,利用太阳能进行采暖、供热水、供冷暖等。太阳房可以节约 73% ~ 90% 的能耗,具有良好的环境效益和经济效益。根据太阳房的工作方式,可分为被动式太阳房和主动式太阳房两大类。被动式太阳房中热量以自然对流的形式传递,无需额外的动力;而在主动式太阳房中则由机械带动热循环系统。

我国太阳房开发利用自 80 年代初开始,截至 1997 年底,全国已建成 740 万 m^2 的太阳房。而目前应用最为广泛的是主要分布于我国北方地区用于蔬菜和花卉种植的太阳能温室,现已建成约 4.7×10^6 公顷(700 万亩),发挥着很好的经济作用。

(5)太阳灶　太阳灶是利用太阳能来烹调食物的装置。我国是太阳灶的最大生产国,主要在甘肃、青海、西藏等西北地区和农村应用。据不完全统计到 2001 年底,全国太阳灶总保有量达 30 多万台。其中主要为反射抛物面型,其开口面积在 $1.6 \sim 2.5$ m^2,每个太阳灶每年可节约 300 kg 标准煤。

(6)太阳能干燥　它利用太阳能集热器加热把物料中的水分蒸发排出,以达到所要求的干燥程度。这种方法既卫生又比自然干燥效率高,还可节约常规能源,因此广受人们的欢迎。目前我国已安装了 1 000 多套太阳能干燥系统,总面积约 2 万 m^2,主要用于谷物、木材、蔬菜、中草药等的干燥。

(7)太阳能海水淡化装置　太阳能海水淡化装置实质为顶棚式太阳能蒸馏器,它是在水泥浅池的基础上,加盖玻璃顶棚,顶棚有斜坡和双斜坡两种形式。其工作原理是利用温室效应,使太阳辐射转变为热能将浅池中的海水蒸发,水蒸气在顶棚遇冷冷凝得到淡水,同时可制得盐。这样得到的淡水实际为蒸馏水,已可用于工业和医药等,但作为饮用水,还需要必要的矿化。

(8)太阳能熔炉　太阳能熔炉是利用聚光系统将太阳辐射集中在一个小面积上来获得高温用以熔炼金属的设备。由于太阳炉无杂质,可获得 3 500℃ 左右的高温,并可迅速实现加热和冷却,因而在冶金和材料科学领域倍受重视。

(9)太阳能制冷空调　太阳能制冷空调是指利用太阳辐射热作为动力的制冷装置。太阳能制冷之所以前景诱人,是因为环境气温越高,越需要制冷时,也正是太阳辐射越强,制冷和造冰效率越高的时候。日本市场上在 20 世纪 80 年代已开始出售太阳能小型吸收式制冷机,我国"九五"期间,也将太阳能空调降温示范工程列入国家技术攻关项目。

2. 太阳能的光利用

到目前为止,直接利用太阳光转化为电能已发展成为两种类型:一种是光伏电池,一般俗称太阳电池;另一种是正在探索之中的光化学电池。太阳电池有单晶太阳电池、多晶太阳电池、硫化镉太阳电池、砷化镓太阳电池、铜铟锡太阳电池、聚光太阳电池等类型。目前技术最成熟、寿命最长、生产量最大、应用最广的是硅太阳电池。

利用光伏效应原理将太阳光转化为电能,有四大优点:一是安全,不产生废气;

二是简单易行,只要有日照的地方就可以使用;三是容易实现自动化;四是发电时无噪声污染。因此,利用太阳光发电是一种理想的清洁能源。

目前美国、日本、德国的光伏电池技术位居前列,它们生产了占世界总量 90% 的太阳电池。由于太阳电池性能优越,故在短短数十年中得到迅速发展。据统计,到 20 世纪 90 年代中期,世界上 100 kW 以上的太阳光伏发电站已有数十座,预计到本世纪中叶,太阳光伏发电将达世界总发电量的 15% ～ 20%,成为人类的基础能源之一。

我国太阳光伏发电技术的研究开发工作,经过近 20 年的努力已打下一定基础。先后开发了晶硅(单晶、多晶)高效电池;非晶硅薄膜电池、CdTe、CIS、多晶硅薄膜电池,技术水平不断提高,个别项目达到或接近国际水平。2000 年,全国太阳电池生产能力 8 000 kW,年产 6 500 kW 太阳电池。与此同时,我国还开展了光伏发电系统及其关键电气设备研制工作,建成千瓦级独立和并网光伏示范电站,先后在西藏研建了 25 ～ 100 kW 共 7 个光伏电站及多种光伏应用工程,为我国光伏电站的发展作出了开拓性工作。2000 年,全国光伏电站总计装机 30 000 kW 以上。

10.3　风能

10.3.1　风能概述

风是一种自然现象,它是由太阳辐射热引起的。太阳照射到地球表面,地球表面各处受热不同,产生温差,从而引起大气的对流形成风。

大风中包含着很大的能量,风速为 10 m/s 的 5 级风,压力约 100 kPa,风速 20 m/s 的 9 级风则高达 500 kPa。风中含有的能量比人类所能控制的能量要高得多,能源科学家作过许多估算,得出的结论是一个天文数字。世界气象专家根据太阳能的流入量,进行了气象各因素的平衡,认为世界上被利用的风能的总量至少有 1.3×10^{12} kW/a,其中可利用的风能约 2.0×10^{10} kW/a,可有效利用的风速范围是 3 ～ 20 m/s。

风能是可再生的清洁能源,若加以利用,有着巨大的经济效益和环境效益。自 20 世纪 70 年代世界能源危机后,风能特别是风力发电已成为世界上发展最快的可再生资源。因此,对风能的有效利用是现在乃至未来人类开发能源的重要部分。

我国幅员辽阔,陆疆总长达 2 万多千米,还有 18 000 多千米的海岸线,边缘海中有岛屿 5 000 多个,风能资源丰富。我国现有风电场场址的年平均风速均达 6 m/s 以上。主要分布在长江到南澳岛之间的东南沿海及其岛屿,包括山东、辽东半岛、黄海之滨,南澳岛以西的南海沿海、海南岛和南海诸岛。内陆风能资源丰富区主要分布在内蒙古从阴山山脉以北到大兴安岭以北、新疆达坂城、阿拉山口、河西走廊、松花江下游、张家口北部等地区以及分布各地的高山山口和山顶。我国 10 m 高度层底风能总储量为 3.36×10^9 kW,估计陆地实际可开发底风能储量为 2.53×10^8 kW,近海(水深大于 15 m)风力资源为陆地的 3 倍,即 7.59×10^8 kW。

10.3.2　风能的利用

人类利用风能的历史是很悠久的。根据我国出土的甲骨文,可以推知至少在 3 000 年前我国就开始利用风帆助动。10 世纪波斯有了风力转动的风磨,12 世纪欧洲也出现了用于抽水、碾磨谷物的风车,其功率已达 37 kW。此后,风车一直是主要的机械动力之一,直到 19 世纪中叶蒸汽机问世以后,风力机械的发展才逐渐慢下来。自 20 世纪 70 年代能源危机后,对风能的利用又发展起来,并应用现代科学技术开发风能。风能的主要利用方式是发电和制热。

1. 风能发电

风能发电是目前利用风能的主要形式。风能发电向两个方向发展,一方面着重于小容量风能发电装置的研制,这种机组多是为农村、牧区或分散的孤立用户设计的,其特点是工作风速范围大,可用于各种恶劣气候条件,能防砂、防水、维修简便、寿命长。这类机组研制已较成熟,不少型号已批量生产并进入商业市场。发展中国家对中小型风能发电机组的发展很重视,都在研究适合本国情况的风能机组。另一方面,发展与电网并网运行的大型风能发电机组,以缓解能源紧张局面。世界上的风力发电技术已趋成熟,并采用计算机控制系统,使风力发电更安全,具有较好的经济效益。

截至 2000 年底,全球共安装 49 238 台风力发电机组,总装机容量为 1.84×10^7 kW。表 10.2 为近年来世界风力发电的发展情况。风能发电前几位的国家有美国、荷兰、德国、丹麦等,中国列世界第十位。美国计划在 21 世纪末由风能机组提供年度发电量的 18%,现在发电机组已向大型化发展,单机功率已达 2 000 kW。

截至 2001 年底,我国共建成 27 座风电厂,总装机 813 台,总装机容量为 4.01×10^5 kW,风力发电装机容量占全国发电装机总量的 0.1%。到 2000 年底,我国还生产离网风电机组 19.8 万台,大部分销售在国内。

2. 风能制热

风能可以通过风力机械将其转换成热能,这在北半球寒冷地区尤为引人注目,因为北半球的寒冷季节也正是风力较强的季节。所以在日本、北欧和北美的一些国家和地区,对风能采暖研究较多。有几种型号的风炉,其效果较好,还有风力热水器,可供洗浴用。

表 10.2　全球风力发电的发展情况

年度	销售容量 /MW	年底总装机容量 /MW	增长速度 /%
1995	1 290	4 778	
1996	1 292	6 070	27
1997	1 566	7 636	26
1998	2 597	10 153	33
1999	3 922	13 932	37
2000	4 495	18 449	32
平均			31

目前,风力制热的方法主要有固体摩擦制热、搅拌液体制热、挤压液体制热和涡电流法制热四种方法,这四种风力制热方法,有的已进入实用阶段。风力制热主要用于浴室、住房、花房、家禽牲畜饲养房等孤散、小规模单位的供热采暖。一般风力制热的效率可达 40%,而风力提水和发电的效率只有 15% ~ 30%。

3. 风力利用的其他技术

除了风力发电、风能制热等较成熟的技术外,风力蓄水发电、人造龙卷风发电、风光互补系统等新技术的研究正逐渐成为人们关注的热点。

风力蓄水发电是利用风力提水机或风力发电带动水泵抽水,从而实现蓄水发电的目的。在风力资源较好的地方,使风机不停运转,将水电站的下游水打回水库,可以增加水电站的发电量,特别是对一些水源不足或枯水期较长的水电站,利用风力蓄水最为合适。如美国亚利桑那州的凤凰风力大王公司就有一种低速风力机,可在 2.2 m/s 的风速下,把水提高 90 m,这意味着在许多地方都可使用风力提水。利用风力蓄水,实际上就是蓄能的过程,在一定程度上不亚于蓄电池蓄电,特别是大量蓄能。利用风力蓄水不仅经济可行,同时可提高已有水电站的设备利用率,本身也起到节约的作用,这是值得重视的风力利用技术。

人造龙卷风发电的原理是:在海洋和沙漠上空,由于太阳的照射,热气流上升,冷空气下沿,形成上下流动的风。根据这种原理设计一种巨大的筒状物使其飘浮在海洋或沙漠上空,然后用人工方式引导气流在筒内上下升降,从而驱动涡轮机进行风力发电。以色列的风能塔就是利用该原理进行人造龙卷风发电研究的。这种方法进一步开发可以让龙卷风、台风等为人类造福。

风光互补系统是风力发电与太阳能电池发电组成的联合供电系统。这是一种环保型供电系统,全系统都使用可再生的新能源,不用带污染的发电机组,同时也节约了大量燃料。风光互补系统的优点在于,对于单纯的风能或太阳能,其共同的弱点是能量密度低、稳定性差、常受天然气候影响、不连续,并且风能有季节性强弱变化,太阳能有日夜间变化的缺点。但若将二者联合起来就可以起到互补的作用。因为一般规律是,白天光照强,夜间风多,夏季日照好,风力较弱,冬春季节光照偏弱,风力较强。如我国北方地区即是如此。

10.4　海洋能

10.4.1　海洋能概述

浩瀚的海洋约占地球表面积的 71%,北半球海洋约占 61%,南半球海洋约占 81%,可以说地球是个名副其实的大水球。海洋孕育了地球的个性,它不仅调控着气候,保持着气温的稳定,滋润着大气,为河流、湖泊补充水分,而且为我们提供航运、水产和矿物资源,同时还蕴藏着极其丰富的能量资源。

海洋能通常是指海洋中所蕴藏的可再生的自然资源,主要分为潮汐能、波浪能、海流能(潮流能)、海洋温差能和海水盐差能。究其成因,除潮汐能和海浪能是源于太阳和月球的引力变化外,其他均源于太阳辐射。海洋能按其储存形式又可分为机械能、热能和化学能,其中潮汐能、海流能和波浪能为机械能,海洋温差能为热能,海水盐差能为化学能。从可再生能源的观点出发,海洋能仅以海水为基础,包括海水的动能、位能、热能和物理化学变化过程中所产生的能量,而其他蕴藏在海底和储存于海水中的能源资源,如海底石油、天然气、热泉、铀、锂、重水和氢的同位素等,均不作为海洋能,它们属于燃料能源和地热能等。

尽管亿万年来人类在地球上生息繁衍,但是绝大多数人类使用的能源来自陆地,只是近代才开始进行海洋石油开发,真正的海洋能源基本上没有动用。据 1981 年联合国教科文组织公布的资料,全世界海洋能的理论可再生总量为 7.66×10^{10} kW,现有技术上可以开发的海洋能资源至少有 6.4×10^9 kW,因此海洋能的开发和利用具有十分广阔的前景。

我国大陆海岸线长达 18 000 多千米,有大小岛屿 6 960 个,海洋面积达 4.7×10^6 km²,海洋资源非常丰富。据估算,可开发的海洋能总量为 4.6×10^8 kW,其中潮汐能为 10^8 kW,海洋温差能为 1.5×10^8 kW,海水盐差能为 1.1×10^8 kW,波浪能及海洋能约 10^8 kW。

10.4.2　各种海洋能及其利用

1. 潮汐能

潮汐是月球和太阳对地球的引力以及地球自转所引起的海水涨落现象。特别是月球绕地球的运行,使海水发生有规律的变化,涨潮时海水水面逐渐开高,把动能转化为势能;落潮时海水水位下降,势能又转化为动能。海水这种涨落过程中所包含的动能和势能统称为潮汐能。据初步估计,世界上共有潮汐能 10^9 kW 以上,是目前全球发电能力的 1.6 倍,主要集中在较浅较窄的海面上,例如英吉利海峡为 8×10^7 kW,我国钱塘江口有 7×10^6 kW 以上。

潮汐发电与一般水力发电原理基本相同,即通过贮水库,在涨潮时将海水贮存在贮水库内,以势能的形式保存,然后在落潮时放出海水,利用高低潮位之间的落差,推动水轮机旋转,带动发电机发电。潮汐电站的功率和落差及水的流量成正比。但由于潮汐电站在发电时贮水库的水位和海洋的水位都是变化的,潮汐电站是在变工况下工作的,水轮发电机组和电站系统的设计要考虑变工况、低水头、大流量以及海水腐蚀等因素。所以,一般来讲潮汐电站远比常规的水电站复杂,效率也低于常规水电站。但潮汐电站没有淹没损失和移民问题,相反还会带来一些海涂围垦和水库养殖的好处,有的还能改善海湾两岸的交通条件,综合效益较好。目前潮汐电站按运行方式和对设备要求的不同,可分为单库单向型、单库双向型、双库单向型三种。

从 20 世纪 50 年代起,人类将潮汐能用于发电。1966 年法国在郎斯河口建成了世界上第一台功率为 10 000 kW 的潮汐发电机组。投入运行后,于 1967 年完成 240 000 kW 的郎斯潮汐电站,这是迄今世界上最大的潮汐电站,年发电量为 5.6×10^8 kW·h。1981 年加拿大在芬地湾的安那波利斯潮汐电站安装了一台 20 000 kW 的潮汐发电机组,成为世界上单机功率最大的潮汐发电设备。全世界潮汐电站的总装机容量为 2.65×10^8 kW。

根据联合国调查的资料,世界上宜建大型潮汐电站的地点有 20 多处,其中多数已在进行建立电站的初步规划设计。比较著名的是世界上三个潮差最大的海湾,加拿大的蒙克顿港,最大潮差 17 m,美国的布里斯托尔湾,最大潮差 15 m,俄罗斯的鄂霍茨克海品仁湾,最大潮差 13.5 m。预计到 2020 年全世界潮汐发电量将达到 $10^{11} \sim 3 \times 10^{11}$ kW·h。

我国利用潮汐能发电已有 40 多年的历史,共建有 8 座潮汐电站,总装机容量为 5.64×10^3 kW。1961 年在浙江温岭县建成第一座 40 kW 的沙山潮汐电站,1980 年和 1989 年分别在浙江江厦和福建幸福洋建有 3 200 kW 和 1 280 kW 的潮汐电站。

根据我国潮汐能资源调查统计,可开发装机容量大于 200 kW 的坝址有 424 处,总装机容量为 2.18×10^7 kW,年发电量约 6.24×10^{10} kW·h,。这些资源在沿海分布是不均匀的,以福建和浙江为最多,坝址分别为 88 处和 73 处,装机容量分别是 1.03×10^6 kW 和 8.93×10^6 kW,两省合计装机容量占全国总量的 88.3%。其次是长江口北支(属上海和江苏)、辽宁和广东装机容量分别为 7.04×10^5 kW、5.94×10^5 kW 和 5.73×10^5 kW。

总之,我国的海洋发电技术已有较好的基础和丰富的经验,小型潮汐发电技术基本成熟,已具备开发中型潮汐电站的技术条件。但是现有潮汐电站整体规模和单位容量还很小,单位千瓦造价高于常规水电站,水中建筑物的施工还比较落后,水轮发电机组尚未定型标准化,超过万千瓦级潮汐电站的技术还亟待进一步解决。

2. 波浪能

据统计,在海洋里每 8 s 就产生一个 1.5 m 高的波浪。波浪具有很大的能量,据估算每平方公里的海面上,波浪的功率可达 $(1 \sim 2) \times 10^5$ kW。全世界的波浪能约为 3×10^9 kW,其中可利用的大约占三分之一。不同地域的波浪并不一样,南半球的波浪比北半球大,如夏威夷以南、澳大利亚、南美和南非海域的波浪能较大。北半球主要分布在太平洋和大西洋北部北纬 $30° \sim 50°$。

早在 19 世纪初,波浪所具有的巨大能量就引起人们的浓厚兴趣,但因为当时技术水平有限,直到 20 世纪 50 年代才开始实际应用。现在全世界已研制成功几百种不同的波浪发电装置,主要可归纳为四类:一是浮力式,利用海面浮体受波浪上下颠簸引起的运动,通过机械传动带动发电机发电;二是空气气轮机方式,利用波浪上下运动,产生空气流,以推动空气气轮机发电;三是波浪整流方式,该装置由高、低水位区及不可逆阀门组成,当该装置处于浪峰时,海水由阀门进入高水位区;当它处于波谷时,高水位区的水流向低水位区,再流回海里,这种装置就是利用两水位之间的水流推动水轮发电机工作;四是液压方式,即利用波浪发电装置的上下摆动或转动,带动液压马达,产生高压水流,推动涡轮发电机。

目前英国、挪威和日本在波浪能发电方面走在世界前列。英国于 1990 年和 1994 年分别在苏格兰伊斯莱岛和奥斯普雷建成了 75 kW 和 2 000 kW 振荡水柱式和固定式岸基波力电站。世界上第一台商用波浪发电机已于 1995 年 8 月在英国克莱德河口海湾开始发电,装机容量 2 000 kW。挪威于 1985—1986 年,利用多谐振荡水柱技术和减速槽道技术在托夫特斯塔琳建造了两座各为 500 kW 和 350 kW 容量的波力电站,在 20 世纪 90 年代初又建造了一座容量为 1 万 kW 的波力电站,均已达到商业应用程度。日本从 20 世纪 80 年代中期至今已建成 4 座岸基固定式和防波堤式波力电站,单机容量为 $40 \sim 125$ kW,其中最有名的是 20 世纪 80 年代初建造的"海明"号波力发电船,安装 10 台单机功率为 125 kW 的发电机,总装机容量达 1 250 kW,特别适合于"离岛的自给电源",1988 年完成容量为 2 000 kW 的波力发电装置投入使用。此外,从 1988 年开始日本在酒井港建造一座 20 万 kW 的波力发电装置,用海底电缆向陆地供电。

我国沿海波浪能资源理论平均功率为 1.29×10^7 kW,这些资源在沿岸的分布很不均匀。以台湾沿岸为最多,为 4.29×10^6 kW,占全国总量的三分之一。其次是浙江、广东、福建和山东沿岸,在 $(1.60 \sim 2.05) \times 10^6$ kW 之间。全国沿岸波浪能能源密度(波浪在单位时间通过单位波峰的能量,单位为 kW/m^2)分布,以浙江中部、台湾、福建海坛岛以北、渤海海峡为最高,达 $5.11 \sim 7.73$ kW/m^2。这些海区平均波高大于 1 m,周期多大于 5 s,是我国沿岸波浪能能源密度较高,资源蕴藏量最丰富的海域。其次是西沙、浙江的北部和南部。福建南部和山东半岛南岸等区域能源密度也较高,资源也较丰富。

我国波浪能发电技术研究始于 20 世纪 70 年代末,80 年代以来获得较快发展,目前技术成熟的是航标灯用波浪发电装置,已趋于商品化,现已在沿海海域航标和大型灯船上推广应用。1990 年 12 月,中国第一座具有实际使用价值的波浪能发电站在珠江口大万山岛上发电试验成功,当时第一台装机容量为 3 kW。随后,90 年代初期分别试建成功总装机容量 20 kW 的岸式波力试验电站和 8 kW 摆式波力试验电站,90 年代后期分别在广东汕头市遮浪和山东青岛即墨大官岛试建成功 100 kW 岸式振荡水柱电站和 30 kW 摆动式波力电站。

总的来说,我国波浪能发电虽起步较晚,但发展很快。微型波力发电技术已经成熟,小型岸式波力发电技术已进入世界先进行列。但我国波浪能开发规模尚小,有待进一步发展。

3. 海洋温差能

太阳辐射到地球表面的热量,很大一部分被海洋吸收并储存。海洋对热能的储存量很大,这与海水的性质有关。海水的热容量为 3 996 kJ/($m^3 \cdot$ K),而陆地地层表面的热容量大体可视为 2 090 kJ/($m^3 \cdot$ K)。海洋面积占地球表面积高达 71%,而所能容纳的热量又如此之多,以致于在地球上海洋成为太阳辐射能的巨大储存库。

海洋表面的温度与投射到海面上的太阳能有关,赤道附近海洋表面温度较高,温度因纬度而变。在海水深度上,进入海水的辐射能的 80% 被上面 1 m 厚的海水所吸收,只有 1% 的能量可深入到 10 m 深的深度。但由于热传导、海水内部的涡动对流和海流等作用,海洋表面的热量将会向下方传递,因此实际上海水的温度是逐渐下降的。同时地球两极的冰川总是不断地时而融化,又时而冻结。融化的冰水很冷,比重较大,总是从两极慢慢地流向海洋的深处,其结果使得海水表层的温度达 $25 \sim 28$℃,而 $500 \sim 1\,000$ m 深处的海水为 $4 \sim 7$℃,温差可达 $15 \sim 25$℃,若以利用海水温差来发电计算它的蕴藏能量约为 5×10^{10} kW。

海洋温差热能转换主要用于温差发电。海洋温差发电主要采用开式和闭式两种循环系统。在开式循环中,表层温海水在闪蒸蒸发器中由于闪蒸而产生蒸汽,蒸汽进入汽轮机做功后流入凝汽器,由来自海洋深层的冷海水将其冷却。在闭式循环中,来自海洋表层的温海水先在热交换器内将热量传给丙烷、氨等低沸点工质,使之蒸发,产生的蒸气推动汽轮机做功后再由冷海水冷却。

早在 1881 年,法国生物物理学家雅克·德·阿松瓦尔就首选提出利用海洋温差发电的宏伟设想。1926 年 11 月,法国科学院根据他的这一设想,首先建立了一个实验用的温差发电站,由此证实了阿松瓦尔的设想是切实可行的。1929 年,阿松瓦尔的学生乔治·克劳德在古巴的马坦萨湾建造了世界上第一个海洋热能转换装置,从而实现了温差发电的目的。1979 年,美国能源部重视海洋热能转换技术,不惜重金支持夏威夷自然能源实验室进行海洋热能转换试验,在一艘重 268 t 的海军驳船上安装试验台,采用液氨为工质,以闭式朗肯循环方式发电,设计功率为 50 kW,实际发电功率为 53.6 kW,净输出为 18.5 kW。此后,日本、美国、法国、瑞典、荷兰等国也在此领域进行试验工作。特别是日本在海洋热能方面取得了举世瞩目的成就。1981 年,在太平洋瑙鲁岛建成一座装机容量为 54 kW 的海洋热能发电试验室;1990 年,在鹿儿岛建成一座装机容量为 1 000 kW 的海洋热能发电站,是当今世界上最大的海洋热能发电站。

除了发电之外,海洋温差能利用装置还可以同时获得淡水、深层海水,进行空气调节并可以与深海采矿系统中的扬矿装置相结合。因此,海洋温差能装置可以建立海上独立生存空间并作为海上发电厂、海水淡化厂或海洋采矿、海上城市或海洋牧场的支持系统。总之,海洋温差能的开发应以综合应用为主。

我国海洋温差能资源蕴藏量大,主要分布在南海和台湾以东海域。我国南海海域辽阔,水深大于 800 m 的海域约 110～150 万 km²,位于北回归线以南,太阳辐射强烈,是典型的热带海洋,表层水温均在 25℃ 以上。500～800 m 以下的深层水温在 5℃ 以下,表层与深层水温差在 20～24℃。据初步估算,南海温差能资源理论蕴藏量约为 $(1.19～1.33)×10^{19}$ kJ,技术上可开发利用的能量(热效率取 7%)约为 $(8.33～9.31)×10^{17}$ kJ,实际可供利用的资源潜力(工作时间取 50%,利用资源 10%)装机容量达 $(1.32～1.48)×10^9$ kW。我国台湾岛以东海域表层水温全年在 24～28℃,500～800 m 以下的深层水温在 5℃ 以下,全年水温差 20～24℃。据台湾电力专家估计,该区域温差能资源蕴藏量约 $2.16×10^{14}$ kJ。同时,这两个海域具有日照强烈,温差大且稳,全年可开发利用,冷水层离岸距离小,近岸海底地形陡峭等优点,开发利用条件良好,可作为我国温差能资源的先期开发区。

我国海洋温差能技术研发较晚。1983 年,台湾电力公司选台湾花莲县的平溪口、石梯坪及台东县樟原三地做海洋温差发电厂厂址,并与美国进行联合研究。1985 年中国科学院广州能源研究所开始对温差利用中的一种“露滴提升循环”方法进行研究。这种方法的原理是利用表层和深层海水之间的温差所产生的焓降来提高海水的位能。据计算,温度从 20℃ 降到 7℃ 时,海水所释放的热能可将海水提升到 125 m 的高度,然后再利用水轮机发电。该方法可以大大减小系统的尺寸,并提高温差能量密度。1989 年,该所在实验室实现了将雾滴提升到 21 m 的高度。同时,该所还对开式循环发电进行实验研究,建造了两座容量分别为 10 W 和 60 W 的试验台。虽然我国对温差能的利用已有初步成果,但距离实现温差能开发利用的规模化和产业化还有相当的距离,有待于进一步的发展。

4. 海流能

太阳能的辐射是地球表面热量的源泉,地球表面因纬度、海陆分布和地形的不同,所接受的太阳辐射也不同,这样除导致空气流动(风)以外,还能造成海水的运动,即海流。海流也叫洋流,它是海洋中的河流,具有一定的长度、宽度、深度和流速。它们宽度一般在几十到几百海里之间,而长度则可达几千海里,海流的流速通常为 $1 \sim 2$ n mile/h,有时可达 $4 \sim 5$ n mile/h,其流速往往随着海洋表面的增加而很快减小。促使海水大规模流动的原因,主要是风力的吹袭和密度的不同。由定向风持续吹袭海面所引起的海流称为风海流,由于密度不同而引起的海流称为密度流。密度的变化同海水吸收的太阳能有密切关系,无论是风海流还是密度流,其能量的来源归根到底都来自太阳的辐射能。一般来说,密度流涉及的深度较深,流经的范围较广,可以达到几百海里到几千海里。深海的海流一般称为潜流。世界上比较著名的海流有:大西洋的墨西哥湾暖流,北大西洋的海流,太平洋的黑潮暖流,赤道潜流等,这些海流的流量和能量都很大,据估算,世界上的海流能量为 6×10^8 kW。

一般来说,最大流速在 2 m/s 以上的水道,其海流能均有实际开发的价值。海流能的利用方式主要是发电,其原理和风力发电相似。可以说,几乎每一个风力发电装置都可以改造成为海流发电装置。但由于海水的密度约为空气的 1 000 倍,且水轮机等设备都置于水下,故海流发电存在一系列的关键性技术问题,包括安装维护、电力输送、防腐以及海洋环境中的载荷与安全性能等。目前的海流发电站是浮在海面上的,用钢索和锚加以固定,看上去很像花环,故称之为花环式海流发电站。还有一种被称作降落伞式海流发电方案,是由美国人设计的。我国也曾在舟山群岛做过"水下风车"试验。

作为能源讲,海流比陆地上的水力更为可靠,海流发电不受内陆河流常有的洪水和枯水等水文因素的影响,比较稳定。但海流发电要求技术水平较高,目前海流电应用有限,主要用于海岸灯和航标导航上。

我国海域辽阔,既有风海流也有密度流;既有岸流也有深海海流。它们的流向比较稳定,流速多在 0.5 n mile/h 左右,流量变化不大。总体而言,我国海流能资源丰富,可开发利用前景好。根据对我国 130 个水道的统计计算,我国沿岸海流资源理论平均功率为 1.39×10^8 kW。这些资源在全国沿岸的分布,以浙江为最多,有 37

个水道,理论平均功率为 7.09×10^7 kW,占全国二分之一强。其次是台湾、福建、辽宁等省份的沿海,约占全国的 42%,其他省份则很少。

我国对海流能的研发工作起步也较晚。20 世纪 70 年代末,舟山的何世钧先生建造了一个海流能发电试验装置并得到了 6.3 kW 的电力输出。80 年代初,哈尔滨工程大学开始研究一种直叶片的新型海流透平,获得较高功率并于 1984 年完成 60 W 模型的实验室研究,之后开发出千瓦级装置并在河流中进行试验。90 年代以来,我国开始计划建造海流能示范电站,在"八五""九五"科技攻关中均对海流能进行连续支持。目前,哈尔滨工程大学正在研建 75 kW 的海流电站。意大利与我国合作在舟山地区开展了联合海流能资源调查,计划开发 140 kW 的示范电站。

5. 盐差能

盐差能是指海水和淡水之间或两种含盐浓度不同的海水之间的化学电位差能。主要存在于河海交接处。同时,淡水丰富地区的盐湖和盐矿也可以利用盐差能。盐差能是海洋能中能量密度最大的一种可再生能源。通常,海水(35% 盐度)和河水之间的化学电位差就相当于 240 m 水头差的能量密度。据估计,世界海洋盐差能约有 3×10^{10} kW,可开发量即便只有十分之一,也有 30 亿 kW。

盐差能也主要用于发电。其基本方式是将不同盐浓度的海水之间的化学电位差能转换成水的势能,再利用水轮机发电。具体主要有渗透压式、蒸汽压式和机械化学式等,其中渗透式方案最受重视。其原理是:将一层半透膜放在不同盐度的两种海水之间,通过这个膜会产生一个压力梯度,迫使水从盐度低的一侧通过膜向盐度高的一侧渗透,从而稀释高盐度的水,直到膜两侧水的盐度相等为止。此压力称为渗透压,它与海水的盐浓度和温度有关,据测定,常温下当海水含盐浓度为3.5%时,渗透压就相当于 25 个标准大气压,浓度越大,渗透压力也越大。目前提出的渗透压式盐差能转换方法主要有水压塔渗压系统和强力渗压系统两种。

我国海域辽阔,海岸线漫长,入海的江河众多,入海的经流量巨大,因此在沿岸各江河入海口附近蕴藏着丰富的盐差能资源。据统计,我国沿岸全部江河多年平均入海经流量约为 $(1.7 \sim 1.8) \times 10^{12}$ m^3,各主要江河的年入海经流量约为 $(1.5 \sim 1.6) \times 10^{12}$ m^3。据计算,我国沿岸盐差能资源蕴藏量约为 3.9×10^{15} kJ,理论功率约为 1.25×10^8 kW。我国盐差能资源主要分布在长江口及其以南的大江河口的沿岸,特别是上海和广东附近的资源量较多。盐差能随季节和年际的变化明显,也受河流冰封期的影响,对开发利用不利。我国对盐差能资源的研发目前尚处于初级阶段。西安建筑科技大学于 1985 年对水压塔系统进行了试验阶段,上水箱高出渗透器约 10 m,用 30 kg 干盐可以工作 $8 \sim 14$ h,发电功率为 $0.9 \sim 1.2$ W。

综上所述,我国海域广阔,海洋能资源十分丰富,对海洋能的开发具有很好的前景。对于我国海洋能的利用,近期的重点是发展 10 兆瓦级潮汐电站,百千瓦级波浪能、海流能机组及设备的产业化,加强对温差能的综合利用的技术研究。中、长期可以考虑的是 10 兆瓦级温差能综合海上生存空间系统,中大型海洋生物牧场。海洋能的利用是和能源、国防和国土开发都紧密相关的领域,并且也是中国走可持续发展之路的首选,因此必须用全局和发展的眼光来认真考虑这一问题。

10.5　地热能

10.5.1　地热能概述

传说中的地球,在它开始形成的时候曾经是个炽热的行星,在而后漫长的地质年代里,地球表面逐渐冷却,但内部仍保存了大量的热量能。同时,地球内部的放射性元素在不断地衰变中不停地释放能量,这些能量综合起来便是目前倍受瞩目的新能源 —— 地热能。

从地球内部的温度分布来看,地壳最上部 15 m 左右称为变温带。自变温带而下,受日照的影响越来越小,当达到一定深度后,日照变化已经不产生影响,地层温度常年不变,这是由于土壤和岩石的物理性质以及水文地质条件的差异造成的,称为常温带。从常温带再往下,越向深处,地温越高,这一区域其温度完全受地球内部的热量所控制,故称之为增温带。各个地方的增温带增温情况极不相同,增温带内地温随深度增加的比率称为地热增温率。大量统计测算表明地球表面 15 km 以内,地热增温率约为 33℃/km;在 15～25 km,地热增温率降为 15℃/km;25 km 以下,地热增温率仅为 8℃/km;再深入到一定程度后,地温基本不变。表面上看这些增温率的数值不大,但若是考虑到地球的表面积和半径,就会发现地热能是一个十分可观的能量来源。

目前人们尚无法了解地球深处这个高温高压的神秘世界,有人估计地核温度为 4 500℃,也有人估计为 6 900℃。众所周知,火山爆发时,地球内部几十千米深处的岩浆喷射到地面时,仍然有 1 000℃ 以上的高温,可见,在地球内部蕴藏着极其丰富的能量。科学家估计,仅地壳最外层 10 km 的范围内,就拥有 2.55×10^{24} kJ 热量,相当于全世界煤储量的 2 000 多倍,而仅估算地下热水和地热蒸汽所储存的热能总量就相当于地球上煤总储量的 1.7×10^8 倍。因此,地热能具有储量大、分布广、很清洁、无污染、成本低、不间断、利用范围大的特点,是一种很有前途的待开发能源。

地热能是如此之丰富,然而在当前的技术、经济条件下,人们可利用的仅是聚集在距地表 5 km 的范围内的那部分热能。因此,目前所讲的地热资源是指在当前技术经济和地质环境条件下地壳内能够科学、合理地开发出来的岩石的热能和地热流体中的热能其中的有用部分。地质工作者通过大量的勘探工作,把具有开发价值的地热区域定名为"地热田"。按地热资源在地热田中的储存状态,可将地热田分为水热型、地压型、干热型和岩浆型四种类型。

水热型地热资源又分为蒸汽型和热水型两种,即埋藏于地层浅表的蒸汽或热水源。人们所熟知的温泉便是水热型地热资源的一种。蒸汽地热田易于开发,但储量很小,只占地热资源的 0.5%;而地热水资源的储量较大,占地热资源的 10% 左右,温度从室温到 360℃ 不等。

地压地热资源是由于其所在地热田中的水压大于补给水区的静压力,而与其上覆盖地层岩石的静压力相等而取名。这种地热资源处于沉积岩深处,有的深埋达 4～6 km,并且由于深层大地热的加热,水温可达 150～250℃。另外这种地热水往往还溶解有甲烷,因此它具有高压流体的势能、地热水的热能和甲烷的化学能。

干热岩型地热资源是地层深处具有 150～650℃ 温度热岩层所蕴藏的地热资源。这里由于渗透性差,不存在流体,所以叫作干热岩。为了开发这种地下热能,必须钻井,并人工注水,使干热岩将水加热后再回收吸热水加以利用。

岩浆型地热资源是 650～1 200℃ 的处于塑性状态或完全熔化的熔岩所含有的地热资源,其埋藏部位最深,据估计约占已探明的地热资源的 40%。

截至目前,地热资源的利用主要是热水资源的开发。不过近年来,美国等国家正在着手进行干热岩的试验性开发研究。而地压和熔岩型地热资源的开发利用尚处于设想阶段。

10.5.2　地热能的利用

地热资源利用的主要形式是地热发电。1904 年意大利在拉德罗建立了第一座天然蒸汽试验电站,1913 年正式运行,装机容量为 250 kW。在此之后,许多国家也相继投资开发地热资源,各种不同类型的地热电站相继建立。20 世纪 70 年代能源危机以后,地热能的开发利用突飞猛进。据不完全统计,至 70 年代末,国外建成投入运行的地热电站装机容量约为 190 万 kW,到 1995 年达 900 万 kW,年发电量共约 4.00×10^{10} kW·h。表 10.3 为世界地热发电的主要情况。

从表中可以看出,地热发电装机容量已大大超过了目前最有前途的能源 —— 风能和太阳能的发电量。根据国外的经济分析,按目前的技术水平和价格,地热发电的价格只高于水力发电的价格。而目前地热能的应用在世界整个能源消耗中所占比例仍非常小,因此地热发电的前景是十分广阔的。

表 10.3　世界地热发电装机容量　　　　　　　单位:MW

国家	1990	1995	1998
美国	2 775	2 817	2 850
菲律宾	891	1 191	1 848
意大利	545	632	769
墨西哥	700	753	743
印尼	145	310	590
日本	215	414	530
新西兰	283	286	345
冰岛	45	50	140
哥斯达黎加	0	55	120
萨尔瓦多	95	105	105
中国	19	29	32
世界总计	5 867	6 798	8 239

　　我国地热发电事业仍处于起步阶段,1970年在广东平顺县邓屋建成我国第一座地热电站,1971年在河北怀来建立了200 kW的地热电站,在江西宜春利用67℃的地热水建立了50 kW电站,在辽宁熊岳利用75～84℃的地热水建立了100 kW电站。这些电站形式各异,有的采用低沸点工质循环系统,有的采用减压扩容系统,以便于相互比较分析。目前装机容量最大的为西藏羊八井地热电站,装机容量2.52×10^4 kW,截至到2000年3月已累计发电13亿 kW·h,发电量占拉萨电网的40%～60%。

　　除了地热发电,地热能还可以直接应用为地热供暖、地热养殖、地热疗养等。我国每年地热直接利用提供的能量达 3.8×10^{13} kJ。

　　冬天利用地热水来供暖是非常适宜的。因为地热水的温度比较稳定,建筑物供暖的温度易于控制,并且由于不消耗燃料,故无烟尘污染。目前冰岛、法国、日本等国已相继使用地热水供暖,取得了很好的经济效益和社会效益。尤为著名的是冰岛,那里靠近北极圈,气候十分寒冷,但那里也拥有丰富的地热资源,仅温泉和热水泉就有1 000多个。全国有一半以上人口利用地热取暖。近年来,我国华北地区开始利用地热水供暖,尤其是北京、天津地区,供暖面积逐渐扩大。截至到2000年,全国利用地热水供热(采暖和供热水)采暖面积1 000万 m^2,仅天津市就多达860万 m^2。

　　低温热水在农业、畜牧业、水产等方面有广阔的应用前景。它可以与太阳能结合,建立各种温室,农业育种、农产品干燥、禽类孵化、牧畜过冬和水产养殖等。这种温室易于模拟自然气候,还可进行各种科学实验,如无土栽培、良种繁育和与遗传工程有关的多种实验,可缩短在天然环境条件下工作的时间。由于地热养殖所用地热水温度较低,故可和地热发电厂、地热供暖配合起来使用,提高地热资源的利用率。据 1990年统计,我国地热水和农业温室中利用的总面积已超过 150 公顷(2 250 亩),遍布全国 18 个省、市、地区。

古今中外,利用温泉医疗已是尽人皆知。我国东汉著名天文学家张衡在《温泉赋》中就明确提到温泉中含有矿物质,能健身防老,延年益寿。1742 年,德国医师霍夫曼首先确定了某些温泉所含有的化学成分,奠定了温泉疗养的基础。20 世纪以来,许多国家相继建立了温泉疗养院和疗养所,温泉疗养已成为医学的一个重要组成部分。我国利用温泉疗养的历史已有几千年的历史。据史籍记载,东周时代(公元前 770 ~ 前 256 年),我们的祖先就开始用地下热水洗浴治病。到了唐代,西安临潼的华清池更是因为"春寒赐浴华清池,温泉水滑洗凝脂"的杨贵妃而天下闻名。时至今日,华清池依然热泉喷涌。目前,我国已知的热水点 3 430 个(包括温泉、钻孔和矿流热水),这些热水点不仅可以建设现代化温泉疗养院(所),更可与山水风光和历史文化古迹构成旅游资源,极大地促进当地的经济发展。

地热资源的形成与地球岩石圈板块发生、发展、演化及其相伴的地壳热状态、热历史有着密切的内在联系,特别是与更新世以来构造应力场、热动力场有着直接的联系。从全球地质构造观点来看,大于 150℃ 的高温地热资源带主要出现在地壳表层各大板块的边缘,如板块的碰撞带、板块开裂部位和现代裂谷带。小于 150℃的中、低温地热资源则分布于板块内部的活动断裂带、断陷谷和凹陷盆地地区。

全球主要地热资源的分布区有环太平洋地热带、地中海喜玛拉雅山地热带、大西洋中脊地热带、红海亚丁湾东非裂谷地热带。另外在欧亚大陆的中心也有一些分散的地区。

中国地跨环太平洋和地中海喜马拉雅两大地热带,地热资源比较丰富,低温热水型、低压地压型、高温干热岩型和岩浆型等各种地热资源都有。已天然出露和钻探发现的地热点达 5 000 多处,地热资源总量约 320 万 MW,占全球资源总量的7.9%。西藏羊八井地热田是世界上著名的地热田。全国目前已打成地热井 2 000 多眼,其中具有高温地热发电潜力有 255 处,预计可获发电装机容量 5.80×10^6 kW,现已利用的仅近 3×10^4 kW。我国境内的大地热流密度多为 $40 \sim 60$ mW/m²(占 60%)和$60 \sim 70$ mW/m²(占 17%),高于 70 mW/m² 的只占 10% 左右,其余的都低于40 mW/m²。台湾北部个别地方的大地热流密度则高达 250 mW/m²。但目前我国开发地热资源水平还很低,因此我国地热资源的潜力很大。

综上所述,我国地热资源储量丰富,开发前景广阔,但由于地热资源储存在一定的地质构造部位,具有明显的矿产资源属性,因而对地热资源要实行开发和保护并重的科学原则。

10.6 生物质能

10.6.1 生物质能概述

事实上,生物质能是人类开发利用的最古老能源。在距今 50 万年以前,生活在北京西南周口店地区的北京猿人,就已经懂得使用火。现代考古发现,在北京猿人居住的岩洞里,留下了厚达 6 m 的积灰层,这些灰烬都是用树枝烧烤食物而积存下来的。由此可见,促进人类进化的第一把"火"正是来自薪柴。在随后的 50 万年的漫长岁月里,薪柴一直作为最主要的能源为人类服务,直到 19 世纪末其地位才逐渐被煤炭所替代。

如前所述,人类对能源的认识是由浅入深的。在人类能源史上经历了三次大变迁,一是由薪柴向煤炭的变迁,二是从煤炭向石油的变迁,三是由石油向能源的多样化变迁。这是人类开发利用能源的逐级进步,即由低热值的能源向高热值的能源发展。20 世纪后期,随着人口增加和经济发展的需要,能源的需求量呈持续上升的趋势,从而使能源构成向多样化发展。与此同时,人类对能源品种的热值、经济效益、环境保护及资源配置利用率等综合指标的要求上升到一个较高的水平。正是在这种背景下,生物质能才会重新受到人们的注重,并在当代生物工程技术下得以返老还童,显示出广阔的发展前景。

生物质是一切直接或间接由绿色植物进行光合作用而形成的有机物质,它包括世界上所有的动物、植物和微生物,以及由这些生物产生的排泄物和代谢物。生物质能即是蕴藏在生物质中的能量。生物质能资源主要包括森林资源、农作物秸秆、禽畜粪便和城镇生活垃圾等。

森林资源是森林生长和林业生产过程提供的生物质能源,主要是薪柴,也包括森林工业的一些残留物等。森林资源在我国农村能源中占有主要地位,1980 年前后全国农村消费森林能源约 1 亿 t 标准煤,占农村能源总消费量的 30% 以上,而在丘陵、山区、林区的居民生活用能的 50% 以上靠森林资源。

农作物秸秆是农业生产的副产品,也是我国农村的传统燃料。根据 1995 年的统计数据计算,我国农作物秸秆年产出量为 6.04 亿 t,除用于造肥还田,饲料和工业原料之外,每年约有 2.862 亿 t 作为能源,但其中大多数处于低效利用方式即直接燃烧,其转换效率仅为 10% ～ 20% 左右。同时由于商品能源(如煤、液化石油气等)已成为大部分农村地区的主要燃料,致使被废弃的秸秆量逐年增大,许多地区废弃秸秆量已占总秸秆量的 60% 以上,既危害环境,又浪费资源。因此,加快秸秆的优质转换利用势在必行。

禽畜粪便也是一种重要的生物质能源。除在牧区直接燃烧外,禽畜粪便主要是作沼气的发酵原料。根据计算,目前我国禽畜粪便资源总量约 8.5 亿 t,折合 7 840 多万 t 标准煤。在粪便资源中,大中型养殖场的粪便有利于集中开发,规模化利用。我国目前大中型牛、猪、鸡场约有 6 000 多家,每天排出粪尿及冲洗污水 80 多万 t,每年粪便污水资源量达 1.6 亿 t,折合 1 157.5 万 t 标准煤。

城镇生活垃圾主要是由居民生活垃圾、商业、服务业垃圾和少量建筑垃圾等废弃物所构成的混合物,其构成受居民生活水平、能源结构、城市建设水平以及季节化等多方面影响。我国大城市的生活垃圾已显现向现代化城市过渡的趋势,有如下特点:一是垃圾中有机物含量接近 1/3 甚至更高;二是食品类废弃物是有机物的主要组成部分;三是易降解的有机物含量高。目前我国城镇垃圾热值在 4.18×10^3 kJ/kg 左右。并且我国城镇生活垃圾数量庞大,1995 全国城镇垃圾清运量达 10 750 万 t。由此可见,城镇生活垃圾可变害为宝,产生巨大的经济效益和环保效益。

10.6.2 生物质能的利用

生物质能一直是人类赖以生存的重要能源,目前仅次于石油、煤炭、天然气而居于世界能源消费的第四位。生物质能的优点是燃烧容易,污染少,灰分较低;缺点是热值及热效率低,体积大而不易运输。目前,世界各国正逐步采用多种方法利用生物质能。

1. 生物质能利用方法

(1) 热化学转换法。可获得木炭、焦油和可燃气体等品位高的能源产品,该方法按其热加工的方法不同,分为高温干馏、热解、生物质液化等方法。

(2) 生物化学转换法。主要指生物质在微生物的发酵作用下,生成沼气、乙醇等能源产品。

(3) 利用油料植物产生生物油。

(4) 把生物质压制成成型状燃料(如块型、棒型燃料)以便于集中利用和提高热效率。

现在,生物质能技术的研究与开发已成为世界重大热门课题之一,受到各国政府与科学家的关注。许多国家制订了相应的开发研究计划,如日本的阳光计划、印度的绿色能源工程、美国的能源农场和巴西的酒精能源计划等。而且国外的生物质能技术和装置多已达到商业化应用程度,实现了规模化产业经营。其中以美国、瑞典和奥地利三国尤为突出,它们对生物质转化为高品位能源利用已具有相当可观的规模,分别占该一次能源消耗量的 4%、16%、10%。在美国生物质能发电的总

装机容量已超过 1×10^7 kW,单机容量达 $(1.0 \sim 2.5) \times 10^3$ kW。比较著名的是纽约的斯塔藤垃圾处理站投资 2 000 万美元,采用湿法处理垃圾,回收沼气用于发电,同时还生产肥料。巴西是乙醇燃料开发应用最有特色的国家,实施了世界上规模最大的乙醇开发计划,目前乙醇燃料已占该国汽车燃料消费量的 50% 以上。美国也开发利用纤维素废料生产酒精的技术并建立了 1 000 kW 的稻壳民用电示范工程,1 年生产酒精 2 500t。

随着全球对可持续发展呼声的日益高涨,生物质能极有可能成为未来可持续能源系统的重要组成部分。有关专家估计到本世纪中叶,采用新技术生产的各种生物质替代燃料将占全球总能耗的 40% 以上。

2. 我国生物质能的利用

我国生物质能资源非常丰富,开发生物质能潜力巨大。数十年的发展,我国对生物质能的开发利用主要有以下几方面。

(1) 沼气　沼气是有机物在一定的温度、湿度、酸碱度和厌氧条件下被微生物分解发酵生成的一种可燃气体,它的主要成分是甲烷。我国开发利用沼气的历史较早,早在 1930 年前后上海、江苏、湖北一带已开始用沼气灯照明,并于同时开始研究水压式沼气,这种沼气池被称为"中国式沼气池"。目前这种沼气池数量居世界之最,被第三世界国家广泛应用。

20 世纪 90 年代以来,我国沼气建设一直处于稳步发展的趋势。到 2001 年底,全国户用沼气池发展到 956.79 万户。全国大中型沼气工程累计建成 1 000 处,总容积 150 万 m^3,年产沼气 10 亿 m^3,年处理有机废物 2 500 万 t,废水 1 亿 m^3。城市污水净化沼气池累计 49 300 处。以沼气利用技术为核心的综合利用技术模式成为中国生物质能利用的特色,如"四位一体"模式,"能源环境工程"等。所谓"四位一体"是一种综合利用太阳能和生物质能发展农村经济的模式,其内容是在温室的一端建地下沼气池,池上建猪舍厕所,目前这种模式的农户已达 21 万户。在一个系统内既提供能源,又生产优质农产品。"能源环境工程"技术是在原大中型沼气工程基础上发展起来的多功能、多效益的综合工程技术,既能有效解决规模化养殖场的粪便污染问题,又有良好的能源、经济和社会效益。其特点是粪便经固液分离后液体部分进行厌氧发酵产生沼气,厌氧消化液和渣经处理后成为商品化的肥料和饲料。

(2) 薪炭林　自 1981 年我国开始有计划的进行薪炭林建设,至 1995 年十多年间,全国累计营造薪炭林 494.8 万公顷,其中"六五"完成 205 万公顷,"七五"完成 186.3 万公顷,"八五"完成 103.5 万公顷。根据这些年全国造林成效调查和薪炭林成林面积和单位面积年生物量测算,薪炭林年增加薪柴量达 2 000 ~ 2 500 万 t,对于缓解农村能源短缺起到了重要作用。

(3) 生物质气化　生物质气化即通过化学方法将固体的生物质能转化为气体

的燃烧能。由于气体燃料高效清洁、方便,因此生物质气化技术的研究和开发得到了国内外广泛重视,并已取得了可喜的进展。在我国,将农村固体废弃物转化为可燃气体的技术已初见成效,并应用于集中供气、供热、发电方面。中国林科院林产化学工业研究所,从 20 世纪 80 年代开始研究开发了集中供热、供气的上吸式气化炉,并且先后在黑龙江、福建得到工业化应用,气化炉的最大生产能力达 1 750 kW。最近在江苏省研究开发了以稻草、麦草为原料,应用内循环流化床气化系统,可产生接近中热值的煤气,供气镇居民使用的集中供气系统,气体热值约 8 000 kJ/m³,气化效率可达 70％ 以上。山东省能源研究所研究开发了下吸式气化炉,主要用于秸秆等农业废弃物的气化,在农村居民集中居住地区得到较好的推广应用,并已形成产业化规模。到 2001 年底,已建成农作物秸秆气化集中供气站 427 处。广州能源所开发的以木屑和木粉为原料,应用外循环流化床气化技术制取木煤气作为干燥热源和发电,并已完成发电能力为 180 kW 的气化发电系统。

(4) 生物质固化及其他　具有一定粒度的生物质原料,在一定的压力作用下(加热或不加热),可以制成棒状、粒状、块状等各种成型燃料。原料经挤压成型后,密度可达 $(1.1 \sim 1.4) \times 10^3$ kg/m³,能量密度与中质煤相当,但燃烧特性明显改善,具有火力持久,黑烟小,炉膛温度高和便于运输、贮存等优点。

利用生物质炭化炉可以将成型生物质块进一步炭化,生产生物炭。其原理是在隔绝空气条件下,生物质被高温分解,生成燃气、焦油和炭,其中的燃气和焦油又从炭化炉释放出去,所以最后得到的生物炭燃烧效果明显改善,烟气中的污染物含量明显降低,是一种高品位的居用燃料,优质的生物炭还可用于冶金工业。

近来,沈阳农业大学从国外引进一套流化床快速加热试验装置,用以研究开发液化油的技术和利用发酵技术制取乙醇试验。另外,华东理工大学还开展了生物质酸水解制取乙醇的试验研究,但尚未达到工业化生产。

截至目前,我国已初步形成具有中国特色的生物质能研究开发体系,对生物质能转化利用技术从理论上和实践上都进行了广泛的研究,完成了一批具有较高水平的研究成果,部分技术已形成产业化,为今后进一步研究开发打下了良好的基础。

10.7　氢能

10.7.1　氢能概述

科学家预测,21 世纪过渡到使用无碳燃料是必然趋势。目前,可供选择的能提供大量资源的无碳燃料便是前面所详述的太阳能、核能、风能、海洋能、地热能和氢能,然而前五者在利用时都主要用来产生二次能源——电能,因此它们都属于过程性能源,即不便于储存,也不便于携带,不经转换直接利用它们作能源,均存在较大的技术障碍和经济代价。唯有作为"含能体能源"的二次能源氢能没有这种缺点,因此氢能取代含碳燃料,将给人类带来不再为能源忧虑的新纪元。

氢能表现为氢燃料,在常温常压下为气体状态,也就是我们所熟悉的氢气。氢是宇宙中最丰富的物质,也是地球上储量最丰富的资源,在地壳十几公里范围内(包括海洋和大气)氢的重量组成约占1%,原子组成占15.4%。自然界的氢绝大部分以化合态的形式存在,最常见的便是水和有机物,因此,欲获得大量的氢气只有依靠人工制取。当然氢最广泛的来源是水,大家知道每9 kg水便可产生1 kg的氢气,而氢燃烧后又生成水,这一过程可循环往复,于是氢便成了取之不尽,用之不竭的清洁能源。

10.7.2   氢能的开发利用

氢能的开发和利用首先要有制氢与储氢技术。

1. 制氢的方法和途径

如前所述,自然界绝大多数氢都是以化合态的形式存在,若想把氢当作能源来使用,就必须有经济可行的制氢技术,以便获得足够多的氢气以用作能源。

到目前为止,从水中制氢气的方法主要有热解法、电解法和光解法。使水蒸气通过炽热的碳层使水分解得到氢气,便是最典型的热解法制氢。电解法是将水直接电解成氢气和氧气,抑或是在食盐电解制烧碱过程中在阴极获得氢气。还有一种便是模仿某些天然植物进行的光解制氢法。

目前,工业制氢方法主要是以天然气、石油和煤为源料,在高温下使之与水蒸气反应,从而制得氢,也可用部分氧化法获得氢气。这些制氢方法在工艺上都比较成熟,但是以化石能源和电能来换取氢能,在经济上和资源利用上并不合适,因为用天然气和石油制氢不仅要消耗大量的燃料,还需要催化剂和氧气,能源平衡不合理。用煤制氢工艺流程长,处理固体燃料时,上冒烟、下出渣,环境污染和运输问题更严重。普通电解水制氢,能源利用率只有15% ~ 20%,浪费较大。所以,现有的工业制氢只能维持目前电子、冶金、炼油、化工等方面的需求。

近来,发展中的新型制氢技术主要有以下几方面。① 硫化氢制氢。许多化工过程要求脱硫化氢矿中的硫,因而可在催化剂作用下,回收硫的同时获得氢气。② 低电耗电解法制氢。新型工艺用加煤粉电化学催化氧化法电解水制氢,和常规的电解水制氢相比,可降低一半以上的电能。③ 光化学法制氢。利用太阳能中光子的能量使水分子分解而获得氢气。④ 等离子化学制氢。对反应器中的水蒸气高频放电,使水分子外层失去电子而处于电离状态,并与经电场加速的离子相互作用,进而分解为氢和氧。这种制氢法设备容积小,产氢效率高,能量转换率高达 80%。⑤ 太阳能和原子能制氢法。即利用聚焦太阳能得到的高温或核反应的热能分解水制氢。

目前,我国工业制氢方法也是以天然气、石油和煤为原料,在高温下使之与水蒸气反应制得,也有用部分氧化法制氢,水电解制氢和生物质气化制氢等方法,现已形成规模。此外,由中科院山西煤炭化学研究所开发的"甲醇重整制氢技术"已投入生产实际应用,目前最大规模为 360 m^3/h,并实现了系列化、批量化生产。中科院大连化学物理所在"九五"科技攻关项目"甲醇重整制氢装置"的研究中,已制成概念样机。还有石油大学承担的"九五"科技攻关项目"从 H_2S 制取氢气的扩大实验研究",此方法制氢能耗低,生成每标准立方米氢气耗能 2.6 kW·h,使低电耗制氢技术达到世界先进水平。中科院感光化学研究所承担了"九五"科技攻关项目"烟气中 SO_x 制氢技术的中试研究",并且该所人工模拟光合作用分解水制氢及非常规资源制氢的研究已达到了世界先进水平。

2. 氢气的储存

众所周知,氢气是一种密度非常小、性质活泼的气体,如果不能很好地解决氢气的储存问题,那么将会在使用上受到限制,严重阻碍氢能的应用推广。目前氢的储存方式主要有以下几种。

(1) 气体高压储存　通常在 15 MPa 左右的高压下,氢气可以储存在特制的压力钢瓶中。采用这种方法储氢,由于要产生高压,所以会消耗许多能源,并且对钢瓶要求较高,因此这种储氢造价较高。而且这样储氢效率很低,一个充压 20 MPa、容量为 10 m^3 的高压钢瓶,其储氢重量仅占钢瓶重量的 1.6%。况且这种高压容器在运输时易发生危险,因此只有在特殊需要并且需求量不大的情况下,才用这种方法储氢。

(2) 液氢深冷储存　标准大气压下,氢气冷冻至 −252.7℃ 以下即变成液态,此时氢的密度大大提高,储存容器容积即可缩小,这样可满足高需求量的应用。但液氢与外界环境温度差距悬殊,故对储氢容器的隔热要求很高,并且氢的液化也需要消耗大量能源,制每千克液氢需耗能 $1.18×10^4$ kJ 以上,相当于耗电约 3.3 kW·h。目前这种方法主要用于航空航天领域的氢能携带。

(3) 金属氢化物储氢　氢的化学特性活泼,可与许多金属化合,即形成金属氢化物,其中有些金属氢化物的含氢量很高,甚至高于液氢的密度。这种金属氢化物在一定的温度条件下会分解,释放出氢气。自 20 世纪 70 年代开始,金属氢化物储氢越来越受人重视,为氢能利用开辟了广阔前景。

(4) 其他化合物储氢　从理论上讲,各种氢化合物都可视为储氢材料,但是其中大多数不易将氢释放出来,因此不能作为储氢材料,如甲烷、氨气等。但人们仍在努力从这些含氢气体中寻找较易释放氢的化合物或方法。

　　自20世纪70年代后期,南开大学、北京有色金属研究总院、浙江大学和中国科学院上海冶金研究所等就开始了储氢技术的基础研究。其中,化学法制备合金储氢材料在国际上处于领先水平。近年来,我国在金属氢化物储氢技术领域又取得了新的进展。浙江大学材料研究所承担的"九五"国家"863"高技术项目"燃料电池氢源合金及氢燃料箱研究",已研制出三类新的储氢合金,其储氢能力(质量分数)分别为1.61%、1.8%和2.1%。此外,还设计并试制成功容量为700 L和4 000 L的便携式氢源样机。浙江大学还进行了金属氢化物储氢技术的工程应用研究和装置开发,主要有340 m³氢化物氢集装箱,MHPC-24型氢净化压缩装置及4.186 kW的金属氢化物空调机。北京有色金属研究总院承担了国家"九五"科技攻关项目"储氢合金及储氢应用技术的研究",开展了氢能和燃料电池用氢源合金及金属氢化物储氢器的应用研究。其中,小型储氢器已供国内数家单位在太阳能及燃料电池领域的研究与开发中使用。近年来,清华大学、中科院金属所、防化研究所及西北核技术研究所等单位开始对新型储氢技术——纳米碳材料的储氢进行了多项基础性研究。其中,清华大学、中国科学院金属所和防化研究所都在室温下得到储氢重量比在12 MPa时为8%左右的钠米碳材料。

　　我国自实施可持续发展战略以来,积极推动包括氢能在内的清洁能源的开发和利用。近年来,已初步形成一支由高等院校、中国科学院及石油化工等部门为主的进行氢能研究、开发和利用的专业队伍,并在制氢技术、储氢技术和氢能利用等方面取得了多方面的进展,有些研究工作已达国际先进水平。

3. 氢能的利用潜力

　　氢能作为能源利用主要包括以下三个方面,利用氢和氧化剂发生反应放出的热能,利用氢和氢化剂在催化剂作用下的电化学反应直接获取电能及利用氢的热核反应释放出的核能。我国早期试验成功的氢弹就是利用了氢的热核反应释放出的核能。我国航天领域使用以液氢为燃料的火箭,是氢用作燃料能源的典型例子。近年来,我国科学工作者在这方面进行了大量的基础性研究和开发性工作。西安交通大学曾进行了"氢燃烧和动力循环的研究"及"氢燃烧流场的研究及氢火焰性能评价"。浙江大学新材料所与内燃机所合作,成功地改装了一辆燃用氢-汽油混合燃料的中巴车,通过添加约4.7%(质量分数)氢气进行的氢-汽油混合燃料燃烧,平均节油率达44%。

　　近年来,国内外争先研究的燃料电池汽车是氢能的热点利用技术,我国2003年1月12日也在上海成功研制了国内首台燃料电池汽车"超越1号",成为继美国、日本、德国之后少数掌握燃料电池汽车技术的国家之一。

　　在未来社会中,可以预见氢能重要应用有:用氢气取代化石燃料发电、取暖,将化石燃料留作化工原料;减少远距离输电,通过管道网,送氢气到千家万户,逐步减少跨省市地区的大电网,节省大量有色金属材料;各种类型的氢燃料电池成为普遍采用的发电工具;采用燃料电池,减少内燃机动力,大幅度降低能源污染隐患和内燃机车噪音源;城市污水成为氢能源供应和回收的完善循环系统,等等。

参考文献

[1] 国家发展计划委员会基础产业发展司. 1999 年白皮书:中国新能源与可再生能源[M]. 北京:中国计划出版社,2000.

[2] 李业发,杨廷柱. 能源工程导论[M]. 合肥:中国科学技术大学出版社,1999.

[3] 陈学俊,袁旦庆. 能源工程概论[M]. 北京:机械工业出版社,2002.

[4] 黄素逸. 能源科学导论[M]. 北京:中国电力出版社,1999.

[5] 朱清时,阎立峰,郭庆祥. 生物质洁净能源[M]. 北京:化学工业出版社,2002.

[6] 审洋文. 21 世纪的动力 —— 氢与氢能[M]. 天津:南开大学出版社,2000.

[7] 周鸿昌. 能源与节能技术[M]. 上海:同济大学出版社,1996.

[8] 朱俊生. 中国新能源和可再生能源发展状况[J]. 可再生能源,2003(2).